바이털 퀘스천 : 생명은 어떻게 탄생했는가

바이털 퀘스천 :
생명은 어떻게 탄생했는가

닉 레인
김정은 옮김

까치

THE VITAL QUESTION : WHY IS LIFE THE WAY IT IS?

by Nick Lane

Copyright © Nick Lane, 2015

This Korean translation published by arrangement with Dr Nick Lane in care
of United Agents through EYA(Eric Yang Agency).

All rights reserved.

Korean translation copyright © 2016 by Kachi Publishing Co., Ltd.

역자 김정은(金廷垠)
성신여자대학교에서 생물학을 전공했고, 뜻있는 번역가들이 모여 전 세계
의 좋은 작품을 소개하고 기획 번역하는 펍헙 번역그룹에서 전문 번역가
로 활동하고 있다. 옮긴 책으로는 『트랜스포머』, 『깊은 시간으로부터』, 『부
서진 우울의 말들』, 『이토록 놀라운 동물의 언어』, 『유연한 사고의 힘』, 『바람
의 자연사』, 『미토콘드리아』, 『생명의 도약』, 『자연의 배신』 등이 있다.

편집, 교정_권은희(權恩喜)

바이털 퀘스천 : 생명은 어떻게 탄생했는가

저자/닉 레인
역자/김정은
발행처/까치글방
발행인/박후영
주소/서울시 용산구 서빙고로 67, 파크타워 103동 1003호
전화/02 · 735 · 8998, 736 · 7768
팩시밀리/02 · 723 · 4591
홈페이지/www.kachibooks.co.kr
전자우편/kachibooks@gmail.com
등록번호/1-528
등록일 1977. 8. 5
초판 1쇄 발행일/2016. 7. 5
    3쇄 발행일/2024. 11. 25
값/뒤표지에 쓰여 있음

ISBN 978-89-7291-618-5 03470

내 영감의 원천이며,
이 멋진 여정의 동반자
애나에게

차례

서론
생명은 왜 이런 모습인가?

생물학의 중심에는 블랙홀이 있다. 직설적으로 말하자면, 우리는 생명이 왜 이런 모습인지 모른다. 지구상 모든 복잡한 생명체의 공통 조상인 한 세포는 단순한 세균 조상으로부터 지난 40억 년 동안 단 한번 등장했다. 이것은 기이한 사고였을까? 아니면 다른 복잡성의 진화 "실험들"이 실패한 결과였을까? 우리로서는 알 길이 없다. 우리가 알고 있는 것은 이 공통 조상이 이미 대단히 복잡한 세포였다는 점이다. 그 세포는 우리 몸을 구성하는 세포들과 어느 정도 비슷한 정교함을 갖추고 있었고, 그 놀라운 복잡성은 우리 인간뿐만 아니라 나무에서 꿀벌에 이르는 모든 후손들에게 전해졌다. 현미경으로 당신의 세포와 버섯의 세포를 구별하는 데에 도전해보자. 사실상 둘은 거의 비슷하다. 우리가 살아가는 방식은 버섯의 생활방식과는 그다지 비슷하지 않다. 그런데 왜 세포는 그렇게 닮았을까? 비슷한 것은 생김새뿐만이 아니다. 모든 복잡한 생명체는 성, 세포 자살, 노화 같은 놀라운 특징들을 공통으로 가지고 있는데, 세균에는 이에 비길 만한 정교한 특징이 하나도 없다. 그렇게 많은 독특한 특징들이 하나의 조상에 축적된 이유나 그 특징들 중 어떤 것도 세균에서 독립적으로 진화했다는 징후가 나타나지 않는 이유에 대해서는 아직도 의견이 분분하다. 만약 이 모든 특징들이 자연선택에 의해서 나타났고 각 단계마다 어떤 소소한 장점을 제공했다면, 왜 다양한 세균 무리에서는 이에 상응하는 특징들이 시시때때로 나타나지 않았을까?

　이런 의문은 지구상 생명체의 특이한 진화 궤적을 주목하게 한다. 생명체는 지구가 형성되고 약 5억 년 후인 지금으로부터 40억 년 전에 출현했을 것이다. 그러나 그때부터 생명은 생명 역사의 절반에 해당하는 20억 년 이상을 세균 수준의 복잡성에서 벗어나지 못했다. 사실 세균은 40억 년 내내 형태적으로 단순성을 유지하고 있다(그러나 생화학적인 측면에서는 그렇지 않다). 이와 대조적으로 동물과 식물, 균류, 해조류, 아메바 같은 단세포 "원생생물(protista)"을 모두 아우르는, 형태적으로 복잡한 생명체는 약 15-20억 년 전에 나타난 단일한 조상으로부터 이어져 내려왔다. 누가 보더라도 "신식" 세포였던 이 조상은 정교한 내부 구조와 완전히 새로운 분자 동력을 갖추고 있었고, 이를 작동시키는 정교한 나노 기계에 관한 정보가 암호화되어 있는 수천 개의 새로운 유전자는 대체로 세균에는 없는 것들이었다. 진화의 중간 단계도 남아 있지 않으며, 이런 복잡한 형질이 어떻게, 또는 왜 나타났는지를 짐작하게 해줄 만한 "빠진 연결고리"도 없다. 형태적으로 단순한 세균과 대단히 복잡한 다른 모든 것들 사이에는 설명되지 않는 거대한 동공(洞空), 즉 진화의 블랙홀만 있을 뿐이다.

　우리는 인간이 왜 병에 걸리는지와 연관된 대단히 복잡다단한 문제의 답을 찾기 위해서 생화학 연구에 연간 수십억 달러를 쏟아붓고 있다. 우리는 유전자와 단백질이 서로 어떻게 연결되어 있는지, 조절 네트워크가 서로 어떻게 피드백을 주고받는지에 관해서도 놀라우리만치 자세히 알고 있다. 또한 정교한 수학적 모형을 만들고 컴퓨터 모의실험을 설계해서 우리의 예측을 확인할 수도 있다. 그런데도 우리는 그 부분들이 어떻게 진화했는지 모른다! 세포가 왜 이런 방식으로 작동하는지는 전혀 알지 못하면서, 어떻게 질병을 이해할 수 있겠는가? 역사를 모르고서는 그 사회를 이해할 수 없는 것과 마찬가지로, 세포가 어떻게 진화했는지를 알지 못한다면, 세포의 작용도 이해할 수 없는 것이다. 이는 단순히 실용적 중요성의 문제가 아니다. 우리가 왜 이 자리에 있는지 궁금한, 지극히 인간적인 의문이다. 우주와 별과 태양과 지구와 생명체를 만든 법칙은 무엇일까? 우주의 다른 곳에서도 이와 동일한 법칙으로 생명체가 만들어질 수 있을까? 외계 생명체와 우리 사이에는 어떤 공통점이 존재할 수 있을까? 무엇이 우리를 인간으로 만들었는지에 관한 의문의 중심에는 이런 형이상학적인 질문들이 자리한다. 세포가 발견되고 약 350년이 흐른 지금까지도 우리는 지구상의 생명체들이 왜 이런 모습으로 살아가는지 아직 모른다.

어쩌면 당신은 우리가 이런 것들을 모른다는 사실을 알지 못했을 수도 있다. 이는 당신의 잘못이 아니다. 교과서와 학술지에는 정보가 넘쳐나지만 이런 "유치한" 질문에 대한 설명은 거의 없다. 온갖 사실들과 허위 내용들이 난잡하게 뒤섞여 있는 인터넷 세상 속 정보들은 우리를 더 깊은 수렁에 빠뜨린다. 그러나 이것은 단순히 정보의 과잉 문제가 아니다. 생물학의 중심에 있는 블랙홀의 존재를 어렴풋하게 인지하고 있는 생물학자들은 소수에 불과하다. 생물학자들은 대부분 다른 의문에 대한 연구에 몰두하고 있다. 대다수가 특정 무리의 식물이나 동물에 속하는 큰 유기체를 연구한다. 미생물 연구자는 상대적으로 수가 적고, 세포의 초기 진화를 연구하는 사람은 더더욱 적다. 창조론자와 지적설계론도 우려스럽다. 만약 우리가 그 모든 해답을 모른다는 것을 인정하면, 진화에 관해서 우리가 알고 있는 의미 있는 지식을 부인하는 반대론자들이 달려들 위험이 있기 때문이다. 당연히 우리는 진화에 관해서 알고 있다. 그것도 꽤 많은 것을 알고 있다. 생명의 기원과 세포의 초기 진화에 대한 가설들은 지식의 틀을 갖춘 방대한 양의 사실들을 확실히 설명하는 것은 물론, 경험적으로 검증 가능한 예기치 못한 관계까지도 예측한다. 우리는 자연선택(natural selection)과 유전체(genome)가 형성되는 더 무작위적인 과정에 대해서도 많은 것을 이해하고 있다. 이 사실들은 모두 세포의 진화와 잘 맞아떨어진다. 그러나 바로 이 사실 관계가 문제를 일으키는 원인으로 작용한다. 우리는 생명이 어떤 이유에서 그런 기이한 과정을 거쳤는지를 모른다.

과학자들은 호기심이 많은 사람들이다. 그래서 만약 이 문제가 내가 지금 이야기하고 있는 것만큼 뚜렷하게 도드라졌다면, 그것에 대한 내용들이 잘 알려져 있었을 것이다. 사실, 이 문제는 뚜렷함과는 거리가 멀다. 상충되는 다양한 해답들은 질문만큼이나 난해하고 모호하다. 설상가상으로 해답을 찾을 단서들이 생화학, 지질학, 계통학, 생태학, 화학, 우주론 같은 다양한 분야에서 나오고 있다는 점도 문제이다. 이 모든 분야에 정통하다고 자부할 수 있는 사람은 극소수에 불과하다. 게다가 지금 우리는 유전체 혁명의 한복판에 있다. 우리는 수천 개의 유전체 서열을 밝혔다. 수백만, 혹은 수십억 개의 염기(鹽基)로 이루어진 이 서열들 속에는 아득한 과거의 충돌 흔적이 담겨 있는 경우가 너무 많다. 이런 자료들을 해석하기 위해서는 논리학과 컴퓨터와 통계학에 관한 해박한 지식과 경험이 요구되며, 여기에 덤으로 생물학에 대한 이해도 필요하다. 그런 이유에서 여러 주장들의 주위에는 거대한 안개가 소용돌이치고 있는 것이다. 그 안개 사이로 틈이 벌어질 때마다 점점 더 기이한 광경이 드러난다. 예전의 안락함은 계속 사라져가고 있다. 지금 우리가 직면한 새로운 상황은 진짜이며 골칫거리이다. 그리고 연구자의 관점에서 볼 때, 중대한 문제를 새롭게 찾아내어 해결하겠다는 희망을 품을 수 있는 것은 무척 짜릿한 일이다! 생물학의 가장 큰 문제는 아직 해결되지 않았다. 이 책은 그 해결의 첫걸음을 떼고자 하는 나의 시도이다.

세균은 복잡한 생명체와 어떤 연관이 있을까? 이 문제의 발단은 네덜란드의 현미경 전문가인 안토니 판 레이우엔훅이 미생물을 발견한 1670년대로 거슬러올라간다. 사람들은 현미경 아래에 우글거리는 레이우엔훅의

"작은 동물들"에 대해서 반신반의했지만, 레이우엔훅 못지않게 뛰어난 인물이었던 로버트 훅에 의해서 곧 진짜로 확인되었다. 레이우엔훅은 세균도 발견했다. 그는 유명한 1677년의 논문에 다음과 같이 썼다. "놀라울 정도로 작다. 아니, 너무 작아서 이 작은 동물 100마리를 한 줄로 늘어놓아도 모래알 하나 길이에도 미치지 못할 것 같다. 만약 그렇다면, 이 생물은 100만 마리를 모아야 겨우 모래알 한 알 크기가 될 것이다." 레이우엔훅의 단순한 단안 현미경으로 세균이 보였을 리가 없다고 의심하는 사람들이 많았지만, 오늘날에는 그가 세균을 관찰했다는 사실에 이견이 거의 없다. 그의 관찰은 두 가지 측면에서 대단히 뛰어나다. 그는 어디서나 세균을 관찰했다. 빗물과 바닷물뿐만 아니라, 자신의 치아에서까지 세균을 찾아냈다. 그리고 그는 "대단히 작은 동물"과 "거대 괴물" 사이의 차이를 직감적으로 구별했다. "작은 발"(섬모)로 눈길을 사로잡는 움직임을 보이는 이 거대 괴물은 바로 현미경적 크기의 원생생물이었다! 심지어 그는 더 큰 세포들 중에는 (당시에는 없었던 용어이지만) 세균과 비슷한 크기의 작은 "구체(球體)"로 구성된 것도 있다는 사실을 알아차렸다. 레이우엔훅이 본 작은 구체들은 모든 복잡한 세포에 들어 있는 유전자 저장소인 세포핵(cell nucleus)이었을 가능성이 크다. 그후 이 문제는 수세기 동안 방치되었다. 레이우엔훅이 세포를 발견하고 50년이 지난 후, 유명한 분류학자인 칼 린네는 모든 미생물을 연형동물문(Vermes) 카오스속(Chaos, 무정형)으로 분류했다. 19세기에는 다윈과 동시대를 살았던 독일의 위대한 진화학자인 에른스트 헤켈의 상세한 재분류를 통해서, 세균이 다른 미생물들과 분리되었다. 그러나 개념적인 측면에서는 20세기 중반이 될 때까지 별다른 진전이 없었다.

생화학이 접목되면서 문제는 새로운 국면에 접어들었다. 온갖 다양한 물질대사를 하는 세균을 분류하기란 불가능해 보였다. 세균은 콘크리트에서 황산, 휘발유에 이르는 모든 것을 먹고 살아갈 수 있다. 이렇게 생활 방식이 천차만별이고 공통점이 하나도 없다면, 어떻게 세균을 분류할 수 있을까? 게다가 분류가 되지 않으면, 우리는 세균을 어떻게 이해할 수 있을까? 주기율표가 화학에 일관성을 가져왔듯이, 생화학도 세포의 진화에 어떤 질서를 가져왔다. 역시 네덜란드인인 알베르트 클루이베르는 생명의 특별한 다양성을 떠받치고 있는 동일한 생화학 과정이 있다는 사실을 증명했다. 호흡, 발효, 광합성으로 구별되는 과정들 모두 같은 토대를 기반으로 하는 것이다. 이런 개념적 통일성은 모든 생명체가 공통 조상의 후손이라는 것을 입증한다. 그는 세균에서 옳은 것은 코끼리에서도 옳다고 말했다. 생화학의 수준에서 볼 때, 세균과 복잡한 세포 사이에는 차이가 거의 없다. 세균은 엄청나게 다양한 재주를 부릴 수 있지만, 세균을 살아 있게 하는 기본 과정은 비슷하다. 클루이베르의 제자였던 코르넬리스 판 닐은 로저 스테이니어와 함께 그 차이의 진가에 거의 근접할 뻔했다. 그들의 말에 따르면, 세균은 원자와 마찬가지로 더 이상 쪼갤 수 없는 가장 작은 기능 단위이다. 이를테면 많은 세균들이 우리와 똑같은 방식으로 산소를 호흡할 수 있지만, 그러기 위해서는 온전한 세균 하나가 다 필요하다. 우리의 세포와 달리, 세균에는 호흡을 담당하는 내부기관이 없다. 세균은 몸을 둘로 분할하는 이분법을 통해서 성장하지만, 기능적으로는 분할이 불가능하다.

그리고 지난 반세기에 걸쳐, 생명에 대한 우리의 관점을 완전히 뒤바꿔놓은 진화의 3대 혁명이 일어났다. 첫 번째 혁명은 우드스턱에서 사랑의 여름 축제가 한창이던 1967년에 일어났고, 주동자는 린 마굴리스였다. 마굴리스의 주장에 따르면, 복잡한 세포가 진화한 방식은 "일반적인" 자연선택이 아니라 광란의 연합이었다. 이 연합은 너무 긴밀한 나머지, 한 세포가 다른 세포의 몸속으로 들어갈 정도였다. 공생(共生, symbiosis)은 둘 또는 그 이상의 종들 사이에 일어나는 장기적인 상호작용으로, 대개 어떤 물품이나 편익을 주고받기 위한 일종의 거래이다. 미생물의 경우에 이런 물품은 생명의 물질, 즉 세포가 살아가는 동력이 되는 물질대사의 기질(基質)이 된다. 마굴리스가 주장한 **세포내 공생**(endosymbiosis)은 일반적인 공생과 마찬가지로 거래가 이루어지지만, 두 세포 사이의 관계가 지나치게 가깝다 보니 협동관계에 있는 세포들 중 일부가 마치 사원 안에서 물건을 파는 상인처럼 숙주세포의 몸속에서 실제로 살게 되는 것이다. 이 발상은 20세기 초의 판구조론을 연상시킨다. 실제로 아프리카 대륙과 남아메리카 대륙은 한때는 붙어 있다가 훗날 떨어진 것처럼 "보인다." 그러나 이 천진난만한 학설은 오랫동안 터무니없는 생각이라는 조롱을 받았다. 복잡한 세포 속에 있는 일부 구조는 세균처럼 보이고, 심지어 독립적으로 성장과 분열을 하는 것 같은 인상을 준다. 아마 이에 대한 설명도 판구조론만큼 단순할 것이다. 그 구조들이 바로 세균인 것이다!

　판구조론과 마찬가지로 이 개념도 시대를 앞섰고, 분자생물학의 시대가 도래하기 이전인 1960년대에는 강력한 증거를 제시하는 것이 불가능했다. 마굴리스는 미토콘드리아(mitochondria)와 엽록체(葉綠體, chloroplast)라는 두 종류의 특별한 세포내 구조에 주목했다. 호흡을 담당하는 기관인 미토콘드리아는 산소를 이용해서 영양분을 연소시켜 생명체에 필요한 에너지를 공급하고, 식물에서 광합성이 일어나는 장소인 엽록체는 태양 에너지를 화학 에너지로 전환한다. 이 "세포소기관(細胞小器官, organelle)"(말 그대로 작은 기관)은 둘 다 조그만 유전체를 가지고 있는데, 각각의 유전체에는 광합성이나 호흡 과정과 관련된 단백질 유전자가 10여 개 남짓 암호화되어 있다. 마침내 유전자의 정확한 서열 분석을 통해서 미토콘드리아와 엽록체가 세균에서 유래했다는 사실이 확실하게 밝혀졌지만, 여기서 주목해야 할 점은 "유래했다"는 표현이다. 그들은 더 이상 세균이 아니다. 실질적으로 아무런 독립성도 없으며, 그들이 살아가기 위해서 필요한 유전자

(최소 1,500개)는 대부분 세포의 유전자 "통제본부"인 핵에서 발견된다.

미토콘드리아와 엽록체에 관해서는 마굴리스가 옳았다. 1980년대가 되자, 마굴리스의 학설에 의문을 제기하는 사람은 거의 없었다. 그러나 그녀의 구상은 훨씬 더 원대했다. 마굴리스는 더 나아가서 **진핵세포**(eukaryotic cell, 그리스어로 "진짜 핵"을 가진 세포라는 의미)라는 이름으로 널리 알려진 복잡한 세포 전체가 공생으로 이루어진 조각보와 같다는 주장을 내놓았다. 그녀는 복잡한 세포의 다른 많은 부분들, 특히 (레이우엔훅의 "작은 발"인) 섬모도 세균에서 유래했다고 보았다(섬모의 경우는 스피로헤타[spirochaete]에서 유래했을 것이라고 추정했다). 오랜 세월 동안 이어져온 연합이라는 마굴리스의 생각은 이제 "연속적 세포내 공생설(serial endo-symbiosis theory)"이라는 학설로 구체화되었다. 각각의 세포뿐 아니라 온 세상이 방대한 세균의 협동망이라는 주장도 내놓았다. 이것이 바로 마굴리스가 제임스 러브록과 함께 개척한 "가이아(Gaia)" 개념이다. 최근 몇 년 사이, 가이아 개념은 (러브록의 원래 목적에서 벗어난 채) "지구 시스템 과학"이라는 더 그럴싸한 외양을 갖추고 전성기를 누려왔다. 그러나 복잡한 "진핵"세포가 세균의 조화로운 모임이라는 발상은 가이아 개념을 지탱하기에는 역부족이었다. 대부분의 세포 구조는 세균에서 유래한 것처럼 보이지 않았고, 이를 암시하는 유전자도 전혀 없었다. 따라서 마굴리스는 한편으로는 옳았지만, 한편으로는 그렇지 않다는 것이 거의 확실해졌다. 그러나 2011년에 뇌졸중으로 쓰러져 안타깝게 세상을 떠날 무렵, 마굴리스의 업적은 완고한 신념과 강한 여성주의적 태도와 다윈주의적 경쟁에 대한 묵살과 음모 이론을 믿는 성향 따위로 인해서 확실히 빛이 많이 바래 있었다. 누군가에게는 대표적인 여성운동가였고, 누군가에게는 어디로 튈지 모르는 인물이었던 마굴리스가 남긴 유산은 애석하게도 대부분 과학과는 많이 동떨어져 있다.

두 번째 혁명은 유전자의 계보를 밝힌 계통학 혁명이었다. 프랜시스 크릭은 일찍이 1958년에 이 혁명의 가능성을 예견했다. 침착한 성격이었던 크릭은 다음과 같이 썼다. "생물학자들은 머지않아 '단백질 분류학'이라는 학문이 생길 수도 있다는 사실을 알아야 할 것이다. 이는 유기체를 구성하고 있는 단백질의 아미노산 서열을 연구하고 다른 종과 비교하는 학문이다. 어쩌면 단백질 서열에는 한 유기체의 표현형(phenotype)이 가장 섬세하게 표현되어 있고 막대한 양의 진화 정보가 숨겨져 있을지도 모른다." 그의 예측은 들어맞았다. 이제 생물학은 단백질 서열과 유전자에 담긴 정보에 관한 학문이라고 해도 과언이 아니다. 오늘날 우리는 아미노산 서열 대신 더 감도가 높은 DNA 문자 서열(단백질이 암호화되어 있다)을 곧바로 비교한다. 그러나 크릭의 예견에도 불구하고, 그를 비롯한 어느 누구도 유전자의 진짜 비밀은 상상조차 하지 못했다.

칼 우즈는 상처 입은 혁명가였다. 1960년대에 조용히 시작된 그의 연구는 10년 동안 뚜렷한 결실을 보지 못했다. 우즈는 종간(種間) 비교를 위해서 단 하나의 유전자를 선택했다. 그 유전자는 반드시 모든 종에 존재해야 했다. 더 나아가 같은 목적을 수행해야 했다. 그 목적은 세포에서 대단히 기본적이고 대단히 중요해서, 약간의 기능 변화만 생겨도 자연선택에서 불이익을 받게 될 것이다. 만약 대부분의 변화가 제거된다면, 비교적 변하지 않은 것들만 남을 것이다. 다시 말해서, 극도로 느리게 진화하고 아주 긴 시간 동안 극히 일부만 변해야 하는 것이다. 말 그대로 수십억 년에 걸쳐 종들 사이에 축적된 차이를 비교해서 태초로 거슬러올라가는 거대한 계통수를 만들고자 한다면, 이런 유전자가 필요하다. 우즈의 야심찬 계획도 바로 이것이었다. 그는 이 모든 요건을 염두에 두고 모든 세포의 기본적인 특성인 단백질 합성 능력에 관심을 돌렸다.

세포 속에는 단백질을 조립하는 놀라운 나노 기계인 리보솜(ribosome)이 있다. 이중나선으로 상징되는 DNA를 제외하고, 생물학의 정보시대를 리보솜만큼 잘 보여주는 것은 없을 것이다. 리보솜의 구조에 드러나는 극명한 대조 역시 인간의 마음으로는 그 규모를 가늠조차 하기 어렵다. 리보솜은 상상할 수 없을 정도로 작다. 세포는 이미 현미경으로 관찰된다. 우리는 역사 시대의 대부분을 리보솜의 존재를 전혀 모르고 지냈다. 리보솜은 지금도 매우 작다. 우리의 간(肝)에 있는 세포 하나에는 약 1,300만 개의 리보솜이 들어 있다. 그러나 리보솜은 한없이 작기만 한 것이 아니다. 원자 수준에서 보면 엄청나게 크고 정교한 거대 구조이다. 수십 개의 기본단위로 구성된 리보솜은 자동화 공장의 생산 라인보다 훨씬 더 정확하게 작동한다. 이 말은 과장이 아니다. 리보솜은 단백질이 암호화된 암호문이 적힌 "티커테이프(tickertape : 과거 증권시장에서 주가를 알려주던 종이 테이프/옮긴이)"를 수신해서 정확하게 번역하여 한 글자당 하나의 단백질로 바꾼다. 그러기 위해서는 모든 재료(아미노산)를 구한 다음 암호문에 명시된 순서대로 연결해서 긴 사슬을 만들어야 한다. 리보솜의 오차율은 1만 글자당 1개꼴이다. 이는 우리의 고품질 생산 공정에서 나오는 불량률보다 훨씬 더 낮은 수치이다. 게다가 리보솜은 초당 약 10개의 아미노산을 만드는 속도로 작동해서 수백 개의 아미노산으로 이루어진 단백질을 1분 안에 만들 수 있다. 우즈는 리보솜의 부품에 해당하는 구성단위 중 하나를 골라, 대장균(E. coli) 같은 세균에서 효모와 인간에 이르는 다양한 종에서 서열을 비교했다.

우즈의 발견은 놀라웠고 우리의 세계관을 완전히 뒤바꿔놓았다. 그는 세균과 복잡한 진핵세포를 별 어려움 없이 구별해서, 이 권위 있는 무리들에 대한 유전적 연관성을 갈라진 가지로 나타낼 수 있었다. 이 과정에서 유일하게 놀라웠던 점은, 대부분의 과학자들이 거의 일생을 바쳐 연구하는 동물과 식물과 균류 사이에 큰 차이가 없다는 점이었다. 그리고 누구도 예측하지 못했던 생명의 세 번째 영역의 존재가 드러났다. 이 영역에 속하는 단순한 생물들 중에는 수세기 전부터 알려진 것도 있었지만 세균으로 잘못 분류되어왔다. 이 생물들은 세균과 비슷하다. 정확히 말해서, 세균과 똑같다. 똑같이 작고, 똑같이 눈에 띄는 구조가 없다. 그러나 그들의 리보솜에 나타나는 차이는 마치 체셔고양이의 웃음처럼 희미하지만 뚜렷한 존재감을 드러낸다. 이 새로운 영역은 진핵생물 같은 복잡성은 결여되어 있지만, 세균과는 완전히 다른 유전자와 단백질은 가지고 있었다. 이 단순한 세포의 새로운 무리는 세균보다 더 오래되었을 것이라는 막연한 추측에서 고세균(古細菌, archaea)이라고 알려지게 되었지만, 실제로는 그렇지 않을 것이다. 오늘날의 시각에서는 세균과 고세균이 엇비슷하게 오래되었다고 본다. 그러나 신비스러운 고세균의 유전자와 생화학적 특성을 볼 때, 고세균과 세균 사이의 골은 세균과 진핵생물(우리) 사이의 골만큼이나 깊다. 우즈의 유명한 "세 영역(three domain)" 계통수에서, 고세균과 진핵생물은 비교적 최근에 같은 조상에서 갈라져 나온 "자매 분류군"이다.

고세균과 진핵생물은 여러 가지 측면에서 공통점이 많다. 특히 정보의 흐름(유전자를 읽어 단백질로 전환하는 방식)이라는 측면에서 유난히 공통점이 두드러진다. 고세균의 정교한 분자기계는 진핵생물의 것과 본질적으로 비슷하다. 다만 진핵생물의 복잡성의 기반이 되는 부분이 일부 부족할 뿐이다. 우즈는 세균과 진핵생물 사이에 형태적으로 큰 간극이 있다는 데에 동의하지 않았고, 세 영역이 동등하다고 제안했다. 이 세 영역은 저마다 방대한 진화적 공간을 차지하고 있으며, 어느 것도 더 우월하지 않다는 것이다. 무엇보다도 그는 "원핵생물"(prokaryote, 말 그대로 "핵 이전"이라는 뜻으로, 세균과 고세균 모두에 적용될 수 있다)이라는 오랜 용어의 폐기를 주장했는데, 그의 계통수에는 그런 구별을 암시할 만한 유전적 토대가 없었기 때문이었다. 대신 그는 아주 오래 전에 한 미지의 공통 조상으로부터 모종의 과정을 거쳐 세 영역이 곧바로 "구체화되었을" 것이라고 상상했다. 우즈는 생을 마감할 순간이 가까워오자 진화의 가장 초기 단계를 거의 신비주의적으로 보게 되었고, 더 전체론적인 관점에서 생명을 모색했다. 그가 하나의 유전자를 철저하게 환원주의적으로 분석해서 생물학에 혁명을 가져왔다는 사실을 생각하면, 참으로 씁쓸한 일이다. 세균과 고세균과 진핵생물은 확실히 서로 다른 무리이며, 우즈의 혁명이 진짜였다는 사실에는 의심의 여지가 없다. 그러나 모든 유기체와 유전체 전체를 아우르는 그의 전체론적 처방은 곧장 세 번째 혁명인 세포 혁명으로 우리를 안내한다. 그리고 이 혁명은 우즈 자신의 혁명을 전복시킨다.

이 세 번째 혁명은 아직 끝나지 않았다. 논리적인 측면에서는 조금 약하지만, 큰 것 한 방은 날릴 수 있다. 이 혁명은 첫 번째와 두 번째 혁명에 뿌리를 두고 있으며, 특히 이 두 혁명이 어떤 연관성이 있는지에 관한 의문에서 비롯된다. 우즈의 계통수는 하나의 기본 유전자가 생명의 세 영역에서 어떻게 갈라지는지를 묘사한다. 이에 반해서 마굴리스의 세포내 공생에서는 합병과 획득을 통해서 서로 다른 종의 유전자가 하나로 수렴된다. 나무에 빗대어 설명하면, 세포내 공생은 가지가 갈라지는 것이 아니라 가지가 합쳐지는 것이다. 우즈와는 완전히 상반된 시각이다. 이 두 시각이 모두 옳을 수는 없다! 그렇다고 둘 다 완전히 틀린 것도 아니다. 과학에서 흔히 그렇듯이, 진실은 둘 사이의 어딘가에 존재한다. 그러나 이를 타협이라고 생각하지는 말자. 서서히 모습을 드러내고 있는 그 해답은 어느 한쪽으로 치우치는 것보다 훨씬 더 흥미롭다.

우리가 알고 있는 바에 따르면, 미토콘드리아와 엽록체는 확실히 세균의 세포내 공생에서 유래했다. 그러나 복잡한 세포의 다른 부분들은 아마 전통적인 방식으로 진화되었을 것이다. 문제는 그 시기가 정확히 언제였는가 하는 점이다. 엽록체는 식물과 조류에서만 발견되므로, 그 무리의 조상만 획득했을 가능성이 크다. 따라서 비교적 시기가 늦은 편이었을 것이다. 이와 달리, 미토콘드리아는 모든 진핵생물에서 발견되므로(그 배경에 관해서는 제1장에서 설명할 것이다) 더 이른 시기에 획득했을 것이다. 그런데 얼마나 이른 시기였을까? 다른 방식으로 말하자면, 어떤 종류의 세포가 미토콘드리아를 받아들였을까? 일반적인 교과서의 시각에서 보면, 그 세포는 아메바와 비슷하게 생긴 정교한 세포였다. 자유자재로 형태를 바꾸면서 주위를 돌아다닐 수 있었고, 식작용(食作用, phagocytosis)이라는 방식으로 다른 세포를 집어삼킬 수 있는 포식자였다. 다시 말해서, 미토콘드리아를 획득한 세포는 번듯한 진핵세포의 모습을 거의 완전히 갖추고 있었다는 것이다. 이제 우리는 그렇지 않다는 것을 알고 있다. 지난 몇 년에 걸쳐 더 대표적인 종들을 표본으로 다수의 유전자들을 비교한 결과, 숙주세포가 사실은 고세균의 일종이었다는 명확한 결론에 도달했다. 고세균은 모두 원핵생물이다. 원핵생물은 핵이나 성(姓)이 없고, 식작용을 포함한 복잡한 생명체의 다른 특성도 전혀 가지고 있지 않다. 형태적인 복잡성이라는 측면에서 보았을 때, 그 숙주세포는 복잡성이 전혀 없는 것이나 마찬가지였다. 그 다음 어찌어찌 세균을 획득했고, 그 세균이 미토콘드리아가 되었다. 그리고 그 다음에야 비로소 모든 복잡한 특징들이 진화했다. 만약 그렇다면, 복잡한 생명체의 유일한 기원은 미토콘드리아의 획득에 달려 있었을지도 모른다. 미토콘드리아가 무엇인가를 촉발시키는 작용을 한 것이다.

숙주세포인 고세균과 미토콘드리아가 된 세균 사이에 단 한번 일어났던 세포내 공생으로 복잡한 생명체가 나타났을 것이라는 이 파격적인 예측은 1998년에 진화생물학자인 빌 마틴이 내놓았다. 생각이 자유분방하고 남다른 직관을 가지고 있던 마틴은 진핵세포에서 발견한 독특한 유전자 모자이크를 토대로 이것을 예측했는데, 이 유전자 모자이크는 대부분 마틴 자신이 발견했다. 하나의 생화학적 경로, 이를테면 발효를 생각해보자. 고세균에서는 이런 방식의 발효가 일어나고, 세균에서는 저런 방식의 발효가 일어난다. 관련된 유전자도 서로 다르다. 진핵생물의 발효에서는 세균에서 유래한 유전자 몇 개와 고세균에서 유래한 유전자 몇 개가 서로 촘촘하게 엮여서 하나의 복합적인 경로를 형성한다. 이런 복합적인 유전자 조합은 단순히 발효에만 적용되는 것이 아니라, 복잡한 세포의 거의 모든 생화학 경로에서 나타난다. 이것은 엄청나게 충격적인 사건이다!

마틴은 이 모든 것을 대단히 면밀히 따져보았다. 왜 숙주세포는 자신의 세포내 공생체로부터 그렇게 많은 유전자를 받아들였을까? 그리고 왜 그 유전자들을 자신의 구조에 그렇게 긴밀하게 통합시켜서 기존의 많은 유전자를 대체했을까? 마틴은 이 문제의 해답을 얻기 위해서 미클로스 뮐러와 함께 수소 가설(hydrogen hypothesis)을 내놓았다. 마틴과 뮐러의 주장에 따르면, 숙주세포는 수소와 이산화탄소라는 두 가지 단순한 기체를 이용해서 살아갈 수 있었던 고세균이었다. 세포내 공생체(미래의 미토콘드리아)는 융통성 있는 세균(지극히 일반적인 세균)이었고, 숙주세포의 생장에 필요한 수소를 공급했다. 이 관계의 세부적인 내용에 관한 연구는 논리적 토대 위에서 차근차근 진행되어, 단순히 기체를 이용해서 살아가던 세포가 왜 자신의 세포내 공생체에게 공급할 유기물(먹이)을 찾아 어슬렁거리게 되었는지를 설명한다. 그러나 여기서 우리에게 중요한 것은 그것이 아니다. 마틴의 예측에 따르면, 복잡한 생명체는 두 세포 사이에서 단 **한번** 일어난 세포내 공생을 통해서만 등장했다. 마틴은 숙주세포가 화려한 복잡성과는 거리가 먼 고세균이었을 것이라고 예측했다. 또 미토콘드리아가 없는 단순한 진핵세포라는 중간 단계는 결코 없었을 것이라는 예측도 내놓았다. 미토콘드리아의 획득과 복잡한 생명의 기원이 동일한 하나의 사건이었다는 이야기이다. 계속해서 그는 세포핵, 성, 식작용에 이르는 복잡한 세포의 모든 정교한 특성도 미토콘드리아의 획득 **이후**, 그 특별한 세포내 공생으로 인해서 진화했을 것으로 보았다. 이는 진화생물학에서 가장 뛰어난 통찰 중 하나이며, 훨씬 더 널리 알려져야 마땅하다. 만약 그랬다면 연속적 세포내 공생설과 그렇게 쉽게 혼동을 일으키는 일은 없었을 것이다 (두 학설에는 같은 예측이 하나도 없다). 이 명쾌한 예측들은 모두 지난 20여 년간의 유전체 연구를 통해서 완전히 사실로 입증되었다. 이것은 생화학적 논리의 힘을 보여주는 불후의 업적이다. 생물학의 노벨상이 있다면, 빌 마틴보다 더 적합한 수상자는 없을 것이다.

이제 우리는 다시 원점으로 돌아왔다. 우리는 엄청나게 많은 것을 알고 있지만, 생명이 왜 이런 모습인지에 관해서는 여전히 모른다. 우리는 40억 년의 진화 과정에서 딱 한번 복잡한 세포가 나타났다는 것을 안다. 이 복잡한 세포가 한 고세균과 한 세균 사이에 일어난 단 한번의 세포내 공생을 통해서 만들어졌다는 것도 안다(그림 1). 우리는 복잡한 생명체의 특성이 이 연합 이후에 나타났다는 것도 안다. 그러나 우리는 그 특별한 특성이 진핵생물에서는 나타났지만, 세균이나 고세균에서는 왜 진화할 조짐조차 없는지 알지 못한다. 우리는 어떤 힘이 세균과 고세균을 억압하는지, 왜 이들이 형태적으로는 단순한 것인지 전혀 모른다. 그럼에도 세균과 고세균은 생화학적으로 대단히 다양하고, 유전자도 천차만별이며, 온갖 암석과 기체에서 양분을 추출하는 매우 뛰어난 능력을 가지고 있다. 우리에게는 이 문제에 접근하기 위한 파격적이고 새로운 사고 틀이 있다.

나는 이 문제의 실마리는 세포의 기이한 생물학적 에너지 생산 메커니즘에 있다고 확신한다. 이 기이한 메커니즘은 어디에나 스며들어 있지만, 이 메커니즘이 세포에 가하는 물리적 제약의 진가에 대해서는 잘 알려져 있지 않다. 살아 있는 모든 세포는 본질적으로 양성자(proton : 양전하를 띠는 수소 원자)의 흐름을 통해서 스스로 동력을 생산한다. 이런 양성자의 흐름은 전류에서 전자가 흐르듯이 양성자가 흐르는 일종의 양전기(proticity)라

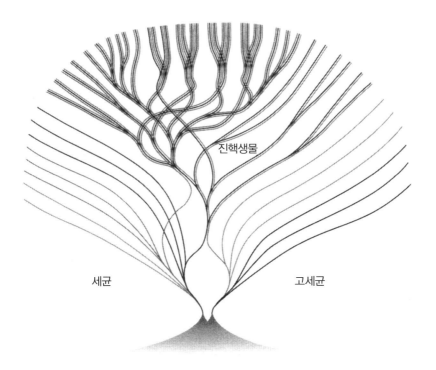

세균   진핵생물   고세균

그림 1 복잡한 세포의 키메라적 기원을 보여주는 계통수

1998년에 빌 마틴이 묘사한 것처럼 유전체 전체를 반영하는 합성 계통수, 세균과 고세균과 진핵생물이라는 세 개의 영역을 보여준다. 진핵생물은 키메라적 기원을 가지고 있다. 고세균인 숙주세포와 세포내 공생체인 세균의 유전자가 융합해서, 결국 고세균인 숙주세포는 형태적으로 복잡한 진핵세포로 진화하고 세포내 공생체는 미토콘드리아가 되었다. 진핵생물의 한 무리에서 획득한 제2의 세균 공생체는 조류와 식물에서 엽록체가 되었다.

고 할 수 있다. 호흡 과정에서 양분의 연소를 통해자 얻은 에너지는 막 너머로 양성자를 퍼내는 데에 이용되고, 막 너머에는 양성자 저장소가 형성된다. 이렇게 저장된 양성자는 다시 막 안쪽으로 흘러들어오면서 에너지를 생산할 수 있다. 마치 저수지에 갇혀 있던 물이 수력 발전용 댐의 터빈을 돌려 전기를 생산하는 것과 같은 원리이다. 이렇게 막을 경계로 한 양성자의 농도 차이, 즉 양성자의 기울기(gradient)가 세포의 동력일 것이라고는 누구도 예측하지 못했다. 이 예측은 1961년에 처음 발표된 이래, 30년에 걸쳐 단 한 사람에 의해서만 발전해왔다. 그가 바로 20세기의 가장 독창적인 과학자 중 한 사람인 피터 미첼이다. 다윈 이래로 생물학계에서 가장 반직관적인 발상이라고 불리는 그의 개념은 물리학으로 따지면 아인슈타인, 하이젠베르크, 슈뢰딩거의 발상에 비길 만하다. 현재 우리는 양성자 동력의 작동방식을 단백질의 수준까지 자세히 알고 있다. 또 양성자 기울기가 지구상의 모든 생명체에 걸쳐 보편적으로 쓰인다는 것도 알고 있다. 양성자 동력은 보편적인 유전암호처럼 모든 생명체의 필수 요소이다. 그러나 우리는 이 반직관적인 에너지 생산 메커니즘이 어떻게, 또는 왜 처음 진화되었는지 아직 아무것도 모른다. 그래서 나는 오늘날 생물학의 중심에는 아직 밝혀지지 않은 두 가지 큰 의문점이 있다고 본 것이다. 생명이 이렇게 당혹스러운 방식으로 진화해온 이유는 무엇일까? 그리고 세포는 왜 이렇게 기이한 방식으로 동력을 얻을까?

이 책은 이런 의문점들의 해답을 찾기 위한 하나의 시도이다. 나는 이 의문점들이 서로 단단히 뒤얽혀 있다고 믿는다. 내가 바라는 것은 에너지가 진화의 중심이라는 것과 생명의 특성을 이해하기 위해서는 에너지를 계산에 넣어야 한다는 것을 설득력 있게 설명하는 것이다. 생명과 에너지의 이런 관계는 태초로 거슬러올라간다. 생명의 기본 특성은 쉼 없이 요동치던 한 행성의 불균형 상태에서 필연적으로 등장했다. 에너지의 흐름은 생명의 기원을 유발했고, 세포는 양성자 기울기를 중심으로 등장했으며, 양성자 기울기의 이용은 세균과 고세균 모두에 구조의 제약을 초래했다. 이런 제약들이 이후 세포의 진화를 지배해서, 세균과 고세균은 생화학적으로는 거의 무궁무진한 재주를 부릴 수 있지만 형태적으로는 영원히 단순한 상태에 머물러 있게 되었다. 한 고세균의 몸속에 한 세균이 들어간 세포내 공생이라는 희귀한 사건으로 이 제약이 파괴되면서, 훨씬 더 복잡한 세포의 진화가 가능해졌다. 이것은 쉬운 일이 아니었다. 한 세포와 그 세포의 내부에서 살아가는 다른 세포 사이의 이런 긴밀한 관계는 형태적으로 복잡한 유기체의 등장이 왜 한 번뿐이었는지를 설명해준다. 더 나아가, 이런 긴밀한 관계를 통해서 복잡한 세포의 특성들을 예측할 수 있다. 이런 특성에는 핵, 유성생식, 두 종류의 성, 심지어 소멸되는 체세포와 불멸의 생식세포주(germline) 사이의 구별도 포함된다. 유한한 수명과 유전적으로 예정된 죽음의 기원은 바로 여기에서 찾을 수 있다. 에너지에 관한 생각을 통해서 우리는 자신의 생물학적 일면, 특히 생식력과 젊음의 활기, 노화와 질병 사이의 오랜 진화적 거래를 예측할 수 있다. 나는 이런 통찰들이 우리의 건강을 개선하는 데에 도움이 되기를 희망한다. 아니, 최소한 건강에 대한 이해를 높이는 계기가 되었으면 한다.

과학에서는 무엇인가를 앞장서서 주장하는 것처럼 행동하면, 다른 이들의 눈살을 찌푸리게 할 수도 있다. 그러나 생물학에서는 정확히 그런 행동이 훌륭한 전통으로 이어져 내려오고 있으며, 그 시작은 다윈으로 거슬러 올라간다. 다윈은 『종의 기원(*The Origin of Species*)』을 "하나의 긴 주장"이라고 말했다. 오늘날에도 책은 전체적인 과학적 구조에서 사실들이 연결될 수 있는 방식에 대한 하나의 그림, 다시 말해서 무엇인가를 이해할 수 있게 해주는 가설을 보여주는 가장 좋은 방법이다. 피터 메더워의 묘사에 따르면, 가설은 미지를 향한 상상의 도약이다. 한번 도약이 일어난 가설은 인간의 말로 이해할 수 있는 하나의 이야기가 된다. 가설이 과학이 되기 위해서는 검증 가능한 예측을 해야만 한다. 과학에서는 어떤 주장이 어떤 반론에도 끄떡없다는 뜻으로 "오류조차 없다"고 말하는 것보다 더 큰 무례는 없다. 이 책에서 나는 하나의 가설을 내놓고, 진화와 에너지의 연관성에 관한 이야기를 풀어갈 것이다. 오류가 증명될 수 있을 정도로 자세하면서도, 되도록이면 쉽고 재미있게 읽히는 글을 쓰려고 한다. 이 이야기는 나의 연구("참고 문헌"에서 출처 논문을 찾아볼 수 있다)와 다른 이들의 연구를 토대로 했다. 직감이 귀신같이 잘 맞는 뒤셀도르프 대학교의 빌 마틴, 수학적 소양을 갖춘 진화유전학자이자, 유니버시티 칼리지 런던 최고의 동료인 앤드루 포미안코프스키와의 공동 연구는 그 무엇보다도 보람 있었다. 또한 재능이 뛰어난 몇몇 박사과정 학생들과의 연구도 즐거웠다. 모두 값진 경험이자 크나큰 기쁨이었지만, 우리는 아득한 여정의 출발점에 있을 뿐이다.

나는 이 책에서 간결함을 유지하기 위해서, 흥미롭지만 관련이 없거나 주제에서 벗어나는 이야기를 줄이고자 노력했다. 이 책은 하나의 주장이다. 필요하면 분량을 할애해서 더 자세히 다루었다. 비유와 소소한 재미도 부족함이 없다(그러기를 바란다). 일반 독자를 위한 책에서 생화학을 기반으로 생명을 설명하려면 이 점이 중요하다. 생소한 초현미경적 풍경에서 일어나는 거대 분자들의 상호작용을 쉽게 시각화할 수 있는 사람은 많지 않다. 그러나 중요한 것은 나의 글로 빚어지는 과학 그 자체이다. 삽을 삽이라고 부르는 것은 옛 방식의 미덕이다. 간단명료하며 곧바로 요점을 전달한다. 만약 내가 몇 쪽마다 한 번씩 삽이 사람을 파묻는 도구라는 점을 계속 상기시킨다면, 아마 독자들은 금방 짜증이 날 것이다. 미토콘드리아를 미토콘드리아라고 부르는 것이 별 도움이 되지는 않지만, 번번이 "우리 몸을 구성하는 세포처럼 크고 복잡한 세포 속에는 매우 작은 발전소들이 들어 있는데, 이 발전소는 아주 오래 전에는 자유롭게 살았던 세균에서 유래했고 오늘날 우리에게 필요한 모든 에너지를 공급한다"라고 쓰는 것도 번거롭기는 마찬가지이다. 대신 나는 이렇게 쓸 것이다. "모든 진핵세포는 미토콘드리아를 가지고 있다." 이것이 훨씬 더 명료하고 더 호소력 있는 한 방이다. 몇 가지 용어에 익숙해지면 더 많은 정보를 얻을 수 있고, 이 경우에는 그것이 어떻게 나타났는지에 관한 의문을 불러일으킨다. 이 의문은 미지의 가장자리, 가장 흥미로운 과학까지 곧바로 이어진다. 그래서 나는 불필요한 전문용어를 피하려고 노력했고, 가끔씩 용어의 의미를 상기시켜 주는 내용을 포함시켰다. 그러나 이와 별개로, 반복적으로 쓰이는 용어에는 친숙해지기를 바란다. 또 책의 뒷부분에는 일종의 안전장치처럼 중요한 용어에 대한 간단한 설명을 수록했다. 간간히 용어 설명을 확인하면서, 관심이 있는 사람이라면 누구나 쉽게 이 책을 읽을 수 있기를 바란다.

나는 당신이 흥미를 느낄 수 있기를 진정으로 바란다! 이 광막한 우주에서 이끌어낸 우리의 자리에 대한 이해와 가능성과 생각들로 이루어진 이 용감한 신세계는 정말 기묘하지만 진짜 짜릿하다. 이제부터 나는 이 낯설고 거의 알려진 바 없는 풍경의 윤곽을 잡아나갈 것이다. 우리는 생명 자체의 기원에서부터 우리의 건강과 죽음에 이르는 전경을 한눈에 바라보게 될 것이다. 이 엄청난 기간은 다행히도 몇 가지 간단한 개념으로 통합되며, 이 개념은 막을 사이에 둔 양성자 기울기와 연관이 있다. 다윈을 필두로, 내가 생각하는 생물학의 명저들은 모두 논쟁을 불러일으켰다. 이 책도 그 전통을 따르기를 감히 바라본다. 나는 에너지가 지구상에서 생명의 진화를 제한해왔으며, 같은 힘이 우주 어디에서나 적용되어야 한다고 주장할 것이다. 그리고 에너지의 합성과 진화는 더 예측 가능한 생물학적 특성의 토대가 되어, 지구뿐만 아니라 존재할 수 있는 우주 어디에서나 생명이 왜 이런 모습인지를 이해하는 데에 도움이 될 것이다.

제1부

문제

1
생명이란 무엇인가?

전파망원경은 밤낮을 가리지 않고, 하늘을 꼼꼼하게 살핀다. 덤불로 뒤덮인 캘리포니아 북부의 산맥에는 42개의 전파망원경이 듬성듬성 흩어져 있다. 무표정한 얼굴을 닮은 하얀 접시 안테나는 일제히 지평선 너머의 어딘가를 향하고 있다. 마치 고향으로 돌아가려는 외계 침략자들의 집합장소 같다. 이 부조화는 적절하다. 외계 문명 탐사(search for extraterrestrial intelligence) 단체인 SETI에 소속된 이 망원경은 지난 반세기 동안 우주에서 오는 외계 생명체의 신호를 유심히 살펴왔지만 아무런 성과도 없었다. 이 단체의 중요한 지도자들조차도 성공을 그리 낙관하지는 않는다. 그러나 몇 년 전에 자금이 고갈되었을 때, 대중을 향해 직접 호소를 했고, 앨런 전파망원경 배열(Allen Telescope Array)은 곧바로 다시 작동될 수 있었다. 내가 생각하기에 이 모험은 우주에서 우리의 자리에 대해서 인간이 느끼는 불안함과 과학 자체의 연약함을 보여주는 뼈아픈 상징이다. 공상과학 기술은 밑도 끝도 없이 전지전능함을 암시하며, 우리는 전혀 과학을 토대로 하지 않은 채 혼자가 아니라는 순진한 꿈에 길들여져 있다.

이 전파망원경 배열은 생명체를 전혀 감지하지 못하더라도 여전히 가치가 있다. 이 망원경들을 통해서 엉뚱한 길을 찾아 헤맬 가능성은 없겠지만, 그들의 진짜 능력은 거기에 있다. 우리가 저 너머에서 찾고 있는 것은 정확히 무엇일까? 우주 어딘가에 있는 생명체도 라디오 전파를 사용할 정도로 우리와 비슷해야 할까? 우리가 생각하는 다른 어딘가의 생명체도 탄소를 기반으로 해야 할까? 그들에게도 물이 필요할까? 산소는 어떨까? 이런 질문은 우주의 다른 어딘가에 있는 생명의 구조에 관한 질문이 아니다. 이것은 지구 생명에 관한 질문, 생명이 우리가 알고 있는 그런 모습인 이유에 관한 질문이다. 이 망원경들은 지구의 생물학자들에게 그들의 문제를 되비추는 거울이다. 문제는 과학이 예측이라는 점이다. 물리학에서 가장 시급한 문제는 물리법칙들이 왜 그렇게 되는지, 널리 알려져 있는 우주의 특성을 예측하는 기본 원리는 무엇인지에 관한 것이다. 생물학에는 예측할 만한 것이 적어서 물리학에 비하면 법칙이 거의 없는 편이다. 이를 감안하더라도 진화생물학의 예측 능력은 부끄러울 정도로 형편없다. 우리는 분자 수준의 진화 메커니즘과 지구의 생명 역사에 관해서는 엄청나게 많은 것을 알고 있다. 그러나 이 역사의 어떤 부분이 (다른 행성에서는 꽤 다른 궤적이 나타날 수 있는) 우연이고, 어떤 부분이 물리법칙의 지배나 제약을 받는지에 관해서는 별로 아는 바가 없다.

이것은 노력이 부족해서가 아니다. 이 분야는 은퇴한 노벨상 수상자들이나 생물학에서 걸출한 인물들의 놀이터이다. 그러나 그들의 학식과 지적 능력에도 불구하고 그들 사이에 합의는 이루어지지 않았다. 40년 전, 분자생물학의 태동기에 프랑스의 생물학자인 자크 모노는 『우연과 필연(Hasard et la Necessite)』이라는 유명한 책을 썼다. 이 책에서 그는 지구에서 생명의 기원은 기이한 사건이며 텅 빈 우주에는 우리뿐이라는 암울한 주장을 내놓았다. 이 책의 마지막 줄은 과학과 형이상학이 결합된 아름다운 시로 마무리되었다.

고대의 계약은 산산조각이 나고, 적어도 인간은 무감각할 정도로 방대한 이 우주에서 혼자라는 것을 알고 있다. 우리의 등장은 우연일 뿐이었다. 인간의 운명은 어디에도 설명되어 있지 않다. 인간의 의무도 마찬가지이다. 고귀한 왕국에 오르느냐, 어둠의 나락으로 떨어지느냐는 온전히 인간의 선택에 달려 있다.

그 이후 반대 주장이 나왔다. 생명은 우주의 화학작용에 의해서 불가피하게 나타난 결과물이라는 것이다. 생명은 거의 모든 곳에서 빠르게 등장할 것이다. 일단 어떤 행성에 생명이 번성하면, 그 다음에는 무슨 일이 벌어질까? 이번에도 아무런 합의가 이루어지지 않았다. 공학적 제약으로 인해서 생명이 어디에서 시작되었는지에 관계없이 비슷한 목적지로 수렴되는 경로를 따를 수도 있다. 중력이 주어진 상황이라면, 날 수 있는 동물은 몸무게가 가벼워지고 날개 비슷한 것을 발달시킬 것이다. 더 일반적인 의미에서 볼 때, 어쩌면 외계와는 다른 내부를 유지하게 해주는 작은 단위인 세포가 생명에게 필요했을지도 모른다. 만약 이런 제약이 널리 지배하고 있다면, 다른 곳의 생명도 지구의 생명체와 매우 비슷할 것이다. 반대로, 우연한 사건의 지배를 받을지도 모른다. 지구에서 공룡을 사라지게 한 소행성 충돌 같은 범지구적 사건에서 무작위로 살아남은 생존자에 의해서 생명체의 구성이 결정될 수도 있다. 지금으로부터 약 5억 년 전, 화석 기록에서 처음으로 동물들이 폭발적으로 증가했던 캄브리아기로 시간을 되돌린다고 해보자. 그런 다음 다시 시간을 흐르게 하면, 그 평행 세계는 지금 우리의 세계와 비슷한 모습일까? 어쩌면 거대한 육상 문어가 언덕을 기어오르고 있을지도 모를 일이다.

망원경이 우주 공간을 향하게 하는 이유 중 하나는 여기 지구에서 우리가 다루고 있는 것은 표본 하나 분량이기 때문이다. 통계적인 관점에서 볼 때, 우리는 지구 생명의 진화를 제한하는 것이 있더라도 정확히 알 수가 없다. 그러나 만약 정말 그렇다면, 이 책과 비슷한 다른 책들을 위한 토대는 없는 셈이다. 물리법칙이 우주에 보편적으로 적용되는 것처럼, 원소의 특성과 존재비 역시 그렇게 때문에 있음직한 화학작용도 존재할 것이다. 지구의 생명체는 성이나 노화 같은 기이한 특성을 많이 가지고 있어서, 수세기 동안 최고의 생물학자들에게 마음의 부담이 되었다. 만약 우리가 이런 특성이 나타난 이유, 다시 말해서 생명이 왜 이런 모습인지에 관한 이유를 1차 원리인 우주의 화학적 조성으로부터 예측할 수 있다면, 우리는 다시 통계적인 확률의 세계에 접근할 수 있을 것이다. 지구의 생명은 하나의 표본이 아니라, 경험적 목적을 위해서 무한히 긴 시간에 걸쳐 진화하는 유기체의 무한한 다양성이다. 그러나 진화론은 지구상의 생명이 왜 그런 경로를 거쳐왔는지를 1차 원리에서부터 예측하지 않는다. 내 주장은 진화론이 틀렸다는 것이 아니라, 진화론에서는 예측을 하지 않는다는 뜻이다. 이 책에서 내가 하고자 하는 주장은 사실 진화에는 강력한 제약이 있다는 것이다. 에너지와 관련된 제약을 통해서, 우리는 생명의 가장 근본적인 특성들 중 일부를 1차 원리로부터 예측할 수 있다. 이 제약을 설명할 수 있으려면, 먼저 진화생물학에서는 예측이 불가능한 이유와 이런 에너지 제약이 대체로 간과되는 이유를 먼저 생각해야 한다. 어째서 우리는 문제가 있다는 것조차 거의 알지 못하는 것일까? 생물학의 중심에 존재하는 깊고 충격적인 단절은 불과 몇 년 전부터 뚜렷해지기 시작했으며, 그나마도 진화생물학을 연구하는 사람들만 알고 있었다.

어느 정도까지는 이런 유감스러운 상황을 DNA의 탓으로 돌릴 수 있다. 아이러니하게도 현대의 분자생물학과 그에 따른 모든 특별한 DNA 기술은 물리학자들, 특히 1944년에 발표된 에르빈 슈뢰딩거의 책 『생명이란 무엇인가?(*What is Life?*)』와 함께 시작되었다고 말할 수 있을 것이다. 슈뢰딩거는 두 가지 요점을 강조했다. 첫째, 생명은 쇠퇴하려는 보편적인 경향, 다시 말해서 열역학 제2법칙으로 규정되는 엔트로피(무질서)의 증가를 어느 정도 거스른다. 둘째, 생명이 국지적으로 엔트로피의 법칙을 피할 수 있는 비결은 유전자에 있다. 슈뢰딩거는 유전물질이 "비주기적" 결정(結晶)일 것이라고 제안했다. 엄밀하게 반복적인 구조가 아니라서 "암호문"과 같은 역할을 할 수 있다는 것인데, 생물학 문헌에서 암호라는 용어가 처음 사용된 예가 이것이라는 설이 있다. 슈뢰딩거 자신도 당시 대부분의 생물학자들처럼, 문제의 비주기적 결정이 단백질일 것이라고 추측했다. 그러나 광풍처럼 몰아친 10년 동안, 크릭과 왓슨은 DNA의 결정 구조를 알아냈다. 그들은 1953년 『네이처(Nature)』에 발표한 두 번째 논문에 다음과 같이 썼다. "따라서 정확한 염기 서열이 유전 정보를 전달하는 암호인 것으로 보인다." 이 문장은 현대 생물학의 토대가 되었다. 오늘날의 생물학은 가상의 환경에 펼쳐진 유전체 서열로 이루어진 정보이며, 생명은 정보의 전달이라는 측면에서 정의된다.

유전체는 마법의 땅으로 들어가는 관문이다. 인간의 경우에는 30억 개의 문자로 이루어져 있는 이 암호의 세계는 마치 실험적인 소설을 읽을 때처럼, 일관된 이야기 사이에 반복적인 문장과 공백과 의미가 불명한 의식의 흐름이 간간히 끼어든다. 게다가 구두법도 독특하다. 우리의 유전체에서 단백질 암호가 차지하는 비중은 매우 작아서 2퍼센트 이하에 불과하다. 조절 기능을 담당하는 부분이 더 많고, 나머지 부분의 기능은 평소에는 예의바른 과학자들 사이에 싸움을 붙이기 위해서 존재하는 것 같다.[1] 여기에서 이 내용은 별로 중요하지 않다. 분명한 것은 유전체에는 수만 개의 유

---

1 암호화되지 않은 이런 모든 DNA 서열에 어떤 유용한 목적이 있는지에 관해서, 과학자들 사이에서는 시끄러운 논쟁이 벌어지고 있다. 한편에서는 기능이 있으므로 "쓰레기 DNA(junk DNA)"라는 용어는 퇴출시켜야 한다고 주장하고, 다른 한편에서는 "양파 검증 (onion test)"이라는 문제를 제기한다. 만약 암호화되지 않은 서열 대부분이 어떤 유용한 목적을 수행한다면, 양파에 이런 DNA 서열이 인간보다 5배나 더 많은 이유는 무엇일까? 내 생각에는 쓰레기 DNA라는 용어를 폐기하기에는 아직 시기상조인 것 같다. 같은 쓰레기라도 junk와 garbage는 다르다. garbage는 바로 버리는 쓰레기이지만, junk는 언젠가 쓸모가 있을지도 모르기 때문에 창고에 처박아놓는 쓰레기이다.

전자와 엄청난 양의 복잡성을 조절하기 위한 내용이 암호화되어 있을 수 있는데, 여기에는 애벌레를 나비로 탈바꿈시키거나 어린아이를 성인으로 만드는 데에 필요한 모든 것이 자세히 쓰여 있다는 점이다. 동물, 식물, 균류, 단세포 아메바의 유전체를 비교해보면, 같은 과정이 일어나고 있음이 드러난다. 우리는 같은 변종 유전자, 같은 조절인자, 같은 이기적인 복제자(바이러스 따위), 같은 범위의 무의미한 서열의 반복을 대단히 다양한 크기와 유형의 유전체에서 확인할 수 있다. 양파, 밀, 아메바는 우리보다 유전자와 DNA를 훨씬 더 많이 가지고 있다. 개구리와 도롱뇽 같은 양서류의 유전체는 크기 변화의 범위가 두 자릿수에 이른다. 어떤 도롱뇽의 유전체는 우리의 것에 비해서 40배가 더 큰 반면, 어떤 개구리는 우리보다 유전체의 크기가 3분의 1에 불과하다. 만약 유전체의 구조적인 제약을 한마디로 요약한다면, "아무것이나 다 된다"가 될 것이다.

이 점이 중요하다. 만약 유전체가 정보라면, 그리고 유전체의 크기와 구조에 근본적으로 아무런 제약이 없다면, 정보에도 아무런 제약이 없을 것이다. 이는 유전체에 제약이 전혀 없다는 의미는 아니다. 유전체에도 분명히 제약이 있다. 유전체에 작용하는 힘에는 자연선택뿐만 아니라 유전자, 염색체, 유전체 전체의 우연한 중복이나 역위(逆位)나 결실(缺失)이나 기생 DNA의 침입 같은 더 무작위적 요소들도 포함된다. 어떻게 이 모든 것들이 생태적 틈새, 종 사이의 경쟁, 개체군의 크기와 같은 요소들에 의해서 결정되는 것일까? 우리의 관점에서 보면, 이 모든 요소들은 예측이 불가능하다. 이런 요소들은 환경의 소관이다. 만약 환경이 정확하게 명시되어 있다면, 어쩌면 특정 종의 유전체 크기를 예측할 수 있을지도 모르겠다. 그러나 무수히 많은 종들이 굉장히 다양한 미세 환경에서 살아가고 있다. 다른 세포의 내부, 인간의 도시, 수압이 엄청나게 높은 심해에 이르기까지 이런 미세 환경의 범위는 다양하다. "아무것이나 다 된다"기보다는 "모든 것이 다

된다"고 말하는 것이 옳다. 다양한 환경에서 다양한 요소들이 유전체에 작용하는 만큼, 우리는 다양한 유전체의 발견을 기대해야 한다. 유전체는 미래를 예측하지는 않지만, 과거를 일깨워준다. 역사의 절박한 사정들을 반영하는 것이다.

다시 외계를 생각해보자. 만약 생명이 정보에 관한 것이고 그 정보에 제약이 없다면, 우리는 다른 행성의 생명체가 어떤 모습일지 예측이 불가능하다. 우리가 알 수 있는 것이라고는 그 생명체가 물리법칙에 위배되지 않을 것이라는 점뿐이다. 어떤 형태의 유전물질이 나타나면, 그것이 DNA든 다른 무엇이든 관계없이, 진화의 궤적은 정보의 제약에서 벗어나게 되고 1차 원리로는 예측이 불가능해진다. 실제로 진화를 결정하는 것은 환경, 역사의 우발적인 사고, 선택의 독창성일 것이다. 그러나 다시 지구를 돌아보자. 이 말은 오늘날 존재하는 것과 같은 엄청난 생명의 다양성에 대해서는 상당히 타당하지만, 장구한 지구 역사에서 대부분의 기간에 대해서는 그렇지 않다. 생명은 수십억 년 동안 제약을 받아온 것처럼 보인다. 그 제약은 유전체나 역사나 환경을 통해서는 쉽게 해석이 되지 않는다. 최근까지도 우리 행성의 기이한 생명의 역사는 명료함과는 거리가 멀었고, 지금도 세부적으로는 많은 논란이 있다. 나는 서서히 모습을 드러내고 있는 새로운 시각을 설명하면서, 이제는 옳지 않아 보이는 이전의 시각과 비교를 해볼 것이다.

처음 20억 년 동안의 간략한 생명의 역사

지구의 나이는 약 45억 살이다. 지구는 처음 약 7억 년 동안은 무거운 운석들의 충돌로 엄청나게 시달렸다. 당시는 태양계가 막 자리를 잡기 시작했을 즈음이었다. 달은 원시 지구가 화성만 한 천체와 충돌을 하면서 형성되었을 것으로 추정된다. 활발한 지질활동으로 지각이 끊임없이 변화하는 지구와 달리, 고요한 달 표면에는 태양계 초기 운석 충돌의 증거들이 고스란히 보존되어 있으며, 그 연대는 아폴로 우주인들이 지구로 가져온 암석으로 측정되었다.

지구에는 그와 비슷한 연대의 암석이 없지만, 그래도 초기 지구의 조건에 대한 몇 가지 단서가 있기는 하다. 특히 지르콘(zircon : 지르코늄규산염의 미세한 결정, 많은 암석들에서 발견되며 모래알보다 더 작다)의 조성은 우리가 생각하는 것보다 훨씬 이른 시기부터 대양이 존재했음을 암시한다. 우라늄 연대측정법을 통해서 밝혀진 바에 따르면, 놀라울 정도로 단단한 일부 지르콘 결정은 약 40–44억 년 전에 형성되었고, 그후에는 쇄설물 입자가 되어 퇴적암 속에 축적되었다. 지르콘 결정은 화학적 오염물질을 가둬두는 작은 우리처럼 작용해서 오염물질이 형성된 시기의 환경을 보여준다. 화학 조성이 암시하는 바에 따르면, 초기의 지르콘은 비교적 온도가 낮고 물이 존재하는 상황에서 형성되었다. 전문용어로 "명왕누대(Hadean)"라고 부르는 당시의 세계에 대해서 사람들은 바다에서 용암이 끓어오르고 화산이 폭발하는 지옥과 같은 풍경을 상상했다. 그러나 지르콘 결정을 통해서 알려진 당시의 모습은 지옥과는 거리가 멀어서, 약간의 육지가 있는 비교적 심심한 바다 세계였다.

마찬가지로 원시 대기 속에 가득했던 메탄, 수소, 암모니아 같은 기체들이 서로 반응해서 유기물이 형성되었다는 낡은 생각도 지르콘을 이용한 철저한 검증을 버텨내지 못했다. 지르콘 결정 속에 포함된 세륨(cerium) 같은 미량 원소는 주로 산화된 형태로 존재한다. 초기 지르콘 속의 높은 세륨 함량은 대기의 대부분이 화산에서 뿜어져나온 산화된 기체들로 이루어져 있었음을 암시한다. 주로 이산화탄소, 수증기, 질소, 이산화황을 포함하는 이 대기 조성은 오늘날의 것과 별로 다를 것이 없었다. 다만 먼 훗날에 광합성이 시작되기 전까지는 풍부하지 않았던 산소만 없을 뿐이었다.

듬성듬성 흩어져 있는 지르콘 결정에서 오래 전에 사라진 세계를 재구성하기 위해서는 엄청난 양의 모래 알갱이가 필요하지만, 증거가 아예 없는 것보다는 낫다. 그 증거가 보여주는 행성의 모습은 오늘날 우리가 알고 있는 행성과 놀라울 정도로 흡사하다. 가끔씩 운석이 충돌하고 대양의 일부가 증발하기도 했겠지만, 만약 심해에 세균이 이미 진화해 있었다면 그곳에 살고 있는 세균을 곤경에 빠뜨릴 정도는 아니었을 것이다.

가장 오래된 생명에 관한 증거도 똑같이 빈약하지만, 그린란드 서남부에 위치한 이수아와 아킬리아에서 가장 오래된 것으로 추정되는 약 38억 년 전의 암석이 발견되었다(그림 2의 연대표를 보라). 이 증거는 화석이나 생체 세포에서 유래한 복잡한 분자의 형태("생물지표[biomarker]")가 아니다. 흑연 속 탄소 원자가 비무작위적으로 정렬된 것일 뿐이다. 탄소는 두 가지 안정된 형태의 동위원소로 존재하는데, 각각의 동위원소는 질량이 미세하게 다르다.[2] 효소(생체 세포에서 촉매작용을 하는 단백질)는 더 가벼운 탄소-12를 약간 더 선호한다. 그래서 탄소-12는 유기물에 축적되는 경향이 있다. 탄소 원자는 작은 탁구공처럼 생각할 수 있다. 크기가 작을수록 더 빠르게 튀므로 효소에 부딪힐 확률이 더 크고, 따라서 유기 탄소로 전환되기가 더 쉽다. 반대로, 전체 탄소의 1.1퍼센트에 불과한 더 무거운 동위원소인 탄소-13은 대양에 남아서 탄산염이 침전되어 석회암 같은 퇴적암이 될 때에 축적되었을 가능성이 있다. 이 미묘한 차이는 대단히 일관되게 나타나서, 종종 생명을 가늠하는 척도로 보일 정도이다. 탄소뿐 아니라 철, 황, 질소 같은 다른 원소들도 생체 세포에서 비슷한 방식으로 분리된다. 아수아와 아킬리아의 흑연 함유물에서는 이런 방식의 동위원소 분

2 탄소-14라는 불안정한 제3의 동위원소도 있다. 방사성 원소인 탄소-14는 반감기가 5,570 년이다. 탄소-14는 인공물의 연대를 측정할 때에 자주 이용되지만, 지질시대에는 쓰이지 않기 때문에 우리의 이야기와는 별로 관계가 없다.

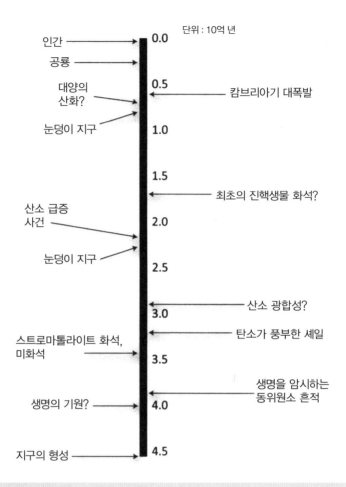

단위 : 10억 년

0.0	인간
	공룡
0.5	캄브리아기 대폭발
	대양의 산화?
1.0	눈덩이 지구
1.5	
	최초의 진핵생물 화석?
2.0	산소 급증 사건
2.5	눈덩이 지구
3.0	산소 광합성?
	탄소가 풍부한 셰일
3.5	스트로마톨라이트 화석, 미화석
4.0	생명의 기원? / 생명을 암시하는 동위원소 흔적
4.5	지구의 형성

그림 2 생명의 연대표

이 연대표는 초기 진화에서 중요한 사건의 대략적인 연대를 보여준다. 이 연대표는 많은 부분에서 불확실하고 논란이 벌어지고 있지만, 대부분의 증거가 암시하는 바에 의하면 세균과 고세균은 진핵생물보다 연대가 약 15–20억 년 더 앞선다.

리가 나타난다.

　암석 자체의 연대에서 생명을 암시하는 것으로 알려진 작은 탄소 알갱이의 존재에 이르기까지, 이 연구는 모든 측면에서 번번이 어려움을 겪었다. 게다가 동위원소의 분리는 생명체에만 나타나는 독특한 현상이 아니다. 미약하기는 하지만 열수 분출구에서 지질학적 과정을 통해서도 비슷한 효과가 나타난다는 것이 명확하게 밝혀졌다. 만약 그린란드의 암석이 정말 오래되었고 실제로 탄소가 그렇게 분리되어 있다고 해도, 아직 생명의 증거는 될 수 없다. 실망스러울 수도 있겠지만, 다른 의미에서 보면 우리의 기대에 그렇게 못 미친 것은 아니다. 나는 지질학적으로 활발한 "살아 있는 행성"과 살아 있는 세포 사이의 구별은 단순히 정의의 문제라고 생각한다. 둘 사이에는 명확하게 고정된 경계선이 없다. 지구화학과 생화학은 매끄럽게 연결된다. 이런 관점에서 볼 때, 오래 전의 암석에서는 지질학과 생물학적 특징이 구별되지 않는 것이 합당하다. 여기에 생명을 길러낸 살아 있는 행성이 있다. 그리고 그 둘은 일부러 쪼개지 않는 한 분리되지 않는 하나의 연속체이다.

　그로부터 수억 년 후로 이동하면, 오스트레일리아와 남아프리카의 고대 암석처럼 단단하고 확인이 가능한 생명의 증거가 또렷하게 드러난다. 이 암석에 포함된 미화석(微化石)은 세포와 많이 흡사하다. 그렇다고 해도 오늘날의 분류군에서 이 화석들이 속할 만한 자리를 찾아보려는 노력은 헛수고가 될 것이다. 이 작은 화석들 속에 들어 있는 탄소에도 생명을 암시하는 동위원소의 특징이 드러나지만, 이제는 열수의 우연한 작용이라기보다는 무엇인가 더 일정하고 조직적인 물질대사를 암시하는 특징이 나타난다. 게다가 스트로마톨라이트(stromatolite)를 닮은 구조도 볼 수 있다. 세균이 모여 이루어진 구조인 스트로마톨라이트 속에는 세포들이 나이테처럼 켜켜이 쌓여 있는데, 각각의 층이 무기물로 치환되면서 점차 석화(石化)가 진행되다가 무려 1미터 높이에 달하는 얇은 판 모양의 암석 구조물로 성장한다. 이런 직접적인 화석 외에도, 32억 년 전에 수백 제곱킬로미터 넓이에 걸쳐 수십 미터 깊이로 형성된 뚜렷한 호상철광층(banded iron formation)과 탄소가 풍부한 셰일과 같은 대규모 지질학적 특징도 있다. 우리는 세균과 무기물이 생물과 무생물이라는 서로 다른 영역에 존재한다고 생각하려는 경향이 있다. 그러나 사실 많은 퇴적암에는 세균의 작용으로 인한 퇴적물들이 엄청난 규모로 쌓여 있다. 붉은색과 검은색의 띠무늬가 대단히 아름다운 호상철광층의 경우, 대양에 녹아 있는 철(산소가 없을 때 풍부한 "제1철" 이온 따위)에서 세균이 전자를 떼어낼 때 생긴 찌꺼기인 녹이 물에 녹지 않고 해저에 가라앉아서 형성된 것이다. 이렇게 철이 풍부한 암석이 왜 기다란 띠 모양으로 형성되었는지는 아직 풀리지 않은 수수께끼이지만, 호상철광층에도 생물학적 흔적을 드러내는 특징적인 동위원소가 나타난다.

이 거대한 퇴적층에는 생명뿐 아니라 광합성의 흔적도 있다. 이 광합성은 오늘날 우리가 보는 식물과 조류의 녹색 잎에서 일어나는 광합성이 아니라, 더 단순한 형태의 원시 광합성이다. 모든 형태의 광합성은 빛 에너지를 이용해서 전자 공여체에서 억지로 전자를 떼어낸 다음, 이 전자로 이산화탄소가 유기물을 형성하게 만드는 것이다. 광합성의 형태는 전자의 공급원에 따라서 달라지며, 전자는 온갖 다양한 것에서 유래할 수 있다. 가장 일반적인 전자의 공급원은 용해된 철(제1철) 이온, 황화수소, 물이다. 각 경우에서 얻은 전자는 이산화탄소로 전달되고, 각각 녹 퇴적물, 황(유황), 산소를 폐기물로 남긴다. 지금까지 가장 까다로운 문제는 물이었다. 32억 년 전, 생명은 거의 모든 곳에서 전자를 뽑아내고 있었다. 생화학자인 알베르트 센트-죄르지의 말처럼, 생명은 쉴 곳을 찾아다니는 전자에 불과하다. 물에서 전자를 뽑아내는 마지막 단계가 정확히 언제 일어났는지에 관해서는 의견이 분분하다. 일부에서는 진화 초기에 일어난 사건이라고 주장하지만, 오늘날에는 "산소" 광합성이 29억-24억 년 전에 나타났음을 암시하는 증거들이 많다. 그로부터 얼마 지나지 않아, 중년의 위기와도 같은 불안정한 대격동이 지구 전체를 휩쓸었다. "눈덩이 지구(snow ball earth)"라고 알려진 전 지구적인 빙하 형성 작용에 이어, 육상의 암석이 광범위하게 산화되었다. 약 22억 년 전에는 공기 중에 산소가 있었음을 명확하게 알려주는 증거인 녹슨 "붉은 지층"이 형성되었다. 이것이 바로 "산소 급증 사건(Great Oxidation Event)"이다. 지구 전체에 형성된 빙하도 대기 중의 산소 증가를 나타낸다. 산소는 메탄을 산화시켜 잠재적인 온실 기체를 대기 중에서 제거함으로써, 지구 전체의 추위를 유발했다.[3]

산소 광합성의 진화와 함께, 생명의 물질대사를 위한 기본적인 도구상자가 완비되었다. 우리는 지구 역사에서 약 20억 년을 간략히 훑어보았다. 이는 동물이 살아온 기간의 3배에 해당하는 긴 시간으로, 세세한 것까지 모두 정확하지는 않을 것이다. 여기서 잠시, 우리 세계에 대한 더 큰 그림을 생각해보는 것도 가치가 있을 것이다. 첫째, 생명은 대단히 빨리 등장했다. 아마 늦어도 35억-40억 년 전 사이에는 오늘날 우리의 세상과는 다른 물속 세상에서 생명이 나타났을 것이다. 둘째, 35억-32억 년 전에는 세균이 다양한 형태의 호흡과 광합성을 포함한 거의 모든 형태의 물질대사를 발명했다. 10억 년 동안 이 세상은 세균이 온갖 놀라운 생화학적 창의력을 선보이는 도가니와 같았다.[4] 동위원소 분리는 탄소, 질소, 황, 철 같

---

3 이 메탄은 메탄생성 세균(methanogenic bacteria)이나 더 특별한 고세균에 의해서 생성되었다. 산소 동위원소의 특징을 신뢰할 수 있다면(메탄생성 미생물은 특히 더 강력한 신호를 형성한다), 이 생물들은 34억 년 전 이전에 번성했다. 앞에서 지적했던 것처럼, 메탄은 지구 원시 대기의 중요한 구성성분이 아니었다.

4 "서론"에서 논했던 것처럼 원핵생물에는 세균과 고세균이 모두 포함되지만, 이 장에서 나는 단순성을 위해서 주로 세균만 언급할 것이다. 고세균의 중요성은 이 장의 말미에서 다시 다룰 것이다.

은 주요 영양소의 순환이 25억 년 전에 자리를 잡았음을 보여준다. 그러나 산소가 증가하기 시작한 24억 년 전이 되어서야, 세균이 번성하는 이 세계의 모습이 우주 공간에서도 살아 있는 행성으로 감지될 수 있을 정도로 변모하기 시작했다. 그때부터 대기에 축적되기 시작한 산소와 메탄 같은 반응성이 큰 기체들은 생체 세포에 의해서 끊임없이 다시 공급됨으로써, 생물학의 손길이 전 지구적 규모에서 드러나게 되었다.

유전자와 환경의 문제

산소 급증 사건은 오랫동안 지구 생명의 역사에서 중요한 순간으로 인식되어왔다. 그러나 최근 몇 년간 그 중요성이 급격히 달라졌으며, 이와 관련된 새로운 해석은 이 책의 주장에서 중요한 부분을 차지한다. 옛 학설에서는 산소를 생명의 중요한 **환경** 결정 요소로 본다. 이 학설에 따르면, 산소는 무엇이 진화할지를 특정하지 않고 훨씬 더 큰 복잡성의 진화를 허용할 뿐이다. 산소는 구속을 해방시킨다. 이를테면, 동물은 먹이를 뒤쫓거나 포식자에게 쫓기면서 물리적으로 움직이면서 살아간다. 이런 활동에는 확실히 많은 에너지가 필요하므로, 산소가 없으면 동물이 존재할 수 없다는 것은 쉽게 상상할 수 있다. 산소는 다른 호흡 형태에 비해서 거의 10배에 달하는 에너지를 제공한다.[5] 이 말은 너무 담백하고 밋밋해서 도전할 가치가 없어 보인다. 더 고려할 여지를 주지 않는다는 점, 이것이 문제의 일부이다.

---

5 이는 엄밀히 말해서 사실이 아니다. 호기성 호흡(aerobic respiration)이 발효보다 거의 10배 이상의 에너지를 생산하는 것은 맞지만, 발효는 기술적으로 호흡이 아니기 때문이다. 진정한 혐기성 호흡(anaerobic respiration)은 산소 대신 질산염 같은 다른 기질을 전자 수용체로 활용하며, 이런 방식의 호흡에서는 산소 호흡과 거의 비슷한 양의 에너지가 생산된다. 그러나 혐기성 세계에서는 이런 산화제의 형성이 산소에 의해서 결정되기 때문에, 호흡에 적당한 수준까지만 축적될 수 있다. 따라서 수생 동물이 산소 대신 질산염을 이용해서 호흡을 할 수 있다고 해도, 여전히 산소가 있는 세계에서만 호흡을 할 수 있는 것이다.

우리는 동물에게 산소가 필요하다는 것을 당연하게 받아들일 수 있고(그러나 항상 그런 것은 아니다), 그래서 산소는 공통분모가 된다. 진화생물학에서의 진짜 문제는 그 이후의 동물이나 식물의 행동과 특성이다. 아니, 그런 것처럼 보인다.

교과서적인 지구의 역사는 은연중에 이런 관점을 바탕으로 한다. 우리는 산소가 몸에 좋고 유익하다고 생각하는 경향이 있지만, 원시 생화학의 관점에서 볼 때 사실 산소에는 독성과 반응성만 있을 뿐이다. 교과서의 이야기에 따르면, 산소의 농도가 증가하면서 이 위험한 기체는 미생물 세계 전체에 강한 선택압으로 작용한다. 모든 것이 대멸종으로 끝난다는 섬뜩한 이야기도 있으며, 린 마굴리스는 이런 대멸종을 산소 "대학살(holocaust)"이라고 일컬었다. 이런 대재앙의 흔적이 화석 기록에 남아 있지 않다는 사실에 대해서는 크게 신경 쓰지 않아도 된다(우리는 확신한다). 이 생명체들은 대단히 작고 아주 오래 전에 살았기 때문이다. 산소는 세포들 사이에 새로운 관계를 촉진했다. 세포들은 공생과 세포내 공생을 통해서 생존을 위한 수단을 교환했다. 수억 년에 걸쳐 복잡성이 점차 증가하는 동안, 세포는 산소를 다루는 법뿐 아니라 그 반응성에서 이득을 얻는 법까지 터득했다. 호기성 호흡의 진화는 세포에 훨씬 더 큰 능력을 부여했다. 이 크고 복잡한 호기성 세포는 핵이라고 불리는 특별한 공간에 DNA를 담아둠으로써, 말 그대로 "진짜 핵"이라는 뜻을 가진 "진핵생물(eukaryote)"이라는 이름을 얻었다. 다시 말하지만, 지금까지는 교과서의 이야기였다. 나는 이 이야기가 틀렸다는 주장을 하려고 한다.

오늘날의 모든 복잡한 세포, 우리가 주변에서 볼 수 있는 모든 식물과 동물과 균류와 조류와 원생생물(아메바 같은 큰 세포)는 진핵세포로 이루어져 있다. 교과서의 이야기에 따르면, 진핵생물은 10억 년에 걸쳐 꾸준히 증가했다. 그러나 아이러니하게도 이 시기는 "지루한 10억 년"으로 알려게 되는데, 화석 기록에는 별다른 사건이 나타나지 않기 때문이다. 그래도 16-12억 년 전에는 진핵세포와 아주 흡사하게 보이는 단세포 생물의 화석이 발견되기 시작했고, 그중 일부는 홍조류와 균류 같은 오늘날의 분류군과 비슷한 부분도 있었다.

그후 7억5,000만-6억 년 전에는 두 번째 눈덩이 지구와 함께 지구 전체에 새로운 불안의 시기가 찾아왔다. 그 직후, 산소 농도는 오늘날과 거의 같은 수준까지 급격히 증가했고 최초의 동물 화석이 화석 기록에 갑자기 등장하기 시작했다. 직경이 거의 1미터에 이르는 가장 오래된 대형 화석은 나뭇잎 모양으로 대칭을 이루고 있는 신비로운 동물이었다. 대부분의 고생물학자들은 이 동물이 여과섭식(濾過攝食) 동물일 것이라고 해석하고 있지만, 일부에서는 이끼류일 것이라고 주장한다. 이 동물들은 에디아카라 생물군(Ediacara biota) 또는 벤도비온트(vendobiont)라는 별칭으로 불린다. 그러다가 처음 나타났을 때만큼이나 갑작스럽게 대부분의 종류가 대멸종으로 사라지면서, 5억4,100만 년 전에 캄브리아기의 동이 트기 시작했다. 더 확실하게 알아볼 수 있는 동물들이 폭발적으로 등장한 캄브리아기는 정복자 윌리엄이 영국에 상륙한 1066년이나 콜럼버스가 아메리카를 발견한 1492년처럼 생물학자들에게 상징적인 시기이다. 큰 몸집과 이동성, 복잡한 눈과 놀라운 부속지(附屬肢)를 갖춘 살벌한 포식자와 무시무시한 갑옷으로 무장한 피식자는 피로 물든 이빨과 발톱을 드러내면서 갑자기 진화 현장에 튀어나온다.

이 시나리오는 얼마나 틀린 것일까? 액면 그대로 보면 그럴듯해 보인다. 그러나 내가 볼 때에는 이면에 담긴 의미가 잘못되었다. 게다가 보면 볼수록, 세부적인 부분에서도 꽤 오류가 많다. 전체적인 시나리오는 산소를 중심으로 전개된다. 유전적 변화를 허용하고 혁신의 제동을 푸는 중요한 환경 변수가 산소라고 생각하는 것이다. 산소 농도는 산소 급증 사건이 있었던 24억 년 전에 한 번, 선캄브리아기가 끝나갈 무렵인 6억 년 전에 한 번, 이렇게 두 번 증가했다(그림 2). 그때마다 산소의 증가로 구조와 기능의 제약이 해방되었다는 식으로 이야기가 전개된다. 산소 급증 사건 이후에는 산소가 새로운 위협과 기회로 작용해서 세포들 사이에서 잇달아 세포내 공생이 일어나고, 점진적으로 진정한 진핵세포의 복잡성이 나타났다는 것이다. 캄브리아기 대폭발 직전에 두 번째로 산소 농도가 증가했을 때에는 마치 마법사가 멋들어지게 망토를 펄럭이며 마법을 부린 것처럼, 물리적 제약이 말끔히 사라지고 동물의 가능성이 처음으로 모습을 드러냈다. 산소가 이런 변화를 물리적으로 이끌었다고는 아무도 주장하지 않는다. 오히려 산소는 선택적으로 풍경을 변화시켰다. 이런 제약이 없는 새로운 풍경 속에서 앞날이 창창한 유전체는 마음껏 확장되었고, 그 안에 담긴 정보는 마침내 해방되었다. 생명은 온갖 방식으로 가능한 모든 생태적 틈새를 채우며 번성했다.

변증법적 유물론의 측면에서 보면, 이런 진화 관점은 20세기 초반에서 중반까지 신다윈주의의 통합이 일어나는 동안 일부 선구적인 진화생물학자들의 원리에 충실한 것처럼 보일 수 있다. 서로 대척점에 있는 개념은 유전자와 환경, 다시 말해서 본성과 양육이다. 생물학은 전적으로 유전자와 관련이 있고, 생물의 행동은 전적으로 환경과 관련이 있다. 그 외에 다른 무엇이 있을까? 생물학은 유전자와 환경뿐 아니라, 유전자와 환경과는 직접적인 연관이 별로 없는 세포와 세포의 물리적 구조에 대한 제약과도 관련이 있다는 것을 우리는 알게 될 것이다. 이렇게 상반된 세계관에서 나온 예측들은 놀라울 정도로 다르다.

첫 번째 가능성인 유전자와 환경의 측면에서 해석한 진화를 살펴보자. 초기 지구에서 산소의 부족은 중요한 환경의 제약이다. 산소가 추가되면 진화가 활발해진다. 산소에 노출된 모든 생명체는 이런저런 방식으로 영향을 받고 적응을 해야 한다. 어떤 세포는 산소가 있는 조건에 우연히 더 적합해서 수가 급증하는 반면, 다른 세포는 소멸한다. 그러나 다양한 미세 환경이 존재한다. 산소가 증가한다는 것은 단순히 단조로운 지구 생태계 전체에 산소가 넘쳐난다는 것이 아니라, 육상의 광물과 해양의 용질(溶質)에서 산화가 일어난다는 뜻이다. 따라서 산소가 없는 생태적 틈새 역시 풍부하고, 질산염, 아질산염, 황산염, 아황산염 같은 무기염류의 이용 가능성도 증가한다. 이런 무기염류는 모두 세포 호흡에서 산소 대신 이용될 수 있기 때문에, 호기성 세계에서는 혐기성 호흡도 번성했다. 이 모든 것이 새로운 세계의 다양한 생활방식으로 추가되었다.

어떤 환경에 무작위로 섞여 있는 세포들을 상상해보자. 아메바 같은 세포는 다른 세포를 물리적으로 집어삼키면서 살아가는데, 사람들은 이 과정을 식작용이라고 부른다. 어떤 세포는 광합성을 한다. 균류 같은 다른 세포는 먹이를 체외에서 소화시키는 삼투영양(osmotrophy)을 한다. 세포의 구조에 아무런 제약이 없다고 가정하면, 우리는 이런 다양한 유형의 세포들이 다양한 세균 조상의 후손일 것이라고 예측할 수 있다. 어떤 조상 세포는 우연히 원시적인 식작용을, 어떤 조상 세포는 단순한 형태의 삼투영양을, 어떤 조상 세포는 광합성을 더 잘 했었다는 것이다. 시간이 흐를수록 그들의 후손은 점점 더 특정 생활방식에 더 잘 적응하고 더 전문화된 것이다.

이 내용을 좀더 딱딱하게 설명하면 이렇다. 만약 산소 농도의 증가로 새로운 생활방식이 번성할 수 있다면, 우리는 **다계통 방산**(polyphyletic radiation)을 기대할 수 있다. 다계통 방산은 유연관계가 없는(서로 다른 문에 속하는) 세포나 유기체에서 새로운 종들이 퍼져나가면서 아직 주인이 없는 생태적 틈새를 채우며 빠르게 적응하는 것이다. 정확히 이런 유형의 진화적 방산은 실제로도 가끔씩 일어난다. 이를테면 캄브리아기 대폭발 때에는 해면동물과 극피동물에서 절지동물과 환형동물에 이르기까지, 수십 가지의 서로 다른 동물문이 방산했다. 이런 큰 동물들의 방산과 함께, 조류와 균류는 물론이고 섬모충류 같은 원생생물에서도 이와 비슷한 규모의 방산이 일어났다. 산소의 급증이 정말로 캄브리아기 대폭발을 일으켰는지에 관계없이, 환경 변화가 자연선택에 변화를 가져온다는 점에는 일반적인 합의가 이루어졌다. 무엇인가가 일어났고, 세상은 영원히 바뀌었다.

이런 유형의 변화는 구조의 제약이 지배적이었는지를 확인하고자 하는 우리의 기대와는 대조를 이룬다. 제약이 극복되기 전까지는 어떤 환경 변화에 반응하는 한정된 변화만 보게 될 것이기 때문이다. 오랜 기간 정체가 계속될 것이고, 이 정체 기간에는 환경 변화에 영향을 받지 않는 **단계통** 방산(monophyletic radiation)이 아주 가끔씩 일어날 것이다. 즉 아주 드물게 어느 특별한 무리가 타고난 제약을 극복하고 홀로 방산해서 비어 있는 생태적 틈새를 채운다는 이야기이다(그마저도 환경 변화가 허락할 때까지 미루어질 수 있다). 당연히 이런 방산도 관찰된다. 캄브리아기 대폭발에서는 서로 다른 동물군이 방산하지만, 동물의 기원은 하나이다. 모든 동물은 하나의 공통 조상에서 유래하며, 모든 식물도 마찬가지이다. 생식세포 계열과 체세포 계열이 구분되는 복잡한 다세포성(multicellular)의 발달은 까다로운 일이다. 이 과정과 관련된 제약 중 하나는 세포의 운명을 개별적으로 엄격하게 통제하는 정밀한 발생 프로그램이 필요하다는 점이다. 그러나 덜 엄격한 수준에서는 다세포성의 발달이 어느 정도 흔하게 일어난다. 조류(해초), 균류, 변형균류를 포함해서, 다세포성의 기원은 30여 가지나 된다. 그러나 딱 하나, 세포라는 물리적 구조의 제약이 다른 모든 것을 압도할 정도로 지배적인 것처럼 보이는 시점이 있다. 바로 산소 급증 사건 이후에 진핵세포(크고 복잡한 세포)가 세균에서 기원한 일이다.

생물학의 중심에 있는 블랙홀

만약 복잡한 진핵세포가 정말 대기 중의 산소 증가에 반응해서 진화했다면, 우리는 서로 다른 다양한 무리의 세균에서 더 복잡한 세포 유형이 독립적으로 나타나는 **다계통** 방산을 예측할 수 있을 것이다. 이를테면, 광합성 세균에서는 크고 복잡한 조류가, 삼투영양 세균에서는 균류가, 움직이는 포식성 세포에서는 식세포가 나오는 것이다. 복잡성이 더 증가하는 이런 진화는 일반적인 유전자 돌연변이, 유전자 교환, 자연선택을 통해서 일어날 수 있다. 또는 린 마굴리스의 유명한 연속적 세포내 공생설처럼 합병이나 세포내 공생의 획득이라는 방식으로 나타날 수도 있다. 세포 구조에 근본적으로 제약이 없다면, 정확히 어떤 방식으로 진화하는지에 관계없이 산소 농도의 증가가 복잡성의 증가로 이어졌어야 한다. 우리는 산소가 세포를 모든 제약으로부터 해방시켜, 온갖 종류의 세균이 독자적으로 더 복잡한 세포로 진화하는 다계통 방산이 가능할 것이라고 예측했다. 그러나 우리가 보는 현실은 그렇지 않다.

이 추론은 대단히 중요하기 때문에 더 세부적인 내용을 간략하게 설명하고자 한다. 만약 유전자의 돌연변이로 인한 변이체에 자연선택이 작용하는 "일반적인" 자연선택을 통해서 복잡한 세포가 만들어졌다면, 우리 주변에는 외형만큼이나 내부 구조도 다양한 세포들이 뒤섞여 있을 것이다. 거대한 나뭇잎처럼 생긴 조류 세포에서부터 길고 가느다란 뉴런, 아무렇게나 형태를 바꿀 수 있는 아메바에 이르기까지, 진핵생물의 세포는 그 크기와 형태가 놀라울 정도로 다양하다. 만약 진핵생물의 복잡성이 개체군이 갈라지는 동안 다른 생활방식에 적응하는 과정에서 주로 진화했다면, 진핵생물의 긴 역사가 반영된 뚜렷한 내부 구조의 차이도 볼 수 있어야 할 것이다. 그러나 진핵생물 세포의 내부를 자세히 들여다보면, 모두가 기본적으로 같은 내용물로 이루어져 있다는 것을 확인할 수 있다. 대부분의 사람들은 식물 세

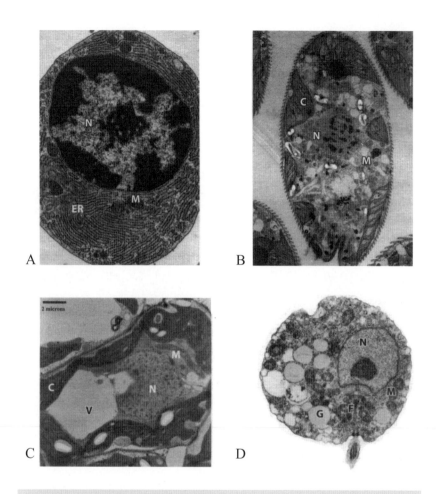

그림 3 진핵생물의 복잡성

비슷한 형태적 복잡성을 나타내는 네 개의 서로 다른 진핵세포. A는 동물 세포(형질세포, plasma cell)이다. 가운데에 커다란 핵(N)이 있으며, 리보솜이 다닥다닥 붙어 있는 아주 넓은 내막(소포체, endoplasmic reticulum, ER)과 미토콘드리아(M)가 있다. B는 연못에서 흔히 볼 수 있는 단세포 조류인 유글레나(*Euglena*)로, 핵(N)과 엽록체(C)와 미토콘드리아(M)를 가지고 있다. C는 세포벽으로 둘러싸여 있는 식물 세포로, 액포(液胞)(V)와 엽록체(C)와 핵(N)과 미토콘드리아(M)가 있다. D는 150종의 개구리를 멸종으로 몰아넣은 항아리곰팡이(chytrid fungus)의 유주자(遊走子, zoospore)이다. 핵(N)과 미토콘드리아(M)와 편모(F)와 기능이 알려지지 않은 감마체(gamma body)(G)를 가지고 있다.

포와 콩팥 세포와 시골 연못에서 가져온 원생생물을 전자현미경으로 보고 구별하지 못한다. 한번 해보도록 하자(그림 3). 만약 산소 농도의 증가가 복잡성에 대한 제약을 제거했다면, "일반적인" 자연선택에 의해서 개체군마다 다른 생활방식에 적응함으로써 다계통 방산이 일어나야 한다고 예측할 수 있을 것이다. 그러나 우리가 확인한 것은 이와 다르다.

1960년대 후반부터 린 마굴리스는 이런 관점이 어쨌든 틀렸다고 주장했다. 진핵세포는 일반적인 자연선택이 아닌, 일련의 세포내 공생을 통해서 나타났다는 것이다. 이 과정에서 세균들 사이에 매우 긴밀한 연합이 형성되어 일부 세포가 물리적으로 다른 세포의 체내에 들어가기도 했다. 이런 발상의 뿌리는 20세기 초반으로 거슬러올라간다. 리하르트 알트만, 콘스탄틴 메레시코프스키, 조지 포티어, 아이번 월린 외 많은 이들이 모든 복잡한 세포가 단순한 세포들 사이의 공생을 통해서 나타났다고 주장했다. 이런 발상들은 잊히지는 않았지만, "점잖은 학회에서 언급하기에는 너무 환상적"이라는 이유로 웃어넘겨졌다. 분자생물학 혁명의 시대인 1960년대가 되자, 마굴리스는 아직 논란의 여지가 있었지만 더 확고한 논거를 가지게 되었다. 그리고 현재 우리는 진핵세포의 세포소기관 중 적어도 두 가지는 세포내 공생 세균에서 유래했다는 것을 알고 있다. 하나는 미토콘드리아(복잡한 세포의 에너지 변환기)가 된 α−프로테오박테리아(α-proteobacteria)이고, 하나는 엽록체(식물의 광합성 장치)가 된 남세균(cyanobacteria)이다. 진핵세포의 다른 특별한 "세포소기관"도 거의 모두 한번쯤은 세포내 공생체로 언급되었는데, 여기에는 핵, 섬모와 편모(규칙적인 움직임으로 세포를 이동시키는 구불구불한 돌기), 퍼옥시좀(peroxisome : 독소 대사를 위한 공장) 등이 포함된다. 따라서 연속적 세포내 공생설의 주장에 따르면, 진핵생물은 산소 급증 사건 이후 수억 년에 걸쳐 조화를 이룬 세균들로 구성되어 있다.

낭만적인 개념이기는 하지만, 연속적 세포내 공생설이 은연중에 내포하는 예측은 일반적인 자연선택의 예측과 비슷하다. 만약 이것이 옳았다면, 우리는 외형만큼이나 내부 구조도 다양하게 조합된 세포들로 이루어진 다계통 기원을 볼 수 있었을 것이다. 어떤 연속적 세포내 공생에서 물질대사의 거래는 특정 환경에 의해서 결정되기 때문에, 환경에 따라 세포들 사이에는 전혀 다른 유형의 상호작용이 일어날 것이라고 기대할 수 있다. 만약이런 세포들이 훗날 복잡한 진핵세포의 세포소기관이 되었다면, 우리는 이 가설을 토대로 서로 다른 세포소기관들로 이루어진 진핵세포들이 있을 것이라는 예측을 할 수 있다. 온갖 종류의 중간 단계가 있어야 하고, 썩은 진창처럼 눈에 띄지 않는 장소에는 다른 어떤 종류와도 연관이 없는 변이체가 숨어 있어야 한다. 마굴리스는 2011년에 뇌졸중으로 안타깝게 세상을 떠나기 직전까지도 진핵생물이 풍부하고 다양한 세포내 공생으로 이루어져 있다는 믿음을 고수했다. 그녀에게 세포내 공생은 삶의 방식이었고, 아직 개척되지 않은 "여성적" 진화의 길이었다. 마굴리스가 "관계망 형성(networking)"이라고 말한 협동은 쫓고 쫓기는 불쾌한 남성적 경쟁보다우월하다. 그러나 "진짜" 살아 있는 세포를 숭배한 마굴리스는 더 건조하며 계산적인 계통학에는 등을 돌렸다. 유전자의 서열과 유전체 전체를 연구하는 학문인 계통학은 진핵생물이 서로 얼마나 다른지를 정확히 알려줄수 있었다. 그리고 계통학은 예상과 매우 다른, 궁극적으로 더 설득력이있는 이야기를 내놓는다.

이 이야기에서 중요한 것은 미토콘드리아가 없는 단세포 진핵생물 종으로 이루어진 큰 무리(1,000종 이상)이다. 한때 이 무리는 세균에서 더 복잡한 진핵생물로 나아가는 진화의 "빠진 연결고리"로 간주되었다. 더 정확히말하면, 연속적 세포내 공생설에서 예측한 일종의 중간 단계인 것이다. 이무리에 속하는 종으로는 고약한 장내 기생생물인 지아르디아(*Giardia*)가 있다. 에드 영은 지아르디아가 사악한 눈물방울처럼 생겼다고 말했다(그림 4). 생김새에 대한 기대에 부응하듯이 불쾌한 설사를 유발하는 지아르디아는 하나가 아닌 두 개의 핵을 가지고 있다. 따라서 진핵생물이다. 그러나 진핵생물의 다른 전형적인 특징이 부족한데, 그중에서도 특히 미토콘드리아가 없다. 1980년대 중반, 파격적인 생물학자인 톰 캐벌리어-스미스는 지아르디아를 포함한 비교적 단순한 다른 진핵생물들이 미토콘드리아를 획득하기 이전인 진핵생물 진화 초기의 생존자일 가능성이 있다고 주장했다. 캐벌리어-스미스는 미토콘드리아가 세포내 공생체였던 세균에서 유래했다고 생각했지만, 마굴리스의 연속적 세포내 공생설은 별로 내켜하지 않았다. 대신 그는 최초의 진핵생물이 오늘날의 아메바처럼 다른 세포를 집어삼킴으로써 살아가던 원시적인 식세포였을 것이라고 상상했다(지금도 마찬가지이다). 그의 주장에 따르면, 미토콘드리아를 획득한 세포에는 이미 핵이 있었다. 또 형태를 바꾸면서 이리저리 돌아다닐 수 있게 해주는 역동적인 내부 골격, 세포 안팎으로 수송을 담당하는 단백질 장치들, 세포 내에서 먹이를 소화시키기 위한 특별한 공간 따위도 갖추고 있었다. 미토콘드리아의 획득은 확실히 도움이 되었다. 이 원시적인 세포에 터보 엔진을 달아준 격이었다. 그러나 자동차는 성능을 향상시킨다고 해서 구조가 바뀌지는 않는다. 엔진과 기어박스와 브레이크와 그밖에 자동차를 움직이기 위한 모든 것을 갖춘 상태에서 시작해야 한다는 점에는 변함이 없다. 터보 엔진은 출력 향상 외에는 아무것도 바꾸지 못한다. 캐벌리어-스미스의 원시적인 식세포의 경우도 마찬가지이다. 미토콘드리아를 제외한 모든 것이 이미 제자리에 있었고, 미토콘드리아는 세포에 더 많은 동력을 공급했을 뿐이다. 진핵생물의 기원에 관한 교과서적 관점이 있다면, 바로 이것이다.

캐벌리어-스미스는 이런 초기 진핵생물에 "아케조아(archezoa, 고대의 동물이라는 의미)"라는 이름을 붙여서, 이것이 아주 오래된 것임을 나타냈다

A

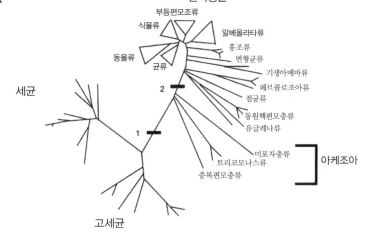

진핵생물
부등편모조류
식물류
알베올라타류
홍조류
동물류
변형균류
균류
기생아메바류
세균
페르콜로조아류
점균류
2
동원핵편모충류
유글레나류
1
미포자충류
트리코모나스류
아케조아
중복편모충류
고세균

B

그림 4 아케조아— 유명한 (그러나 거짓으로 밝혀진) 빠진 연결고리

A 리보솜 DNA를 토대로 한 예전의 잘못된 계통수. 세균과 고세균과 진핵생물이라는 세 영역이 나타난다. 짧은 가로줄 (1)은 핵의 가상 초기 진화를, (2)는 그 이후에 일어났다고 추정된 미토콘드리아의 획득을 나타낸다. 짧은 가로줄 사이에서 갈라져나온 세 무리로 구성된 아케조아는 아직 미토콘드리아를 획득하지 않은 원시적인 진핵생물로 추정되며, 대표적인 예로는 지아르디아(B)가 있다. 이제 우리는 아케조아가 원시적인 진핵생물이 아니며, 이미 미토콘드리아를 가지고 있던 더 복잡한 조상으로부터 유래했다는 것을 알고 있다. 실제로 지아르디아는 진핵생물 계통수에서 하나의 가지를 차지한다(N = 핵, ER =소포체[小胞體, endoplasmic reticulum], V = 액포, F = 편모).

(그림 4). 몇몇 아케조아는 질병을 일으키는 기생충이었기 때문에, 그 생화학적 특성과 유전체가 의학 연구자들의 관심을 끌었고, 연구에 대한 재정 지원이 따르기도 했다. 지난 20년에 걸쳐 아케조아의 유전체 서열과 자세한 생화학적 특성을 연구한 결과, 아케조아 중에는 빠진 연결고리가 없다는 것이 밝혀졌다. 다시 말해서 아케조아는 진화의 진정한 중간 단계가 아니다. 오히려 아케조아는 모두 다 더 복잡한 진핵생물에서 유래했다. 한때는 이들도 미토콘드리아를 포함해서 모든 것을 제대로 갖추고 있었는데, 더 소박한 생태적 틈새에서의 생활에 특화되는 과정에서 예전의 복잡성을 차츰 잃어간 것이다. 아케조아는 모두 환원 진화(reductive evolution)에 의해서 미토콘드리아에서 유래했다고 알려진 구조인 하이드로게노솜(hydrogenosome)이나 미토솜(mitosome)을 보유하고 있다. 이런 구조는 미토콘드리아처럼 이중막으로 이루어져 있지만 미토콘드리아와 생김새가 별로 비슷하지 않아서, 아케조아는 미토콘드리아를 한번도 가진 적이 없다는 잘못된 가정이 나온 것이다. 그러나 분자와 계통학적 자료를 종합한 결과는 하이드로게노솜과 미토솜이 (마굴리스의 예측처럼) 다른 세균에서 유래한 세포내 공생체가 아니라 정말로 미토콘드리아에서 유래했다는 것을 보여준다. 따라서 모든 진핵생물은 이런저런 형태로 미토콘드리아를 가지고 있는 셈이다. 우리는 1998년에 빌 마틴이 예측했던 것처럼("서론"을 보라), 이미 미토콘드리아를 가지고 있는 모든 진핵생물의 공통 조상을 추측해볼 수 있다. 모든 진핵생물이 미토콘드리아를 가지고 있다는 사실이 대수롭지 않게 보일 수도 있을 것이다. 그러나 더 많은 미생물에서 나온 풍성한 유전체 서열 자료와 결합되면, 이 사실은 진핵생물 진화에 대한 우리의 이해를 완전히 뒤바꾸는 지식이 된다.

　이제 우리는 모든 진핵생물이 40억 년에 걸친 지구 생명의 역사에서 딱 한번 나타났던 공통 조상의 후손이라는 것을 알고 있다. 정말 중요한 것이기 때문에 이 점을 한 번 더 강조하겠다. 모든 식물과 동물과 조류와 균류와 원생생물, 즉 진핵생물은 하나의 공통 조상으로부터 내려온 **단계통군**이다. 다시 말해서, 식물은 이 세균에서 진화하고 동물이나 균류는 저 세균에서 진화한 것이 아니라는 뜻이다. 단계통의 복잡한 진핵세포 집단은 딱 한번 나타났으며, 모든 식물과 동물과 균류와 조류는 이 조상 집단에서 진화했다. 공통 조상은 하나의 개체, 즉 하나의 세포가 아니라 본질적으로 동일한 세포들로 이루어진 하나의 집단이다. 그 자체만으로는 복잡한 세포의 기원이 희귀한 사건이었다는 의미가 되지는 않는다. 이론상으로는 복잡한 세포가 여러 번 나타났을 수도 있지만, 다른 무리들은 모두 이런저런 이유로 사라지고 지금까지 지속된 무리가 하나뿐이라는 것이다. 나는 그렇지 않았을 것이라는 주장을 하고자 하지만, 그에 앞서서 진핵생물의 특성을 좀더 자세히 살펴보아야 한다.

모든 진핵생물의 공통 조상은 다양한 세포의 형태를 갖춘 5개의 "초분류군(supergroup)"으로 빠르게 갈라져나갔다. 전통적인 교육을 받은 생물학자들조차도 이 다섯 분류군에 대해서는 대체로 잘 이해하지 못하고 있다. 이 초분류군에는 단편모생물계(unikonta, 동물과 균류가 포함된다), 엑스카바타계(excavata), 식물계(plantae, 육상식물과 조류를 포함한다) 같은 이름이 붙여졌다. 이들의 이름은 별로 중요하지 않지만, 이 초분류군에는 두 가지 중요한 점이 있다. 첫째, 각 초분류군 내의 유전적 차이가 각 분류군의 조상들 사이의 유전적 차이보다 훨씬 더 크다(그림 5). 이는 초기에 폭발적인 방산이 있었음을 의미한다. 특히 이 방산은 구조적 제약으로부터의 해방을 암시하는 **단계통** 방산이었다. 둘째, 이들의 공통 조상은 이미 확실하게 복잡한 세포였다. 우리는 이 초분류군들 사이의 공통된 형질을 비교함으로써, 그럴듯한 공통 조상의 특성을 재구성해볼 수 있다. 모든 초분류군의 모든 종이 필수적으로 가지고 있는 형질은 공통 조상으로

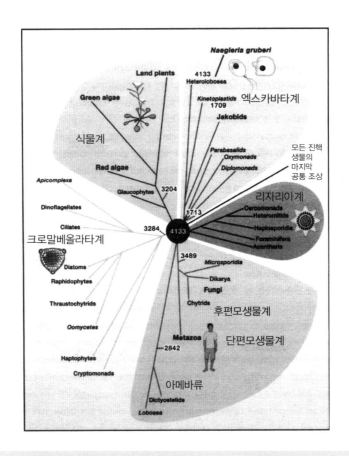

그림 5 진핵생물의 "초분류군"

수천 개의 공통 유전자를 토대로 5개의 "초분류군"을 나타낸 진핵생물의 계통수, 2010년에 유진 쿠닌이 만들었다. 계통수의 숫자는 LECA(the last eukaryotic common ancestor, 모든 진핵생물의 공통 조상)와 각 초분류군 사이의 공통된 유전자 수를 나타낸다. 각 분류군은 독립적으로 다른 유전자들을 얻거나 잃는다. 가장 큰 차이는 후생동물(Metazoa, 아래쪽)에 속하는 단세포 원생생물들 사이에서 나타난다. 초분류군의 조상들 사이에서보다 각각의 초분류군 내에서 더 많은 변이가 나타난다는 점에 주목하자. 이는 초기에 폭발적인 방산이 일어났음을 암시한다. 나는 중심에 있는 상징적인 블랙홀이 마음에 든다. LECA에는 진핵생물의 공통된 특징이 이미 모두 진화되어 있었지만, 계통학은 이런 형질들이 세균이나 고세균으로부터 어떻게 나타났는지에 대해서 별다른 통찰을 제공하지 않는다. 진화의 블랙홀인 셈이다.

부터 전해졌을 것이다. 반면 한두 무리에서만 나타나는 형질은 아마 나중에 그 무리가 획득했을 것이다. 나중에 획득한 형질의 대표적인 예로는 엽록체가 있다. 엽록체는 식물계와 크로말베올라타계(chromalveolata)에서만 발견되며, 잘 알려진 세포내 공생의 결과이다. 엽록체는 진핵생물 공통 조상의 일부가 아니었다.

그렇다면 계통학이 우리에게 알려준 것은 공통 조상의 어떤 부분이었을까? 놀랍게도 거의 전부였다. 그중 몇 가지를 간단히 살펴보겠다. 우리는 공통 조상이 DNA를 보관하는 핵을 가지고 있다는 것을 알고 있다. 핵에는 엄청나게 많은 복잡한 구조가 있는데, 이 역시 모든 진핵생물에 나타나는 특징이다. 핵은 이중막으로 둘러싸여 있거나 이중막처럼 보이는 납작한 주머니 모양의 막구조와 연결되어 있다. 단백질로 이루어진 정교한 구멍이 점점이 흩어져 있는 핵막(核膜)은 탄력이 있는 기질(matrix)에 둘러싸여 있다. 세포핵 속에 있는 인(nucleolus) 같은 다른 구조도 모든 진핵생물에 존재한다. 다양한 복합체 속에 들어 있는 수십 개의 중심(core) 단백질과 DNA를 감싸고 있는 히스톤(histone) 단백질도 초분류군들 모두에 보존되어 있다는 점도 강조할 만하다. 모든 진핵생물은 막대 모양의 염색체를 가지고 있으며, 염색체의 끝을 감싸고 있는 "텔로미어(telomere)"는 염색체 말단이 구두끈의 끝처럼 닳아버리는 것을 방지한다. 진핵생물의 유전자는 "조각난" 상태로 존재하는데, DNA에서 단백질이 암호화된 짧은 영역들 사이에 끼어 있는, 길고 의미 없는 서열로 이루어진 영역을 인트론(intron)이라고 한다. 인트론은 단백질이 합성되기 전에 잘려나가며, 이 작업에는 모든 진핵생물에 공통으로 들어 있는 장치가 이용된다. 심지어 인트론의 위치마저도 똑같은 경우가 자주 있다. 여러 진핵생물에서 동일한 유전자의 동일한 위치에 삽입된 것이다.

핵의 바깥쪽도 사정은 마찬가지이다. 더 단순한 아케조아를 제외하면

(아케조아는 5개의 초분류군 곳곳에 흩어져서 속한다는 것이 밝혀짐으로써, 저마다 초기의 복잡성을 독립적으로 잃었다는 것이 증명되었다), 모든 진핵생물은 본질적으로 동일한 세포내 장치를 가지고 있다. 모두 단백질을 보관하거나 전달하는 데에 특화된 소포체(小胞體, endoplasmic reticulum)나 골지체(Golgi apparatus) 같은 복잡한 내막 구조가 있으며, 모두 온갖 형태와 요건을 스스로 개조할 수 있는 역동적인 내부 골격이 있다. 모두 세포골격으로 이루어진 길을 따라 이리저리 물질을 운반할 수 있는 운동 단백질이 있으며, 미토콘드리아와 리소좀(lysosome)과 퍼옥시좀과 세포 안팎으로 물질을 운반하는 수송장치와 공통된 신호체계를 가지고 있다. 이런 공통점은 끝이 없다. 모든 진핵세포는 체세포분열을 통해서 둘로 나뉘는데, 이 과정에서 염색체는 방추사(microtubular spindle)에 의해서 분리되고 공통된 효소가 이용된다. 모두 성이 있으며, 감수분열(減數分裂, meiosis)을 통해서 정자와 난자 같은 생식세포를 형성하고, 이 생식세포의 융합을 통해서 생활사를 이어간다. 성을 상실한 소수의 진핵생물은 빠른 속도로 멸종에 이른다(여기서 빠르다는 것은 수백만 년이 걸린다는 의미이다).

우리는 세포의 구조를 관찰함으로써 오랫동안 이것에 관해서 많은 것을 이해하게 되었지만, 새로운 계통유전체학 시대에 매우 선명하게 드러난 두 가지 양상이 있다. 첫째, 구조적 유사성은 겉모습에 속는 표면적인 닮음이 아니라, 수억 수천만 개의 DNA 문자로 이루어진 상세한 유전자 서열에 쓰여 있다. 그리고 이 서열을 통해서 그들의 계통은 유례 없는 정확성으로 분기되는 나뭇가지의 형태로 계산될 수 있다. 둘째, 유전자 서열 분석의 처리 속도가 대단히 빨라진 시대가 도래했다. 이제 자연계에 대한 표본 조사는 더 이상 끈질긴 세포 배양 시도나 현미경 관찰 시료 준비에 의존하지 않고, 빠르고 확실한 샷건 서열 분석기(shotgun sequencer)를 활용한다는 뜻이다.

우리는 예상하지 못한 새로운 무리 몇 개를 발견했는데, 여기에는 고농도의 독성 금속을 다루거나 고온에서 살 수 있는 극한 진핵생물과 작지만 완벽한 형태를 갖춘 극미 진핵생물(picoeukaryote)도 포함된다. 극미 진핵생물은 세균만큼 작지만 몸의 크기에 맞게 축소된 핵과 아주 작은 미토콘드리아를 가지고 있다. 이 모든 것을 통해서 진핵생물의 다양성에 대한 우리의 생각은 더 분명해졌다. 새로 발견된 진핵생물들은 모두 이미 확립되어 있는 5개의 초분류군 중 하나에 속하는 데에 아무런 문제가 없었으며, 계통학에 새로운 지평을 열지도 않았다. 이런 엄청난 다양성으로부터 분명하게 드러나는 사실은 진핵세포들이 터무니없이 닮았다는 것이다. 연속적 세포내 공생설의 예측은 틀렸다.

이 점은 다른 문제를 제기한다. 계통학은 탁월한 성과를 거두었고, 이제 생물학도 정보의 측면에서 접근한다. 이 과정에서 우리는 생물학의 한계를 쉽게 간과한다. 여기서 문제가 되는 것은 진핵생물의 기원에서 계통학적 "사건의 지평선(event horizon)"의 규모이다. 모든 진핵생물의 유전체는 모든 진핵생물의 공통 조상으로 거슬러올라가며, 이 공통 조상은 그럭저럭 모든 특징들을 갖추고 있었다. 그런데 그 모든 것이 어디에서 유래한 것일까? 진핵생물의 공통 조상은 제우스의 머리에서 나온 아테나처럼, 갑자기 튀어나왔을 뿐만 아니라 완전한 형태도 갖추고 있었다. 우리는 공통 조상 이전에 나타난 특징에 대해서는 별로 아는 바가 없다. 핵은 어떻게, 그리고 왜 진화했을까? 성은 어떻게 된 것일까? 사실상 모든 진핵생물이 두 종류의 성을 가지고 있는 이유는 무엇일까? 터무니없이 많은 내막은 어디서 유래했을까? 세포골격은 어떻게 그런 운동성과 유연성을 가지게 되었을까? 생식세포 분열(감수분열)이 일어날 때에는 왜 처음에 두 배로 늘렸던 염색체 수를 반으로 줄이는 것일까? 우리는 왜 늙고, 암에 걸리고, 죽는 것일까? 그 모든 독창성에도 불구하고, 계통학은 이런 생물학의 중심 문

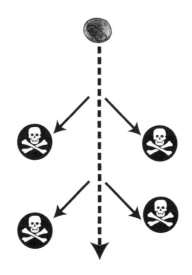

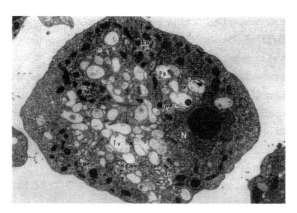

그림 6 생물학의 중심에 있는 블랙홀

아래쪽의 세포는 모든 진핵생물의 공통 조상과 비슷한 크기와 복잡성을 가진 네글레리아(*Naegleria*)이다. 네글레리아는 핵(N), 소포체(ER), 골지체(Gl), 미토콘드리아(Mi), 식포(Fv), 파고솜(Ps), 퍼옥시좀(P)을 가지고 있다. 위쪽의 그림은 비교적 복잡한 세균인 부유균(*Planctomycetes*)의 크기를 대략적인 비율로 나타낸 것이다. 나는 진핵생물이 부유균에서 유래했다고 이야기하는 것이 아니라(확실히 그렇지 않다), 비교적 복잡한 세균과 대표적인 단세포 진핵생물 사이의 크기 차이를 보여주려는 것뿐이다. 진실을 알려줄 진화적 중간 단계(해골 표시)는 남아 있지 않다.

제에 대해서는 속 시원한 해답을 알려주지 않는다. 진핵생물의 특징과 관련된 유전자(이른바 진핵생물의 "서명 단백질"이 암호화된 유전자)는 거의 다 원핵생물에서는 발견되지 않는다. 이와 대조적으로 세균은 이런 복잡한 진핵생물의 특징 중 어느 것도 특별히 진화시키려는 경향을 나타내지 않는다. 형태적으로 단순한 상태인 모든 원핵생물과 심란할 정도로 복잡한 진핵생물의 공통 조상 사이에는 어떤 진화적 중간 단계도 알려져 있지 않다(그림 6). 복잡한 생명체의 이런 모든 특성은 계통학의 동공(洞空), 즉 생물학의 중심에 있는 블랙홀에서 등장했다.

복잡성으로 향하는 빠진 단계

진화론은 단순한 예측을 한다. 복잡한 형질은 연속적인 작은 단계들을 거쳐 나타나며, 각각의 새로운 단계는 이전 단계보다 조금 더 나은 이득을 제공한다. 가장 잘 적응한 형질을 선택했다는 것은 가장 덜 적응한 형질을 잃었다는 것을 의미한다. 따라서 선택은 중간 단계를 끊임없이 제거하는 과정이다. 시간이 흐를수록 형질은 적응 환경의 정점에 오르려는 경향을 나타낼 것이다. 그래서 우리가 볼 수 있는 눈은 진화 과정에 있는 중간 단계의 눈이 아니라 외양이 완벽해 보이는 눈이다. 『종의 기원』에서 다윈이 분명하게 밝힌 바에 따르면, 자연선택은 중간 단계가 사라져야 한다는 것을 확실하게 예측한다. 이런 맥락에서 볼 때, 세균과 진핵생물 사이에 중간 단계가 남아 있지 않다는 점도 그리 놀라운 일이 아니다. 오히려 더 놀라운 일은 눈의 등장처럼 같은 형질이 계속 되풀이하여 등장하지 않는다는 점이다.

우리는 눈의 진화 역사의 각 단계를 직접 보지는 못하지만, 생태적으로 다양한 온갖 형태의 눈은 똑똑하게 확인할 수 있다. 눈은 벌레와 같은 단순한 생물이 가지고 있는 원시적인 감광점(感光點)에서부터 수십 번에 걸쳐 독립적으로 나타났다. 자연선택에서 예측한 것이 정확히 이것이다. 각각의 작은 단계는 하나의 특정 환경에 작은 이득을 제공하며, 구체적인 이득의 내용은 구체적인 환경에 의해서 결정된다. 환경에 따라서 형태적으로 다른 종류의 눈이 진화하는데, 파리의 겹눈과 가리비의 거울눈처럼 서로 다른 형태로 갈라지기도 하고, 인간의 눈과 오징어의 눈처럼 대단히 비슷한 형태의 카메라눈으로 수렴하기도 한다. 바늘구멍에서부터 원근을 조절할 수 있는 수정체에 이르기까지, 눈의 중간 단계에서 상상할 수 있는 모든 것들이 이런저런 종에서 발견된다. 심지어 어떤 단세포 원생생물에서는 "수정체"와 "망막"을 갖춘 초소형 눈이 관찰되기도 했다. 진화론의 예측을 요약하면, 형질은 다양한 기원에서 유래해야 하며 각각의 작은 단계는 이전 단계보다 좀더 나은 이득을 제공해야 한다는 것이다. 이론적으로 이 예측은 모든 형질에 적용되며, 실제로도 흔히 관찰된다. 비행은 박쥐, 새, 익룡, 다양한 곤충류에서 최소 여섯 차례 등장했다. 앞에서 지적했던 것처럼 다세포화는 30번 정도 나타났다. 일부 무리에서는 다양한 형태의 내온성(온혈화)이 등장했는데, 여기에는 포유류와 조류뿐만 아니라 어류와 곤충, 식물도 포함된다.[6] 의식도 조류와 포유류에서 어느 정도 독립적으로 나타난 것으로 보인다. 눈의 경우에서 알 수 있듯이, 다양한 형태는 그것이 등장한 다양한 환경을 반영한다. 물리적 제약이 분명히 있기는 하지만, 다중적인 기원을 방해할 정도로 강력하지는 않다.

---

6 놀라울 수도 있겠지만, 식물의 내온성은 여러 종류의 꽃식물에서 알려져 있다. 내온성은 매개 동물을 유인하는 물질을 분비하는 데에 도움을 주는 것으로 추측된다. 또 매개 곤충에 "열 보상"을 제공하고, 꽃의 발달을 촉진하며, 낮은 온도로부터 몸을 보호한다. 연(*Nelumbo nucifera*) 같은 일부 식물은 체온 조절을 하기도 한다. 온도 변화를 감지하고, 조직의 온도를 제한된 좁은 범위 안에서 유지하기 위해서 세포의 열 생산을 조절하는 것이다.

그렇다면 유성생식, 핵, 식작용은 어떨까? 여기에도 같은 추론이 적용되어야 할 것이다. 만약 이런 형질들이 자연선택에 의해서 나타났다면(여기에는 의심의 여지가 없다), 그리고 모두 어떤 작은 이득이 제공되는 단계를 밟았다면(이것도 의심의 여지가 없다), 진핵생물의 특징에 대한 다중적인 기원을 세균에서도 볼 수 있어야 한다. 그런데 그렇지가 않다. 물의를 일으키기에는 진화의 "스캔들"이 조금 미약하다. 세균에서는 진핵생물 형질의 출발점만 볼 수 있을 뿐이다. 유성생식을 예로 들어보자. 일부에서는 유전자 "수평" 이동을 통해서 이 세균에서 저 세균으로 DNA를 전달하는 접합(conjugation)이 유성생식과 비슷하다는 주장을 할 수도 있다. 세균도 DNA 재조합에 필요한 모든 장치를 가지고 있어서, 대개 유성생식의 장점이라고 생각되는 새롭고 다양한 염색체를 만들 수 있다는 것이다. 그러나 접합과 유성생식 사이에는 엄청난 차이가 있다. 유성생식에서는 두 생식세포의 융합이 일어나며, 각 생식세포에는 유전체 전체에서 재조합된 유전자가 보통 세포에 비해서 절반씩만 들어 있다. 유전자 수평 이동은 상호 간에 이렇게 체계적으로 일어나는 것이 아닌, 단편적인 작용일 뿐이다. 진핵생물의 방식이 "온몸을 불사르는 사랑"이라면, 세균은 마음이 없는 미적지근한 관계인 셈이다. 진핵생물이 온몸을 불사르는 데에는 분명 어떤 이득이 있기 때문일 것이다. 만약 그렇다면, 적어도 일부 세균에서는 세부적인 메커니즘은 달라도 유성생식과 비슷한 무엇인가가 있을 것이라는 기대를 해볼 수 있을 것이다. 그러나 우리가 아는 한, 지금까지 그런 것은 없었다. 핵과 식작용도 그렇고, 진핵생물의 거의 모든 다른 형질들도 마찬가지이다. 첫 번째 단계는 문제가 되지 않는다. 어떤 세균은 중첩된 내막이 있고, 어떤 세균은 세포벽이 없고 적당히 역동적인 세포골격이 있다. 어떤 세균은 선형 염색체나 여러 개의 유전체 복사본을 가지고 있거나 유전체의 크기가 크다. 그들 모두가 진핵생물의 복잡성이 시작될 수 있는 단계에 있는 것이다. 그러나 세균은 항상 진핵생물과 같은 화려한 복잡성이 꽃을 피우기 직전에서 멈춰서며, 한 세균 안에 다수의 복잡한 형질들이 복합적으로 나타나는 경우도 드물다.

세균과 진핵생물 사이의 깊은 차이를 가장 쉽게 설명하는 것은 경쟁이다. 이 설명에 따르면, 최초의 진정한 진핵생물은 뛰어난 경쟁력으로 형태적 복합성이라는 틈새를 지배했다. 그 어떤 것도 상대가 될 수 없었다. 이런 진핵생물의 틈새를 공략하려고 "시도했던" 세균은 이미 그곳에 자리를 잡은 정교한 진핵생물 때문에 고전을 면치 못했다. 결국 그 세균은 경쟁에서 뒤처져서 멸종했다. 우리는 공룡과 다른 대형 동식물의 대멸종의 이야기를 잘 알고 있다. 그래서 이런 설명은 완벽하게 합리적인 것처럼 보인다. 조그만 털북숭이였던 오늘날 포유류의 조상은 수백만 년 동안 공룡의 기세에 억눌려 지내다가, 공룡이 사라진 이후에야 오늘날의 다양한 무리로 방산했다. 그러나 몇 가지 중요한 이유에서 이 편안하지만 기만적인 생각에 의혹을 제기해야 한다. 미생물은 큰 동물과 같지 않다. 미생물은 개체군의 크기가 무지막지하게 더 크고 유전자 수평 이동을 통해서 (항생제 내성 같은) 유용한 유전자를 주위에 전달하므로 멸종에 대한 취약성이 훨씬 더 적다. 심지어 산소 급증 사건의 여파 속에서도 미생물의 멸종 징후는 전혀 없었다. 대부분의 혐기성 세포를 멸종시켰다고 추측되는 "산소 대학살"도 자취를 찾아볼 수 없다. 이런 멸종이 일어났었다는 계통학적 증거나 지구화학적 증거는 전혀 없다. 오히려 반대로 혐기성 미생물은 번성했다.

더욱 중요한 것은, 이 중간 단계의 미생물이 더 정교해진 진핵생물에 비해서 경쟁에 뒤져서 멸종된 것이 아님을 나타내는 매우 강력한 증거가 있다는 점이다. 그들은 지금도 존재한다. 우리는 이미 그들과 만났다. 바로 한때 빠진 연결고리로 오인되었던 "아케조아"이다. 아케조아는 진정한 진화의 중간 단계는 아니지만, 진정한 **생태적** 중간 단계이다. 그들은 동등한 틈새를 차지한다. 진화의 중간 단계는 다리 달린 물고기인 틱타알릭(*Tiktaalik*)이나 날개와 깃털이 있는 공룡인 시조새(*Archaeopteryx*) 같은 빠진 연결 고리이다. 생태적 중간 단계는 진정한 빠진 연결고리는 아니지만, 어떤 틈새, 다시 말해서 특정 생활방식에서는 생존이 가능하다는 것을 증명한다. 날다람쥐는 박쥐나 조류 같은 날 수 있는 다른 척추동물과 별로 연관이 없지만, 정식 날개가 없어도 나무 사이를 활강할 수 있다는 것을 보여준다. 날다람쥐의 활강은 비행이 이런 방식으로 시작되었을 수도 있다는 제안이 단순한 공상이 아님을 의미한다. 그리고 이것은 아케조아에서도 중대한 의미를 가진다. 아케조아는 특정 생활방식으로 살아갈 수 있다는 것을 보여주는 생태적 중간 단계이다.

앞에서 나는 1,000종 이상의 아케조아가 있다고 언급했다. 이 아케조아들은 명백한 진핵생물이다. 이들은 형태가 더 단순해져서 이런 "중간 단계"의 틈새에 적응한 것이지, 약간 더 복잡해진 세균이 아니다. 나는 이 점을 강조하고 싶다. 틈새는 살아갈 수 있는 곳이다. 틈새는 형태적으로 단순한 세포들의 침투를 수없이 받아왔고, 세포들은 거기에서 번성했다. 이런 단순한 세포들은 이미 같은 생태적 틈새를 차지하고 있던 더 정교한 진핵생물과의 경쟁에서 밀려 멸종되지 않았다. 오히려 그 반대로, 단순하다는 바로 그 이유 때문에 더 번성했다. 통계학적으로 볼 때, 다른 모든 조건이 같을 때 (복잡한 세균 대신) 단순한 진핵생물만 이런 틈새를 개별적으로 1,000번 침투할 확률은 10^{300}분의 1이다. 『은하수를 여행하는 히치하이커를 위한 안내서(*The Hitchhiker's Guide To The Galaxy*)』에 등장하는 자포드 비블브락스의 "무한 불가능 확률 추진기"로 마술을 부려야 할 수치이다. 확 줄여서 아케조아가 20번만 개별적으로 나타났다고 해도(그때마다 수많은 종이 만들어지는 방산이 일어났다고 해도), 확률은 여전히 100만 분의 1이다. 이런 일이 일어나려면 요행히 기형적으로 특이한 분포가 나타났거나,

다른 모든 조건이 동등하지 않았어야 한다. 가장 설득력 있는 설명은 진핵생물의 구조에는 이런 중간 단계의 틈새에 쉽게 침투하게 해주는 무엇이 있었고, 이에 반해서 세균의 구조에는 형태적으로 더 복잡해지는 진화를 방해하는 무엇인가가 있었다는 것이다.

이것은 특별히 급진적인 것처럼 보이지 않는다. 사실 우리가 알고 있는 모든 것과 일치한다. 나는 이 장 전반에서 줄곧 세균에 대해서 설명했다. 그러나 "서론"에서 지적했던 것처럼, 핵이 없어서 "원핵생물"(말 그대로 "핵이전"이라는 뜻)이라고 불리는 세포는 크게 두 무리로 나뉜다. 이 두 무리는 세균과 "고세균"이다. 아케아(archaea)라고도 불리는 고세균은 앞에서 설명했던 단순한 진핵세포인 아케조아와는 다르다. 이해를 방해하려고 작정한 연금술사들이 만들어낸 것 같은 과학 용어가 혼란을 불러일으킨 점은 나도 유감이다. 그래도 고세균과 세균은 핵이 없는 원핵생물인 반면, 아케조아는 핵이 있는 원시적인 진핵생물이라는 점은 기억하자. 사실 고세균은 지금도 가끔 "고대 세균"이라는 뜻인 아키박테리아(archaebacteria)라고 불림으로써, "진짜 세균"이라는 뜻인 진정세균(eubacteria)과 대조를 이룬다. 따라서 두 종류 모두 당당하게 세균이라고 불릴 수 있다. 나는 특별히 두 영역을 명확하게 구별해야 할 때를 제외하고는, 단순함을 위해서 두 무리를 뭉뚱그려서 계속 세균이라고 부를 것이다.[7]

중요한 것은 세균과 고세균이라는 이 두 영역이 유전학적인 측면이나 생화학적인 측면에서는 극단적으로 다르지만, 형태적으로는 거의 구별이 되지 않는다는 점이다. 두 종류의 세포 모두 작고 단순하며, 핵을 비롯해서

---

7 이 단어들에는 수십 년에 걸쳐 축적된 지적, 감성적 무게가 묵직하게 실려 있다. 어쨌든 고세균은 세균보다 더 오래된 영역이 아니기 때문에, 아키박테리아와 고세균이라는 용어는 학술적으로는 올바르지 않다. 나는 고세균과 세균이라는 용어를 더 즐겨 사용하는데, 한편으로는 이 용어들이 두 영역 사이의 놀라울 정도로 근본적인 차이를 강조하기 때문이고, 한편으로는 그냥 더 간단하기 때문이다.

복잡한 생명체를 규정하는 진핵생물의 다른 모든 특징이 없다. 이 두 무리는 대단히 특별한 유전적 다양성과 생화학적 독창성을 가졌다. 그럼에도 복잡한 형태로 진화하지 못했다는 사실은 원핵생물 고유의 어떤 신체적 제약이 복잡성의 진화를 불가능하게 만드는 것처럼 보이게 한다. 어찌된 일인지 진핵생물의 진화는 그 제약으로부터 해방되었다. 제5장에서 나는 그 해방이 단 한번의 드문 사건에 의해서 일어났다는 주장을 하려고 한다. 그 사건은 바로 우리가 "서론"에서 다루었던 두 원핵생물 사이의 세포내 공생이다. 그러나 지금은 어떤 종류의 구조적인 제약이 원핵생물을 이루는 두 개의 큰 영역인 세균과 고세균에 똑같이 작용해서 무려 40억 년이라는 긴 시간 동안 두 무리가 단순한 형태로 남아 있을 수밖에 없었다는 점만 지적하고자 한다. 오직 진핵생물만이 폭발적인 단계통 방산을 통해서 복잡성의 세계를 탐험했으며, 이는 진핵생물이 그 구조적 제약으로부터 해방되었다는 것을 의미한다. 이 일은 단 한번 일어났던 것으로 보이며, 모든 진핵생물이 관련되어 있다.

잘못된 질문

지금까지 우리는 우리의 짧은 생명의 역사를 새로운 시각에서 살펴보았다. 간단히 요약하면 이렇다. 초기 지구는 오늘날 우리가 사는 세상과 별반 다르지 않았다. 물로 뒤덮여 있었고, 기후는 온화했으며, 이산화탄소와 질소 같은 화산 가스가 대기의 대부분을 차지했다. 초기 지구에는 산소가 없었지만, 유기화학적 반응을 수행하는 수소와 메탄과 암모니아 같은 기체가 풍부한 것도 아니었다. 따라서 원시 수프라는 케케묵은 생각을 버려야 하지만, 그래도 생명은 대단히 이른 시기에 등장했을 것이다. 어쩌면 40억 년쯤 전에 시작되었을 수도 있다. 말 그대로 생명은 뭔가 다른 것에 의해서 등장하고 있었고, 우리는 그것이 무엇인지 알게 될 것이다. 곧 세균은 모든 물질대사의 틈새를 완전히 장악하고 20억 년에 걸쳐 번성하면서 지구 전체를 변모시켰다. 막대한 규모로 암석과 광물을 침전시켰고, 대양과 대기와 대륙을 바꾸었다. 눈덩이가 된 지구의 기후에서도 살아남았다. 세균은 세상을 산화시켜서, 대양과 대기를 반응성이 큰 산소로 가득 채웠다. 그러나 이 막대한 시간을 지나오는 동안, 세균과 고세균은 다른 무엇인가로 바뀌지 않고 고집스럽게 단순한 구조와 생활방식을 유지했다. 40억 년이라는 긴 시간 동안 환경과 생태의 극단적 변화를 겪으면서, 세균은 유전자와 생화학적 특성을 바꿔왔지만 형태만은 결코 바꾸지 않았다. 세균에서는 우리가 다른 행성에서 찾을 수 있기를 기대하는 지적 외계인 같은 더 복잡한 형태의 생명체가 나오지 않았다. 그러나 딱 한번의 예외가 있었다.

지구에서 단 한번, 세균은 진핵생물을 만들었다. 화석 기록이나 계통학에는 복잡한 생명체가 반복적으로 나타났음을 암시할 만한 증거가 없으며, 유일하게 남아 있는 복잡한 생명체의 무리는 우리가 알고 있는 오늘날의 진핵생물뿐이다. 오히려 진핵생물의 단계통 방산은 그들의 독특한 기원이 고유의 물리적 제약에 의해서 결정되었음을 암시하며, 이 물리적 제약은 산소 급증 사건 같은 환경의 격변과는 별로 관계가 없다. 이 물리적 제약이 무엇인지에 관해서는 제3부에서 살펴볼 것이다. 지금 우리가 주목해야 할 것은 복잡한 생명체의 진화가 왜 단 한번만 일어났는지를 밝혀줄 적절한 설명이다. 우리의 설명은 충분히 신뢰할 수 있을 만큼 설득력이 있어야 하지만, 왜 이것이 여러 번 일어나지 않았는지에 대한 의문이 남을 만큼 설득력이 부족해야 한다. 단 한번 일어났던 사건을 설명하려는 시도는 늘 요행의 형태를 취할 것이다. 우리가 어떻게든 이것을 밝힐 수 있을까? 사건 자체는 별로 파고들지 못할 수도 있겠지만, 어쩌면 그 이후의 여파 속에서 숨어 있던 단서를 발견할 수도 있을 것이다. 총구에서 피어오르는 연기는 무슨 일이 있었다는 것을 분명하게 보여주는 증거이다. 일단 세균이라는 족쇄를 벗어난 진핵생물은 엄청나게 복잡해지고 형태적으로도 다양해졌다. 그러나 이런 복잡성은 확실하게 예측 가능한 방식으로 축적되지 않았다. 성과 노화, 분화로 이어지는 진핵생물의 모든 특징은 세균이나 고세균에서는 한번도 나타난 적이 없는 것들이었다. 최초의 진핵생물은 이 모든 독특한 특징들을 동료도 없는 하나의 공통 조상에 축적했다. 형태적으로 단순한 세균과 엄청나게 복잡한 진핵생물의 공통 조상 사이에서 일어났던 사건의 진상을 알려줄 진화적 중간 단계는 알려져 있지 않다. 이 모든 것을 종합하면, 생물학의 가장 큰 의문이 아직 풀리지 않은 채로 남아 있을지 모른다는 짜릿한 전망이 나오는 것이다! 진핵생물의 특징들 속에는 그들이 어떻게 진화했는지를 넌지시 알려줄 어떤 흔적이 존재할까? 나는 그렇다고 생각한다.

이 수수께끼는 이 장을 시작하면서 던진 질문과 다시 연결된다. 생명의 역사와 특성은 1차 원리를 통해서 얼마나 예측이 가능할까? 나는 생명에 가해지는 제약이 유전체나 역사나 환경의 측면에서 쉽게 해석이 될 수 없는 방식의 것이라고 생각한다. 만약 정보의 측면에서만 생명을 생각한다면, 우리는 수수께끼 같은 진핵생물 역사에서 어떤 예측도 할 수 없을 것이다. 생명은 왜 그렇게 일찍 시작되었을까? 왜 수십억 년 동안 형태적으로 제자리에 머물렀을까? 왜 세균과 고세균은 지구 전체에서 일어난 환경과 생태의 격변에도 영향을 받지 않았을까? 왜 모든 복잡한 생명체는 40억 년 동안 단 한번 일어난 하나의 계통에서만 유래했을까? 왜 세균이나 고세균에서는 성, 세포핵, 식작용 같은 진핵생물의 특징들이 나타나지 않았을까? 왜 이런 특징들은 진핵생물에만 축적되었을까?

생명이 모두 정보로부터 나온다면, 이런 문제들은 깊은 불가사의가 된다. 나는 정보 하나만을 토대로 이 이야기를 과학적으로 예측할 수 있을 것이라고 믿지는 않는다. 생명의 별난 특성은 역사의 우연성으로 인한 결과라고 생각해야 할 것이다. 우연히 날린 돌팔매나 화살이 운 좋게 명중을 한 것뿐이다. 우리는 다른 행성에 생명이 존재할 확률을 예측할 가능성이 전혀 없을 것이다. 그러나 모든 문제의 해답이 되어줄 것 같은 묘한 매력을 내뿜는 암호문인 DNA는 슈뢰딩거의 중요한 원칙을 망각하게 한다. 바로 생명은 붕괴하려는 경향인 엔트로피를 거스른다는 점이다. 『생명이란 무엇인가?』의 주석에서 슈뢰딩거는 만약 일반 독자가 아닌 물리학자를 위한 글이었다면, 엔트로피 대신 자유 에너지를 이용해서 주장을 펼쳤을 것이라고 지적했다. "자유"라는 단어에 담긴 특별한 의미에 대해서는 다음 장에서 살펴볼 것이다. 지금은 이 장과 슈뢰딩거의 책에서 빠져 있는 것이 정확히 에너지라는 점을 언급하는 것만으로 충분하다. 슈뢰딩거를 상징하는 이 제목이 던지는 질문은 완전히 잘못되었다. 에너지를 더하면 질문은 훨씬 더 풍부해진다. 살아 있다는 것은 무엇인가?(What is Living?) 그러나 이는 슈뢰딩거의 잘못이 아니다. 그로서는 알 길이 없었다. 그가 글을 쓸 당시에는 생물학적 에너지의 흐름을 잘 아는 사람이 아무도 없었다. 이제 우리는 그 모든 과정을 원자 수준까지 매우 자세히 알고 있다. 에너지 생산 메커니즘은 유전암호처럼 세부적인 부분까지 모든 생명체에 보편적으로 보존되어 있으며, 세포에 근본적인 구조의 제약을 가한다는 것이 밝혀졌다. 그러나 우리는 그것이 어떻게 진화했는지, 생물학적 에너지가 생명에 어떤 식의 제약을 가했는지에 관해서는 아무것도 알지 못한다. 이것이 바로 이 책이 던지는 질문이다.

2
살아 있다는 것은 무엇인가?

이것은 수백만 세대에 걸쳐 갈고닦은 치밀한 간계를 부리는 냉혹한 킬러이다. 한 유기체의 정교한 면역 감시장치에 개입해서, 이중간첩처럼 슬그머니 눈에 띄지 않게 녹아들어갈 수 있다. 세포 표면 단백질을 인식하고 추적할 수 있으며, 마치 내부 관계자처럼 은밀한 공간에도 들어갈 수 있다. 한 치의 오차도 없이 핵으로 곧장 들어가서 숙주세포의 DNA에 자신을 융합시킬 수 있다. 때로는 몇 년 동안 주위에 발각되지 않은 채 그곳에서 숨어 지내기도 하며, 때로는 지체 없이 숙주세포의 생화학 장치를 고의로 파괴하고 자신의 복사본을 수천 수만 개씩 만들기도 한다. 이 복사본은 단백질과 지질(脂質, lipid)로 만들어진 위장복을 입고 표면으로 가서 숙주세포를 뚫고 나와서 다시 새롭게 교활한 파괴의 주기를 시작한다. 이것은 이 세포에서 저 세포로, 이 사람에게서 저 사람에게로 엄청난 속도로 확산되어 사람을 죽음에 이르게 하거나, 바닷물에 녹아 하룻밤 사이에 수백 킬로미터에 이르는 바닷물의 색깔을 바꾸기도 한다. 대부분의 생물학자들은 이것을 살아 있는 것으로 분류조차 하지 않으려고 하지만, 이것은 전혀 개의치 않는다. 이것은 바로 바이러스(virus)이다.

바이러스는 왜 살아 있는 것이 아닐까? 자체적으로는 어떤 활동적인 물질대사도 하지 않기 때문이다. 바이러스는 전적으로 숙주의 능력에 의존한다. 여기서 의문이 생긴다. 물질대사 작용은 생명의 필수적인 특성일까?

일반적으로는 당연히 "그렇다"가 정답이겠지만, 그 이유는 정확히 무엇일까? 바이러스는 주변 환경을 이용해서 스스로를 복제한다. 그러나 그 점은 우리도 마찬가지이다. 우리는 다른 동식물을 먹고 산소로 숨을 쉰다. 주변 환경을 차단하면, 이를테면 머리에 비닐봉지를 뒤집어쓰고 있으면 몇 분 안에 목숨을 잃는다. 우리도 바이러스와 마찬가지로 환경에 기생한다고 생각하는 사람도 있을 것이다. 식물도 마찬가지이다. 식물도 우리가 식물을 필요로 하는 만큼 우리를 필요로 한다. 광합성으로 스스로 유기물을 만들고 성장을 하려면, 식물은 태양과 물과 이산화탄소(CO_2)가 필요하다. 식물은 건조한 사막이나 어두운 동굴에서는 성장이 불가능하지만, 이산화탄소가 부족할 때에도 마찬가지일 것이다. 식물이 이산화탄소의 부족을 겪지 않는 까닭은 동물(그리고 균류와 다양한 세균)이 소화와 연소를 통해서 끊임없이 유기물을 분해해서 최종적으로 이산화탄소의 형태로 대기 중에 배출하기 때문이다. 화석 연료를 전부 태워버리려는 우리의 부단한 노력이 끔찍한 결과를 가져올지도 모르지만, 식물에게 이것은 충분히 감사할 이유가 된다. 식물에게 이산화탄소는 생장을 의미한다. 따라서 우리와 마찬가지로 식물도 환경에 기생한다고 할 수 있다.

이런 관점에서 보면, 동물과 식물과 바이러스의 차이는 환경의 크기 차이에 지나지 않는다. 바이러스에게 우리의 세포는 모든 것이 충족되는 더할 나위 없이 풍요로운 자궁이다. 이렇게 주위 환경이 대단히 풍요롭기 때문에 바이러스는 규모를 줄일 수 있었다. 일찍이 피터 메더워는 바이러스를 "단백질 외피로 둘러싸인 골칫거리"라고 불렀다. 다른 쪽 극단에는 식물이 있는데, 식물은 환경으로부터 즉각적으로 요구하는 것이 매우 적다. 식물은 빛과 물과 공기가 있는 곳이라면 거의 어디에서나 자란다. 매우 적은 외적 요건만으로 살아가기 위해서는 내적으로 대단히 정교해질 수밖에 없었다. 생화학적인 측면에서 보면, 식물은 성장에 필요한 모든 것을 말 그대로 무에서부터 합성해낼 수 있다.[1] 우리 인간은 식물과 바이러스 사이의 어디쯤에 있다. 먹이를 섭취해야 한다는 것 외에도 우리에게는 특정 비타민의 섭취가 필요한데, 이런 비타민이 없으면 우리는 괴혈병 같은 고약한 질병에 걸린다. 비타민은 단순한 전구체(前驅體, precursor)를 이용해서 우리 스스로 만들 수 없는 화합물이다. 우리는 조상이 가지고 있던 비타민 합성 생화학 장치를 잃었기 때문이다. 외부에서 공급되는 비타민이라는 버팀목이 없으면, 우리는 숙주 없는 바이러스처럼 무너져버린다.

따라서 우리 모두는 환경의 도움이 필요하며, 유일한 문제는 그 양이다. 역전이인자(retrotransposon, 도약 유전자[jumping gene]) 같은 일부 기생 DNA 서열에 비하면, 바이러스는 대단히 정교하다. DNA에 기생하는 서열들은 유전체 전체를 돌아다니며 자신을 복사하지만, 안전한 숙주를 벗어나는 일은 결코 없다. 세균에서 소량의 유전자를 운반하는 작은 고리 모양의 DNA인 플라스미드(plasmid)는 (가느다란 연결관을 통해서) 이 세균에서 저 세균으로 곧바로 전달될 수 있으므로, 외부세계에 대비해서 스스로를 보호할 필요가 없다. 역전이인자와 플라스미드와 바이러스는 살아 있을까? 모두 자신의 복사본을 만들기 위한 "목적하에" 잔꾀를 부린다. 다시 말해서, 주위의 생물학적 환경을 활용하는 능력을 가지고 있다. 무생물과 생물은 하나의 연속체이므로, 둘 사이에 선을 그으려는 노력은 무의미하다. 생물의 정의는 대체로 생명체 자체에만 초점을 맞추고 환경에 기생하는 생명체의 행위는 무시하는 경향이 있다. 이를테면 NASA가 내놓은

---

1 질산염과 인산염 같은 무기염류도 당연히 필요하다. 여러 남세균(식물의 광합성 기관인 엽록체의 기원이 되는 세균)은 질소를 고정할 수 있다. 다시 말해서, 상대적으로 반응성이 적은 공기 중의 질소 기체(N_2)를 더 반응성이 크고 유용한 암모니아 형태로 전환할 수 있다는 뜻이다. 식물은 이런 능력을 상실하고 주위 환경으로부터 도움을 받는다. 때로는 콩과 식물의 뿌리혹에서 공생 형태로 살고 있는 세균이 활성화된 질소를 식물에 공급하기도 한다. 이런 외부적인 생화학 장치가 없으면, 식물도 바이러스와 마찬가지로 성장과 생식이 불가능하다. 역시 기생생물이다!

생명에 대한 "잠정적 정의"를 보자. 생명은 "자가 유지를 하면서 다윈주의적 진화를 할 수 있는 화학적 체계"이다. 바이러스는 이 범주에 포함될까? 아마 그렇지는 않겠지만, 이것은 "자가 유지"라는 모호한 표현에 어떤 의미를 부여하는지에 따라서 다르다. 어느 쪽이 되었든, 환경에 대한 생명체의 의존성이 정확하게 강조되지는 않는다. 환경은 근본적으로 생명체와는 무관한 것처럼 보인다. 그러나 전혀 그렇지 않다는 것을 알게 될 것이다. 환경과 생물은 언제나 밀접한 관계가 있다.

선호하던 환경과 단절이 일어나면 생명에서는 무슨 일이 벌어질까? 당연히 죽게 될 것이다. 우리는 살아 있거나 죽었거나, 둘 중 하나이다. 그러나 이것이 항상 옳은 것은 아니다. 바이러스는 숙주세포의 자원이 차단되면 곧바로 붕괴되어 "죽음"을 맞지 않는다. 바이러스는 세속의 파괴에 별로 영향을 받지 않는다. 1밀리리터의 바닷물 속에는 세균보다 10배나 많은 바이러스가 때가 오기를 기다리고 있다. 붕괴에 대한 바이러스의 저항성은 가사 상태로 몇 년을 견딜 수 있는 세균의 포자를 연상시킨다. 포자는 영구동토층이나 외계에서도 아무런 물질대사를 하지 않고 수천 년을 버틸 수 있다. 그뿐만이 아니다. 식물의 종자와 심지어 완보동물(tardigrade) 같은 동물도 물이 전혀 없는 상태, 인간의 치사량의 1,000배에 해당하는 방사선, 해저의 엄청난 수압, 완전히 진공인 우주 공간 같은 극단적인 조건에서 물이나 양분이 없이도 버틸 수 있다.

바이러스와 포자와 완보동물은 왜 열역학 제2법칙에 따라서 붕괴되지 않는 것일까? 우주선(宇宙線)이나 고압전류의 직접 타격으로 만신창이가 되면, 결국에는 붕괴될지도 모른다. 그러나 그렇지 않으면 거의 완전히 무생물 상태로 고정되어 있을 것이다. 이는 생명체와 살아 있다는 것 사이의 차이에 관해서 우리에게 중요한 것을 알려준다. 포자는 기술적으로는 살아 있지 않다. 그래도 되살아날 가능성을 유지하고 있기 때문에, 대부분의 생물학자들은 살아 있다고 분류한다. 포자는 살아 있는 상태로 돌아올 수 있으므로 죽은 것이 아니라는 것이다. 나는 바이러스에는 왜 다른 기준을 적용해야 하는지 모르겠다. 바이러스도 환경이 좋으면 곧바로 되살아나서 스스로를 복제한다. 완보동물도 마찬가지이다. 생명체에서는 (유전자와 진화에 의해서 어느 정도 결정되는) 구조가 중요하다. 그러나 살아 있다는 것, 즉 성장과 증식에서는 환경도 중요하다. 다시 말해서, 구조와 환경이 어떻게 상호작용을 하는지가 중요한 것이다. 우리는 유전자가 세포의 물리적 구성성분을 어떻게 암호화하고 있는지에 관해서 엄청나게 많은 지식을 축적했다. 그러나 물리적 제약이 세포의 구조와 진화에 어떤 영향을 미치는지에 관한 지식은 그에 훨씬 미치지 못한다.

에너지, 엔트로피, 구조

열역학 제2법칙에서는 엔트로피, 즉 무질서는 증가할 수밖에 없다고 말한다. 그래서 포자나 바이러스가 그렇게 안정적인 것은 얼핏 기이해 보이기도 한다. 생명과 달리 엔트로피는 특별한 정의를 가지고 있으며, 측정이 가능하다(굳이 알고 싶다면 단위는 J/molK이다). 포자 하나를 내리쳐서 산산조각을 내보자. 가루가 되도록 빻은 다음 엔트로피 변화를 측정해보자. 확실히 엔트로피는 증가할 것이다! 적당한 조건을 찾기만 하면 바로 성장을 재개할 수 있는 아름다운 질서를 갖추고 있던 체계는 이제 아무 기능도 없는 조각들의 모임이 되는 것이다. 다시 말해서 엔트로피가 높아진 것이다. 그런데 그렇지가 않다! 생체 에너지학자인 테드 배틀리의 세심한 측정에 따르면, 엔트로피는 거의 변하지 않았다. 그 까닭은 엔트로피의 요소에는 포자만 있는 것이 아니기 때문이다. 우리는 포자 주위의 환경도 생각해야 하며, 환경에도 어느 정도 무질서도가 나타난다.

포자는 서로 잘 어울리며 상호작용을 하는 부분들로 이루어져 있다. 유성(지질)막은 분자들 사이에 작용하는 물리적인 힘 때문에 자연스럽게 물과 분리된다. 지질 혼합물은 물에 넣고 흔들면 저절로 얇은 이중막으로 분리될 것이다. 액체가 들어 있는 소포(vesicle)를 둘러싸고 있는 생체막이 이런 얇은 이중막인데, 이것이 가장 안정적인 상태이기 때문이다(그림 7). 생명 파괴를 일으키는 기름막이 수백 제곱킬로미터의 바다 표면에 얇게 퍼져나가는 이유도 이와 관련이 있다. 물과 기름은 섞이지 않는다. 물리적인 인력과 척력을 통해서 볼 때, 물과 기름은 같은 종류끼리 상호작용을 하는 것을 더 선호한다. 단백질도 상당히 비슷한 방식으로 행동한다. 전하를 많이 띠는 단백질은 물에 녹고, 전하를 띠지 않는 단백질은 기름에 훨씬 더 잘 녹는다. 기름에 녹는 성질을 소수성(疏水性, hydrophobic)이라고 하는데, 말 그대로 "물을 싫어한다"는 의미이다. 유성 분자들이 서로 모여서 자리를 잡고 전하를 띤 단백질이 물에 녹으면, 에너지가 방출된다. 그것이 물리적으로 안정되고 에너지가 낮은 "편안한" 상태이기 때문이다. 에너지는 열의 형태로 방출된다. 열은 분자의 운동, 충돌, 무질서이다. 즉 엔트로피이다. 따라서 물과 기름이 분리될 때 방출되는 열은 실제로 엔트로피를 증가시킨다. 따라서 이런 모든 상호작용을 고려한 **전체적인** 엔트로피를 따져보면, 세포를 둘러싸고 있는 규칙적인 지질막은 더 질서정연한 것처럼 **보이지만** 용해되지 않는 분자들이 마구 뒤섞여 있는 상태보다 엔트로피가 더 **높다**.[2]

포자를 가루로 만들면 전체적인 엔트로피는 거의 변하지 않는다. 부서진 포자 자체는 무질서도가 증가하지만, 구성성분들은 이전보다 더 큰 에

---

2 별이 형성될 때에도 이와 비슷한 일이 벌어진다. 여기에서는 물질 사이에 중력이라는 물리력이 작용해서 국지적으로 무질서의 상실을 상쇄시키지만, 핵융합으로 발생하는 엄청난 양의 열 방출은 태양계와 우주 다른 곳에서 무질서도를 증가시킨다.

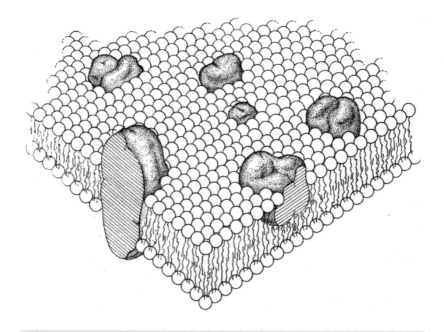

그림 7 지질막의 구조

1972년에 싱어와 니컬슨이 처음 묘사했던 지질막의 유동-모자이크(fluid-mosaic) 모형. 지질의 바다에 떠 있는 단백질은 일부분이 박혀 있는 것도 있고 막 전체를 관통하는 것도 있다. 지질 자체는 (물을 좋아하는) 친수성 머리 부분과 (물을 싫어하는) 소수성 꼬리로 구성된다. 일반적으로 세균과 진핵생물의 지질막은 머리 부분은 글리세롤인산(glycerol phosphate)이고, 꼬리 부분은 지방산(fatty acid)이다. 이중의 층으로 이루어진 막의 친수성 머리 부분은 물을 주성분으로 하는 세포질(cytoplasm)이나 주위의 물질과 상호작용을 하며, 안쪽을 향하고 있는 소수성 꼬리는 서로 상호작용을 한다. 이것이 물리적으로 "안정된" 에너지가 낮은 상태이다. 지질 이중층은 질서정연한 모습을 하고 있지만, 사실 형성 과정에서 열의 형태로 주위에 에너지를 방출함으로써 전체적인 엔트로피를 증가시킨다.

너지를 가지게 되기 때문이다. 기름은 물과 섞이고, 용해되지 않은 단백질은 서로 단단히 붙는다. 이렇게 물리적으로 "불안정한" 상태에서는 에너지가 소요된다. 물리적으로 안정된 상태일 때는 열의 형태로 주위에 에너지를 방출한다면, 물리적으로 불안정한 상태일 때는 그 반대 현상이 일어난다. 엔트로피를 낮추기 위해서 주위에서 열을 흡수하므로 주위가 냉각된다. 공포소설 속의 소름끼치는 이야기는 말 그대로 이 원리의 정곡을 꿰뚫는다. 폴터가이스트, 디멘터 같은 유령이 나타나면 주위에 한기가 돌거나심지어 얼어붙기도 하는데, 비정상적인 존재에 대한 대가를 지불하기 위해서 주위에서 에너지를 흡수하기 때문이다.

포자의 경우에 이 모든 것을 고려하면, 전체적인 엔트로피는 거의 변하지 않는다. 분자 수준에서 보면, 중합체(polymer)의 구조는 국지적으로는 에너지를 최소화하지만 여분의 에너지를 주위에 열의 형태로 방출함으로써 엔트로피를 증가시킨다. 단백질은 에너지가 가장 낮은 형태로 저절로 중첩된다. 단백질의 소수성 부분은 물과 가장 멀리 떨어진 위치에 파묻힌다. 전하를 띤 부분들은 서로 끌어당기거나 밀어낸다. 양전하와 음전하는 서로 균형을 이루면서 그 자리에 고정됨으로써 단백질의 안정된 3차원 구조를 형성한다. 따라서 단백질은 저절로 접혀서 특별한 형태를 이룬다. 그러나 이 방식이 항상 이로운 것은 아니다. 프리온(prion)은 완전히 정상적인 단백질이 저절로 다시 접혀서 형성된 반(半)결정체이며, 이 반결정체가 틀로 작용해서 다시 접힌 프리온을 더 많이 만든다. 이 과정에서 전체적인 엔트로피는 거의 변하지 않는다. 한 단백질에는 여러 개의 안정 상태가 존재할 수 있지만, 그중에서 세포에 유용한 것은 단 하나뿐이다. 그러나 엔트로피 측면에서는 그 상태들 사이에 별 차이가 없다. 아마 가장 놀라운 점은 각각의 아미노산(단백질의 구성요소)들이 무질서하게 뒤섞여 있는 원시 수프와 아름답게 접힌 단백질 사이에 엔트로피 차이가 거의 없다는 점일 것이다. 접힘이 풀리면 단백질은 아미노산 수프와 더 비슷한 상태로 돌아가고 엔트로피가 증가한다. 그러나 그렇게 되면 소수성 아미노산이 물에 노출되고, 이렇게 물리적으로 불편한 상태는 외부로부터 에너지를 흡수해서 주위의 엔트로피를 낮추고 냉각시키는, 이른바 "폴터가이스트 효과(poltergeist effect)"를 일으킬 수 있다. 생명이 원시 수프보다는 더 조직화되어 있는 엔트로피가 낮은 상태일 것이라는 생각은 엄밀히 따지면 사실이 아니다. 생명의 질서와 조직화는 주위의 무질서도 증가와 궤를 같이한다.

그렇다면 생명이 환경으로부터 음의 엔트로피를 "흡수한다"는 에르빈 슈뢰딩거의 말은 생명이 주위로부터 어떤 식으로든 질서를 추출해낸다는 의미이다. 아미노산의 수프와 완벽하게 접힌 단백질은 엔트로피는 같을지 모르지만, 두 가지 다른 점이 있다. 단백질은 나타날 확률이 더 낮다는 것과 에너지가 더 많이 든다는 것이다.

먼저, 아미노산 수프가 서로 저절로 결합해서 사슬을 형성하지는 않을 것이다. 단백질은 아미노산이 연결된 사슬이지만, 아미노산은 본질적으로 반응을 하지 않는다. 아미노산이 서로 연결되게 하려면, 살아 있는 세포는 우선 아미노산을 활성화시켜야 한다. 그래야만 아미노산에서 반응이 일어나고 사슬이 형성된다. 이 과정에서 아미노산을 처음 활성화시키기 위해서 쓰였던 것과 대략 비슷한 양의 에너지가 방출된다. 따라서 전체적인 엔트로피는 사실상 변함이 없다. 단백질이 접히는 동안 방출되는 에너지는 열의 형태로 소실되어 주위의 엔트로피를 증가시킨다. 그래서 똑같이 안정된 상태인 아미노산과 단백질 사이에는 **에너지 장벽**이 있다. 에너지 장벽은 단백질이 형성되기 어렵다는 것을 의미한다. 마찬가지로 단백질이 분해될 때에도 이런 장벽이 존재한다. 단백질을 분해해서 구성성분으로 되돌리기 위해서는 약간의 수고(그리고 소화효소)가 필요하다. 우리가 인식해야 하는 것은, 유기 분자들이 상호작용을 통해서 단백질이나 DNA나 막 같은 더 큰 구조를 형성하는 경향은, 용암이 냉각되면서 더 큰 결정이 만들어지는 경향과 다를 것이 없는 당연한 일이라는 것이다. 반응성 있는 구성단위만 충분히 주어진다면, 이런 더 큰 구조가 가장 안정된 상태일 것이다. 진짜 문제는 이 반응성 있는 구성단위가 모두 어디에서 오는지에 관한 것이다.

이것은 우리를 두 번째 문제로 안내한다. 아미노산 수프는 활성화는 고사하고 오늘날의 환경에서는 존재하기도 어렵다. 아마 가만히 놓아두면 결국 산소와 반응해서 이산화탄소, 질소, 이산화황, 수증기 같은 더 단순한 기체 혼합물로 되돌아갈 것이다. 다시 말해서 애초에 이런 아미노산을 형성하기 위해서는 에너지가 들고, 그 에너지는 아미노산들이 다시 분해될 때에 방출된다. 그렇기 때문에 우리는 한동안 굶어도 근육의 단백질을 분해해서 연료처럼 이용함으로써 살아갈 수 있는 것이다. 그 에너지는 단백질 자체에서 나오는 것이 아니라 그 구성성분인 아미노산의 연소를 통해서 나온다. 따라서 종자, 포자, 바이러스는 산소가 풍부한 오늘날의 환경에서는 완벽하게 안정적일 수 없다. 시간이 흐르는 동안 단백질의 구성성분이 차츰 산소와 반응하는 산화(酸化)가 일어나기 때문이다. 결국 구조와 기능이 서서히 파괴되면서 알맞은 조건이 되더라도 생기를 되찾지 못한다. 종자가 죽는 것이다. 그러나 대기 조성이 바뀌어 산소가 없다면, 종자는 언제까지나 안정 상태를 유지한다.[3] 지구 전체가 산소화된 환경 속에서는 유기체가 "평형 상태를 벗어나" 있기 때문에, 능동적으로 방지하지 않는 한 산화되는 경향이 나타날 것이다(다음 장에서는 항상 그렇지만은 않다

---

3 인간과 더 가까운 사례로는 17세기 스웨덴 전함인 바사 호가 있다. 1628년에 첫 항해에 나섰던 바사 호는 스톡홀름과 가까운 만에서 침몰했으며, 1961년에 인양되었다. 배는 놀라울 정도로 보존이 잘 되어 있었는데, 스톡홀름이 대도시로 성장하면서 바다 밑바닥에 쏟아부은 하수와 오물 덕분이었다. 바사 호는 말 그대로 똥 속에 보존되어 있었다. 오수에서 배출된 황화수소 기체는 바사 호에 조각된 우아한 나무 장식이 산소의 공격을 당하지 않도록 막아주었다. 인양된 이후에는 바사 호의 손상을 막기 위한 씨름이 한창이다.

는 사실을 확인할 것이다).

따라서 (산소가 존재하는) 일반적인 상황에서는 이산화탄소와 수소 같은 단순한 분자로 아미노산과 뉴클레오티드 같은 생물의 다른 구성성분들을 만들려면 에너지가 든다. 또 그 구성성분들을 길게 연결해서 단백질과 DNA 같은 중합체를 만들기 위해서도 에너지가 든다. 그러나 엔트로피의 변화는 별로 없다. 살아 있다는 것은 새로운 구성성분을 만들고, 그 구성성분들을 서로 연결하고, 성장하고, 번식하는 것일 뿐이다. 또한 성장은 세포의 안팎으로 물질을 능동적으로 수송하는 것도 의미한다. 이 모든 활동에는 끊임없는 에너지의 흐름이 필요하고, 슈뢰딩거는 이 에너지를 "자유 에너지"라고 불렀다. 그는 엔트로피와 열과 자유 에너지와의 관계를 상징적으로 나타내는 공식을 고안했는데, 공식은 아주 간단하다.

$$\Delta G = \Delta H - T\Delta S$$

이 공식이 의미하는 것은 무엇일까? 그리스 문자인 Δ(델타)는 변화량을 의미한다. ΔG는 19세기 미국의 위대한 물리학자인 J. 윌러드 깁스의 이름을 딴 깁스 자유 에너지의 변화량을 나타낸다. 깁스 자유 에너지란 근육 수축이나 세포에서 일어나는 다른 기계적인 일을 "자유롭게" 일으키는 에너지이다. ΔH는 주위에 방출되는 열의 변화량이다. 방출된 열은 주위의 온도를 높여 엔트로피를 증가시킨다. 주위로 열을 방출하는 반응이 일어나면 계(界) 자체는 냉각될 것이다. 반응이 일어나기 전에 비해서 에너지가 줄어들기 때문이다. 따라서 만약 계에서 주위로 열을 방출하면, 계의 ΔH는 음의 값이 된다. T는 온도이다. 온도는 상황에 따라 중요성이 달라진다. 추운 환경에서 열을 방출하는 것은 따뜻한 환경에서 같은 양의 열을 방출할 때에 비해 환경에 미치는 영향이 더 크다. 투입되는 열의 양이 상대적으로 더 많기 때문이다. 마지막으로 ΔS는 계의 엔트로피 변화량이다. 만약 계의 엔트로피가 감소해서 더 질서정연해지면 음의 값을 나타내고, 엔트로피가 증가해서 계가 더 무질서해지면 양의 값을 나타낸다.

결국 어떤 반응이 저절로 일어나려면, 자유 에너지인 ΔG가 음의 값이 되어야 한다. 이것은 생체에서 일어나는 모든 반응도 마찬가지이다. 말하자면, 반응은 ΔG가 음의 값일 때에만 저절로 일어날 것이다. 그러기 위해서는 계의 엔트로피가 올라가거나(계가 더 무질서해진다), 계에서 에너지가 열의 형태로 방출되거나, 두 현상이 모두 일어나야 한다. ΔH가 더 음의 값을 가지기만 하면 국지적으로 엔트로피가 감소할 수 있다는 의미이다. 즉 주위에 더 많은 열을 방출하기만 하면 계는 더 질서정연해질 수 있다는 것이다. 요점은 이렇다. 성장과 생식, 즉 살아가기 위한 반응은 끊임없이 열을 방출해서 주위를 더 무질서하게 만들어야 한다. 별을 생각해보자. 별은 질서정연하게 존재하기 위해서 우주 공간에 막대한 양의 에너지를 방출한다. 우리는 존재를 지속하기 위해서 끊임없이 반응함으로써 열을 방출하는데, 이 반응이 바로 호흡이다. 우리는 산소를 이용해서 끊임없이 양분을 태워서 주위 환경에 열을 방출한다. 이 열 손실은 낭비가 아니다. 생명체의 존재를 위해서 반드시 필요한 것이다. 열 손실이 많을수록 가능한 복잡성의 규모가 더 커진다.[4]

살아 있는 세포에서는 모든 현상이 저절로 일어난다. 제대로 된 출발점만 주어지면, 자발적으로 진행될 것이다. ΔG는 언제나 음의 값이다. 에너지 측면에서 이 값은 시종일관 내리막에 있다. 그렇다고 출발점이 대단히

---

4 바로 이것이 항온성, 즉 온혈성의 진화에서 흥미로운 점이다. 항온동물의 열 손실이 더 많아지는 것과 복잡성이 더 증가하는 것을 군이 연계시킬 필요는 없지만, 복잡성이 더 증가하기 위해서는 결국 열 손실이 더 많아져야 하는 것은 맞다. 따라서 항온동물은 (실제로는 그렇지 않지만) 원칙적으로 변온동물보다 더 큰 복잡성을 얻을 수 있다. 어쩌면 일부 조류와 포유류의 정교한 뇌가 이런 사례에 해당할지도 모른다.

높이 있어야 한다는 의미는 아니다. 단백질을 만들기 위한 출발점은 충분히 **활성화된** 아미노산이 좁은 공간에 비정상적으로 모여 있어야 한다. 그러면 아미노산들이 서로 결합하고 접혀서 단백질을 형성하면서 에너지를 방출하여 주위의 엔트로피를 증가시킬 것이다. 활성화된 아미노산도 적절한 반응을 하는 전구체들이 충분히 주어지기만 하면 저절로 형성될 것이며, 이런 적절한 반응을 하는 전구체 역시 대단히 **반응성이 큰 환경**이 주어지면 저절로 형성될 것이다. 따라서 결국 성장을 위한 힘은 환경의 반응성에서 비롯되며, 이런 반응성(우리의 경우에는 양분과 산소, 식물의 경우에는 광자[光子]가 된다)은 살아 있는 세포들 사이를 끊임없이 흐른다. 살아 있는 세포는 이런 끊임없는 에너지 흐름을 성장과 연결시킴으로써, 다시 분해되려는 경향을 극복한다. 이 과정은 어느 정도까지는 유전자에 명시된 독창적인 구조에 의해서 이루어지지만, (앞으로 알게 될) 그 구조 자체도 생장과 복제, 자연선택과 진화의 결과물이다. 이 중에서 환경으로부터 끊임없이 유입되는 에너지의 흐름 없이 가능한 것은 아무것도 없다.

기묘할 정도로 좁은 생물학적 에너지의 범위

유기체가 살아가기 위해서는 엄청난 양의 에너지가 필요하다. 살아 있는 모든 세포에서는 ATP라는 물질이 에너지 "통화"로 이용된다. ATP는 아데노신3인산(adenosine triphosphate)을 나타낸다(하지만 별로 신경 쓰지 않아도 된다). ATP는 슬롯머신의 코인처럼 작용한다. 코인을 넣으면 기계는 한 번 작동한 다음 곧바로 멈춘다. ATP의 경우, 이 "기계"는 일반적으로 단백질이다. ATP는 마치 스위치를 내리는 것처럼 작용해서, 하나의 안정된 상태에서 다른 상태로 변화를 일으킨다. 단백질의 경우, 이 스위치는 하나의 안정된 배치에서 다른 배치로의 변화이다. 슬롯머신을 한 판 더 하려면 코인을 더 넣어야 하는 것처럼, 단백질에서 이 스위치를 다시 올리기 위해서는 ATP가 더 필요하다. 세포를 하나의 거대한 오락실이라고 상상해보자. 이 오락실 안에는 ATP 코인으로 작동하는 단백질 오락기가 가득하다. 하나의 세포에서 매초 약 1,000만 개의 ATP가 소비된다! 정말 놀라운 수치이다. 약 40조 개의 세포로 이루어진 인간의 몸에서 이용되는 ATP의 총량은 하루에 60-100킬로그램으로, 대략 한 사람의 몸무게와 맞먹는다. 사실 우리 몸속에 들어 있는 ATP의 양은 60그램에 불과하다. 따라서 ATP 분자는 1분에 한두 번씩 재충전이 된다.

재충전이라고? ATP가 "쪼개질" 때에는 배치 변화의 원동력이 되는 자유 에너지와 함께, ΔG를 음의 값으로 유지하기에 충분한 열이 방출된다. ATP는 보통 ADP(아데노신2인산)와 무기인산(PO_4^{3-})이라는 두 개의 불균등한 조각으로 쪼개진다. 비료로 쓰이는 것과 같은 물질인 무기인산은 흔히 P_i로 표기한다. ADP와 P_i로 다시 ATP를 만들려면 에너지가 필요하다. 양분과 산소의 반응에서 나오는 에너지인 호흡 에너지는 ADP와 P_i로 ATP를 만드는 데에 쓰인다. 그것이 전부이다. 이 끝없는 순환은 다음과 같은 간단한 식으로 나타낼 수 있다.

$$ADP + P_i + 에너지 \rightleftharpoons ATP$$

우리는 전혀 특별하지 않다. 대장균 같은 세균은 20분마다 분열을 할 수 있다. 대장균은 성장에 필요한 연료를 공급하기 위해서, 세포 분열을 할 때마다 세포 무게의 50-100배에 달하는 약 500억 개의 ATP를 소비한다. 이는 우리의 ATP 합성 속도보다 약 네 배가 더 빠르다. 이 수치를 와트로 전환하면, 놀라울 따름이다. 우리는 1그램당 약 2밀리와트의 에너지를 소비한다. 체중 65킬로그램인 사람으로 따지면, 일반적인 100와트짜리 전구보다 조금 더 많은 약 130와트를 쓰는 셈이다. 이 수치가 대수롭지 않게 느껴질 수도 있지만, 1그램당 비교하면 태양보다 1만 배나 많은 양이다(태양에서 핵융합이 일어나고 있는 부분은 극히 일부분에 불과하다). 생명은 촛불과 비슷하지 않으며, 그보다는 로켓 발사대에 더 가깝다.

이론적인 관점에서 보았을 때, 생명은 전혀 수수께끼가 아니다. 생명은 어떤 자연법칙에도 위배되지 않는다. 살아 있는 세포는 매순간 천문학적인 양의 에너지를 소비하지만, 태양 빛의 형태로 지구에 쏟아지는 에너지의 양은 그보다 훨씬 더 많다(1그램당 에너지는 더 작아도, 태양은 엄청나게 크기 때문이다). 그 에너지 중 일부가 생화학 반응에 이용되기만 한다면, 어떤 식으로든 생명이 작동할 것이라고 생각될 수도 있다. 우리가 앞의 장에서 유전 정보와 함께 확인한 것처럼, 에너지는 엄청나게 많기만 하고 어떻게 활용될지에 대해서는 근본적으로 아무런 제약도 없는 것처럼 보인다. 그래서 지구상의 생명체가 에너지 측면에서 극단적인 제약을 받는다는 사실은 더 놀랍게 느껴진다.

생명의 에너지에는 예기치 못한 측면이 두 가지 있다. 첫째, 모든 세포는 **산화환원**(redox) 반응이라고 알려진 단 하나의 특별한 화학 반응을 통해서 에너지를 얻는다. 이 반응에서는 한 분자에서 다른 분자로 전자가 전달된다. 산화환원 반응은 단순하다. 공여체에서 수용체로 전자가 전달되는 반응일 뿐이다. 공여체는 전자를 건네줄 때에 산화된다고 말한다. 산화는 철 같은 물질이 산소와 반응할 때에 일어난다. 철은 산소에 전자를 건네주고 스스로는 산화되면서 녹이 슨다. 전자를 받는 물질은 환원된다고 말하는데, 이 경우에는 산소에 해당한다. 호흡이나 연소에서는 산소(O_2)가 물(H_2O)로 환원된다. 각각의 산소 원자는 (O^{2-}를 만들기 위한) 두 개의 전자를 받아들이고, 두 개의 양성자로 전하의 균형을 맞추기 때문이다. 이 반응이 진행되는 까닭은 열의 형태로 에너지를 방출해서 엔트로피를 증가시키기 때문이다. 궁극적으로 모든 화학 반응은 주위의 열을 증가시키고 계 자체의 에너지를 낮춘다. 철이나 양분이 산소와 일으키는 반응은 특별히 더 많은 양의 열을 방출한다(이를테면 불이 난다). 호흡은 반응을 통해서 발생한 에너지의 일부를 잠시 ATP의 형태로 **전환**하고, 이 ATP가 다시 쪼개질 때에는 ADP-P_i 결합에 들어 있던 에너지가 열의 형태로 발생한다. 결국 호흡과 연소는 같은 것이다. 우리가 생명이라고 알고 있는 것의 내부에서는 중간 과정이 약간 지연되는 것뿐이다.

전자와 양성자는 (항상은 아니지만) 자주 이런 식으로 짝을 이루어 반응하기 때문에, 환원은 수소 원자의 전달로 정의되기도 한다. 그러나 기본적으로는 전자의 이동을 생각하는 편이 훨씬 더 이해하기 쉽다. 산화환원 반응은 사슬처럼 연결되어 있는 전자 전달자들을 따라 전자가 연이어 전달되는 것인데, 이 과정은 전선을 따라 전류가 흐르는 것과 비슷하다. 이것이 바로 호흡에서 일어나는 반응이다. 양분에서 뽑아낸 전자는 (모든 에너지를 한순간에 방출하게 될) 산소에 곧바로 전달되지 않고 일종의 "징검다리"를 거친다. 이런 징검다리는 대체로 철 이온(Fe^{3+})인데, 철 이온은 종종 "철-황 클러스터"(그림 8을 보라)라고 알려진 작은 무기질 결정의 일부가 되어 호흡 단백질 속에 박혀 있다. 여기에서부터 전자는 대단히 비슷하지만 전자를 받으려는 "욕구"가 좀더 큰 다른 클러스터로 넘어간다. 전자가 한 클러스터에서 다른 클러스터로 이끌리는 동안, 클러스터는 환원이 되었다가(전자를 받아들여 Fe^{3+}에서 Fe^{2+}가 된다) 산화가 된다(전자를 잃고 Fe^{3+}로 되돌아간다). 약 15번의 이런 도약을 거친 후, 전자는 마침내 산소에 도달한다. 얼핏 보았을 때는 공통점이 별로 없을 것 같은 식물의 광합성이나 동물의 호흡 같은 생장방식은 기본적으로 똑같다. 둘 다 "호흡연쇄" 같은 전자의 전달과 연관이 있다. 왜 그래야만 하는 것일까? 생명은 열 에너지나 역학적 에너지에 의해서도 생길 수 있었다. 또는 방사선, 전기 방전, 자외선 조사(照射) 등 온갖 형태의 에너지를 상상할 수도 있다. 그러나 모든 생명은 놀라울 정도로 비슷한 호흡연쇄를 거치는 산화환원 화학작용에 의해서 움직인다.

생명의 에너지에 나타나는 두 번째 예기치 못한 측면은 ATP의 어떤 결합을 에너지로 전환할지와 관련된 세부적인 메커니즘이다. 생명은 평범한 화학 반응 과정을 따르지 않고, 얇은 막을 사이에 둔 양성자 기울기를 매개로 ATP를 만든다. 이 과정이 무엇을 의미하는지, 그리고 어떻게 이루어지는지에 관해서는 곧 알아볼 것이다. 지금은 이 특이한 메커니즘이 전혀 예기치 못했던 것이었다는 점만 생각하자. 분자생물학자인 레슬리 오겔의 말을 빌리면, 이것은 "생물학에서 다윈 이래로 가장 반직관적인 발상"이었다. 오늘날 우리는 양성자 기울기가 어떻게 만들어지고 이용되는지에 관한 분자 수준의 메커니즘을 놀라울 정도로 상세하게 알고 있다. 또한 양성자 기울기가 지구상의 생명체에서 보편적으로 활용되고 있다는 것도 알고 있다. 양성자의 힘은 보편적인 유전암호인 DNA 자체만큼이나 생명에서 중요한 부분을 차지한다. 그러나 우리는 이 반직관적인 생명의 에너지 생산 메커니즘이 어떻게 진화했는지에 관해서는 아무것도 모른다. 그 이유가 무엇이든, 지구상의 생명체들이 활용 가능한 에너지 생산 메커니즘의 범위는 놀라울 정도로 한정적이고 기이해 보인다. 이는 역사의 기이한 우연을 보여주는 것일까? 아니면 이 방법이 다른 방법들보다 훨씬 더 우월했기 때문에 마침내 지배적인 메커니즘이 된 것일까? 아니면 더 흥미롭게, 이것이 유일한 방법이었을까?

다음은 현재 우리 몸속에서 일어나고 있는 일이다. 아찔한 놀이기구 같은 것을 타고 세포 중 하나, 이를테면 심장의 근육 세포 속으로 들어간다고 상상해보자. 근육 세포가 규칙적으로 수축할 수 있게 해주는 ATP는 세포의 발전소인 미토콘드리아에서 흘러나오고 있다. 세포 안에는 여러 개

A

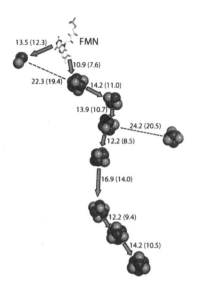

13.5 (12.3)

FMN

10.9 (7.6)

22.3 (19.4) 14.2 (11.0)

13.9 (10.7)

24.2 (20.5)

12.2 (8.5)

16.9 (14.0)

12.2 (9.4)

14.2 (10.5)

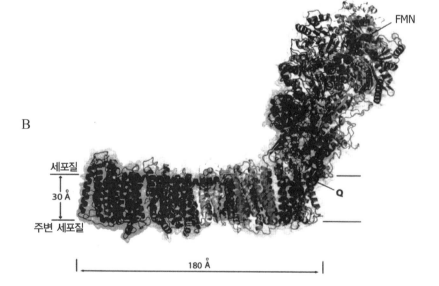

B

FMN

세포질

30 Å

주변 세포질

Q

180 Å

C

그림 8 호흡연쇄의 복합체 I

A 철-황 클러스터들은 14옹스트롬 정도의 일정한 간격을 두고 떨어져 있다. 전자는 "양자 터널링"을 통해서 한 클러스터에서 다음 클러스터로 넘어가는데, 주로 화살표의 경로를 따른다. 괄호 밖의 수치는 클러스터의 중심에서 중심까지의 거리를 옹스트롬 단위로 나타낸 것이며, 괄호 안의 수치는 클러스터의 가장자리에서 가장자리까지의 거리를 나타낸다. B 레오 사자노프의 아름다운 X-선 결정 구조로 본 세균의 복합체 I 전체. 세로 부분에서는 전자가 FMN(flavin mononucleotide)에서 호흡연쇄로 들어가 조효소 Q(유비퀴논[ubiquinone]이라고도 불린다)로 전달되며, 조효소 Q에서는 전자를 다음 거대 단백질 복합체로 전달한다. A에서 확인한 철-황 클러스터의 경로는 단백질 속에 파묻혀 있다는 것 정도만 알 수 있다. C. 포유류의 복합체 I, 핵심 기본단위는 세균에서 발견되는 것과 같지만 30개의 더 작은 기본단위들이 추가되어 부분적으로 감싸고 있다. 이 추가의 기본단위들은 주디 허스트가 전자저온 현미경을 통해서 밝힌 구조 위에 어두운 색으로 표현되어 있다.

의 커다란 미토콘드리아가 있다. 우리 몸을 ATP 분자 하나의 크기로 줄여보자. 그러면 미토콘드리아 외막에 있는 커다란 단백질 구멍을 통해서 미토콘드리아 안으로 들어갈 수 있을 것이다. 우리가 있는 곳은 배의 기관실처럼 밀폐되어 있으며, 눈이 닿는 곳마다 과열된 단백질 기계장치가 가득하다. 바닥은 기계장치에서 불쑥 튀어나온 작은 공 같은 것들이 밀리초마다 나타났다가 사라지기를 반복하면서 들끓고 있다. 바로 양성자들이다! 공간 전체가 순식간에 나타났다가 사라지는 양성자의 유령과 춤을 추고 있다. 양성자는 양전하를 띠는 수소 원자의 핵이다. 당연히 맨눈으로는 볼 수 없다! 이 괴물 같은 단백질 기계장치 중 하나를 조심스럽게 지나서 안쪽에 자리한 요새인 기질로 들어서면, 기이한 광경이 우리를 맞이한다. 우리는 아찔한 소용돌이 한가운데의 휑한 공간에 있다. 사방으로 휘몰아치는 액체의 벽 속에는 철커덕거리면서 돌아가는 기계장치들이 가득 들어차 있다. 머리를 조심해야 한다! 벽 속에 깊숙이 박혀 있는 거대한 단백질 복합체들이 마치 바다 속을 유영하듯이 느릿느릿 돌아다니기 때문이다. 그러나 그 부품들은 놀라운 속도로 작동한다. 마치 증기기관의 피스톤처럼 앞뒤로 움직이는 어떤 부품은 너무 빨라서 보이지도 않을 정도이다. 크랭크축을 중심으로 회전하는 다른 부품은 떨어져 날아갈 것처럼 보인다. 어느 방향을 보아도, 미친 듯이 움직이는 수천수만 개의 기계장치들이 아득히 펼쳐져 있다. 이 모든 소란이 의미하는 것은……과연 무엇일까?

우리가 있는 곳은 세포의 열역학적 중심점인, 미토콘드리아 깊은 곳에 위치한 세포 호흡 장소이다. 우리가 섭취한 음식 속 분자에서 추출된 수소는 이 거대한 호흡 복합체 중 가장 큰 첫 번째 복합체로 전달된다. 이 거대한 복합체는 무려 45개의 단백질로 구성되는데, 각 단백질은 수백 개의 아미노산 사슬로 이루어진다. 만약 ATP의 크기가 사람만 해진다면, 복합체 I은 마천루가 될 것이다. 그러나 보통 마천루와는 다르다. 증기기관처럼 역동적으로 작동하면서 스스로 생명력을 가진 무시무시하고 신기한 기계장치이다. 양성자에서 분리된 전자는 막 내부의 깊숙한 곳에 있는 거대한 복합체의 한쪽 끝으로 빨려 들어가서 반대편 끝으로 튀어나온다. 그 다음 전자는 더 거대한 단백질 복합체를 두 개 더 통과하고, 이 단백질 복합체들이 모여 호흡연쇄를 구성한다. 각각의 복합체에는 여러 개의 "산화환원 중심"이 있는데, 복합체 I에서는 약 9개의 산화환원 중심이 일시적으로 전자를 붙들고 있다(그림 8). 전자는 한 중심에서 다른 중심으로 뛰어넘는다. 사실 중심들 사이의 일정한 간격은 이 중심들이 어떤 형태의 양자 마술을 부려 "터널을 만든다"는 것을 암시한다. 이 터널은 양자의 확률 규칙에 따라서 순식간에 나타났다가 사라진다. 전자가 볼 수 있는 것은 다음 산화환원 중심뿐이며, 그 거리가 별로 멀지 않아야 한다. 여기서 거리는 옹스트롬(Å)으로 측정되는데, 1옹스트롬은 대략 원자 하나의 크기이다.[5] 각 산화환원 중심 사이의 간격이 14옹스트롬보다 작고, 한 중심의 전자에 대한 친밀도가 이전 중심보다 크기만 하면, 전자는 마치 일정한 간격으로 놓인 징검다리를 디디며 강을 건너듯이 산화환원 중심으로 이루어진 경로를 통과할 것이다. 전자는 3개의 거대한 호흡 복합체를 곧바로 통과하지만, 우리가 징검다리를 건널 때 강을 의식하지 않아도 되는 것처럼 전자도 복합체를 의식하지 않는다. 전자는 산소의 강력한 인력에 곧바로 이끌리는데, 전자에 대한 산소의 화학적 식탐은 엄청나게 게걸스럽다. 이는 원격작용이 아니다. 전자가 다른 곳이 아닌 산소에 있을 확률과 관계가 있을 뿐이다.

---

5 1옹스트롬(Å)은 10^{-10}미터, 다시 말해서 100억 분의 1미터이다. 이제 일반적으로는 10^{-9}미터인 나노미터(nm)가 더 많이 쓰이고, 옹스트롬은 학술적으로 구시대의 용어가 되었다. 그러나 단백질 사이의 거리를 가늠할 때는 지금도 매우 유용하다. 14Å은 1.4nm와 같다. 호흡연쇄에 있는 산화환원 중심들 사이의 간격은 대부분 7–14Å이고, 가끔 18Å까지 떨어져 있는 것도 있다. 0.7–1.4nm 떨어져 있다는 것도 같은 뜻이기는 하지만, 뭔가 범위가 작은 느낌이다. 미토콘드리아 내막의 폭이 60Å이라고 하면 깊이 있는 지질의 바다가 연상되지만, 6nm는 뭔가 얄팍해 보인다! 단위는 우리의 거리 감각에 지대한 영향을 미친다.

결국 호흡 복합체는 단백질과 지질이라는 절연체로 감싸인 하나의 전선이고, 전자는 이 전선을 따라 "양분"에서 산소로 흐르는 셈이다. 호흡연쇄에 온 것을 환영한다!

전자의 흐름은 여기서 모든 것에 생기를 불어넣는다. 전자는 그들의 경로를 따라 도약한다. 오로지 산소로 향하는 경로에만 관심이 있고, 유정에서 석유를 끌어올리는 펌프잭(pumpjack)과 비슷한 광경을 연출하며 돌아가는 기계장치는 안중에도 없다. 그러나 거대한 단백질 복합체에는 각종 제어 스위치가 가득하다. 만약 전자 하나가 산화환원 중심에 자리를 잡으면, 인접한 단백질은 특별한 구조를 가지게 된다. 전자가 움직이면 단백질의 구조도 미세하게 바뀐다. 음전하가 조금 조정되고, 양전하도 이에 맞추어 변화한다. 약한 결합의 연결망 전체가 미세하게 재조정되면서, 거대한 구조는 몇 분의 1초에 불과한 짧은 시간에 새로운 배치로 바뀐다. 어느한 곳에서 일어난 작은 변화로 인해서 단백질의 내부에는 동굴 같은 통로가 생긴다. 그 다음 다른 전자가 도착하고, 장치 전체가 이전 상태로 돌아간다. 이 과정은 1초에 수십 번씩 반복된다. 호흡 복합체의 이런 구조에 관해서는 거의 원자 수준인 몇 옹스트롬 규모까지 상세하게 밝혀져 있다. 우리는 전하에 의해서 단백질에 고정되어 움직이지 않는 물 분자가 양성자와 어떻게 결합하는지를 알고 있다. 우리는 경로가 변경될 때 이 물 분자가 어떻게 변하는지도 안다. 또한 순식간에 열렸다가 닫히는 역동적인 균열을 통해서 양성자가 한 물 분자에서 다른 물 분자로 어떻게 전달되는지도 안다. 단백질로 이루어진 이 위험천만한 경로는 마치 영화 「인디애나 존스와 미궁의 사원」에서처럼 양성자가 통과한 후에는 급히 닫혀서 양성자가 되돌아가는 것을 방지한다. 이 거대하고 정교한 구동장치가 하는 일은 딱 하나이다. 막의 이쪽에서 저쪽으로 양성자를 전달하는 것이다.

호흡연쇄의 첫 번째 복합체를 따라서 전자 한 쌍이 전달될 때마다 양성자 4개가 막을 통과한다. 그리고 이 전자 한 쌍은 곧바로 두 번째 복합체로 전달된다(정확하게 말하면, 복합체 III이며, 복합체 II는 다른 입구에 있다). 두 번째 복합체에서 4개의 양성자가 또 막을 통과한다. 마침내 가장 큰 마지막 호흡 복합체에서 전자들은 열반에 이르지만(산소를 만난다), 그전에 먼저 2개의 양성자를 막 너머로 전달한다. 양분에서 전자 한 쌍을 뽑아낼 때마다 총 10개의 양성자가 막 너머로 전달된다. 그것이 전부이다(그림 9). 전자가 산소로 흘러들어가는 동안 방출되는 에너지의 절반이 조금 안 되는 양이 양성자 기울기로 저장된다. 모든 동력과 독창성과 거대한 단백질 구조를 비롯한 모든 것이 미토콘드리아 내막 너머로 양성자를 퍼내는 작업에 이용되는 것이다. 하나의 미토콘드리아에는 수만 개의 호흡 복합체가 들어 있다. 하나의 세포에는 수백에서 수천 개에 이르는 미토콘드리아가 들어 있다. 우리 몸을 이루는 약 40조 개의 세포 속에는 적어도 1,000조 개의 미토콘드리아가 있는 셈이다. 그 미토콘드리아를 바닥에 늘어놓으면, 축구장 4개의 크기인 1만4,000제곱미터가 된다. 미토콘드리아의 일은 양성자를 퍼내는 것이며, 매 초마다 총 10^{21}개의 양성자를 퍼내고 있다. 이는 우주에 존재하는 알려져 있는 별의 수와 맞먹는다.

사실, 이것은 미토콘드리아가 하는 일의 절반에 불과하다. 나머지 절반의 일은 동력을 빼돌려 ATP를 만드는 것이다.[6] 미토콘드리아의 막은 양성자가 거의 통과하지 못한다. 그렇기 때문에 양성자가 통과하자마자 사정없이 닫혀버리는 이 역동적인 통로가 중요한 것이다. 양성자는 가장 작은 원자인 수소 원자의 핵으로, 크기가 매우 작다. 그래서 양성자를 막의 안쪽으로 들어오지 못하게 할 수단은 없다. 양성자는 물도 곧바로 통과하기

---

6 ATP만이 아니다. 양성자 기울기는 세균(고세균은 아니다)의 편모를 회전시키거나 세포 안팎으로 분자들을 능동적으로 수송하는 동력을 만드는 데에 쓰이는 다목적 역장(力場)이며, 열로 발산되기도 한다. 또한 예정된 세포 죽음(아포토시스[apoptosis])을 일으킴으로써 세포의 생사에서 가장 중요한 역할을 하기도 한다. 이에 관해서는 다시 다룰 것이다.

B

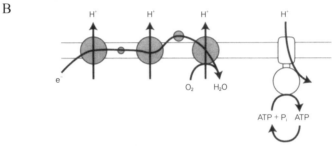

그림 9 미토콘드리아의 작동방식

A 미토콘드리아의 전자현미경 사진, 호흡이 일어나는 장소인 구불구불한 내막(크리스타[cristae])을 보여준다. B 3개의 주요 단백질 복합체가 내막에 박혀 있는 모습을 묘사한 호흡연쇄 그림. 왼쪽에서 출발한 전자(e^-)는 3개의 거대 단백질을 통과해서 산소로 들어간다. 첫 번째 단백질은 복합체 I이다(더 상세한 설명은 그림 8을 보라). 그 다음 전자는 복합체 III과 IV를 통과한다. 호흡연쇄로 들어가는 다른 진입로인 복합체 II(이 그림에는 없다)는 전자를 복합체 III으로 곧바로 전달한다. 막의 내부에 들어 있는 작은 원은 복합체 I과 II에서 복합체 III으로 전자를 전달하는 유비퀴논이다. 막의 표면에 헐렁하게 결합되어 있는 단백질은 복합체 III에서 IV로 전자를 전달하는 시토크롬(cytochrome) c이다. 산소로 향하는 전자의 흐름은 화살표로 표시된다. 이 흐름이 3개의 호흡 복합체를 통해서 양성자(H^+)를 퍼내는 동력이 된다(복합체 II는 전자를 전달하지만 양성자를 퍼내지는 않는다). 한 쌍의 전자가 호흡연쇄를 따라 전달될 때마다 복합체 I과 III은 각각 4개, 복합체 IV는 2개의 양성자를 퍼낸다. ATP 합성효소(그림의 오른쪽)를 통해서 다시 유입되는 양성자의 흐름은 ADP와 P_i를 이용해서 ATP를 합성한다.

때문에, 미토콘드리아의 막은 다른 모든 위치뿐만 아니라 물도 완전히 차단해야 한다. 양성자 역시 전하를 띠고 있으며, 전하량은 +1이다. 불투과성 막 너머로 양성자를 퍼내면 두 가지 목적을 달성할 수 있다. 첫째, 막을 사이에 두고 양성자의 농도 차이가 생긴다. 둘째, 막의 바깥쪽이 안쪽에 비해서 더 양전하를 띠는 전하량의 차이가 생긴다. 이는 막을 사이에 두고 전기화학적으로 150-200밀리볼트의 전위차(電位差)가 발생한다는 것을 의미한다. 막은 매우 얇기 때문에(약 6나노미터 두께), 매우 가까운 거리에서 발생하는 이런 전위차는 엄청나게 강력할 것이다. 만약 우리 몸이 다시 ATP 분자만 한 크기로 줄어든다면, 우리는 막 근처에서 엄청난 세기의 전기장을 경험하게 될 것이다. 이 전기장의 세기는 번개와 비슷한 미터당 약 3,000만 볼트로, 일반적인 가정용 전기 용량의 1,000배에 달한다.

양성자 동력(proton-motive force)이라고 알려진 이 엄청난 전위는 가장 인상적인 단백질 나노 기계인 ATP 합성효소(그림 10)를 작동시킨다. motive는 운동을 의미하며, ATP 합성효소는 진짜 회전 모터이다. 양성자의 흐름이 크랭크축을 돌리고, 크랭크축의 회전은 촉매작용을 하는 머리 부분을 회전시킨다. 이런 역학적 힘이 ATP의 합성을 일으키는 것이다. ATP 합성효소는 수력 발전기의 터빈처럼 작용한다. 높은 곳에서 흘러내려오는 물이 발전기의 터빈을 돌리는 것처럼, 막 너머의 저장소에 수용된 양성자가 ATP 합성효소를 통과하면서 회전 모터를 돌린다. 시적 허용처럼 느껴지는 표현이지만, 이 단백질 모터의 놀라운 복잡성을 보여주지 못하는 것만 빼면 정확한 묘사이다. 우리는 ATP 합성효소가 정확히 어떻게 작동하는지 지금도 잘 모른다. 각각의 양성자가 막의 내부에 있는 C-고리(C-ring)와 어떻게 결합을 하는지, 정전기적 상호작용이 어떻게 이 C-고리를 한 방향으로만 돌리는지, 회전하는 고리가 어떻게 크랭크축을 비틀어 촉매작용을 하는 머리 부분에서 구조 변화를 일으키는지, 이 머리 부분에 있는 홈에서 어

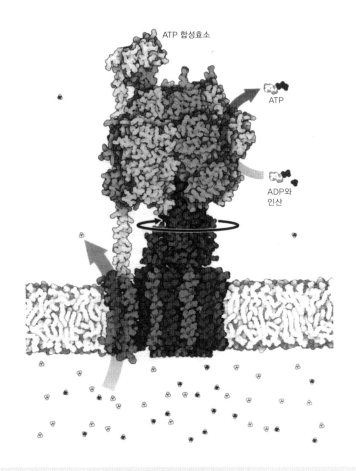

ATP 합성효소

ATP

ADP와
인산

그림 10 ATP 합성효소의 구조

놀라운 회전 모터인 ATP 합성효소는 막(아래쪽)에 박혀 있다. 데이비드 굿셀이 예술적
으로 연출한 이 아름다운 그림은 ATP의 크기뿐만 아니라 막에 대한 양성자의 크기와
단백질 자체까지도 정확한 비례로 표현되어 있다. 막의 구성단위를 통과하는 양성자의
흐름(열린 화살표)은 막 속에 있는 길쭉한 F_0 모터와 함께 그 위에 부착된 구동축(자
루)을 회전시킨다(회전하는 검은 화살표). 구동축의 회전은 촉매작용을 하는 머리 부
분(F_1 구성단위)에서 구조 변화를 일으켜서 ADP와 인산으로부터 ATP가 합성된다. 머
리 부분 자체는 왼쪽에 고정되어 있는 "고정자"로 인해서 회전하지 않는다. 이 고정자는
촉매작용을 하는 머리 부분을 제자리에 고정시킨다. 막 아래쪽의 양성자는 물과 결합
된 히드로늄(hydronium) 이온(H_3O^+)의 형태를 띤다.

떻게 ADP와 P_i를 포획해서 기계적으로 결합시켜 새로운 ATP를 만드는지 알지 못한다. ATP 합성효소는 수준 높은 나노 공학의 정교함을 보여주는 마법의 장치로, 알면 알수록 더 경이롭다. 혹자는 이것이 신의 존재에 대한 증명이라고 말하지만, 내 생각은 다르다. 나는 여기에서 자연선택의 경이로움을 확인한다. 그러나 경이로운 장치라는 점에는 의심의 여지가 없다.

양성자 10개가 ATP 합성효소를 통과할 때마다, 머리 부분이 완전히 한 바퀴를 회전하면서 새로 생성된 ATP 분자 3개가 기질로 방출된다. ATP 합성효소의 머리 부분은 초당 100회 이상 회전할 수 있다. 앞에서 나는 ATP가 생명체의 보편적인 에너지 "통화"라고 말했다. ATP 합성효소와 양성자 동력도 생명체 전체에 걸쳐 보편적으로 보존되어 있다. 말 그대로, 정말 보편적이다. ATP 합성효소는 발효에 의존하는 소수의 생물을 제외한 모든 세균과 모든 고세균과 모든 진핵생물(기본적으로 앞 장에서 다루었던 생명의 세 영역 전체)에서 발견된다. ATP와 양성자 동력은 유전암호 자체처럼 보편적이다. 나는 ATP 합성효소도 DNA의 이중나선과 같은 생명의 상징이 되어야 마땅하다고 생각한다. 그리고 말이 나온 김에, 이 책은 내 책이므로 ATP 합성효소는 생명의 상징이다.

생물학의 중심 수수께끼

양성자 동력이라는 개념을 처음 내놓은 사람은 20세기에 가장 조용히 혁명을 일으킨 과학자들 중 한 사람인 피터 미첼이었다. 이 조용함의 이유는 그의 연구 분야인 생체 에너지학이 DNA에 매료된 당시 학계의 변두리에 있었기 때문이다(지금도 그렇다). DNA에 대한 매료는 왓슨과 크릭에 의해서 1950년대 초반에 케임브리지 대학교에서 시작되었고, 미첼은 당시에 정확히 그곳에 있었던 동시대인이었다. 미첼도 1978년에 노벨상을 받았지만,

개념이 형성되는 과정에서 그가 겪은 마음고생은 이루 말할 수 없이 컸다. 왓슨은 이중나선이 "너무 아름다워서 사실일 수밖에 없다"고 곧바로 선언했고, 그의 판단은 옳았다. 이와 달리 미첼의 발상은 대단히 반직관적이었다. 미첼은 성질이 불같고 따지기를 좋아하는 데다 대단히 명석했다. 그는 1960년대 초반에 위궤양 때문에 어쩔 수 없이 에든버러 대학교를 떠나야 했는데, 당시는 그가 1961년에 "화학삼투 가설(chemiosmotic hypothesis)"을 소개한 직후였다(이 가설은 더 유명한 왓슨과 크릭의 논문처럼 『네이처』에 발표되었다). "화학삼투"는 막을 통한 양성자의 전달을 설명하기 위해서 미첼이 만든 용어이다. 특이하게도, 그는 "osmotic"이라는 단어를 (반투막에서 물이 통과하는 현상을 일컫는 일반적인 삼투[osmosis]의 의미가 아닌) 그리스어의 본래 의미인 "밀다"라는 뜻으로 사용했다. 호흡은 농도차를 거스르며 양성자를 얇은 막 너머로 밀어내므로 화학삼투인 것이다.

미첼은 사재를 털어 영국 남서부 콘월에 위치한 보드민 근처의 저택을 2년에 걸쳐 손수 개조해서 1965년에 연구소 겸 집인 글린 연구소를 열었다. 그후 20년간, 그와 다른 소수의 선구적인 생체 에너지학자들은 화학삼투 가설에 대한 검증에 돌입했다. 이들의 관계는 서로에게 비슷한 타격을 주었다. 이 시기는 생화학의 역사에 "옥스 포스 전쟁(ox phos wars)"으로 기록되어 있다. "ox phos"는 산소로 이동하는 전자의 흐름이 ATP 합성과 결합된 메커니즘인 "산화적 인산화 반응(oxidative phosphorylation)"의 줄임말이다. 잘 믿기지는 않지만, 내가 조금 전에 몇 페이지에 걸쳐 자세하게 설명했던 내용 전체가 1970년대 이전에는 알려져 있지 않았다. 그중 많은 부분은 지금도 활발히 연구되고 있다.[7]

---

7 영광스럽게도 내 연구실은 피터 리치의 연구실과 같은 복도에 있다. 그는 피터 미첼이 은퇴한 뒤에 글린 연구소의 수장을 맡았고, 결국에는 글린 연구소를 UCL(University College London)로 옮겨와 현재의 글린 생체 에너지학 실험실을 만들었다. 리치와 그의 연구진은 산소가 물로 산화되는 과정의 마지막 호흡 복합체인 복합체 IV(시토크롬 산화효소)를 통

미첼의 생각은 왜 그렇게 받아들여지기가 어려웠을까? 어느 정도는 그의 생각이 정말 갑작스러웠던 탓도 있었다. DNA의 구조는 완벽하게 이해가 된다. 2개의 가닥이 서로의 주형(template)으로 작용하고, 문자의 서열에는 한 단백질에 들어 있는 아미노산의 서열이 암호화되어 있다. 이에 비해서 화학삼투 가설은 극히 기이해 보였고, 미첼 자신도 화성인과 대화를 하는 편이 나았다. 생명은 화학 반응이다. 우리는 모두 그것을 알고 있다. ATP 는 ADP와 인산의 반응으로 형성되므로, 필요한 것이라고는 ADP에 인산 하나를 전달하는 반응성 있는 중간 산물뿐이었다. 세포의 내부에는 반응성 있는 중간 산물이 그득하므로 그 중간 산물을 찾아내기만 하면 끝나는 일이었다. 아니, 수십 년 동안 그렇게 인식되었다. 그러다가 미첼이 등장했다. 광기어린 눈빛을 한 그는 확실히 기이했으며 아무도 이해할 수 없었던 공식을 적으며 호흡은 화학 반응이 아니라고 선언했다. 그의 주장에 따르면, 모두가 찾고 있던 반응성 있는 중간 산물은 존재조차 하지 않으며, 전자의 흐름과 ATP 합성을 연결하는 실제 메커니즘은 불투과성 막을 사이에 둔 양성자의 기울기인 양성자 동력이었다. 당연히 사람들은 그의 주장에 거부반응을 보였다!

이것은 예기치 못한 기로에서 과학이 어떻게 작동하는지를 잘 보여주는 전설적인 사례로, 과학 혁명에 대한 토머스 쿤의 시각을 뒷받침하는 생물학의 "패러다임 전환"이라고 칭송되었지만, 이제는 역사책에 안착했다. 세부적인 부분이 원자 수준까지 밝혀졌고, 드디어 1997년에 존 워커가 ATP 합성효소의 구조로 노벨상을 수상하기에 이르렀다. 복합체 I의 구조는 더 까다로운 규명을 주문받았지만, 제3자들이 보기에는 이미 충분히 자세하며 생체 에너지학에서 미첼의 발견보다 혁신적인 발견은 더 이상 나오지 않을 것이라고 생각할 수도 있다. 아이러니하게도 미첼이 생체 에너지학에

해서 양성자를 전달하는 역동적인 물 분자 통로에 관한 연구를 활발하게 전개하고 있다.

서 혁신적인 관점에 도달할 수 있었던 것은 호흡 자체의 자세한 메커니즘이 아닌 훨씬 더 단순하고 더 근원적인 의문을 품었기 때문이다. 바로 세포(그는 세균을 염두에 두고 있었다)가 어떻게 내부의 상태를 외부와 다르게 유지하는지에 관한 의문이었다. 처음부터 그는 유기체와 환경이 막을 통해서 대단히 긴밀하게 연결되어 있는 떼려야 뗄 수 없는 관계라고 생각했으며, 이 관점은 이 책 전체의 중심이 된다. 그는 생명의 존재와 기원에서 이 과정들의 중요성을 인식했고, 당시에는 이런 방식으로 생각을 하는 사람이 거의 없었다. 다음은 화학삼투 가설이 발표되기 4년 전인 1957년에 모스크바의 한 회의에서 그가 했던 강연의 한 대목이다.

나는 유기체를 환경과 분리해서는 생각할 수 없다.……공식적인 관점에서 볼 때 동등한 상(相)으로 생각되는 이 둘 사이의 역동적 접촉은 분리와 연결을 동시에 하는 막에 의해서 유지될지도 모른다.

미첼의 생각은 화학삼투 가설의 요지에 비해서 훨씬 더 철학적이지만, 나는 똑같이 선견지명이었다고 생각한다. 분자생물학에 집중하는 오늘날 우리의 태도는 미첼이 중요시한 것을 완전히 잊고 있다는 것을 의미한다. 그는 세포의 안팎을 연결하기 위해서는 막이 반드시 필요하다고 생각했으며, 그가 "벡터 화학(vectorial chemistry)"이라고 이름 붙인 것에 집착했다. 공간에서 방향성을 가지는 화학인 벡터 화학은 모든 것이 용액 속에 뒤섞이는 시험관 화학과 달리, 위치와 구조가 중요하다. 본질적으로 모든 생명체는 산화환원 반응을 이용해서 막을 사이에 두고 양성자의 기울기를 만든다. 우리가 그렇게 하는 까닭은 도대체 무엇일까? 오늘날 이런 생각들이 1960년대만큼 충격으로 다가오지 않는 것은 50여 년 동안 접해오면서 익숙해졌기 때문일 뿐이다. 무시까지는 아니어도 관심이 점차 줄어든 것이다. 이런 생각들은 해묵은 지식들처럼 교과서 한 귀퉁이에 자리를 잡고 다시는 의문이 제기되지 않았다. 이제 우리는 이 생각들이 옳다는 것을 알고 있다. 하지만 왜 옳은지에 관한 지식에는 조금이라도 더 다가갔을까? 의문은 두 부분으로 요약된다. 왜 살아 있는 모든 세포는 산화환원 화학 반응을 자유 에너지의 공급원으로 활용할까? 그리고 왜 모든 세포는 막을 사이에 둔 양성자 기울기의 형태로 이 에너지를 보존할까? 더 근본적인 수준에서는 이런 질문이 제기된다. 왜 전자이고, 왜 양성자일까?

전자는 생명의 모든 것

그렇다면 지구상의 생명은 왜 산화환원 반응을 활용할까? 아마 이 부분에 대해서는 대답하기가 가장 쉬울 것이다. 우리가 알고 있는 것처럼 생명은 탄소, 특히 부분적으로 환원된 형태의 탄소를 기반으로 한다. 터무니없는 초기 추정에서 (상대적으로 적은 질소와 인과 다른 원소 요구량은 차치하고) 생명의 "화학식"은 CH_2O이다. 시작점이 이산화탄소로 주어진 상황이라면(이에 관해서는 다음 장에서 더 알아볼 것이다), 생명은 수소(H_2) 같은 것에서 이산화탄소(CO_2)로 전자와 양성자를 전달할 수밖에 없다. 이 전자들이 어디에서 오는지는 원칙적으로 중요하지 않다. 물(H_2O)이나 이산화황(H_2S), 심지어 철 이온(Fe^{2+}) 같은 것에서 빼앗아올 수도 있다. 중요한 것은 그 전자를 이산화탄소로 전달했고, 이 같은 전달은 모두 산화환원 반응이라는 것이다. "부분적으로 환원된다"는 것은 이산화탄소가 메탄(CH_4)으로 완전히 환원되지는 않는다는 의미이다.

생명체가 탄소 말고 다른 원소를 활용할 수도 있었을까? 당연히 상상은 할 수 있다. 우리는 금속이나 규소로 만든 로봇에 익숙하다. 그렇다면 탄소에는 어떤 특별한 점이 있을까? 사실 특별한 점이 꽤 많다. 탄소 원자는 4개의 강력한 결합을 형성할 수 있는데, 이 결합은 탄소의 화학적 이웃이라고 할 수 있는 규소의 결합보다 훨씬 더 강력하다. 이런 결합 덕분에 단백질, 지질, 당, DNA 같은 긴 사슬 형태의 분자를 대단히 다양하게 형성할 수 있었다. 규소로는 이런 화학적 풍요로움을 일굴 수 없다. 게다가 규소산화물 중에는 이산화탄소 같은 기체 상태의 물질이 없다. 나는 이산화탄소를 일종의 레고 블록이라고 상상한다. 공기 중에서 낚아채서 다른 분자에다 한 번에 하나씩 탄소를 첨가할 수 있다. 반면 이산화규소는……, 모래성을 만드는 것과 비슷할 것이다. 우리처럼 고등한 지적 생물체는 규소나 다른 원소들을 다룰 수 있을지 모르지만, 생명체 스스로가 규소를 이용해서 맨 밑바닥부터 차곡차곡 쌓아올릴 수 있는 방법은 생각하기 어렵다. 무한한 우주에서 규소를 기반으로 하는 생명체는 진화할 가능성이 전혀 없다는 뜻은 아니다. 누가 단정할 수 있겠는가? 다만 이 책에서 주로 다루는 확률과 예측 가능성으로 보았을 때, 대단히 있을 법하지 않아 보인다는 것이다. 더 강력한 결합을 형성한다는 것 외에, 탄소는 우주 전역에 훨씬 더 풍부하기도 하다. 그래서 생명의 기반은 탄소가 되어야 한다는 추측을 우선적으로 하게 되는 것이다.

그러나 부분적으로 환원된 탄소의 필요성은 이 해답의 작은 부분에 지나지 않는다. 오늘날 대부분의 유기체에서, 탄소 대사는 에너지 대사와 어느 정도 분리되어 있다. 이 두 대사작용을 연결하는 것은 ATP와 황화에스테르(thioester, 그중에서도 특히 아세틸 CoA[(acetyl CoA)]) 같은 다른 반응성 있는 중간 산물이지만, 기본적으로 이런 반응성 있는 중간 산물이 산화 환원 반응에 의해서 생산될 필요는 없다. 일부 유기체는 발효를 통해서 살아가지만, 발효는 역사가 길지도 않고, 에너지 생산량이 인상적이지도 않다. 그러나 생명의 화학적 시초에 대한 기발한 제안이 아예 없었던 것은 아니었다. 그중 가장 유명한 (그리고 가장 고약한) 것은 시안화물(cyanide)이다. 시안화물은 질소와 메탄 같은 기체에 자외선이 작용함으로써 생성될 수 있다. 이것이 가능할까? 앞 장에서 나는 지르콘으로 본 초기 대기에는 메탄이 별로 없었다고 언급했다. 그러나 이 말이 곧 원칙적으로 다른 행성에서도 그런 일이 일어날 가능성이 없다는 의미는 아니다. 그리고 만약 이것이 가능하다면, 오늘날 생명체의 동력이 되지 못할 이유도 없다. 이 점에 관해서는 다음 장에서 다시 살펴볼 것이다. 내 생각에는 다른 이유에서 불가능할 것 같다.

이 문제를 다른 방식으로 생각해보자. 호흡에서 산화환원 반응의 장점은 무엇일까? 여러 가지가 있을 것이다. 내가 말하는 호흡은 우리 자신에만 국한된 것이 아니다. 우리는 양분에서 전자를 떼어내서 호흡연쇄를 따라 산소로 전달한다. 그러나 여기서 중요한 점은 전자의 급원과 최종 도달 장소가 모두 바뀔 수 있다는 것이다. 마침 우연히 산소로 양분을 연소시키는 것이 에너지 생산 측면에서도 좋지만, 그 저변의 원리는 훨씬 더 광범위하고 다양하다. 경우에 따라서는 유기물을 섭취할 필요도 없다. 앞에서 확인했듯이, 수소와 황화수소 기체, 철 이온은 모두 전자 공여체이다. 이런 물질들은 맞은편 끝에 있는 수용체가 전자를 끌어당길 만큼 충분히 강력한 산화제이기만 하면, 호흡연쇄를 통해서 자신의 전자를 전달할 수 있다. 이것은 세균도 우리가 호흡에 활용하는 것과 똑같은 단백질 장비를 이용해서 바위나 광물이나 기체를 "먹을" 수 있다는 것을 의미한다. 지나가다가 빛바랜 콘크리트 벽을 보면, 세균 콜로니가 번성하고 있다는 증거이니, 그들이 아무리 기이해 보이더라도 우리와 똑같은 기본 장비를 이용해서 살아가고 있다는 것을 생각하자.

산소 역시 필수 요건이 아니다. 수많은 다른 산화제가 산소와 거의 같은 역할을 할 수 있다. 질산염, 아질산염, 황산염, 아황산염 같은 이런 산화제의 목록은 끝도 없이 이어진다. 이 모든 산화제(산소와 비슷하게 행동하기 때문에 붙여진 이름이다)는 양분이나 다른 공급원으로부터 전자를 빨아들일 수 있다. 각각의 경우, 전자가 공여체에서 수용체로 전달되는 과정에서 ATP의 결합 속에 저장되어 있던 에너지가 방출된다. 세균과 고세균에서 이용되는 것으로 알려진 모든 전자 공여체와 전자 수용체 쌍인 이른바 "산화환원 짝(redox couple)"의 목록을 작성하면 족히 몇 장은 될 것이다. 세균은 바위를 "먹기"만 하는 것이 아니라 바위로 "호흡"을 할 수도 있다. 이에 비하면 진핵세포가 할 수 있는 일은 초라할 지경이다. 진핵생물 영역에 속하는 모든 생물들, 그러니까 모든 식물과 동물과 조류와 균류와 원생생물에서는 마치 하나의 세균 세포인 것처럼 똑같은 방식의 물질대사가 일어난다.

전자 공여체와 수용체의 이용에서 나타나는 세균의 이런 다재다능함은 세균의 느린 반응성과 어느 정도 연관이 있다. 앞에서 우리가 지적한 바에 따르면, 모든 생화학 반응은 저절로 일어나며, 언제나 대단히 반응성이 큰 환경에 의해서 주도되어야 한다. 그러나 환경이 지나치게 반응성이 크면, 반응이 일사천리로 진행되어 생물의 동력이 될 자유 에너지가 남지 않을 것이다. 이를테면, 공기 중에 불소 기체가 절대 가득 찰 수 없는 이유는 아무것하고나 바로 반응을 일으켜 사라지기 때문이다. 그러나 많은 물질들은 매우 천천히 반응하기 때문에, 타고난 열역학적 평형 상태를 훨씬 넘어서는 수준까지 축적될 수 있다. 적당한 기회만 주어진다면 산소는 유기물과 격렬하게 반응해서 지구상의 모든 것을 태워버릴 수 있지만, 다행히도 어떤 화학적 특성 때문에 이런 폭력 성향을 억누르고 오랜 세월 동안 안정된 상태를 유지할 수 있었다. 독일의 비행선인 힌덴부르크 호 사건(1937년 독일을 출발하여 미국에 착륙을 시도하던 중 비행선 내부에 저장된 수소가 폭발하여 추락한 대참사/옮긴이)만 생각해보아도 알 수 있듯이, 메탄과 수소 같은 기체는 산소보다 훨씬 더 격렬하게 반응한다. 그러나 이번에도 그 반응에 대한 동역학적 장벽이 의미하는 것은 이 모든 기체들이 몇 년 동안 동적 불균형 상태에서 공기 중에 공존할 수 있다는 것이다. 이는 황화수소에서 질산염에 이르는 다른 여러 물질들에도 동일하게 적용된다. 이 물질들은 강제로 반응을 시킬 수가 있고, 그러면 생체 세포에서 활용 가능한 다량의 에너지가 방출된다. 그러나 제대로 된 촉매가 없으면 반응을 일으킬 수 없다. 생명은 이런 동역학적 장벽을 활용함으로써, 그렇지 않을 때보다 엔트로피를 빠르게 증가시킬 수 있다. 일부에서는 이런 특성 때문에 생명체를 엔트로피 발생 장치로 정의하기도 한다. 어쨌든 생명이 존재하는 까닭은 정확히 동역학적 장벽이 있기 때문이다. 이 장벽을 무너뜨리는 것이 생명이 하는 일이다. 동역학적 장벽 뒤에 억눌려 있는 거대한 반응성이라는 돌파구가 없었다면, 생명이 과연 존재할 수 있었을지 의심스럽다.

전자 공여체와 수용체 중에는 둘 다 수용성이고 안정되어 있어서 별 어려움 없이 세포 내에 존재할 수 있는 경우가 많다. 이 사실은 열역학적으로 요구되는 반응 환경을 중요한 역할을 하는 막의 안쪽인 세포의 내부로 안전하게 들여올 수 있다는 것을 의미한다. 그로 인해서 산화환원 화학 반응은 열, 역학적 에너지, 자외선 조사, 번개 같은 다른 형태의 에너지 흐름보다 훨씬 더 다루기 수월하고 생물학적으로 유용한 에너지 흐름이 되었다. 이 점에는 보건 당국도 동의할 것이다.

어쩌면 뜻밖일지도 모르겠지만, 호흡은 광합성의 토대이기도 하다. 광합성에는 몇 가지 유형이 있다는 것을 다시 떠올려보자. 각각의 광합성에서, 태양의 빛 에너지는 (광자의 형태로) 색소(대개 엽록소)에 흡수된다. 색소는 전자를 흥분시켜서 산화환원 반응 중심으로 이루어진 연쇄를 거쳐 수용체로 전달하는데, 이 경우에 수용체는 이산화탄소이다. 전자를 하나 잃은 색소는 공여체로부터 기꺼운 마음으로 전자를 받아들인다. 전자 공여체는 물이 될 수도 있고, 이산화황이 될 수도 있고, 철 이온이 될 수도 있다. 호흡에서와 마찬가지로, 전자 공여체의 정체는 별로 중요하지 않다. "비산소성" 광합성에서는 이산화황이나 철이 전자 공여체로 이용되고 유황이나 산화철이 폐기물로 배출된다.[8] 산소성 광합성은 훨씬 다루기 힘든 물을 공여체로 이용하고, 산소를 폐기물로 내놓는다. 그러나 중요한 것은 서로 다른 유형의 이 모든 광합성이 확실히 호흡에서 유래했다는 점이다. 모두 똑같은 호흡 단백질을 이용하며, 산화환원 반응 중심의 유형이 같으며, 막을 사이에 두고 양성자 기울기를 형성하며, 똑같은 ATP 합성효소를 이용한다. 장비 일체가 똑같은 것이다.[9] 유일한 진짜 차이는 엽록소라는 혁신적인 색소뿐이다. 어쨌든 엽록소도 고대의 여러 호흡 단백질들에서 사용되었던 헴(haem)이라는 색소와 밀접한 연관이 있다. 태양에서 에너지를 끌어온 광합성이 세상을 바꿔놓은 것은 맞지만, 분자 수준에서 보았을 때에는 전자가 호흡연쇄를 따라 더 빨리 흐르도록 조정한 것뿐이다.

따라서 호흡의 위대한 장점은 엄청난 융통성이라고 할 수 있다. 기본적으로 모든 산화환원 짝(모든 종류의 전자 공여체와 전자 수용체 쌍)을 이용해서 호흡연쇄를 따라 전자를 흐르게 할 수 있다. 암모늄에서 전자를 얻는 특정 단백질은 황화수소에서 전자를 얻는 단백질과는 조금 다르지만, 하나의 주제에 대한 매우 비슷한 변주인 셈이다. 마찬가지로, 호흡연쇄의 다른 쪽 끝에서 질산염이나 아질산염에 전자를 전달하는 단백질은 산소에 전자를 전달하는 단백질과 다르지만, 모두 연관이 있다. 이 단백질들은 서

---

8 이것이 비산소성 광합성의 단점 중 하나이다. 세포는 결국 자신의 폐기물에 둘러싸이게 된다. 일부 호상철광층에는 세균 크기의 미세한 구멍들이 점점이 나 있는데, 아마 바로 그런 세균들 때문일 것으로 추측된다. 이와 대조적으로, 산소는 독소일 가능성이 있지만 기체라서 그냥 날아가버리기 때문에 훨씬 더 괜찮은 폐기물이다.

9 우리는 어떻게 이렇게 확신할 수 있을까? 반대로 호흡이 광합성에서 유래했을 가능성도 있는데 말이다. 그 이유는 호흡은 모든 생명체에 걸쳐 보편적이지만, 광합성은 일부 세균 무리에서만 제한적으로 일어나기 때문이다. 만약 모든 생물의 공통 조상이 광합성을 했었다면, 대부분의 세균과 **모든** 고세균이 그들의 가장 진귀한 특성을 잃었다는 이야기가 된다. 아무리 좋게 보아도 이는 억지이다.

로 바꿔서 쓸 수 있을 정도로 충분히 비슷하다. 이 단백질은 공통된 작동 체계에 끼워져 있기 때문에, 어떤 환경에도 적합하도록 짜 맞춰질 수 있다. 이 단백질들은 원칙적으로 서로 교체가 가능할 뿐만 아니라, 마음대로 서로 나눠주기도 한다. 지난 수십 년에 걸쳐, 우리는 유전자 수평 이동(한 세포에서 다른 세포로 작은 유전자 꾸러미를 잔돈처럼 전달하는 것)이 세균과 고세균에서 널리 일어나는 현상임을 알게 되었다. 호흡 단백질이 암호화된 유전자는 이런 수평적인 전달로 가장 많이 교환되는 유전자 중 하나이다. 이 단백질들을 모두 합치면, 생화학자인 볼프강 니슈케가 말한 "산화환원 단백질 구성 키트"가 된다. 심해의 열수 분출구처럼 황화수소와 산소가 일반적인 환경으로 지금 막 옮겨왔는가? 걱정하지 말고 필요한 유전자를 마음껏 이용해보자. 그 유전자들은 우리 몸속에서도 잘 작동할 것이다. 산소가 떨어졌는가? 아질산염을 한번 호흡해보자! 걱정할 것 없다. 아질산염 환원효소의 유전자 복사본을 구해서 몸속에 끼워넣기만 하면 만사형통일 것이다!

이 모든 요소들은 우주의 다른 곳에서도 산화환원 반응이 생명에 중요할 수밖에 없다는 것을 의미한다. 다른 형태의 동력을 상상할 수는 있다. 그러나 탄소를 환원시키기 위한 산화환원 반응의 필요성과 호흡의 여러 가지 장점을 생각하면, 지구의 생명이 산화환원 반응을 동력으로 사용하는 것이 그리 놀랍지는 않다. 그러나 호흡의 실제 메커니즘인 막을 사이에 둔 양성자 기울기는 완전히 별개의 문제이다. 호흡 단백질의 유전자가 유전자 수평 이동을 통해서 전달되고, 여러 가지 방식으로 조합을 바꿔가면서 어떤 환경에서든 작동될 수 있다는 사실은 어떤 공통된 작동체계가 있다는 결론에 이르게 하며, 그 작동체계가 바로 화학삼투 짝 반응이다. 그러나 산화환원 반응이 양성자 기울기와 연결되어야 하는 이유는 뚜렷하게 밝혀지지 않았다. 쉽게 납득할 만한 연결점이 없다는 것은 지난 세월 동안 미첼의 생각을 받아들이지 못하고, 옥스 포스 전쟁을 벌인 까닭을 어느 정도 설명해준다. 지난 50년간, 우리는 생명이 **어떻게** 양성자를 이용하는지에 관해서 많은 것을 배웠다. 하지만 생명이 **왜** 양성자를 이용하는지를 알기 전까지는, 우리는 이곳이나 우주 다른 곳에 사는 생명의 특성에 관해서 별다른 예측을 할 수 없을 것이다.

양성자는 생명의 모든 것

화학삼투 짝 반응의 진화는 불가사의이다. 모든 생명체에서 화학삼투 현상이 일어난다는 사실은 화학삼투 짝 반응이 진화 과정에서 아주 이른 시기에 나타났다는 것을 의미한다. 만약 나중에 나타났다면, 양성자 기울기가 어떻게 다른 모든 것을 완전히 대체하고, 또 어떻게 왜 보편화되었는지를 설명하기 어려울 것이다. 이런 보편성은 놀라울 정도로 희귀하다. 모든 생명체는 유전암호를 공유한다(이 역시 규칙을 증명해주는 극소수의 예외만 있을 뿐이다). 기본적인 정보처리 과정의 일부도 보편적으로 보존되고 있다. 이를테면, DNA는 RNA로 전사되는데, RNA는 살아 있는 모든 세포에 들어 있는 리보솜이라는 나노 기계에서 단백질을 물리적으로 번역한다. 그러나 고세균과 세균 사이의 차이는 가히 충격적이다. 고세균과 세균은 원핵생물을 이루는 두 개의 큰 영역이며, 원핵생물에는 세포핵과 복잡한 세포(진핵세포)의 다른 기관들이 없다. 물리적인 외형만 보았을 때, 세균과 고세균은 사실상 구별이 불가능하다. 그러나 생화학적인 측면과 유전적인 측면에서는 많은 부분이 상당히 큰 차이를 보인다.

DNA 복제를 예로 들어보자. 우리는 이 과정이 유전암호만큼이나 생명체에서 근본적인 것이라고 추측할지도 모른다. 그러나 필요한 거의 모든 효소를 포함해서, DNA 복제의 세부적인 메커니즘은 세균과 고세균에서 완전히 다른 것으로 드러났다. 마찬가지로, 세포의 연약한 내부를 보호하는 단단한 외막인 세포벽의 화학적 조성도 세균과 고세균은 완전히 다르다. 발효의 생화학적 과정도 마찬가지이다. 심지어 막 생체 에너지학으로 알려진 화학삼투 짝 반응에 반드시 필요한 세포막까지도 세균과 고세균은 생화학적으로 다르다. 다시 말해서, 세포의 안팎을 구분하는 장벽과 유전물질의 복제방식은 그다지 공통적으로 보존되지 않았다. 세포의 삶에서 이보다 더 중요한 것이 무엇이 있을까! 이렇게 다양한 분기가 일어난 상황에서, 화학삼투 짝 반응만 보편적인 것이다.

두 영역 사이의 차이가 이렇게 크다 보니, 두 영역의 공통 조상이 진심으로 궁금해진다. 공통된 형질은 공통 조상으로부터 전해진 반면 서로 다른 형질은 각각 독립적으로 나타났다고 가정하면, 두 영역의 공통 조상은 과연 어떤 세포였을까? 논리적으로 설명하기가 어렵다. 말 그대로 유령 같은 세포였다. 어떤 측면에서는 오늘날의 세포와 비슷했을 것이고, 또다른 측면에서는……음, 정확히 말하기는 어렵다. DNA 전사, 리보솜 번역, ATP 합성효소, 아미노산의 생합성 외에는 두 영역이 공통적으로 가지고 있는 특징이 별로 없다.

막의 문제를 생각해보자. 막을 통한 생체 에너지 생산은 보편적이지만 막 자체는 그렇지 않다. 세균과 고세균의 공통 조상이 세균형 막을 가지고 있었고, 그 다음에 고세균이 뭔가에 적응하기 위해서 막을 바꾸었을 것이라고도 상상해볼 수 있다. 어쩌면 고세균의 막이 고온에 더 적합했을지도 모른다. 얼핏 보면 그럴듯한 이야기 같지만, 여기에는 두 가지 큰 문제가 있다. 첫째, 대부분의 고세균은 호열성 생물이 아니다. 온화한 조건에서 사는 종이 훨씬 더 많으며, 온화한 조건에서는 고세균의 지질이 뚜렷한 장점을 제공하지 않는다. 오히려 뜨거운 온천에는 세균이 더 많이 산다. 그세균들의 막은 고온에 완벽하게 잘 적응하고 있다. 세균과 고세균은 거의 모든 환경에 공존하고 있으며, 대단히 밀접한 공생을 하는 경우도 자주 있다. 두 무리 중 한 쪽이 힘들게 막 지질을 단번에 바꾼 이유는 무엇일까? 만약 막을 바꾸는 것이 가능하다면, 왜 우리는 세균이 새로운 환경에 적응할 때에 막 지질이 대규모로 바뀌는 모습을 볼 수 없는 것일까? 완전히 새로운 막을 처음부터 발명하는 것보다는 그 편이 훨씬 더 쉬울 것이다. 왜 뜨거운 온천에 살고 있는 세균들은 고세균의 지질을 획득하지 않을까?

더 인상적인 두 번째 문제는, 세균과 고세균 막의 중요한 차이가 순수하게 무작위인 것처럼 보인다는 점이다. 세균은 글리세롤(glycerol)의 입체 이성질체(stereo-isomer, 거울상) 중 하나를 이용하는 반면, 고세균은 다른 하나를 이용한다.[10] 만약 정말로 고세균이 고온에 더 잘 적응하기 위해서 지질을 모두 대체했다고 해도, 글리세롤을 글리세롤로 바꿔야 할 이유를 자연선택에서 딱히 상상하기 어렵다. 단순히 모양이 비틀린 것뿐이다. 그러나 왼쪽으로 돌아간 형태의 글리세롤을 만드는 효소가 오른쪽으로 돌아간 형태의 글리세롤을 만드는 효소와 무슨 연관이 있는 것은 아니다. 하나의 이성질체를 다른 이성질체로 바꾸려면, (새로운 이성질체를 만드는) 새로운 효소를 "발명하고," 각각의 모든 세포에서 (완전히 잘 작동하는) 예전 효소를 체계적으로 제거해야 할 것이다. 그렇다고 새롭게 만들어진 효소가 진화적으로 별다른 장점을 제공하는 것도 아니다. 나라면 그런 교체

---

10 지질은 하나의 친수성 머리와 둘 또는 세 개의 소수성 "꼬리"(세균에서는 지방산, 고세균에서는 이소프렌[isoprene])라는 두 부분으로 구성된다. 이 두 부분으로 인해서 지질이 기름방울이 아닌 이중막을 형성할 수 있다. 고세균과 세균의 막에서 머리 부분은 글리세롤이라는 같은 물질로 이루어져 있지만, 각각 거울을 보는 것처럼 좌우가 바뀐 모양을 하고 있다. 이와 흥미로운 접점을 이루는 일반적인 사실은, 모든 생명체가 왼쪽 이성질체 아미노산과 오른쪽 이성질체 당만 DNA에 사용한다는 점이다. 키랄성(chirality)이라고 불리는 이런 포갤 수 없는 대칭성은 생물 효소 수준에서의 선택이라기보다는 이성질체에 대한 일종의 무생물적 편견이라는 측면에서 설명되곤 한다. 세균과 고세균이 상반된 형태의 글리세롤 이성질체를 가지고 있다는 사실은 우연과 선택이 어쩌면 큰 역할을 했을지도 모른다는 것을 보여준다.

는 하지 않을 것이다. 그런데 만약 한 종류의 지질을 다른 종류의 지질로 물리적으로 대체한 것이 아니라면, 그들의 공통 조상이 실제로 만들었던 것은 어떤 종류의 막이었을까? 분명 오늘날의 모든 막과는 확연히 달랐을 것이다. 왜 그럴까?

화학삼투 짝 반응이 진화에서 대단히 초기에 등장했다는 생각과 관련된 문제들도 무척 까다롭다. 그 메커니즘이 대단히 정교하다는 점도 그런 문제들 중 하나이다. 앞에서 우리는 거대한 호흡 복합체들, 그리고 피스톤과 회전 모터로 이루어진 놀라운 분자 기계인 ATP 합성효소에 관해서 알아보았다. 이런 복잡한 것들이 정말 DNA의 복제가 시작되기도 전인 진화 초기에 만들어질 수 있었을까? 그럴 리가 없다! 그러나 이것은 순전히 감정적인 반응이다. ATP 합성효소는 리보솜 이상으로 복잡하지 않으며, 리보솜이 초기에 진화했다는 점에는 누구나 동의한다. 두 번째 문제는 막 자체이다. 막의 종류가 무엇인지에 관한 문제는 제쳐두더라도, 이번에도 때 이른 정교함이라는 문제가 심히 거슬린다. 오늘날의 세포에서 화학삼투 짝 반응은 막이 양성자를 거의 투과시키지 못할 때에만 효과가 있다. 그러나 초기 막에 관한 모든 실험에서, 초기의 막이 양성자를 매우 잘 투과시켰을 것이라는 결과가 나왔다. 그러면 양성자를 막 바깥쪽에 쌓아두기가 극히 어렵다. 문제는 양성자가 투과하지 못하는 막에 수많은 정교한 단백질이 박혀 있기 전에는 화학삼투 짝 반응이 아무런 쓸모도 없어 보인다는 것이다. 그런 막이 완성된 뒤에야 비로소 주어진 목적을 수행할 수 있을 것이다. 그렇다면 도대체 어떻게 이 모든 부분들이 발달할 수 있었을까? 이것은 전형적인 닭과 달걀 문제이다. 양성자 기울기를 만들 방법이 없다면, 양성자를 퍼내는 법이 있다고 해서 무슨 소용이 있을까? 이에 대한 해결책이 될 만한 방법을 제4장에서 제시하도록 하겠다.

나는 제1장을 마무리하면서 지구상 생명의 진화에 관해서 몇 가지 큰 질문을 던졌다. 생명은 어째서 그렇게 일찍 출현했을까? 생명의 형태적 복잡성은 왜 수십억 년 동안 정체되어 있었을까? 핵이 있는 복잡한 세포는 왜 40억 년 동안 단 한번 등장했을까? 유성생식에서 노화에 이르기까지, 세균이나 고세균에서는 결코 발견된 적이 없는 당혹스러운 특징들이 왜 모든 진핵생물에서 나타나는 것일까? 나는 여기에 마찬가지로 심란한 질문 두 개를 추가하고자 한다. 왜 모든 생명은 막을 사이에 둔 양성자 기울기의 형태로 에너지를 얻을까? 그리고 이런 기이하지만 근본적인 과정은 어떻게 (그리고 언제) 진화했을까?

나는 이 두 질문이 서로 연관이 있다고 생각한다. 이 책에서 나는 천연의 양성자 기울기가 매우 특별한 환경에서 지구 생명의 기원을 이끌어냈다는 주장을 하고자 한다. 그러나 이 환경은 우주 어디에나 분명 흔하게 존재할 것이다. 필요한 것은 암석과 물과 이산화탄소뿐이다. 또 화학삼투짝 반응이 수십억 년 동안 지구에서 세균과 고세균의 복잡성을 제한해왔다는 주장도 할 것이다. 딱 한번 세균이 다른 세균의 몸속으로 들어갔던 사건으로, 세균은 영원히 헤어나지 못할 것 같았던 에너지 제약을 극복할 수 있었다. 이런 세포내 공생을 통해서, 형태적 복잡성의 원료인 유전체가 두 자릿수 이상 크게 증가한 진핵생물이 탄생했다. 진핵생물에 공통으로 나타나는 여러 가지 기이한 특성들의 이면에는 숙주세포와 (훗날 미토콘드리아가 되는) 세포내 공생체 사이의 긴밀한 관계가 있었을 것이다. 진화는 우주 어디에서나 비슷한 경로를 따라 비슷한 제약의 지배를 받으며 일어나야 할 것이다. 만약 내가 옳다면(세부적인 내용까지 모두 옳을 것이라고 생각하지는 않지만 큰 그림은 정확하기를 바란다), 이 생각들은 더 예측 가능한 생물학의 출발점이 될 것이다. 언젠가는 어떤 우주에 살고 있는 생물의 특성을 그 우주의 화학적 조성을 통해서 예측할 수 있게 될지도 모를 일이다.

114

제2부

생명의 기원

3
생명의 기원과 에너지

중세의 물레방아와 현대의 수력 발전소는 물의 흐름을 이용해서 동력을 얻는다. 좁은 수로를 따라 물을 흐르게 하면 동력이 더 증가해서 물레방아를 돌리는 따위의 일을 할 수 있을 것이다. 반대로 넓은 강바닥을 따라 물의 흐름이 넓게 퍼지면 동력은 사라지고, 물웅덩이가 만들어질 것이다. 아마 사람들은 그런 곳을 이용해서 강을 건너려고 할 것이다. 물살에 휩쓸리지 않고 안전하게 건널 수 있다는 것을 알기 때문이다.

　살아 있는 세포도 비슷한 방식으로 작동한다. 물질대사의 경로는 수로와 비슷하지만, 물 대신 유기 탄소가 흐른다. 하나의 물질대사 경로에서 일렬로 이어지는 반응에는 일련의 효소들이 촉매로 작용하며, 각 효소들은 이전 단계 효소의 산물에 작용한다. 이것이 유기 탄소의 흐름을 제한한다. 하나의 경로로 들어온 분자는 잇따른 화학적 변형에 의해서 다른 분자가 된다. 이런 연속적인 반응은 정확하게 반복되어, 같은 전구체가 들어오면 언제나 같은 산물이 생성된다. 다양한 물질대사 경로가 있는 세포는 물레방아들의 연결망과 비슷하다. 이 연결망에서 물은 언제나 서로 연결되어 있는 수로로만 흐르고, 언제나 가장 효율적으로 활용된다. 이런 기발한 통로를 이용한 덕분에, 세포의 성장에 필요한 탄소와 에너지 요구량은 흐름에 제약이 없을 때에 비해서 크게 줄어든다. 분자가 다른 무엇인가와 반응하기 위해서 "탈출해서" 힘이 분산되는 것을 방지하려고, 각 단계마다 효소는 생화학 반응이 바른 길을 따라 일어나도록 단속한다. 세포는 바다를 향해 거침없이 흘러가는 큰 강이 아니라, 물레방아를 돌릴 작은 수로가 필요하다. 에너지의 관점에서 볼 때, 효소의 역할은 반응 속도를 증가시키는 것이라기보다는 정해진 길을 따라 동력원을 이동시킴으로써 생산량을 극대화하는 것이다.

그렇다면 생명이 처음 생길 무렵, 효소라는 것이 존재하기 전에는 무슨 일이 있었을까? 분명 흐름의 제약이 적었을 것이다. 성장을 하려면, 다시 말해서 유기물을 더 많이 만들고, 몸집을 두 배로 불리고, 궁극적으로 복제를 하려면, 더 많은 에너지와 탄소가 필요했을 것이다. 오늘날의 세포는 에너지 요구량을 최소화했지만, 앞에서 우리가 확인한 바에 따르면, 지금도 세포는 보편적 에너지 "통화"인 ATP를 엄청나게 많이 지불하고 있다. 수소와 이산화탄소의 반응을 통해서 살아가는 가장 단순한 세포조차도 호흡 과정에서 배출하는 폐기물의 양이 새로운 생물량에 비해서 약 40배 더 많다. 다시 말해서 새로운 생물량이 1그램 생산될 때마다, 이 생산을 위한 에너지 방출 반응으로 최소 40그램의 폐기물이 만들어져야 한다는 것이다. 생명은 주요 반응인 에너지 방출 반응의 곁다리로 일어나는 반응인 것이다. 이 같은 사정은 40억 년의 진화 과정을 거친 오늘날의 이야기이다. 현재의 세포가 유기물보다 폐기물을 40배 더 많이 생산한다면, 효소가 없었던 최초의 원시적인 세포가 만드는 폐기물은 얼마나 많았을까! 효소는 화학 반응의 속도를 수백만 배까지 높일 수 있다. 효소 없이 동등한 결과를 얻으려면, 원료의 처리량을 비슷한 수준까지, 이를테면 100만 배까지 증가시켜야 할 것이다. 초기 세포들은 1그램의 세포를 만들기 위해서 말 그대로 40톤짜리 덤프트럭으로 한 가득 분량의 폐기물을 배출했을지도 모른다! 에너지 흐름이라는 측면에서 볼 때, 이것은 강의 범람도 소박해 보이도록 만드는 지진해일에 비할 수 있을 것이다.

이런 엄청난 규모의 에너지 요구량은 생명 기원의 모든 측면을 함축적으로 보여주지만, 아직까지 명쾌하게 고찰되는 사례는 거의 없다. 실험과학 분야에서 생명의 기원에 관한 연구는 유명한 밀러-유리 실험이 발표된 1953년까지 거슬러올라가며, 왓슨과 크릭의 이중나선 논문도 같은 해에 발표되었다. 그 이후로 두 논문 모두 마치 거대한 박쥐 두 마리의 날개처럼 학계에 그림자를 드리웠다. 이 그림자는 어떤 측면에서는 당연했고, 또다른 측면에서는 유감스러운 일이었다. 밀러-유리 실험은 매우 멋진 실험이지만, 나는 이 실험이 원시 수프라는 개념을 공고히 함으로써 두 세대 동안이나 학계를 좁은 시야 안에 가둬놓았다고 생각한다. 크릭과 왓슨 덕분에 DNA와 정보가 주도권을 차지하게 되면서 복제와 자연선택의 기원에 관해서만 연구가 집중되는 결과를 낳았다. 생명의 기원에서 DNA와 정보가 중요하다는 것은 자명한 사실이지만, 다른 요소들, 특히 에너지의 중요성이 상대적으로 소홀하게 다루어졌다.

1953년, 성실한 박사과정 학생이었던 스탠리 밀러는 노벨상 수상자인 해럴드 유리의 연구실에 있었다. 밀러는 플라스크 안을 방전시켜서 번개와 유사한 것을 만들어내는 그의 상징이 된 실험을 하고 있었는데, 이 플라스크 속에는 물과 목성의 대기를 연상시키는 환원성(전자가 풍부한) 기체 혼합물이 들어 있었다. 당시에는 목성의 대기가 초기 지구 대기의 모습을 보여준다고 생각했으며, 둘 다 수소와 메탄과 암모니아가 풍부한 것으로 추정되었다.[1] 놀랍게도, 밀러는 단백질의 구성성분이자 세포의 일꾼인 아미노산 몇 개를 합성하는 데에 성공했다. 별안간 생명의 기원이 간단해 보였다! 1950년대 초반에는 밀러-유리의 실험이 왓슨과 크릭의 이중나선 구조보다

---

1 초기 암석과 지르콘 결정에 대한 화학적 분석을 토대로 볼 때, 이제는 초기 지구의 대기가 비교적 중성에 가까웠고 주성분은 화산에서 분출되는 기체와 비슷한 이산화탄소와 질소와 수증기였을 것으로 추정된다.

훨씬 더 관심을 모았다. 왓슨과 크릭의 구조가 처음에는 약간의 충격만 불러일으켰던 것과 달리, 밀러는 1953년에 『타임(Time)』의 표지를 장식했다. 그의 연구는 독창적이었고, 여전히 살펴볼 만한 가치가 있다. 생명의 기원을 명확하게 설명한 가설에 대한 최초의 검증이었기 때문이다. 이 가설에서는 환원성 기체들로 이루어진 대기에 번개가 치면 세포의 구성성분인 생명의 전구체가 만들어질 수 있다. 그리고 기존의 생명체가 없는 상태에서 이 전구체가 대양에 축적되고, 시간이 흐르면서 진한 유기물 국물인 원시 수프가 된다는 것이다.

1953년에는 왓슨과 크릭이 가져온 충격이 조금 덜 했지만, DNA라는 마법의 주문은 그 이래로 생물학자들의 마음을 끌었다. 많은 사람들에게 생명이란 DNA에 복사된 정보일 뿐이었다. 그들에게 생명의 기원은 정보의 기원이며, DNA 없이는 자연선택에 의한 진화가 불가능하다는 점에 모두 동의한다. 그리고 정보의 기원도 복제의 기원으로 요약된다. 즉 자신의 복사본을 만드는 최초의 물질인 복제자가 어떻게 등장했는지에 관한 문제가 되는 것이다. 이것에 꼭 맞는 것이 RNA이다. RNA(리보핵산[ribonucleic acid])는 오늘날에도 DNA와 단백질을 이어주는 중요한 중간 단계로, 단백질 합성에서 주형과 촉매 역할을 모두 수행한다. RNA는 (DNA처럼) 주형과 (단백질처럼) 촉매의 역할을 둘 다 할 수 있기 때문에, 원칙적으로는 원시적인 "RNA 세계"에서 단백질과 DNA 모두의 더 단순한 전구체 역할을 수행할 수 있다. 하지만 RNA를 형성하는 구성단위인 뉴클레오티드들은 모두 어디에서 왔을까? 물론 원시 수프이다! RNA의 형성과 원시 수프 사이에는 필연적인 연관성이 없지만, 원시 수프는 열역학이나 지구화학 같은 복잡하고 세부적인 걱정거리를 피할 수 있는 가장 단순한 가정이다. 그런 걱정거리들을 모두 미뤄두면, 유전자의 선구자들에게 중요한 문제들이 말끔히 해결될 수 있다. 따라서 지난 60년 넘게 생명의 기원에 관한 연구를 지배한 중심 주제는 RNA 세계를 일으킨 원시 수프였다. 단순한 복제자는 이 RNA 세계에서 점차 진화하고 더 복잡해져서 물질대사를 위한 암호화를 시작하고 결국에는 오늘날 우리가 알고 있는 DNA와 단백질과 세포의 세상을 만들었다. 이 관점에 의하면, 생명은 상향식 정보이다.

여기에서 간과된 것은 에너지이다. 물론 원시 수프에서도 에너지가 중요한 부분을 차지한다. 번개의 섬광도 에너지이기 때문이다. 언젠가 내가 계산해본 바에 따르면, 광합성이 진화하기 이전에 해당하는 작은 원시 생물권을 번개만으로 유지하기 위해서는 1제곱킬로미터의 바다에 초당 4번의 번개가 쳐야 했을 것이다. 그것도 성장 효율이 오늘날과 같다는 가정하에서 말이다. 번개 속에만 전자가 많은 것은 아니다. 번개보다 더 괜찮은 에너지원은 자외선이다. 자외선은 메탄과 질소를 포함하는 대기 혼합물에서 시안화물 같은 반응성 있는 전구체(그리고 시안아미드[cyanamide] 같은 유도체)를 만들 수 있다. 자외선은 지구와 다른 행성에 끊임없이 내리쬔다. 오존층이 없고 젊은 태양의 전자기 스펙트럼이 더 격렬했던 당시 지구에는 자외선의 흐름이 더욱 강했을 것이다. 독창적인 유기화학자인 존 서덜랜드는 이른바 "그럴싸한 원시 조건"하에서 자외선 조사와 시안화물을 이용해서 활성화된 뉴클레오티드의 합성에 성공하기도 했다.[2] 그러나 여기에도 심각한 문제가 있다. 지구상의 어떤 생물도 시안화물을 탄소 공급원으로 이용하지 않는다. 또 자외선을 에너지원으로 사용한다고 알려진 생물

2 "그럴싸한 원시 조건"이라는 악의 없는 표현은 사실 수많은 과오를 감추고 있다. 표면적으로는 단순히 초기 지구에서 충분히 발견되었을 법한 조건과 화합물이라는 의미이다. 그러나 이 명왕누대의 바다에는 정말로 약간의 시안화물이 있었을 가능성이 있다. 또 초기 지구의 온도도 수백 도(열수 분출구)에서 영하에 이르기까지 범위가 다양했을 것이다. 문제는 실제 원시 수프 속 유기물 농도가 실험실에서 쓰이는 것보다 훨씬 더 낮았고, 동일한 환경이 열기와 냉기를 모두 가지기란 거의 불가능하다는 점이다. 물론 이 모든 조건에 부합하는 환경이 지구 어딘가에 존재했을지도 모른다. 그러나 마치 합성화학자의 실험실에 있는 것처럼 지구 전체가 하나의 단위가 되어 일관된 실험이 진행되어야만 생물 이전 단계의 화학 반응이 일어날 수 있었을 것이다. 이는 극히 그럴싸하지 않아 보인다.

도 없다. 오히려 반대로, 이 둘은 대단히 치명적인 것으로 여겨진다. 자외선은 오늘날의 정교한 생명체에도 대단히 파괴적이어서, 유기물의 형성을 촉진하기보다는 파괴하는 일에 훨씬 더 위력적인 효과를 발휘한다. 자외선은 대양을 생명으로 충만하게 하기는커녕 다 사그라지게 만들기가 쉽다. 자외선은 맹렬한 공격이다. 이런 자외선이 지구나 다른 어떤 곳에서 직접적인 에너지원으로 작용할 수 있을지는 의심스럽다.

자외선 옹호자들의 주장에 따르면, 자외선은 직접적인 에너지원으로 작용한 것이 아니라 시안화물 같고 작고 안정적인 유기 분자의 형성을 도와 시간이 흐를수록 이런 분자들이 축적되게 해주었다. 화학적인 측면에서 시안화물은 정말 훌륭한 유기 전구체이다. 시안화물이 우리에게 독이 되는 까닭은 세포 호흡을 차단하기 때문이다. 그러나 이는 단순히 지구 생명의 독특함 때문이지, 더 심오하고 특별한 원리가 있는 것은 아닐 것이다. 시안화물이 안고 있는 진짜 문제는 농도이다. 농도는 원시 수프라는 개념 전체를 괴롭히는 문제이다. 시안화물의 형성 속도에 비해서 대양은 엄청나게 거대하다. 이 문제는 시안화물뿐만 아니라 다른 단순한 유기 전구체도 마찬가지이다. 심지어 지구나 다른 어떤 행성의 대기 중에 환원성 기체가 적당히 존재한다고 가정해도 다르지 않다. 형성 속도가 적정할 때, 수온이 섭씨 25도인 바다에서 안정 상태의 시안화물 농도는 1리터당 100만 분의 2그램 정도가 될 것이다. 이 정도로는 생화학의 기원을 일으키기에는 턱 없이 부족하다. 이 난국을 해결하는 유일한 방법은 바닷물을 어떻게든 농축시키는 것이다. 그리고 이것이 생물 이전 단계의 화학을 지탱하는 주된 버팀목이었다. 동결이나 증발을 통한 건조는 유기물의 농도를 잠정적으로 증가시킬 수 있지만, 이런 과격한 방법으로는 모든 생체 세포의 본질적 특징인 물리적 안정 상태와 조화를 이루기 어렵다. 한 시안화물 기원설 주창자는 40억 년 전의 거대한 소행성 충돌로 눈을 돌렸다. 이 충돌로 대양이 모두 증발함으로써 시안화물이 (페리시안화물[ferricyanide]의 형태로) 농축 되었을 수도 있다는 것이다! 내가 보기에 이것은 실현 불가능한 생각을 어떻게든 살려보려는 필사적인 몸부림이다.[3] 문제는 이런 환경이 대단히 다양하고 불안정하다는 점이다. 생명으로 향하는 단계를 달성하기 위해서는 급격한 환경 변화가 연속적으로 필요하다. 이와 대조적으로, 생체 세포는 안정된 존재이다. 구성요소들은 끊임없이 대체되지만, 전체적인 구조는 변하지 않는다.

헤라클레이토스는 "그 누구도 같은 강에 두 번 발을 담글 수는 없다"고 말했다. 그러나 그의 말은 강이 그 사이에 증발하거나 (또는 폭발해서 우주 공간으로 날아가거나) 얼어버린다는 뜻은 아니었다. 강은 적어도 우리 인간의 시간 규모에서는 정해진 물길을 따라서 흐른다. 생명 역시 정해진 형체 속에서 스스로를 끊임없이 새롭게 바꿔나간다. 살아 있는 세포는 구성요소의 모든 부분이 부단히 바뀌어도 계속 세포로 남아 있다. 다른 방법이 있을 수 있을까? 그렇지는 않을 것 같다. 구조를 명시하는 정보가 없는 상황에서는 구조가 없다. 생명의 기원에서 복제자가 생기기 이전에는 논리적으로 그래야만 하지만, 그래도 끊임없는 에너지 흐름은 필요하다. 에너지 흐름은 물질의 자기 조직화를 촉진한다. 우리에게 친숙한 개

---

3 나는 원시 수프가 번개나 자외선에 의해서 "지구에서 만들어진 것"처럼 말했다. 유기물의 다른 공급원으로는 화학적 판스페르미아(panspermia : 생명의 외계 기원설/옮긴이)에 의한 우주로부터의 전달이 있다. 우주 공간과 소행성에 유기물이 풍부하다는 점에는 의심의 여지가 없다. 또 확실히 지구에는 운석을 통해서 유기물이 꾸준히 전달되어왔다. 이런 유기물도 바다에 녹아들어가서 원시 수프를 보충했을 것이다. 즉 화학적 판스페르미아는 생명의 기원에 대한 답이 될 수 없다는 뜻이다. 이 역시 원시 수프와 똑같은 문제에 시달릴 수밖에 없다. 프레드 호일, 프랜시스 크릭 외 다른 이들의 주장처럼 온전한 세포의 전달도 아무런 해결책이 되지 못하기는 마찬가지이다. 이는 문제를 다른 장소로 미루는 것일 뿐이다. 우리는 지구에서 생명이 어떻게 시작되었는지를 결코 정확히는 설명할 수 없을지도 모른다. 그러나 지구나 다른 어딘가에서 살아 있는 세포의 출현을 관장하는 원리를 탐구할 수는 있다. 판스페르미아는 이 원리를 전혀 설명하지 못하며, 아무 연관성도 없다.

념으로는 러시아 출신의 벨기에 물리학자인 일리야 프리고진의 "소산 구조 (dissipative structure)"가 있다. 끓고 있는 주전자 속에서 일어나는 대류, 혹은 소용돌이를 치며 배수구를 빠져나가는 물을 생각해보자. 여기에는 어떤 정보도 필요하지 않다. 주전자의 경우에는 열만 있으면 되고, 배수구에서는 각운동량만 있으면 된다. 소산 구조는 에너지와 물질의 흐름에 의해서 만들어진다. 허리케인, 태풍, 소용돌이가 모두 자연에서 볼 수 있는 강력한 소산 구조의 사례이다. 대양과 대기에서 볼 수 있는 대규모 소산 구조는 극지방과 적도지방 사이에 나타나는 태양 에너지의 흐름의 차이에서 유래한다. 멕시코 만류 같은 해류, 포효하는 40도대(roaring forties)나 북대서양 제트 기류 같은 바람은 정보로는 설명이 되지 않지만 그것을 지탱하는 에너지 흐름만큼이나 지속적이고 안정적이다. 거대한 폭풍이 일고 있는 목성의 대적점(Great Red Spot)은 지구보다 몇 배나 더 큰 고기압으로, 최소 수백 년 동안 지속되고 있다. 주전자 속의 대류 세포는 전류가 계속 흘러서 물을 끓이고 증발시키는 동안에는 지속된다. 이처럼 모든 소산 구조는 끊임없는 에너지 흐름을 필요로 한다. 더 일반적인 의미에서, 소산 구조는 평형과는 거리가 먼 조건에서 나온 가시적 산물이다. 소산 구조는 에너지의 흐름을 통해서 어느 정도 유지되다가(별의 경우에는 이 기간이 수십억 년에 이른다), 결국 평형 상태에 도달하고 구조가 붕괴된다. 중요한 것은 지속적이고 예측 가능한 물리적 구조가 에너지의 흐름에 의해서 생성될 수 있다는 점이다. 이런 구조는 정보와는 완전히 무관하다. 그러나 우리는 이런 소산 구조가 생물학적 정보의 기원, 즉 복제와 자연선택을 선호하는 환경을 만들 수 있다는 것을 확인하게 될 것이다.

살아 있는 모든 유기체는 그들의 환경 속에서 평형과는 거리가 먼 조건에 의해서 유지된다. 우리 역시 소산 구조이다. 끊임없는 호흡 반응을 통해서 공급되는 자유 에너지를 이용해서, 세포는 탄소를 고정하고, 성장하고, 반응성 있는 중간 산물을 만들고, 구성단위들을 서로 연결하여 탄수화물과 RNA와 DNA와 단백질 같은 긴 사슬 모양의 중합체를 형성하고, 저(低) 엔트로피 상태를 유지하기 위해서 주위의 엔트로피를 높인다. 유전자나 정보가 없는 상태에서 막과 폴리펩티드(polypeptide) 같은 특별한 세포 구조가 자연적으로 만들어지기 위해서는 활성화된 아미노산과 뉴클레오티드와 지방산 같은 반응성 있는 전구체만 있으면 된다. 다시 말해서, 필요한 구성단위를 공급하는 에너지 흐름이 지속되기만 하면 되는 것이다. 세포의 구조는 에너지와 물질의 흐름에 의해서 존재한다. 부분적으로는 대체될 수 있지만, 구조 자체는 흐름이 지속되는 동안에는 안정적으로 지속될 것이다. 원시 수프에는 이런 지속적인 물질과 에너지의 흐름이 결여되어 있다. 원시 수프 속에는 우리가 세포라고 부르는 소산 구조를 만들 만한 것이 아무것도 없으며, 물질대사를 일으키는 효소도 없는 상황에서 그 세포가 성장하고 분열하고 살아가게 해줄 만한 것이 전혀 없다. 무척 어려운 주문처럼 들린다. 최초의 원시세포가 만들어질 수 있는 환경이 과연 있기나 할까? 그런 환경이 있었던 것은 거의 확실하다. 그러나 그 환경을 탐구하기에 앞서, 정확히 무엇이 필요한지를 생각해보자.

세포는 어떻게 만들어질까?

세포가 만들어지려면 무엇이 필요할까? 지구상의 모든 세포들이 공통적으로 가지고 있는 여섯 가지의 기본 특성이 있다. 교과서처럼 보이지 않기를 바라면서 그냥 이 특성들을 열거해보겠다. 필요한 것은 다음과 같다.

(i) 새로운 유기물 합성을 위한 반응성 있는 탄소의 지속적인 공급
(ii) 물질대사의 생화학 반응(새로운 단백질, DNA 따위의 형성)을 일으키

기 위한 자유 에너지의 공급

(iii) 이런 물질대사 반응을 유도하고 반응 속도를 높이는 촉매

(iv) 열역학 제2법칙에 진 빚을 갚고 화학 반응을 올바른 방향으로 유도하
기 위한 폐기물 배출

(v) 구획화 : 내부와 외부를 분리하는 세포 같은 구조

(vi) 유전물질 : 세부적인 형태와 기능이 명시된 RNA나 DNA, 또는 그에
상응하는 것

세균의 관점에서 볼 때, 이외의 다른 모든 것(우리가 일반적으로 생명의
특성이라고 알고 있는 운동이나 감각 같은 모든 것)은 있으면 더 좋은 덤
일 뿐이다.

이 여섯 가지 요소가 완전히 상호의존적이었고 맨 처음부터 필요했을 것
이라는 점을 인정하는 데에 많은 숙고가 필요하지는 않다. 유기 탄소의 끊
임없는 공급은 성장, 복제를 비롯한 모든 측면에서 확실히 중요하다. 가장
단순한 수준에서도, 심지어 "RNA 세계"에서조차도 RNA 분자를 복제해야
한다. RNA는 구성단위인 뉴클레오티드들이 길게 이어진 사슬이며, 각각
의 뉴클레오티드 역시 어디에선가 유래한 유기 분자이다. 생명의 기원을 연
구하는 학자들은 물질대사가 먼저냐, 복제가 먼저냐를 놓고 오랜 논쟁을
벌여왔는데, 이것은 무의미한 논쟁이다. 복제가 두 배로 늘어나면, 구성단
위가 기하급수적으로 소비된다. 구성단위가 비슷한 속도로 보충되지 않으
면, 복제는 곧바로 중단된다.

한 가지 가능성 있는 돌파구는 최초의 복제자가 유기물이 아니라 흙 속
의 무기물 같은 다른 물질이었다고 가정하는 것이다. 그레이엄 케언스-스
미스는 이에 관해서 오랫동안 재치 있는 주장을 펼쳐왔지만, 별다른 진전
을 이루지는 못했다. 무엇인가가 **암호화되어** RNA 세계 수준의 복잡성에

도달하기에는 무기물이 물리적으로 너무 투박하기 때문이다. 그래도 무기물은 훌륭한 촉매이다. 만약 무기물이 복제자로서 아무런 쓸모가 없다면, 우리는 무기물에서 RNA처럼 복제자로 작용할 수 있는 유기 분자를 얻을 수 있는 가장 빠른 지름길을 찾아야 한다. 시안아미드로부터 합성된 뉴클레오티드가 주어진 상황에서, 불필요한 미지의 중간 단계를 가정하는 것은 무의미하다. 곧장 본론으로 들어가는 편이 훨씬 더 낫다. 복제를 시작하기 위해서 필요한 유기 구성단위인 활성화된 뉴클레오티드를 공급할 수 있었던 초기 지구의 환경을 가정하는 것이다.[4] 시안아미드는 출발점으로는 초라해 보인다. 하지만 환원성 대기에서의 방전, 소행성에서의 우주 화학 반응, 고압의 반응기와 같은 전혀 다른 환경에서는 놀라울 정도로 유사한 범위의 유기물이 생성되는 경향이 나타난다는 것은 특정 분자들이 열역학의 선호를 받는다는 것을 암시한다. 아마 뉴클레오티드도 이런 분자에 포함될 것이다. 그러므로 우선 드는 생각은 유기 복제자가 형성되기 위해서는 유기 탄소가 같은 환경에 지속적으로 공급되어야 한다는 것이다. 여기에서 영하의 환경은 제외한다. 얼음이 어는 환경에서는 얼음 결정 사이에 유기물이 농축될 수는 있지만, 과정을 지속하는 데에 필요한 구성단위가 보충될 수 있는 메커니즘이 없기 때문이다.

에너지는 어떨까? 에너지도 같은 환경에 지속적으로 공급되어야 한다. 각각의 구성단위(아미노산이나 뉴클레오티드)를 결합해서 기다란 사슬 형태의 중합체(단백질이나 RNA)를 만들려면 먼저 구성단위를 활성화시켜야

---

4 이는 오컴의 면도날(Ockham's Razor)에 호소하는 것이다. 모든 과학의 철학적 토대인 오컴의 면도날은 가장 단순하고 자연스러운 원인을 가정하는 것이다. 그 답이 틀린 것으로 드러날 수도 있지만, 우리는 필연이라는 것이 증명되지 않는 한, 더 복잡한 추론에 의지해서는 안 된다. 어쩌면 모든 가능성이 틀린 것으로 증명되어(그러나 그럴 것 같지는 않다), 결국에는 복제의 기원을 설명하기 위해서 하늘의 음모를 들먹여야 할지도 모른다. 그러나 그 전까지는 원인을 부풀려서는 안 된다. 이는 문제에 접근하는 하나의 방식일 뿐이다. 그러나 과학의 놀라운 성공을 통해서 확인되듯이, 매우 효과적인 접근법이다.

한다. 따라서 ATP나 그와 비슷한 다른 에너지원이 필요하다. 지금으로부터 약 40억 년 전, 지구가 바다로 뒤덮여 있었을 시절의 에너지원은 꽤 특별한 종류의 능력이 필요했다. 바로 기다란 사슬 형태의 분자를 만드는 중합 반응(polymerisation)을 일으켜야 했다. 중합 반응은 새로운 결합이 이루어질 때마다 하나의 물 분자가 제거되는 탈수 반응(dehydration reaction)이다. 용액 속에서 탈수 반응을 일으키는 분자는 물속에서 젖은 옷을 짜는 것과 비슷한 문제를 겪는다. 일부 저명한 학자들은 이 문제가 너무 신경이 쓰인 나머지, 생명은 물이 훨씬 적었던 화성에서 만들어진 다음 운석을 타고 지구로 날아왔음이 분명하다고 주장하기도 했다. 우리는 모두 진짜 화성인인 셈이다. 그러나 생명은 당연히 여기 지구의 물속에서 완벽하게 잘 살아가고 있다. 살아 있는 모든 세포는 1초에 수천 번씩 탈수 반응을 일으킨다. 우리 몸에서는 탈수 반응과 ATP를 쪼개는 반응이 짝을 이루어 일어난다. ATP는 한 개가 쪼개질 때마다 하나의 물 분자를 받아들인다. 탈수와 "수분 복구"(전문용어로는 "가수분해[hydrolysis]"라고 한다) 반응이 짝을 이루면, 물 분자가 전달됨과 동시에 ATP의 결합 속에 묶여 있는 에너지의 일부가 방출된다. 이로써 문제가 아주 간단히 해결된다. ATP, 또는 ATP와 비슷하지만 더 단순한 아세틸인산(acetyl phosphate) 같은 물질만 지속적으로 공급해주면 된다. 이런 물질들이 어디에서 나올 수 있는지에 관해서는 다음 장에서 살펴볼 것이다. 지금 중요한 것은, 물속에서 복제가 일어나기 위해서는 유기 탄소와 ATP 비슷한 무엇인가가 같은 환경에 지속적으로 충분히 공급되기만 하면 된다는 점이다.

복제, 탄소, 에너지는 앞에서 다룬 여섯 가지 기본 특성 중 세 가지이다. 세포의 구획화는 어떨까? 이 역시 농도가 문제이다. 생체막은 지질로 만들어진다. 지질 자체는 (앞 장에서 지적한 것처럼 글리세롤 머리에 결합된) 지방산이나 이소프렌으로 구성된다. 지방산은 일정 한계 이상의 농도가 되면, 저절로 세포 같은 형태의 소포(vesicle)를 형성한다. 이 소포는 새로운 지방산만 끊임없이 "공급되면" 저절로 성장하고 분열할 수 있다. 이번에도 유기 탄소와 에너지가 지속적으로 공급되어야만 새로운 지방산이 형성될 수 있다. 지방산이나 뉴클레오티드가 분산되는 것보다 더 빠르게 농축시키기 위해서는 일종의 구심점이 있어야 한다. 특정 지점의 농도를 국지적으로 증가시키는 천연 구획이나 깔때기 역할을 하는 물리적 구조가 있어야 더 규모가 큰 소포를 형성할 수 있다. 이런 조건이 충족되면 소포의 형성은 뜬 구름 잡는 마법이 아니라, 물리적으로 가장 안정된 상태가 된다. 그리고 앞 장에서 확인한 것처럼, 전체적으로 엔트로피가 증가하는 결과를 가져온다.

만약 반응성 있는 구성단위가 지속적으로 공급되면, 단순한 소포는 성장을 계속하다가 표면적 대 부피의 제한으로 인해서 분열하게 될 것이다. 다양한 유기 분자들을 둘러싸고 있는 단순한 "세포"인 둥근 소포를 상상해보자. 이 소포는 새로운 물질을 통합하면서 성장한다. 막에는 지질이, 소포 내에는 다른 유기물이 추가된다. 이제 크기를 두 배로 키워보자. 막의 표면적이 두 배가 되고, 세포 내 유기물의 양도 두 배가 되는 것이다. 무슨 일이 벌어지게 될까? 표면적이 두 배가 되면 부피는 두 배보다 훨씬 더 많이 증가한다. 표면적은 반지름의 제곱에 비례하지만, 부피는 세제곱에 비례하기 때문이다. 그러나 내용물은 두 배만 증가한다. 내용물이 막의 표면적보다 더 빠른 속도로 증가하지 않으면, 그 소포는 찌그러져서 아령 모양이 될 것이다. 그러면 두 개의 새로운 소포가 이미 절반은 만들어진 셈이다. 다시 말해서, 산술적 성장은 단순히 크기를 증가시키는 것이 아니라 불안정을 초래하고, 이 불안정은 소포의 분열과 증식으로 이어진다. 성장하고 있는 소포가 더 작은 소포들로 분열되는 것은 시간문제일 뿐이다. 따라서 반응성 있는 탄소 전구체의 지속적인 흐름은 원시적인 세포의 형성뿐만 아니라 가장 기초적인 형태의 세포 분열도 함께 일으킨다. 공교롭게도 세포벽이 없는 L-형 세균이 이런 방식으로 분열을 한다.

표면적 대 부피의 비율 문제는 세포의 크기를 제한할 수밖에 없다. 이는 단순한 반응물 공급과 폐기물 제거의 문제이다. 일찍이 니체는 똥을 싸야 하는 한 인간이 스스로를 신이라고 착각할 일은 없을 것이라고 말했다. 그러나 사실 배설은 아무리 거룩한 사람이라도 반드시 해야 하는 열역학적으로 당연한 현상이다. 어떤 반응이 정방향으로 계속 진행되기 위해서는 최종 산물이 제거되어야만 한다. 이는 기차역에 사람들이 붐비는 것만큼이나 신기할 것이 없는 일이다. 만약 승객이 열차에 탑승하는 속도보다 사람들이 밀려드는 속도가 더 빠르면, 기차역은 금세 붐비게 될 것이다. 세포의 경우, 새로운 단백질이 형성되는 속도는 반응성 있는 전구체(활성화된 아미노산)의 전달 속도와 폐기물(메탄, 물, 이산화탄소, 에탄올 따위, 에너지 방출 반응에 따라 다르다)의 제거 속도에 의해서 결정된다. 만약 이런 폐기물이 세포에서 물리적으로 제거되지 않으면, 정반응은 계속 진행되지 않을 것이다.

폐기물 제거 문제는 원시 수프 개념이 봉착하는 또다른 근본적인 어려움이다. 반응물과 폐기물이 한데 뒤섞여 있는 원시 수프는 방향성도 없고, 새로운 화학 반응을 일으킬 추진력도 없다.[5] 마찬가지로 세포는 크기가 커질수록 수프에 가까워진다. 세포의 부피는 표면적에 비해서 더 빨리 증가하기 때문에, 막을 통한 신선한 탄소 공급과 폐기물 제거 속도는 세포가 커질수록 상대적으로 더 느려질 수밖에 없다. 대서양만 한 크기는 고사하고,

---

5 친숙한 예로는 포도주 속 알코올 함량을 들 수 있다. 포도주는 알코올 발효만으로는 알코올 함량이 15퍼센트 이상 올라갈 수 없다. 형성된 알코올은 정방향으로 일어나는 반응(발효)을 차단함으로써, 알코올이 더 형성되는 것을 방해한다. 알코올이 제거되지 않으면 발효는 서서히 멈추고 포도주는 열역학적 평형 상태에 도달한다(수프가 되는 것이다). 브랜디 같은 독한 술은 포도주를 증류해서 만들기 때문에 알코올이 더 농축되는 것이다. 내가 알기로, 우리는 증류를 할 줄 아는 유일한 생명체이다.

축구공만 한 세포도 결코 작동할 수 없다. 그냥 수프일 뿐이다(축구공만 한 세포의 예로 타조 알을 생각하는 사람도 있을 것이다. 그러나 타조 알의 대부분을 차지하는 난황낭은 단순한 양분 저장소에 불과하며, 배아 발생이 일어나는 부분은 훨씬 더 작다). 생명의 기원에서, 자연적인 탄소 전달과 폐기물 제거 속도는 세포의 크기에 영향을 준다. 전구체를 전달하고 폐기물을 처리하는 자연적인 흐름을 지속하기 위한 일종의 물리적 통로도 필요했을 것이다.

이제 촉매가 남았다. 오늘날, 생명은 단백질인 효소를 촉매로 이용하지만 RNA도 촉매작용을 할 수 있다. 문제는 앞에서 확인한 것처럼, RNA가 이미 정교한 중합체라는 점이다. RNA는 뉴클레오티드 구성단위로 이루어져 있는데, 각각의 뉴클레오티드가 합성되고 활성화되어야만 서로 결합해서 긴 사슬을 형성할 수 있다. 그렇게 되기 이전까지는 RNA가 촉매로 이용되기는 어려웠을 것이다. RNA가 어떤 과정을 거쳐 만들어졌는지 몰라도, 아미노산이나 지방산처럼 RNA보다 만들기 쉬운 다른 유기 분자와 비슷한 과정을 통해서 형성되었을 것이다. 따라서 초기 "RNA 세계"는 여러 다른 형태의 작은 유기 분자로 오염된 "지저분한" 상태였을 것이다. RNA가 복제와 단백질 합성의 기원에서 중요한 역할을 했던 것은 맞다고 하더라도, RNA 스스로 물질대사를 발명했을 것이라는 생각은 어불성설이다. 그렇다면 최초의 생화학 반응을 일으킨 촉매는 무엇이었을까? 아마 금속 황화물(특히 철, 구리, 몰리브덴) 같은 무기화합물이었을 것이다. 이런 무기화합물은 생명체에 보편적으로 보존되어 있는 몇 가지 오래된 단백질 속의 보조인자(cofactor)로 발견된다. 우리는 효소라고 하면 대개 단백질을 떠올리지만, 사실 단백질은 어쨌든 일어날 반응의 속도를 높여줄 뿐이고 정작 반응의 특성을 결정하는 것은 보조인자이다. 단백질을 모두 제거한 보조인자는 효과가 그리 뛰어나지도 않고 특이한 촉매도 아니지만, 그래도 없는 것보다는 낫다. 이번에도 그 효과는 처리량에 의해서 결정된다. 최초의 무기 촉매는 단순히 유기물 방향으로 탄소와 에너지를 전해주기만 했지만, 지진해일을 잔잔한 강으로 되돌린 것이다.

게다가 단순한 유기물(주로 아미노산과 뉴클레오티드)도 약간의 촉매 작용을 했다. 아세틸인산이 있으면, 아미노산끼리 결합해서 짧은 아미노산 가닥인 "폴리펩티드"를 형성할 수도 있다. 이런 폴리펩티드의 안정성에는 다른 분자와의 상호작용도 어느 정도 영향을 미친다. 소수성 아미노산이나 지방산과 결합된 폴리펩티드는 더 오래 지속된다. 또 황-철(FeS) 광물 같은 무기 클러스터와의 결합으로 전하를 띠는 폴리펩티드도 더 안정적일 수 있다. 짧은 폴리펩티드와 무기 클러스터 사이에서 일어난 자연적인 결합은 광물질의 촉매적 특성을 더 강화해서, 단순한 물리적 생존을 위해서 "선택되었을" 수도 있다. 광물 촉매가 유기물 합성을 촉진하는 모습을 상상해보자. 합성된 산물 중 일부는 광물 촉매에 달라붙어 광물 촉매 자체의 생존을 연장시키는 동시에, 광물 촉매의 특성을 개선했을 (적어도 다양화했을) 수도 있다. 이런 계에서는 원칙적으로 더 복잡하고 풍성한 유기화학 반응이 일어날 수 있었을 것이다.

그렇다면 세포는 어떻게 아무것도 없는 상태에서 만들어질 수 있었을까? 다량의 반응성 있는 탄소와 유용한 화학적 에너지의 지속적인 흐름이 원시적인 촉매를 통과하면, 그 흐름 중 극히 일부가 새로운 유기물로 전환되었을 것이다. 이런 지속적인 흐름은 어떤 방식의 제약을 받아, 폐기물의 유출 없이 고농도의 유기물을 축적할 수 있었을 것이다. 이런 유기물에는 지방산, 아미노산, 뉴클레오티드 등이 포함된다. 이와 같은 흐름의 집중은 자연적인 통로나 구획화에 의해서 나타날 수 있었을 것이다. 이런 통로는 물레방아에서 물이 흐르는 수로와 같은 효과를 낸다. 효소가 없는 상태에서, 주어진 흐름의 힘을 증가시킴으로써 탄소와 에너지의 전체적인 필요량을 감소시킨다. 새로운 유기물이 합성되는 속도가 외계로 손실되는 속도보다 빨라져야만 농축이 일어날 수 있고, 세포 같은 소포 구조와 RNA와 단백질을 스스로 조립할 수 있을 것이다.[6]

솔직히 이것은 세포의 시작에 불과하다. 필요하기는 하지만 충분한 것과는 거리가 멀다. 그러나 지금은 자세한 이야기는 잠시 미루고, 이 한 가지에만 집중하도록 하자. 빠른 속도로 흐르는 탄소와 에너지가 광물 촉매를 물리적으로 통과하지 않으면, 세포는 전혀 진화될 가능성이 없다. 나는 이 현상이 우주 어디에서나 필연적으로 일어날 것이라고 생각한다. 앞 장에서 다룬 탄소 화학 반응의 요건을 고려할 때, 열역학은 탄소와 에너지가 천연 촉매 위를 끊임없이 흐르게 한다. 편파적인 주장을 제외하기 위해서, 생명이 기원할 가능성이 있다고 주장된 거의 모든 환경을 배제했다. 이런 환경으로는 따뜻한 연못(안타깝게도 이에 관해서는 다윈이 틀렸다), 원시 수프, 미세한 구멍이 많은 부석(浮石), 바닷가, 판스페르미아 따위가 있다. 그러나 열수 분출구는 그렇지 않다. 오히려 모든 가능성이 용인된다. 열수 분출구는 정확히 우리가 찾고 있는 소산 구조에 속한다. 끊임없이 흐르는, 평형과는 거리가 먼 전기화학적 반응기이다.

열수 분출구와 흐름 반응기

미국 옐로스톤 국립공원에 위치한 그랜드 프리즈매틱 온천은 내게 무시무

---

6 정확히 말하자면 단백질이 아니라 폴리펩티드이다. 단백질의 아미노산 서열은 DNA에 들어 있는 유전자에 의해서 결정된다. 폴리펩티드는 아미노산이 같은 종류의 결합으로 연결된 가닥이지만, 단백질에 비해서 훨씬 더 짧고(아마 아미노산이 몇 개에 불과했을 것이다) 서열이 유전자에 의해서 결정될 필요가 없다. 아미노산에서 짧은 폴리펩티드가 자연적으로 만들어지기 위해서는 아세틸인산이나 피로인산(pyrophosphate) 같은 화학적 "탈수제"만 있으면 된다. 이 정도면 그럴싸한 비생물학적 ATP 전구체이다.

시한 사우론의 눈을 연상시킨다. 이 온천의 놀라울 정도로 선명한 노란색과 주황색과 초록색은 화산 온천에서 방출되는 수소(또는 황화수소)를 전자 수용체로 이용하는 세균의 광합성 색소이다. 사실 옐로스톤의 광합성 세균은 생명의 기원에 대해서 그다지 큰 통찰을 제공하지는 않지만, 화산 온천의 원시적인 힘을 느끼게 해준다. 그랜드 프리즈매틱 온천은 황량한 환경 속에서 세균이 번성한 장소일 뿐이다. 40억 년 전으로 돌아가보자. 주변의 식생을 제거하고 맨 바위를 그대로 드러내면, 생명이 탄생한 곳처럼 원시적인 장소를 쉽게 상상할 수 있다.

그러나 실제로는 그렇지 않았다. 당시 지구는 온통 물로 뒤덮여 있었다. 어쩌면 드넓은 거센 바다 위로 비집고 나온 작은 화산섬에 온천이 있었을지도 모르지만, 대부분의 분출구는 바다 밑바닥에 있는 심해의 열수계(hydrothermal system)를 따라 일렁였다. 1970년대에 발견된 해저 분출구들은 가히 충격적이었다. 그 존재를 예측하지 못했기 때문이 아니라(따뜻한 물이 올라오는 물기둥에서 그 존재가 예견되었다), "블랙 스모커(black smoker)"가 그렇게 역동적일 것이라거나 열수 분출구에 의지해서 위태롭게 살아가는 생명체가 그렇게 풍성할 것이라고는 전혀 기대하지 않았기 때문이다. 심해저는 대체로 사막과 같아서 생명체가 거의 없다. 그러나 그들의 생존이 자신에게 달려 있다는 듯이 검은 연기를 꾸역꾸역 내뿜는 이 위태로운 굴뚝은 지금까지 알려진 적 없는 기이한 동물들의 보금자리였다. 입과 항문이 없는 거대 관벌레(great tube worm), 정찬용 접시만 한 크기의 조개들, 눈 없는 새우 따위의 온갖 동물들이 열대우림에 맞먹을 정도로 빽빽하게 모여서 살고 있었다. 생물학자나 해양학자뿐만 아니라 생명의 기원에 관심이 있는 사람들에게도 더 없이 중요한 순간이었다. 미생물학자인 존 바로스는 열수 분출구의 진가를 바로 알아보았다. 그때부터 그는 태양 빛이 닿지 않는 캄캄한 심해 열수 분출구의 화학적 불균형에서 유래한 기이한 활기에 그 누구보다도 관심을 기울였다.

그러나 이런 열수 분출구에 대한 오해도 존재한다. 사실 열수 분출구의 생물들은 태양과 완전히 단절된 것이 아니다. 그곳의 생물들은 열수 분출구에서 분출되는 황화수소(H_2S) 기체를 산화시키는 세균과의 공생관계에 의존해서 살아간다. 바로 이 황화수소 기체가 불균형의 근본 원인이다. 환원성 기체인 황화수소는 산소와 반응해서 에너지를 방출한다. 앞 장에서 다루었던 호흡 메커니즘을 떠올려보자. 세균은 황화수소를 전자 공여체로, 산소를 전자 수용체로 이용하는 호흡을 통해서 ATP를 합성한다. 그러나 광합성의 부산물인 산소는 산소를 이용하는 광합성이 진화되기 이전의 초기 지구에는 존재하지 않았다. 따라서 검은 연기를 내뿜는 분출구의 주변에 번성한 놀라운 생명은 간접적이기는 하지만 전적으로 태양에 의존한다. 그리고 이것은 열수 분출구의 모습이 40억 년 전에는 지금과 사뭇 달랐다는 것을 의미한다.

산소를 제외하면 무엇이 남을까? 블랙 스모커는 중앙 해령의 중심에서 뻗어나가는 지각 내부의 마그마나 그밖의 화산활동이 일어나는 장소와 바닷물의 직접적인 상호작용에 의해서 형성된다. 바다 밑바닥을 통해서 비교적 얕은 곳에 있는 마그마 굄(magma chamber)으로 스며들어간 바닷물은 순간적으로 수백 도까지 가열되고 금속과 황화물이 용해되어 강한 산성을 띤다. 과열된 바닷물은 엄청난 폭발력으로 다시 대양으로 솟구쳐 올라와 갑자기 냉각된다. 그 사이 황철석(바보의 금[fool's gold]) 같은 황화철의 미세한 입자가 침전되는데, 바로 이것 때문에 이 격렬한 화도(火道, volcanic vent)에 블랙 스모커라는 이름이 붙은 것이다. 40억 년 전에도 이 화도들은 거의 비슷하게 맹위를 떨치고 있었지만, 생명에는 전혀 도움이 되지 않았을 것이다. 중요한 것은 오직 화학적 기울기뿐이었는데, 여기에 문제가 있다. 산소가 제공하는 화학적 부양 효과가 없었을 것이기 때문이다. 황화수소를 이산화탄소와 반응시켜 유기물을 만드는 것은 훨씬 더 어렵고, 고온에서는 특히 더 까다롭다. 성미가 급하기로 유명한 독일의 화학자이자 변리사인 귄터 베흐터쇼이저는 1980년대 후반에 연이어 발표한 파격적인 논문을 통해서 이 풍경을 새롭게 표현했다.[7] 그는 황철광의 표면에서 이산화탄소가 유기물로 환원되는 방식을 대단히 상세하게 제안하면서, "황철광 유인(pyrites pulling)"이라고 이름을 붙였다. 더 나아가 그는 철-황(FeS) 무기물을 촉매로 유기물이 형성되는 "철-황 세계"에 관해서 이야기했다. 이런 무기물은 대개 철 이온(Fe^{2+})과 황 이온(S^{2-})이 격자 모양으로 반복되는 구조로 이루어진다. FeS 클러스터라고 알려진 작은 무기 클러스터는 오늘날에도 많은 효소들의 중심에서 발견되며, 그중에는 호흡과 관련된 것도 있다. 그 구조는 마키나와이트(mackinawite)와 그레이자이트(greigite) 같은 FeS 광물의 격자 구조와 기본적으로 동일해서(그림 11; 그림 8도 보라), 이 무기물이 생명의 첫 단계에서 촉매로 작용했을 수도 있다는 추측에 신빙성을 더한다. FeS 무기물은 훌륭한 촉매이지만, 그가 처음 생각했던 황철광 유인은 효과가 없다는 것이 베흐터쇼이저 자신의 실험을 통해서 밝혀졌다. 베흐터쇼이저는 반응성이 더 큰 기체인 일산화탄소(CO)를 이용했을 때에만 유기물을 얻을 수 있었다. "황철광 유인"에 의해서는 어떤 생명도 성장하지 않는다는 사실은 실험실에서의 작동 실패가 우연이 아니라는 것을 시사한다. 정말로 작동하지 않는다.

일산화탄소는 블랙 스모커에서 발견되기는 하지만 거의 없는 것이나 마

---

7 베흐터쇼이저는 생명의 기원에 관한 개념을 바꿔놓았다. 그는 원시 수프를 분명한 어조로 무시함으로써, 지면을 통한 스탠리 밀러와의 지루하고 격렬한 논쟁의 포문을 열었다. 다음은 어떤 의미에서는 과학이 공평하다고 생각하는 사람들을 향해 베흐터쇼이저가 쓴 글의 한 대목이다. "원시 수프 학설은 논리적인 모순으로 인해서 엄청난 비판을 받고 있다. 열역학에도 맞지 않고, 화학적으로나 지구화학적으로도 타당해 보이지 않으며, 생물학이나 생화학과도 단절되어 있다. 그리고 실험적으로도 잘못이 밝혀졌다."

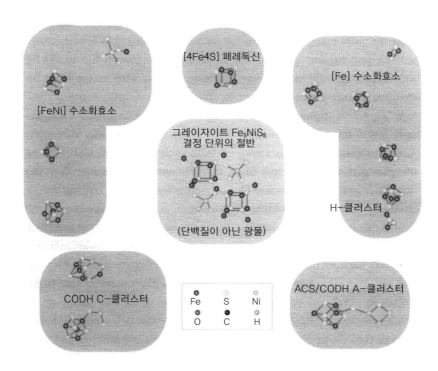

[4Fe4S] 페레독신

[FeNi] 수소화효소

[Fe] 수소화효소

그레이자이트 Fe_5NiS_8
결정 단위의 절반

H-클러스터

(단백질이 아닌 광물)

| Fe | S | Ni |
| O | C | H |

CODH C-클러스터

ACS/CODH A-클러스터

그림 11 철-황 무기물과 철-황 클러스터

2004년에 빌 마틴과 마이크 러셀이 묘사한 철-황 무기물과 오늘날의 효소 속에 들어 있는 철-황 클러스터 사이에 나타나는 밀접한 유사성. 중앙에 있는 그림은 무기물인 그레이자이트에서 반복되는 결정의 단위이다. 이 구조가 반복되어 여러 개의 단위로 이루어진 격자무늬가 된다. 주위를 둘러싸고 있는 그림들은 단백질 속에 들어 있는 철-황 클러스터로, 그레이자이트나 마카나와이트 같은 다른 무기물과 비슷한 구조를 나타낸다. 회색으로 표시된 영역은 이름이 적힌 단백질의 대략적인 크기와 형태를 나타낸다. 각 단백질은 대개 몇 개의 철-황 클러스터를 포함하며, 니켈이 들어 있는 것도 있고, 없는 것도 있다.

찬가지이다. 어느 정도 중요한 유기화학 반응을 일으키기에는 농도가 턱없이 낮기 때문이다(일산화탄소의 농도는 이산화탄소보다 1,000-100만 배 더 낮다). 다른 중대한 문제도 있다. 블랙 스모커는 엄청나게 뜨겁다. 섭씨 250-400도의 물이 분출되지만, 극도로 높은 해저의 수압 때문에 끓지는 않는다. 이런 온도에서 가장 안정적인 탄소 화합물은 이산화탄소이다. 즉 유기물이 합성될 수 없다는 의미이다. 유기물이 형성되더라도 빠르게 이산화탄소로 다시 분해되어야 한다. 무기물의 표면이 유기화학 반응의 촉매 역할을 할 것이라는 생각에도 문제가 있다. 표면에 남아 있는 유기물은 모두 결국 들러붙거나 분리되는데, 분리된 유기물은 열수 분출구의 굴뚝을 통해서 빠르게 바다 속으로 쓸려나갈 것이다. 또 블랙 스모커는 대단히 불안정해서 성장하다가 소멸될 때까지 걸리는 시간이 수십 년에 불과하다. 이 정도의 시간으로는 생명이 "발명될" 수 없다. 블랙 스모커는 확실히 평형 상태와는 거리가 먼 소산 구조이며, 원시 수프에 대한 문제들 중 일부를 해결해준다. 그러나 이 화산 구조물은 생명의 기원에서 요구되는 온화한 화학 반응을 일으키기에는 지나치게 극단적이고 불안정하다. 초기 지구에서 블랙 스모커의 진짜 역할은 마그마에서 유래한 철 이온(Fe^{2+})이나 니켈 이온(Ni^{2+}) 같은 촉매작용을 하는 금속을 초기 바다에 가득 풀어놓는 일이었다.

대양에 용해된 이 모든 금속 이온의 혜택을 본 것은 염기성 열수 분출구라고 알려진 다른 형태의 분출구였다(그림 12). 내가 보기에는 염기성 열수 분출구는 블랙 스모커의 문제를 모두 해결한다. 염기성 열수 분출구는 화산과는 전혀 관련이 없고, 블랙 스모커 같은 극적인 화려함도 없다. 그러나 전기화학적 흐름 반응기에 훨씬 더 걸맞는 특성들을 가지고 있다. 염기성 열수 분출구와 생명의 기원 사이의 연관성을 처음 감지한 인물은 혁신적인 지구화학자인 마이크 러셀이었다. 그는 1988년 『네이처』에 짧은 논문

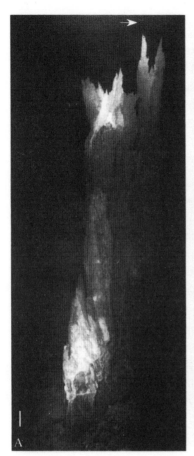 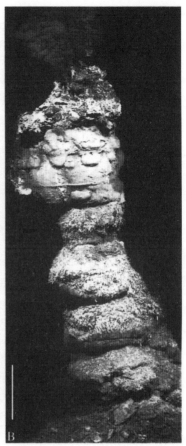

그림 12 심해의 열수 분출구

로스트 시티(Lost City)에 위치한 활동 중인 염기성 열수 분출구(A)와 블랙 스모커(B)의 비교. 그림 왼쪽의 흰색 선은 1미터를 나타낸다. 염기성 열수 분출구의 높이는 약 60미터로 20층 건물의 높이와 비슷하다. 그림 위쪽의 흰색 화살표는 염기성 열수 분출구의 꼭대기에 고정된 탐침을 가리킨다. 염기성 열수 분출구에서 더 밝은 부분은 활동이 가장 활발한 부분이지만, 여기서 흘러나오는 열수는 블랙 스모커의 "연기"처럼 침전되지 않는다. 로스트 시티는 대서양 중앙 해령과 가까운 아틀란티스 해산(海山)에 위치하며, 드보라 켈리와 그 동료들이 2000년 심해 잠수정인 아틀란티스 호를 타고 연구를 하던 중에 발견했다. 오해의 소지가 있기는 하지만 버려진 폐허의 느낌이 나는 것 같다.

을 발표한 이래, 1990년대에 발표한 일련의 논문들을 통해서 독창적인 학설을 발전시켰다. 그후 빌 마틴은 열수 분출구 세계에 관해서 그 누구도 생각하지 못한 독특한 미생물학적 관점을 제시했다. 열수 분출구와 살아 있는 세포 사이에 나타나는 여러 가지 놀라운 공통점을 지적한 것이다. 베흐터쇼이저와 마찬가지로, 러셀과 마틴도 생명이 "상향식"으로 시작되었다고 주장한다. 그들이 생각하는 방식은 독립 영양 세균(단순한 무기질 전구체로 필요한 모든 유기물을 합성하는 세균)과 대체로 비슷해서, 수소(H_2)와 이산화탄소 같은 단순한 분자의 반응을 이용하는 것이다. 러셀과 마틴 역시 초기 촉매로서 철-황(FeS) 광물의 중요성을 항상 강조했다. 러셀과 마틴과 베흐터쇼이저가 모두 열수 분출구와 철-황 광물과 독립 영양 기원에 관해서 말한다는 사실은 그들의 발상이 쉽게 융합될 수 있다는 것을 의미한다. 그러나 실상은 판이하게 다르다.

염기성 열수 분출구는 마그마와 물의 상호작용으로 형성된 것이 아니다. 그보다 훨씬 더 완만한 과정인 고체 암석과 물의 화학 반응에 의해서 만들어진다. 암석은 맨틀에서 유래한다. 맨틀에 풍부한 감람석(olivine) 같은 광물은 물과 반응하여 함수(含水) 광물인 사문석(serpentinite)이 된다. 사문석은 뱀의 비늘을 연상시키는 초록색 반점이 박혀 있는 아름다운 광물이다. 초록색 대리석 같은 사문석은 뉴욕의 국제연합 건물을 포함한 공공건물의 치장에 널리 쓰인다. 사문석은 "사문석화 작용(serpentinization)"이라는 무시무시한 이름의 화학 반응을 거쳐 형성되는데, 이것은 감람석과 물이 반응해서 사문석이 된다는 뜻이다. 이 반응의 **폐기물**은 생명의 기원에서 중요한 실마리가 된다.

감람석에는 철과 마그네슘이 풍부하다. 철 이온은 물에 의해서 산화되어 흔히 녹이라고 부르는 산화철이 된다. 이 반응은 (열을 방출하는) 에너지 방출 반응이며, 이때 생성되는 다량의 수소 기체는 수산화마그네슘을 포함하는 따뜻한 염기성 용액에 용해된다. 감람석은 지구의 맨틀에 흔하기 때문에, 이 반응은 신선한 맨틀의 암석이 해수에 노출되는 판의 확장부 근처의 해저에서 주로 일어난다. 맨틀의 암석이 직접적으로 노출되는 일은 드물다. 물이 해저의 틈을 타고 스며들어 감람석과 반응하는데, 때로는 그 깊이가 수 킬로미터에 이르기도 한다. 이곳에서 만들어진 따뜻하고 염기성을 띠며 수소가 풍부한 용액은 하강하고 있는 차가운 해수에 비해서 부력이 커서 다시 해저로 올라온다. 해저에서 냉각된 이 용액은 바닷물에 녹아 있는 염류와 반응하여 해저의 거대한 분출구 속에 침전된다.

블랙 스모커와 달리, 염기성 열수 분출구는 마그마와 관련이 없으며 판의 확장부에 위치한 마그마 꿈의 바로 위가 아니라 그로부터 몇 킬로미터 떨어진 곳에서 발견된다. 온도도 초고온이 아닌, 섭씨 60-90도이다. 구조도 바다 위에 우뚝 솟아 있는 굴뚝과 같은 형태가 아니라, 미세한 구멍들이 미로처럼 연결되어 있는 벌집과 같은 형태이다. 게다가 산성이 아닌 강한 염기성을 띤다. 이는 1990년대 초반에 러셀이 그의 학설의 토대로 예측한 염기성 열수 분출구의 특성이다. 그는 여러 학회에서 홀로 열정적으로 목소리를 높여, 과학자들이 블랙 스모커의 인상적인 모습에 매혹되어 더 조용한 염기성 열수 분출구의 장점을 간과하고 있다고 주장했다. 연구자들은 로스트 시티(Lost City)라고 명명된 염기성 열수 분출구가 처음 발견된 2000년 이후에야, 그의 주장에 제대로 귀를 기울이기 시작했다. 놀랍게도 로스트 시티는 대서양 중앙 해령에서 16킬로미터 정도 떨어진 위치를 비롯해, 거의 모든 특징이 러셀의 예측과 일치했다. 마침, 당시 나는 생명의 기원과 관련해서 생체 에너지학에 관한 책을 구상하고 있던 참이었다(나의 책 『산소[Oxygen]』는 2002년에 출간되었다). 나는 그의 생각에 곧바로 매료되었다. 내가 보기에, 러셀 가설의 놀라운 특징은 자연적인 양성자 기울기와 생명의 기원을 독특한 방식으로 이어준다는 점이다. 문제는 그 방식이 정확히 무엇인가 하는 점이다.

염기성의 중요성

염기성 열수 분출구는 생명의 기원에서 요구되는 조건을 정확히 제공한다. 다량의 탄소와 에너지의 흐름이 무기 효소에 물리적으로 전달되어 유기물의 고농도 농축을 가능하게 해준다. 열수액에는 수소가 풍부하게 녹아 있으며, 메탄, 암모니아, 황화물을 포함한 다른 환원성 기체는 더 적다. 로스트 시티와 알려진 다른 염기성 열수 분출구에는 미세한 구멍들이 있다. 가운데가 뻥 뚫린 굴뚝이 아니라 암석 자체가 마치 광물화된 스펀지 같다. 얇은 벽으로 분리된 마이크로미터에서 밀리미터 규모의 구멍들이 서로 거대한 미로처럼 연결되어 있으며, 그 미로를 통해서 염기성 열수액이 스며든다(그림 13). 이 열수액은 마그마에 의해서 과열되지 않았기 때문에, 수온이 유기물 합성에 적당할 뿐만 아니라(이 점에 관해서는 곧 자세히 다룰 것이다) 유속도 더 느리다. 열수액이 엄청난 속도로 분출되지 않고 촉매의 표면 사이를 유유히 통과하는 것이다. 게다가 이 열수 분출구는 수천 년 동안 지속된다. 로스트 시티의 경우는 최소 10만 년이 되었다. 마이크 러셀의 지적처럼, 측정화학에서 더 중요한 시간 단위로는 10^{17}마이크로초이다. 어마어마한 시간이다.

미세한 구멍으로 이루어진 미로를 통과하는 열의 흐름은 (아미노산, 지방산, 뉴클레오티드를 포함하는) 유기물을 극단의 수준까지 농축시키는 놀라운 능력이 있다. 유기물은 열영동(thermophoresis)이라는 방법으로 처음 농도의 수천 배, 심지어 수백만 배까지 농축된다. 쉽게 설명하면, 세탁기에서 작은 빨래감들이 함께 세탁하는 이불보 속으로 들어가려는 경향과 조금 비슷하다. 모든 것은 운동 에너지에 의해서 결정된다. 온도가 더 높을 때에는 작은 분자들(작은 빨래감)이 모든 방향으로 자유롭게 돌아다니면서 활발하게 움직인다. 열수액이 섞이면서 온도가 내려가면, 유기물 분자의 운동 에너지가 작아지고 자유로운 움직임도 점차 줄어든다(양말들이 이불보 속으로 들어간다). 그러면 다시 그곳을 벗어날 가능성은 적어지므로 운동 에너지가 더 작은 영역 속에 축적된다는 뜻이다(그림 13). 열영동의 힘은 부분적으로는 분자의 크기에 의해서 결정된다. 뉴클레오티드처럼 큰 분자는 더 작은 분자보다 분출구 안에 더 잘 남는다. 메탄처럼 작은 최종산물은 쉽게 빠져나간다. 대체로 미세한 구멍으로 이루어진 열수 분출구를 끊임없이 통과하는 열수의 흐름은 적극적으로 유기물을 농축시킬 것이다. 농축을 일으키는 이 역동적인 과정은 (응고나 증발과는 달리) 안정 상태의 조건을 바꾸는 것이 아니라 그 자체로 안정 상태이다. 더 나아가, 열영동은 유기물 사이의 상호작용을 촉진함으로써 분출구의 미세한 구멍 내부에 소산 구조의 형성을 유도한다. 그 결과 지방산이 저절로 소포를 형성할 수도 있고, 아미노산과 뉴클레오티드가 중합되어 단백질과 RNA가 만들어질 수도 있다. 이런 상호작용은 농도가 중요하다. 농도를 증가시키는 과정은 무엇이든 분자들 사이의 화학적 상호작용을 촉진한다.

이것은 너무 훌륭해서 믿기지 않을 정도이며, 실제로 의아한 부분도 있다. 오늘날 로스트 시티의 염기성 열수 분출구에는 수많은 생명체가 살고 있다. 그러나 그 생명체의 대부분은 눈에 잘 띄지 않는 세균과 고세균이다. 이들 역시 메탄과 미량의 다른 탄화수소류를 포함한 저농도의 유기물을 생산한다. 그러나 오늘날 염기성 열수 분출구에서 새로운 생명체가 탄생하는 것은 확실히 아니며, 열영동을 통해서 유기물이 풍부한 환경을 형성하는 것도 아니다. 부분적으로는 그곳에 이미 살고 있던 세균들이 그곳의 자원들을 대단히 효율적으로 흡수하기 때문일 수도 있다. 그러나 근본적인 다른 이유도 있다.

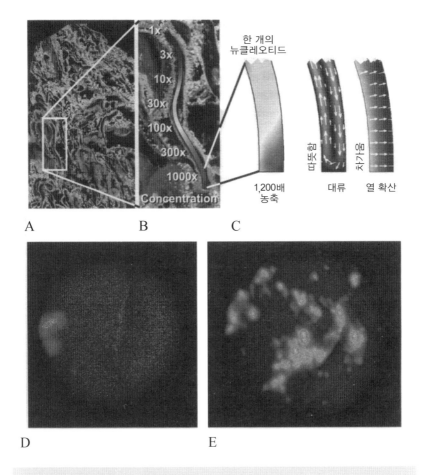

A   B   C

D   E

그림 13 열영동에 의한 유기물의 극단적인 농축

A 로스트 시티에 있는 한 염기성 열수 분출구의 단면, 다공성 구조가 나타난다. 가운데 굴뚝이 없고, 지름이 몇 마이크로미터에서 몇 밀리미터에 이르는 미세한 구멍들이 서로 미로처럼 이어져 있다. B 이론상 뉴클레오티드 같은 유기물은 열영동에 의해서 처음 농도보다 1,000배 이상 농축될 수 있다. C 대류와 열 확산에 의해서 열수 분출구의 미세한 구멍에서 열영동이 일어나는 모습을 보여준다. D 유니버시티 칼리지 런던의 우리 연구실에 있는 반응기에서 수행한 열영동 실험의 예, 미세한 구멍이 있는 세라믹 발포체(직경 9센티미터)에서 5,000배 농축된 형광 유기 염료(플루오레세인[fluorescein])의 모습. E 훨씬 더 많이 농축된 형광 분자인 퀴닌(quinine), 이 실험에서는 최소 100만 배가 농축되었다.

블랙 스모커의 열수 분출구가 40억 년 전과 정확히 똑같은 모습이 아닌 것처럼, 염기성 열수 분출구의 모습도 화학적으로는 달랐을 것이다. 그러나 어떤 측면에서는 대단히 비슷했을 것이다. 사문석화 작용의 과정 자체도 똑같이 따뜻하고 수소가 풍부한 염기성 액체가 바닷물로 솟구쳐 올랐을 것이라는 점에서 별 차이가 없었을 것이다. 그러나 대양의 화학적 조성은 대단히 달랐기 때문에, 염기성 열수 분출구를 구성하는 무기 염류의 조성은 바뀌어야 한다. 오늘날 로스트 시티는 주로 탄산염(아라고나이트 [aragonite])으로 이루어져 있는 반면, 더 근래에 발견된 (아이슬란드 북부에 위치한 스트리흐타인 같은) 비슷한 다른 염기성 열수 분출구는 점토로 구성되어 있다. 우리는 40억 년 전, 명왕누대의 바다에 정확히 어떤 종류의 구조가 있었는지 확신할 수는 없지만, 확실히 큰 효과를 발휘했을 두 가지 중대한 차이가 있었음은 분명하다. 당시에는 산소가 없었고, 대기와 해양의 이산화탄소 농도가 훨씬 더 높았다. 이런 차이로 인해서 고대의 염기성 열수 분출구는 더 효율적인 흐름 반응기가 되었을 것이다.

산소가 없으면, 철은 제1철 이온의 형태로 용해된다. 우리는 초기 바다에 철 이온이 가득 녹아 있었다는 것을 알고 있다. 제1장에서 지적했듯이, 훗날 이 철 이온이 침전되어 엄청난 규모의 호상철광층이 되었기 때문이다. 상당량의 수용성 철 이온은 (화산성인) 블랙 스모커 분출구에서 유래했다. 또 염기성 열수 분출구에서도 철이 침전되었을 것이다. 직접 확인한 것은 아니지만, 화학법칙에 따라서 그래야 하기 때문이다. 게다가 실험실에서 모의실험을 할 수도 있다. 이 경우에는 철이 수산화철과 황화철의 형태로 침전될 것이다. 이 물질들로 형성된 촉매 클러스터는 오늘날 에너지 대사와 탄소 대사를 일으키는 페레독신(ferredoxin) 같은 효소에서 지금도 발견된다. 산소가 없는 상황에서, 무기 염류로 이루어진 염기성 열수 분출구의 벽은 촉매 역할을 하는 무기 철을 함유하고, (염기성 용액에 녹는) 니켈과 몰리브덴 같은 반응성이 있는 다른 금속이 주입되었을 것이다. 이제 우리는 진정한 흐름 반응기에 근접하고 있다. 수소가 풍부한 용액이 미세한 구멍들과 촉매의 격벽으로 이루어진 미로를 순환하고, 그러는 동안에 만들어진 폐기물은 계속 남아서 농축된다.

그런데 정확히 무엇이 반응을 하고 있었을까? 여기서 우리는 이 문제에서 가장 곤란한 부분에 이른다. 여기에 고농도의 이산화탄소(CO_2)가 추가되는 것이다. 오늘날의 염기성 열수 분출구는 비교적 탄소가 없는 편이다. 많은 양의 무기 탄소가 열수 분출구의 벽에 탄산염(아라고나이트)의 형태로 침전되었기 때문이다. 40억 년 전의 명왕누대에는 CO_2 농도가 오늘날의 100-1,000배에 달했을 것으로 추정된다. 원시적인 열수 분출구가 수용할 수 있는 탄소의 한계를 능가하는 고농도의 CO_2는 원시 대양까지 더 산성도를 높여서, 탄산칼슘의 침전을 더 어렵게 만들었을 것이다(오늘날에도 CO_2의 증가로 바다가 산성화되기 시작하면서 산호초에 위협이 되고 있다). 오늘날 바다의 pH 농도는 8정도로, 약염기성을 띤다. 명왕누대의 바다는 중성이거나 약산성이었을 가능성이 크다. pH 5-7로 추정되지만, 사실 지구화학적 현상이 해양의 실제 산도에 미치는 영향은 거의 없다. 고농도의 CO_2, 약산성을 띠는 바다, 염기성 열수액, 철-황을 포함하는 얇은 격벽의 조합은 매우 중요하다. 이 조합으로 인해서 쉽게 일어날 수 없는 화학 반응이 일어나기 때문이다.

화학을 지배하는 두 가지 일반 원리는 열역학과 동역학이다. 열역학은 어떤 상태의 물질이 더 안정적인지, 즉 시간이 무제한으로 주어지면 어떤 물질이 형성될지를 결정한다. 동역학은 속도와 관련이 있다. 제한된 시간 내에 어떤 산물이 형성될지를 결정한다. 열역학적으로 보면, CO_2는 수소(H_2)와 반응하여 메탄(CH_4)을 형성할 것이다. 이 반응은 에너지 방출 반응이다. 주위로 열을 방출한다는 뜻이다. 따라서 주위의 엔트로피를 증가시키며, 적어도 특정 상황에서는 이 반응이 선호된다. 이 반응은 기회가 주어지면 저절로 일어나야 하지만, 온도가 적당하고 산소가 없는 조건이 필요하다. 온도가 지나치게 높아지면 CO_2는 메탄보다 더 안정된 상태가 된다. 마찬가지로 산소가 있으면, 산소가 수소와 먼저 반응해서 물이 될 것이다. 40억 년 전, 온도가 적당하고 산소가 없었던 염기성 열수 분출구의 조건은 CO_2와 H_2가 반응하여 CH_4을 형성하는 반응을 선호했을 것이다. 약간의 산소가 존재하는 오늘날에도, 로스트 시티에서는 소량의 CH_4이 생산된다. 지구화학자인 잰 애먼드와 톰 맥컬럼은 여기서 한걸음 더 나아가, 산소가 없는 염기성 열수 분출구의 조건에서는 열역학적으로 볼 때 H_2와 CO_2로부터 유기물이 형성되는 반응이 쉽게 일어난다는 계산을 내놓았다. 이는 주목할 만한 결과이다. 섭씨 25-125도인 이런 조건에서 H_2와 CO_2로 세포의 생물질(biomass : 아미노산, 지방산, 탄수화물, 뉴클레오티드 따위)을 형성하는 모든 반응은 사실상 **에너지 방출 반응**이다. 이런 조건에서는 H_2와 CO_2로부터 유기물이 저절로 형성되어야 한다는 의미이다. 세포의 형성은 에너지를 방출하고 전체적인 엔트로피를 증가시키는 일인 것이다!

중대한 의미가 있다는 것은 맞지만, H_2는 CO_2와 쉽게 반응하지 않는다. **동역학적** 장벽이 있기 때문이다. 즉 열역학적으로는 저절로 반응이 일어나야 한다고 하더라도 다른 장벽이 반응의 진행을 저지한다는 뜻이다. H_2와 CO_2는 사실 서로 데면데면하다. 거의 관심이 없다. 둘 사이에 반응이 일어나게 하려면 에너지를 공급해야 한다. 불꽃놀이로 서먹한 분위기를 깨주어야 하는 것이다. 이제 반응을 일으킬 것이고, 먼저 부분적으로 환원된 화합물을 형성할 것이다. CO_2는 전자를 쌍으로만 받아들일 수 있다. 전자를 두 개 얻으면 포름산염($HCOO^-$)이 되고, 여기서 두 개를 더 얻으면 포름알데히드(CH_2O)가 된다. 또 두 개를 더 얻으면 메탄올(CH_3OH)이 되고, 마지막으로 한 쌍의 전자를 더 얻으면 완전히 환원되어 메탄(CH_4)이 된다. 물론 생명은 메탄이 아니라 부분적으로 환원된 탄소로만 만들어지며, 대략 포름알데히드와 메탄올의 혼합물과 비슷한 정도의 산화환원 상태에 있다. 이것은 생명의 기원에서 CO_2와 H_2의 반응에 두 가지 중요한 동역학적 장벽이 있다는 것을 의미한다. 첫 번째 장벽은 포름알데히드나 메탄올을 얻기 위해서 넘어야 하는 장벽이다. 두 번째 장벽은 넘어서는 안 되는 장벽이다! 따뜻한 분위기 속에서 H_2와 CO_2가 잘 어우러지면, 세포에서는 메탄 형성 반응이 곧바로 진행된다. 메탄이 형성되면 모든 것이 연기처럼 헛되이 흩어지고, 그것으로 끝나는 것이다. 생명은 첫 번째 장벽을 어떻게 낮출지, 두 번째 장벽을 (에너지가 필요할 때에만 낮추면서) 어떻게 높게 유지할지를 정확히 아는 것으로 보인다. 그렇지만 처음에는 어떤 일이 있었을까?

이 지점이 우리의 발목을 잡는다. 만약 CO_2와 H_2의 반응이 경제적으로 쉬운 반응이었다면, 다시 말해서 들어가는 에너지보다 얻는 에너지가 더 많은 반응이었다면, 아마 지금쯤은 이 문제가 해결되어 지구의 에너지 문제를 타개하는 데에 크게 이바지했을 것이다. 한번 상상해보자. 광합성을 모방하여 물을 분해해서 H_2와 O_2를 방출시키는 것이다. 그럴 수만 있다면 수소 경제를 추진할 수도 있을 것이다. 공기 중의 H_2와 CO_2를 반응시켜 천연 가스나 합성 휘발유를 만들 수 있다면 얼마나 좋을까! 그러면 발전소에서 곧바로 연소를 시킬 수 있을 것이다. CO_2의 배출과 포집 사이의 균형을 맞추고, 공기 중의 CO_2 농도 증가를 중단시키고 화석 연료에 대한 의존을 줄일 수 있을 것이다. 이것이 바로 에너지 안보이다. 이 반응이 가져다주는 효과는 더없이 크지만, 아직까지 우리는 이 단순한 반응을 값싸게 일으키는 데에 성공하지 못했다. 가장 단순한 단세포생물에서도 일상적으로 일어나는 반응인데 말이다. 이를테면, 메탄생성고세균은 에너지와 성장에 필요한 모든 탄소를 H_2와 CO_2의 반응을 통해서 얻는다. 그러나 더 어려운 문제는 살아 있는 세포가 생기기 전에 어떻게 이 반응이 일어날 수 있었는가 하는 점이다. 베흐터쇼이저는 이것을 불가능한 일로 치부했다. 그는 애초부터 생명은 CO_2와 H_2의 반응으로 시작할 수 없었다고 말했다. H_2와 CO_2는 반응을 하려고 하지 않는다는 것이다.[8] 몇 킬로미터 바다 속에 있는 열수 분출구의 수압처럼 엄청난 압력을 가해도, 의 반응은 일으킬 수 없었다. 그래서 베흐터쇼이저는 처음부터 "황철광 유인"이라는 발상을 내놓았다.

그러나 한 가지 가능성 있는 방법이 있다.

양성자 동력

산화환원 반응은 하나의 공여체(이 경우에는 H_2)에서 하나의 수용체(CO_2)로 전자가 전달되는 반응이다. 어떤 분자가 기꺼이 자신의 전자를 전달하고자 하는 경향을 설명하는 용어는 "환원 전위(reduction potential)"이다. 관용적 약속이 유용하지는 않지만, 이해하기는 쉽다. 만약 어떤 분자가 전자를 제거하기를 "원하면" 음의 환원 전위 값을 가진다. 전자를 떼어내려는 경향이 크면 클수록 환원 전위의 값은 더 큰 음수가 된다. 반대로, 어떤 원

---

8 안타깝게도, 현재 마이크 러셀 역시 이 관점을 신중하게 고려 중이다. 그는 CO_2를 H_2와 반응시켜서 포름알데히드와 메탄올을 만들려는 시도에 실패했고, 이제는 성공에 대한 기대를 버렸다. 현재 그는 볼프강 니슈케와 함께 다른 물질을 찾고 있다. 특히 (열수 분출구에서 생성되는) 메탄과 (초기 바다에 틀림없이 존재했을) 일산화질소가 오늘날의 메탄 영양 세균과 비슷한 과정을 거쳐 생명을 탄생시켰을 가능성을 고찰하고 있다. 빌 마틴과 나는 그 주장에 동의하지 않는다. 이 책에서는 그 이유를 다루지 않을 계획이지만, 정말 관심이 있다면, "참고 문헌"의 논문(Sousa 외)에서 그 이유를 찾을 수 있을 것이다. 이는 초기 대양의 산화 상태에 따라서 달라지기 때문에 사소한 문제가 아니지만, 실험적으로 검증이 불가능하다. 지난 십수 년간 중대한 발전을 이룬 덕분에 현재 많은 과학자들이 염기성 열수 분출구 학설을 진지하게 받아들이고 있다. 이들은 전체적으로 비슷한 틀 안에서 독특하고 다양한 예측 가능한 가설들을 세우고 실험적 검증을 준비하고 있다. 이것이 과학이 작동해야 하는 방식이다. 의심할 나위 없이, 우리 모두는 세부적인 부분에서 증명되는 오류를 기쁘게 받아들이면서, 전체적인 틀이 굳건하게 지켜지기를 (당연히) 바란다.

자나 분자가 전자를 받아들이려는 경향이 강하면 환원 전위 값은 양수가 된다(음전하를 띠는 전자를 끌어당기는 힘이라고 연상하면 된다). 전자를 얻기를 "원하는" 산소는 대단히 큰 양의 환원 전위 값을 가진다(무엇이든 산화시킨다). 이 모든 용어들은 이른바 표준 수소 전극(standard hydrogen electrode)이라는 것과 연관이 있지만, 여기서는 크게 신경 쓰지 않아도 된다.[9] 요점은 음의 환원 전위 값을 나타내는 분자는 양의 환원 전위 값을 나타내는 다른 분자에 전자를 더 전달하려는 경향이 있지만, 그 반대 현상은 일어나지 않는다는 것이다.

이것이 H_2와 CO_2의 문제이다. pH 값이 중성일 때(7.0), H_2의 환원 전위는 −414밀리볼트이다. 만약 H_2가 전자 두 개를 내놓으면 두 개의 양성자, 즉 $2H^+$가 남을 것이다. 수소의 환원 전위는 H_2가 전자를 잃고 H^+가 되는 경향과 $2H^+$가 전자를 얻어 H_2를 형성하는 경향 사이의 동적 균형을 나타낸다. 만약 CO_2가 이 전자를 얻는다면 포름산염이 될 것이다. 그런데 포름산염의 환원 전위는 −430밀리볼트이다. 다시 말해서, 포름산염은 H^+에 전자를 전달하고 CO_2가 되려는 경향이 더 강하다는 뜻이다. 포름알데히드는 더하다. 포름알데히드의 환원 전위는 약 −580밀리볼트이다. 전자를 가

---

9 혹시 신경이 쓰인다면……, 좋다. 설명을 해보겠다. 환원 전위는 밀리볼트로 측정된다. 황산마그네슘 수용액이 들어 있는 비커에 마그네슘 전극을 삽입한다고 상상해보자. 마그네슘은 이온화되려는 경향이 강해서, 용액 속에는 더 많은 Mg^{2+} 이온이 방출되고 전극에는 전자가 남는다. 그렇게 형성된 음전하의 세기는 표준 "수소 전극"과의 비교를 통해서 측정할 수 있다. 표준 수소 전극은 1기압의 수소 속에서 섭씨 25도인 pH 0(1리터당 양성자 1그램)의 양성자 용액 속에 삽입된 비활성 백금 전극이다. 만약 마그네슘 전극과 수소 전극이 전선으로 연결되어 있다면, 음극인 마그네슘 전극 쪽에서 상대적으로 양극인 수소 전극 쪽으로 전자가 흘러들어가고, 이 전자는 산성 용액에서 양성자를 흡수해서 수소 기체를 형성할 것이다. 실제로 마그네슘의 환원 전위는 표준 수소 전극에 비해 대단히 큰 음의 값을 가진다(정확히 −2.37볼트). 그런데 이는 모두 pH 0일 때의 값이라는 점을 주목하자. 본문에서 내가 말한 수소의 환원 전위는 pH 7에서 −414밀리볼트이다. 환원 전위는 pH 값이 1씩 증가할 때마다 약 −59밀리볼트씩 더 큰 음의 값을 가지기 때문이다(본문을 보라).

지고 있는 것을 극도로 싫어해서, H^+에 전자를 전달해 H_2가 형성되게 하기 쉽다. 따라서 pH 7을 생각하면, 베흐터쇼이저가 옳다. H_2가 CO_2를 환원시킬 방법은 없다. 그러나 일부 세균과 고세균이 정확히 이 반응을 이용해서 살아가기 때문에, 분명히 가능한 일이다. 이 생물들이 어떻게 살아가는지에 관해서는 우리 이야기의 다음 단계와 더 밀접한 관련이 있기 때문에, 다음 장에서 자세히 살펴볼 것이다. 현재로서는 H_2와 CO_2로 살아가는 세균이 성장할 수 있는 길은 막을 사이에 둔 양성자 기울기를 통해서 동력을 얻는 방법뿐이라는 점만 알면 된다. 그리고 이것은 실로 엄청난 단서이다.

한 분자의 환원 전위는 대개 pH에 의해서 결정된다. 말하자면 양성자 농도로 결정되는 것이다. 이유는 간단하다. 전자의 전달은 음전하를 전달하는 것이다. 만약 환원된 분자가 양성자도 받아들일 수 있다면, 더 안정적인 생성물이 형성될 것이다. 양성자의 양전하가 전하의 균형을 맞춰주기 때문이다. 전하의 균형을 맞출 수 있는 양성자가 많으면 많을수록 전자의 전달이 더 쉬워질 것이다. 이는 환원 전위를 더 양의 값으로 만든다. 다시 말해서, 전자쌍을 받아들이기가 더 쉬워지는 것이다. 사실 환원 전위는 산도가 높아져서 pH 값이 1씩 감소할 때마다 약 59밀리볼트씩 증가한다. 용액이 더 산성을 띨수록 CO_2에 전자를 전달해서 포름산염이나 포름알데히드가 형성되기 더 쉬워진다. 그러나 안타깝게도, 수소에도 똑같은 규칙이 적용된다. 용액이 더 산성을 띨수록 양성자에 전자를 전달해서 H_2 기체를 형성하기가 더 쉬워진다. 따라서 단순히 pH가 바뀌는 것은 아무 효과가 없다. CO_2를 H_2로 환원시키는 것은 여전히 불가능하다.

이제 막을 사이에 둔 양성자 기울기를 생각해보자. 양성자 농도, 즉 산도가 막을 경계로 양쪽이 다른 것이다. 염기성 열수 분출구에서도 이와 똑같은 차이가 나타난다. 염기성 열수액은 미세한 구멍의 미로를 따라 천천히 이동한다. 약산성을 띠는 바닷물도 마찬가지이다. 어떤 지점에서는 CO_2

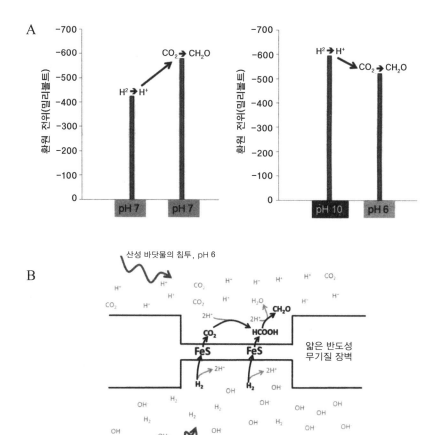

그림 14 H₂와 CO₂로 유기물을 만드는 방법

A 환원 전위에 미치는 pH의 효과. 환원 전위의 값이 더 작아질수록 전자를 전달하기가 더 쉬워지고, 더 커질수록 전자를 받아들이기가 더 쉬워진다. Y축의 눈금은 위로 올라갈수록 더 작아진다. pH 7에서는 H_2가 CO_2에 전자를 전달해서 포름알데히드(CH_2O)를 만들어낼 수 없다. 오히려 반응은 반대 방향으로 진행될 것이다. 그러나 만약 H_2는 염기성 열수 분출구처럼 pH 10의 환경에 있고, CO_2는 초기 대양처럼 pH 6인 곳에 있으면, CO_2가 CH_2O로 환원되는 일이 이론적으로는 가능하다. B 미세한 구멍이 있는 열수 분출구에서는 pH 10과 pH 6인 액체가 FeS 광물을 함유한 얇은 반도성 장벽을 사이에 두고 나란히 배치될 수 있다. 여기서 FeS은 지금도 우리의 호흡 과정에서 하는 역할처럼, H_2에서 CO_2로 전자를 전달한다.

가 포화된 산성 바닷물과 H_2가 풍부한 염기성 열수액이 반도성(半導性) 광물인 FeS을 함유한 얇은 무기질 격벽을 사이에 두고 나란히 지나간다. H_2의 환원 전위는 염기성 조건에서 더 작아진다. H_2는 필사적으로 전자를 떼어내기를 "원한다." 그 결과 남겨진 H^+는 염기성 용액 속의 OH^-와 결합해서 물이 되고, 지극히 안정된 상태가 된다. pH 10에서 H_2의 환원 전위는 −584밀리볼트로, 강력한 환원제가 된다. 한편, pH 6에서 포름산염의 환원 전위는 −370밀리볼트, 포름알데히드는 −520밀리볼트이다. 다시 말해서, 이런 pH 차가 주어진 상태에서는 H_2로 CO_2를 환원시키기가 꽤 쉽다는 것이다. 문제는 딱 하나이다. 어떻게 전자가 H_2에서 CO_2로 물리적으로 전달될까? 그 해답은 구조에서 찾을 수 있다. 미세한 구멍들로 이루어진 열수 분출구의 얇은 무기질 격벽에 함유된 FeS 광물이 전자를 전달하는 것이다. 구리 도선처럼 전자를 잘 전달하는 것은 아니지만, 하기는 한다. 게다가 이론상 염기성 열수 분출구의 물리적 구조는 H_2를 이용해 CO_2를 환원시켜서 유기물을 형성할 수밖에 없는 구조이다(그림 14). 정말 환상적이다!

그러나 이것이 사실일까? 바로 여기에 과학의 매력이 있다. 이것은 검증이 가능한 단순한 문제이다. 그렇다고 검증이 쉽다는 말은 아니다. 나는 화학자인 배리 허시, 박사과정 학생인 알렉산드라 위처, 엘로이 캄푸르비와 함께 현재 실험실에서 이 검증을 시도하고 있다. 우리는 레버흄 재단으로부터 연구비를 지원받아 실험대 위에 올라가는 조그만 반응기를 제작해서 이 반응을 유도하려는 시도를 해왔다. 실험실에서 이런 얇은 반도성 FeS 격벽을 다루는 것은 만만한 일이 아니다. 게다가 포름알데히드가 안정되어 있지 않다는 문제도 있다. 포름알데히드는 전자를 양성자에 되돌려주어 다시 H_2와 CO_2를 형성하기를 "원하며," 산성 조건에서는 이런 현상이 더 쉽게 일어날 것이다. 정확한 pH와 수소 농도는 매우 중요하다. 게다가 높이가 수십 미터에 달하고 엄청난 고압에서 작동하는(그래서 수소 같은 기체가 훨씬 더 고농도로 용해될 수 있다) 진짜 열수 분출구의 엄청난 규모를 실험실에서 재현하는 일도 쉽지 않다. 그러나 이런 모든 문제들에도 불구하고, 이 실험은 검증 가능한 문제라는 테두리 안에 있다는 점에서 단순한 것이며, 그 해답은 생명의 기원에 관해서 우리에게 많은 것을 알려줄 수 있다. 그리고 실제로 우리는 포름산염과 포름알데히드와 (리보스[ribose]와 데옥시리보스[deoxyribose]를 포함한) 다른 단순한 유기물을 얻었다.

먼저 이 학설을 액면 그대로 받아들이고, 반응이 예측대로 일어날 것이라고 가정해보자. 그럼 무슨 일이 벌어질까? 느리지만 지속적으로 유기물이 합성되어야 할 것이다. 어떤 유기물이 정확히 어떻게 형성되어야 하는지에 관해서는 다음 장에서 알아볼 것이다. 우선은 이것 역시 검증 가능한 단순한 예측이라는 점만 지적하고자 한다. 이런 유기물들은 일단 형성이 되면 앞에서 설명한 것처럼 열영동에 의해서 처음 농도의 수천 배까지 농축되어야 한다. 그러면 소포와 중합체의 형성이 촉진되고, 어쩌면 단백질이 형성될 수도 있을 것이다. 유기물이 농축되면 중합체가 형성될 것이라는 예측 역시 실험실에서 검증이 가능하며, 이 실험도 우리가 시도 중이다. 첫 걸음은 고무적이었다. 뉴클레오티드와 크기가 비슷한 형광 염료인 플루오레세인은 우리의 관통−흐름 반응기(through-flow reactor)에서 최소 5,000배 농축되었고, 퀴닌은 훨씬 더 많이 농축되었다(그림 13).

그렇다면, 환원 전위와 관련된 이 모든 것들이 진짜로 의미하는 바는 무엇일까? 제약으로 작용하면서, 동시에 우주에서 생명이 진화할 수밖에 없는 조건을 마련한다는 것이다. 그래서 종종 과학자들은 그들만의 작은 세계에 빠져서 쓸 데 없이 어렵고 사소한 것과 관련된 추상적인 생각에 잠겨 있는 것처럼 보인다. pH 값이 커질수록 수소의 환원 전위 값이 작아진다는 사실에 어떤 중대한 의미가 있는 것은 아닐까? 그렇다! 바로 그것이다! 염기성 열수 분출구의 조건에서는 H_2가 CO_2와 반응해서 유기물을 형성할 것이다. 거의 모든 다른 조건에서는 그렇지 않을 것이다. 이 장에서 나는 생명의 기원을 일궈낼 수 있는 조건에서 이미 거의 모든 다른 환경을 사실상 배제했다. 우리가 확립한 열역학적 토대에서는 아무것도 없는 상태에서 세포가 만들어지려면, 반응성 있는 탄소와 화학적 에너지가 제한된 관통-흐름계 내에 있는 원시적인 촉매를 지속적으로 통과하며 흘러야 한다. 이런 조건에 모두 부합하는 곳은 열수 분출구 중에서도 염기성 열수 분출구뿐이다. 그러나 염기성 열수 분출구에는 심각한 문제가 있고, 동시에 그 문제를 해결해줄 아름다운 해답도 존재한다. 염기성 열수 분출구의 문제는 그곳에 수소 기체는 풍부하지만, H_2는 CO_2와 반응해서 유기물을 형성하지 않을 것이라는 사실이다. 아름다운 해답은 얇은 반도성 격벽을 경계로 양성자 기울기를 만드는 염기성 열수 분출구의 천연 물리적 구조가 (이론적으로는) 유기물의 형성을 유도할 것이라는 사실이다. 그러면 문제와 해답에 집중해보자. 적어도 내가 생각하기에는 이 모든 것이 지극히 타당하다. 여기에 지구상 모든 생명이 (지금도!) 막을 사이에 둔 양성자 기울기를 활용해서 탄소 대사와 에너지 대사를 일으킨다는 사실을 추가해보자. 나는 물리학자인 존 아치볼드 휠러와 함께 이렇게 외치고 싶은 심정이다. "어떻게 다른 방법이 있을 수 있을까! 우리 모두 이렇게 오랫동안 까마득히 모르고 있을 수 있었다니!"

이제 진정하고 마무리를 해보자. 나는 환원 전위가 제약인 동시에 생명이 진화해야 하는 조건도 마련해준다고 말했다. 이 분석에 의하면, 생명의 기원을 북돋는 최상의 조건은 염기성 열수 분출구에서 발견된다. 이렇게 선택권이 좁다니……, 어쩌면 당신은 심기가 불편할지도 모르겠다. 분명 다른 방법도 있을 것이다! 뭐, 그럴지도 모른다. 무한한 우주에서 불가능이란 없지만, 그래도 그럴싸하지는 않다. 염기성 열수 분출구는 그럴싸하다. 그 조건이 물과 광물인 감람석 사이의 화학 반응에 의해서 형성된다는 점을 기억하자. 감람석은 암석이다. 사실 우주에서 가장 흔한 광물이며, 성간 먼지의 주요 성분이고, 지구를 비롯한 행성의 형성 과정에서 응축되는 원반(圓盤)의 중요한 부분을 차지한다. 어쩌면 우주 공간에서 성간 먼지가 수화(水和)되어 감람석의 사문석화 작용이 일어날지도 모른다. 우리 행성이 응축될 때, 온도와 압력이 상승하면서 이 물이 빠져나와 지구의 대양이 만들어졌다고 말하는 사람도 있다. 어쩌면 그럴지도 모르지만, 감람석과 물은 둘 다 우주 공간에 아주 흔한 물질이다. CO_2 역시 흔하다. 태양계의 행성 대부분의 대기에 공통적으로 들어 있는 기체이며, 다른 항성계에 속하는 외부 행성의 대기에서도 검출된다.

암석과 물과 CO_2, 생명을 얻기 위해서 필요한 목록이다. 물이 있는 암석형 행성이라면 어디에서나 찾을 수 있는 것들이다. 이 세 가지 물질은 화학과 지질학의 법칙에 따라 염기성 열수 분출구를 형성할 것이며, 열수 분출구의 미세한 구멍을 둘러싸는 얇은 막을 사이에 두고 양성자 기울기를 만들 것이다. 이는 확실하다. 그러나 이 화학적 특성이 항상 생명으로 이어지지는 않을 것이다. 이것은 현재 진행 중인 하나의 실험에 불과하지만, 은하수에는 지구 같은 행성이 400억 개나 된다. 우리는 우주라는 배양 접시 위에 살고 있다. 생명을 탄생시키는 이런 완벽한 조건이 얼마나 자주 나올지는 그 다음에 벌어질 일에 달려 있다.

4
세포의 등장

"내 생각." 다윈은 1837년에 한 공책에 그린 계통수의 밑그림 옆에 이 두 단어를 휘갈겨썼다. 그가 비글 호 여행에서 돌아온 지 겨우 1년 뒤의 일이었다. 22년 후, 훨씬 더 아름답게 그려진 계통수는 『종의 기원』에 실린 유일한 그림이 되었다. 계통수는 다윈의 생각과 그 이후 진화생물학의 전반적인 흐름에서 대단히 중요한 개념이다. 그래서 『뉴사이언티스트(*New Scientist*)』가 다윈의 계통수가 틀렸다는 것을 주제로 여러 논문들을 소개하는 특집 기사를 『종의 기원』 출간 150주년인 2009년에 내놓았던 일은 큰 충격이었다. 이 특집 기사는 대담하게 광범위한 독자층을 겨냥했지만, 논문 자체는 온화한 논조로 전문적인 주제를 설명하는 내용이었다. 정도를 정의 내리기는 대단히 어렵지만, 계통수에는 사실 오류가 있다. 그렇다고 다윈이 과학에 기여한 가장 큰 부분인 자연선택에 의한 진화까지도 틀렸다는 의미는 아니다. 단지 유전에 관한 그의 지식이 매우 부족했다는 것을 보여줄 뿐이다. 이것은 새로울 것이 없는 사실이다. 잘 알려져 있듯이, 다윈은 DNA나 유전자나 멘델의 법칙을 전혀 몰랐다. 세균 사이의 유전자 교환은 말할 것도 없다. 즉 그는 유전에 대해서는 까막눈이나 마찬가지였다. 그렇다고 다윈의 자연선택설이 지닌 위상이 떨어지는 것은 아니다. 따라서 좁은 학술적 의미에서는 그 특집 기사가 옳을지 몰라도, 더 깊은 의미에서는 큰 오해를 불러일으킬 소지가 있다.

그러나 그 특집 기사는 심각한 문제 하나를 전면으로 부각시켰다. 계통수의 개념에서 가정하는 유전방식은 부모가 유성생식을 통해서 자손에게 유전자의 복사본을 물려주는 "수직" 유전이다. 여러 세대를 거치는 동안 유전자는 주로 종(種, species) 내에서만 전달되고 다른 종들과는 상대적으로 교류가 거의 없다. 생식적으로 격리된 개체군은 다른 개체군과의 교류가 줄어들기 때문에 시간이 흐를수록 서서히 갈라지고, 결국 새로운 종을 형성한다. 이것이 계통수의 가지가 만들어지는 원리이다. 세균은 더 모호하다. 세균은 진핵생물과는 다른 방식으로 생식하기 때문에, 진핵생물처럼 깔끔한 종을 형성하지 않는다. 세균에서는 "종"이라는 단어의 정의가 항상 문제가 된다. 그러나 세균에서 진짜 골칫거리는 이들이 "수평" 이동 방식으로 유전자를 퍼뜨린다는 점이다. 세균은 잔돈처럼 가지고 다니는 소량의 유전자를 이 세균에서 저 세균으로 전달할 뿐만 아니라, 유전체의 복사본 전체를 딸세포에게 물려주기도 한다. 이 두 가지 방식 모두 어떤 의미에서든 자연선택의 토대를 손상시키지는 않는다. 방식만 변경되었을 뿐, 여전히 유전자의 전달인 것이다. 그런데 그 "변경"이 한때 우리가 생각했던 것보다 더 다양한 방식으로 일어난다.

세균에 널리 퍼져 있는 유전자 수평 이동은 우리가 무엇을 알 수 있는지에 관해서 심오한 의문을 제기한다. 이것은 물리학에서 "불확정성 원리"만큼이나 나름대로 본질적인 의문이다. 분자유전학의 시대인 오늘날 우리가 찾아볼 수 있는 계통수는 거의 대부분 한 가지이다. 바로 분자계통학의 선구자인 칼 우즈가 신중하게 선택한 리보솜 RNA의 작은 구성단위의 한 유전자를 토대로 한 계통수이다.[1] 우즈가 (어느 정도 타당한 이유를 들어)

---

1 "서론"을 참고하라. 리보솜은 모든 세포에서 발견되는 단백질 생산공장이다. 이 거대 분자 복합체는 두 개의 주요 구성단위(큰 것과 작은 것)로 구성되는데, 저마다 단백질과 RNA 의 혼합체로 구성되어 있다. 우즈가 "작은 구성단위 리보솜 RNA"의 서열을 밝힌 까닭은 추출이 꽤 쉬운 편이기 때문이기도 하고, 단백질 합성이 생명의 근본이기 때문이기도 하

주장한 바에 따르면, 이 유전자는 생명 전반에 걸쳐 보편적이고 유전자 수평 이동을 통해서 전달되는 경우가 드물다. 따라서 아마도 세포에서 "하나의 진정한 계통 발생"을 나타낼 것이다(그림 15). 제한적인 의미에서 보면, 하나의 세포에서 딸세포가 나오고 딸세포들은 항상 부모의 리보솜 RNA를 공통으로 물려받는다. 이는 사실이다. 그러나 만약 여러 세대를 거치면서 다른 유전자들이 유전자 수평 이동에 의해서 바뀐다면 무슨 일이 벌어질까? 복잡한 다세포 유기체에서는 그런 일이 매우 드물다. 독수리의 리보솜 RNA의 서열을 밝히면 그것이 새라는 것을 알 수 있어서, 부리와 깃털과 날개와 발톱이 있으며 알을 낳는다는 것 따위를 추론할 수 있다. 수직 유전에 의해서 리보솜의 "유전자형(genotype)"과 전체적인 "표현형(phenotype)" 사이의 밀접한 상관관계가 항상 보장되기 때문이다. 새를 나타내는 형질이 암호화된 모든 유전자들은 마치 길동무처럼 함께 움직인다. 시간이 흐르는 동안 확실히 변형이 되기도 하지만, 대대로 함께 전달되므로 극적인 방식의 변화는 드물다.

그런데 이제 유전자 수평 이동이 공공연하게 일어난다고 상상해보자. 리보솜 RNA의 서열을 분석했는데, 그것이 새라는 결과가 나왔다. 이제 우리는 이 "새"만 관찰하면 된다. 이 새는 하나의 몸통에 다리가 6개 달려 있고, 눈은 무릎에 붙어 있으며, 털가죽으로 덮여 있다. 개구리 알 같은 알을 낳고, 날개가 없으며, 하이에나처럼 기어다닌다. 당연히 말도 안 되는 소리라는 것을 알지만, 우리는 세균과 마주할 때 정확히 이런 문제에 직면한다. 괴물 같은 키메라들이 시시때때로 우리를 빤히 쳐다보고 있는 것이다. 그러나 우리가 기겁을 하며 비명을 지르지 않는 이유는 오로지 세균이 작

다. 단백질 합성은 사소한 부분에서만 차이가 날 뿐, 인간에서 열수 분출구의 세균에 이르는 모든 생명체에 보편적으로 존재한다. 건물이든 학문이든 주춧돌은 결코 쉽게 바꿀 수 없다. 세포들 사이에서 리보솜이 이동하는 일이 드문 이유도 이와 상당히 비슷하다.

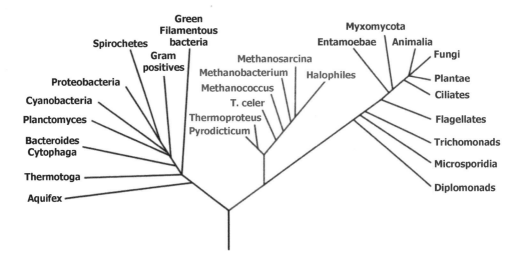

세균 고세균 진핵생물

Green Filamentous bacteria
Spirochetes
Gram positives
Proteobacteria
Cyanobacteria
Planctomyces
Bacteroides Cytophaga
Thermotoga
Aquifex

Methanosarcina
Methanobacterium
Methanococcus
T. celer
Thermoproteus
Pyrodicticum
Halophiles

Myxomycota
Entamoebae Animalia
Fungi
Plantae
Ciliates
Flagellates
Trichomonads
Microsporidia
Diplomonads

그림 15 유명하지만 오해의 소지가 있는 세 영역 계통수

이 계통수는 칼 우즈가 1990년에 작성한 것이다. 대단히 보존이 잘된 하나의 유전자(작은 구성단위 리보솜 RNA)를 토대로 한 이 계통수는 모든 세포에서 발견되는 유전자가 어떻게 갈라지는지를 추적한다(따라서 이 유전자들은 모든 생물의 공통 조상, 즉 LUCA[last universal common ancestor]에서 이미 복제되었을 것이다). 이 계통수가 암시하는 바에 따르면, 고세균과 진핵생물의 관계는 세균과 고세균, 세균과 진핵생물의 관계에 비해 더 가깝다. 이 계통수는 핵심적인 정보 유전자에 관해서는 대체로 옳지만, 대부분의 진핵생물 유전자는 고세균보다는 세균과 더 가깝다. 따라서 이 상징적인 계통수는 중대한 오해를 불러일으킬 소지가 있으므로, 엄격하게 하나의 유전자에 대한 계통수로 받아들여져야 할 것이다. 이것은 확실히 생명체 전체에 대한 계통수는 아니다!

고 형태적으로 단순하기 때문이다. 세균은 유전자로 볼 때 거의 항상 키메라이며, 어떤 세균은 내가 묘사한 "새"처럼 유전적으로 만신창이가 된 진짜 괴물이다. 계통학자라면 진짜 비명을 지를 일이다. 어떤 세포가 어떻게 생겼는지 또는 과거에 어떻게 살아왔는지를 리보솜의 유전자형을 토대로 추정하는 것은 불가능하다.

세포의 유래에 관해서 아무것도 말해줄 것이 없다면, 단일 유전자의 서열 분석이 무슨 소용이 있을까? 시간의 규모와 유전자 이동비율에 따라서는 유용할 수도 있다. 만약 (식물, 동물, 대다수의 원생생물, 일부 세균처럼) 유전자 수평 이동 비율이 낮을 때에는 리보솜의 유전자형과 표현형 사이에 밀접한 상관관계가 있다. 다만 범위가 너무 과거로 거슬러올라가지 않도록 주의해야 한다. 한편 유전자의 이동이 빠르게 일어나면, 상관관계도 대단히 빠르게 사라질 것이다. 대장균의 병원성 변종과 무해한 일반 균주 사이의 차이는 리보솜 RNA가 아닌, 왕성한 성장을 가능하게 해주는 다른 유전자의 획득에서 나타난다. 서로 다른 대장균 균주 사이에서 나타나는 유전체의 차이는 무려 30퍼센트에 이르기도 한다. 이 수치는 인간과 침팬지 사이의 차이에 10배에 달하지만, 우리는 여전히 그들을 같은 종이라고 부른다! 병원성 대장균에 관해서 알아야 할 때에는 리보솜 RNA의 계통 분석이 별로 도움이 되지 않는다. 반대로 유전자 수평 이동이 느리게 진행되더라도 오랜 기간이 흐르는 동안에는 상관관계가 사라질 것이다. 이 말은 한 세균이 30억 년 전에 어떻게 살았는지를 알아낼 방법이 거의 없다는 의미이다. 그동안 서서히 유전자의 이동이 진행되어 모든 유전자들이 여러 번 바뀌었을 수 있기 때문이다.

따라서 계통수라는 기발한 발상은 이제 가망이 없다. 계통수의 포부는 모든 세포를 진정한 하나의 계통으로 재구성하는 것이다. 이 종에서 저 종이 어떻게 나타났는지를 추론하고, 맨 처음까지 거슬러올라가며 연관성을 추적하고, 마침내 지구상 모든 생명체의 공통 조상의 유전적 구성을 추론할 수 있게 되는 것이다. 만약 우리가 정말 그럴 수 있었다면, 우리는 모든 생물의 공통 조상 세포에 관해서 막 구성에서부터 살았던 환경과 성장의 밑거름이 된 물질에 이르기까지 모든 것을 알 수 있었을 것이다. 그러나 우리는 그런 것들을 정확히 알지는 못한다. 빌 마틴은 충격적인 실험 결과를 시각적으로 담은 "놀라운 사라지는 계통수(amazing disappearing tree)"라는 역설적인 계통수를 내놓았다. 그는 모든 생명체에 보편적으로 보존되어 있는 48개의 유전자를 이용해 50종의 세균과 50종의 고세균 사이의 유연관계를 밝혔다(그림 16).[2] 이 계통수의 가지 끝에서는 48개의 유전자 전체에 대해서 100종의 세균과 고세균 사이의 관계가 정확하게 나타났다. 계통수의 기부(基部)도 마찬가지였다. 계통수의 맨 아래에 있는 가지는 세균과 고세균 사이의 가지라는 점에 48개의 유전자가 대체로 "동의했다." 다시 말해서, LUCA라는 애칭으로 잘 알려진 모든 생물의 공통 조상은 세균과 고세균의 공통 조상이었다. 그러나 세균이나 고세균 내의 분기를 밝히려고 하면, 유전자 계통수들끼리 맞는 것이 하나도 없었다. 48개의 유전자가 전부 다른 계통수를 내놓았다! 이 문제는 기술적인 것(순전히 차이로 인한 신호의 약화)일 수도 있고, 각각의 유전자가 무작위로 뒤섞일 때, 수직 유전의 유형이 파괴되는 유전자 수평 이동의 결과일 수도 있다. 어떤 가능성이 옳은지는 현재 시점에서는 어떻게 말할 수가 없을 것 같다.

이것은 무슨 뜻일까? 간단히 말해서, 우리는 고세균이나 세균의 어떤 종이 가장 오래되었는지를 결정할 수 없다는 뜻이다. 어떤 유전자 계통수에서는 메탄생성고세균이 가장 오래된 고세균으로 나타나지만, 어떤 계통수에는 그렇지 않은 것으로 나타난다. 따라서 우리로서는 가장 오래된 생명

---

2 세균과 고세균은 원핵생물을 구성하는 두 개의 큰 영역으로, 형태학적 특성은 대단히 비슷하지만 생화학적, 유전적 특성은 완전히 다르다.

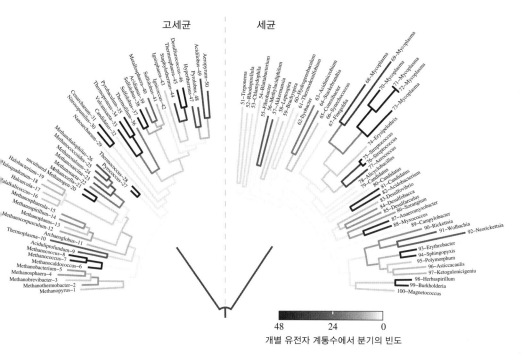

고세균 | 세균

고세균 (왼쪽):
Aeropyrum–50
Acidilobus–49
Pyrolobus–50
Hyperthermus–47
Ignisphaera–48
Desulfurococcus–46
Thermosphaera–45
Staphylothermus–44
Ignicoccus–42
Acidianus–43
Metallosphaera–40
Sulfolobus–39
Sulfolobus–38
Thermoproteus–37
Pyrobaculum–36
Vulcanisaeta–35
Thermofilum–34
Pyrobaculum–33
Caldivirga–32
Thermoplasmatales–31
Nitrosopumilus–30
Nanoarchaeum–29
Methanohalophilus–26
Methanococcoides–25
Methanosarcina–24
Methanosaeta–23
Methanosaeta–22
Thermococcus–28
Pyrococcus–27
Methanocella–21
uncultured Methanogen–20
Halobacterium–19
Haloquadratum–18
Haloarcula–17
alkalicoccus–16
Methanosphaerula–15
Methanospirillum–14
Methanoplanus–13
Methanocorpusculum–12
Archaeoglobus–11
Thermoplasma–10
Aciduliprofundum–9
Methanococcus–8
Methanococcus–7
Methanocaldococcus–6
Methanobacterium–5
Methanosphaera–4
Methanobrevibacter–3
Methanothermobacter–2
Methanopyrus–1

세균 (오른쪽):
51–Treponema
52–Rhodopirellula
53–Chlamydophila
54–Blattabacterium
55–Fibrobacter
56–Methylacidiphilum
57–Akkermansia
58–Leptospira
59–Brachyspira
60–Hydrogenobaculum
61–Thermodesulfobium
62–Dyobacter
63–Acidimicrobium
64–Stackebrandtia
65–Conexibacter
66–Synechococcus
67–Fingoldia
68–Mycoplasma
69–Mycoplasma
70–Mycoplasma
71–Mycoplasma
72–Mycoplasma
73–Mycoplasma
74–Erysipelothrix
75–Streptococcus
76–Aerococcus
77–Alicyclobacillus
78–Candidatus
79–Candidatus
80–Candidatus
81–Acidobacterium
82–Acidobacterium
83–Desulfovibrio
84–Desulfobacca
85–Desulfarculus
86–Sorangium
87–Anaeromyxobacter
88–Myxococcus
89–Campylobacter
90–Rickettsia
91–Wolbachia
92–Neorickettsia
93–Erythrobacter
94–Sphingopyxis
95–Polymorphum
96–Asticcacaulis
97–Ketogulonicigeniu
98–Herbaspirillum
99–Burkholderia
100–Magnetococcus

48   24   0
개별 유전자 계통수에서 분기의 빈도

그림 16 "놀라운 사라지는 계통수"

세균 50종과 고세균 50종에 공통적으로 보존된 유전자 48개의 분기를 비교한 계통수. 48개의 유전자를 모두 하나의 서열로 연결시켜서 더 강한 통계적 능력을 얻는다(계통학에서는 일반적인 관행이다). 이런 "초유전자(supergene)" 서열은 100종이 서로 어떤 연관이 있는지를 나타내는 계통수를 만드는 데에 이용된다. 그 다음 각각의 유전자로 개별적인 계통수를 만들고, 이 계통수들과 유전자들을 연결해서 만든 "초유전자" 계통수를 비교한다. 색의 진하기는 개별적인 유전자 계통수의 가지가 초유전자 계통수의 가지와 일치하는 정도를 나타낸다. 계통수의 기부에서는 48개의 유전자가 거의 모두 초유전자 계통수와 같은 형태를 나타내는데, 이는 세균과 고세균이 정말로 완전히 분리되어 있음을 명확하게 보여준다. 가지의 끝부분에서도 개별 유전자 계통수는 초유전자 계통수와 대체로 일치한다. 그러나 두 무리 모두 더 안쪽에 있는 가지들은 희미하게 보인다. 개별 유전자 계통수 중 어떤 것도 초유전자 서열 계통수와 분기 순서가 일치하지 않는다. 이것은 분기 유형을 교란시키는 유전자 수평 이동의 결과일 수도 있고, 40억 년이라는 가늠하기 어려울 정도로 긴 시간에 걸쳐 진화를 하는 동안 통계학적으로 강력한 신호가 약해졌기 때문일 수도 있다.

체의 특성을 재구성하는 것이 사실상 불가능하다. 설사 어떤 기발한 도구를 이용해 메탄생성고세균이 정말 가장 오래된 고세균이라는 것이 증명될 수 있다고 해도, 그 고세균이 현대의 메탄생성고세균처럼 항상 메탄을 생성하면서 살았는지는 확신할 수 없다. 유전자들을 하나로 통합해서 신호의 세기를 강화하려는 시도는 별로 도움이 되지 않는다. 각각의 유전자가 저마다 다른 역사를 가지고 있어서 통합된 신호가 허상이 될 가능성이 있기 때문이다.

그러나 빌 마틴의 보편적 유전자 48개의 계통수 모두가 세균과 고세균 사이의 가장 깊은 분기에서 일치한다는 사실은 희망적이다. 만약 모든 세균과 고세균의 특성 중에서 어떤 것이 공통되고 어떤 것이 나중에 특정 무리에서 나타난 다른 것인지를 밝힐 수 있다면, 어쩌면 우리는 LUCA의 "합성 사진"을 만들 수 있을지도 모른다. 그러나 우리는 여기서 다시 난관에 부딪친다. 고세균과 세균 모두에서 발견된 유전자들은 한 영역에서 만들어져서 유전자 수평 이동에 의해서 다른 영역으로 전달되었을 가능성이 있다. 유전자의 이동이 영역을 넘나들며 일어난다는 사실은 잘 알려져 있다. 만약 이런 유전자 이동이 진화 초기에, 즉 놀라운 사라지는 계통수의 희미한 부분에서 일어났다면, 그 유전자들은 공통 조상으로부터 수직적으로 전달된 것처럼 보일 것이다. 실상은 그렇지 않은 데도 말이다. 더 유용한 유전자일수록 진화 초기에 널리 퍼졌을 가능성이 더 크다. 이렇게 널리 퍼져 있는 유전자 수평 이동의 영향을 줄이기 위해서는 어쩔 수 없이 진짜 보편적인 유전자에 의지할 수밖에 없다. 그러면 적어도 이런 유전자들이 초기의 유전자 수평 이동에 의해서 주위에 전달되었을 가능성을 줄일 수는 있을 것이다. 문제는 이런 보편적인 유전자가 100개도 채 되지 않으며, 그 유전자들이 묘사하는 LUCA의 모습이 매우 기묘하다는 것이다.

이 기묘한 초상에 관해서는 이미 제2장에서 지적했다. 이를 액면 그대로 받아들여, LUCA가 단백질과 DNA를 가지고 있었다고 해보자. 즉 보편적 유전암호가 이미 작동하고 있어서 DNA가 해독되어 RNA로 전사된 다음, 알려진 모든 세포에서 단백질을 만드는 강력한 분자 공장인 리보솜에서 단백질로 번역되고 있었다는 것이다. DNA 해독과 단백질 합성을 위해서 필요한 놀라운 분자 기계인 리보솜은 세균과 고세균에 공통으로 들어 있는 20여 개의 단백질과 RNA로 구성된다. 그 구조와 서열로 볼 때, 이 기계들은 진화의 아주 초기에 갈라져 나왔고, 유전자 수평 이동에 의한 교환이 별로 이루어지지 않았던 것으로 보인다. 지금까지는 좋다. 세균과 고세균 모두 막을 경계로 하는 양성자 기울기를 이용해서 ATP 합성을 일으키는 화학삼투를 한다. 리보솜만큼이나 범상치 않은 분자 기계인 ATP 합성효소 역시 태고의 분위기를 풍긴다. 리보솜처럼 ATP 합성효소도 모든 생명체에 보편적으로 보존되어 있지만, 세균과 고세균 사이에 세부적인 구조가 몇 가지 다르다. 이것은 ATP 합성효소가 LUCA에 속하는 한 공통 조상에서 갈라져서, 그후로는 유전자 수평 이동을 별로 하지 않았다는 것을 암시한다. 따라서 ATP 합성효소도 리보솜과 DNA와 RNA처럼 LUCA에 있었던 것으로 보인다. 그리고 몇 가지 중요한 생화학 작용도 있다. 아미노산 생합성과 크레브스 회로(Krebs cycle)의 일부는 세균과 고세균에서 공통된 경로를 나타냄으로써, LUCA에 존재했었다는 것을 암시한다. 그러나 그 외에는 공통점이 매우 적다.

차이점은 무엇이 있을까? 놀라울 정도로 줄줄이 이어진다. DNA 복제에 이용되는 대부분의 효소는 세균과 고세균에서 다르다. 이보다 더 근본적인 것이 뭐가 있을 수 있을까! 막 정도면 더 근본적이라고 할 수도 있지만, 막 역시 세균과 고세균에 차이가 있다. 세포벽도 마찬가지이다. 살아 있는 세포와 주위 환경을 분리하는 두 가지 장벽 모두 세균과 고세균이 다르다는 뜻이다. 세균과 고세균의 공통 조상이 어떤 장벽을 가지고 있었는지를 정확히 추측하기란 거의 불가능하다. 여러 가지 설이 나왔지만, 앞으로도 추측은 이어질 것이다. 앞 장에서 다루었던 살아 있는 세포의 여섯 가지 기본 특성인 탄소 흐름, 에너지 흐름, 촉매작용, DNA 복제, 구획화, 배출 중에서, 세균과 고세균 사이에 유사성이 나타나는 것은 앞의 세 가지뿐이다. 앞으로 확인하게 될 것처럼, 그나마도 일부 측면에서만 비슷하다.

이에 관한 몇 가지 가능성 있는 설명이 있다. LUCA가 세균이 잃은 특징과 고세균이 잃은 특징을 모두 가지고 있었을 수도 있다. 이는 정말 어리석은 가정 같지만, 가능성을 쉽게 배제할 수는 없다. 이를테면, 우리는 세균과 고세균 지질의 혼합체가 안정적인 막을 만든다는 것을 알고 있다. 어쩌면 LUCA가 두 가지 유형의 지질을 모두 가지고 있다가 훗날 그 자손들이 둘 중 하나를 잃으면서 갈라져나갔을 수도 있다. 일부 형질에 대해서는 그랬을 수도 있겠지만, "에덴 유전체(genome of Eden : 유전체들 사이의 유전자 분포가 암시하는 공통 조상의 모습이 초기의 예측과 달리 유전적으로 단순하지 않고 매우 복잡하게 나타나는 현상/옮긴이)"라고 알려진 문제가 일어날 수도 있으므로 모든 것을 일반화할 수는 없다. 만약 LUCA가 모든 것을 갖추고 있었고 후대로 내려오면서 단출해졌다면, 오늘날의 어떤 원핵세포보다도 엄청나게 큰 유전체로 출발했어야 할 것이다. 내가 보기에 이런 가정은 말 앞에 마차를 놓는 격이다. 우리는 단순성보다 먼저 복잡성을 지녔고, 모든 문제에 대해서 두 가지 해결책을 가지고 있었다는 것이다. 그렇다면 왜 모든 후손이 모든 측면에서 둘 중 하나를 잃었을까? 나로서는 믿기지 않는 이야기이다. 두 번째 가능성으로 넘어가보자.

두 번째로는 LUCA가 세균의 세포막과 세포벽을 가지고 세균 방식의 DNA 복제를 하는 완전히 정상적이 세균이었을 가능성이 있다. 그후 어느 시점에, 최초의 고세균이 되는 한 무리의 후손이 열수 분출구의 고온과 같은 극단적인 환경에 적응하기 위해서 모든 형질을 변모시켰다는 것이다. 아마 이것이 가장 널리 받아들여지는 설명이겠지만, 설득력이 없기는 마찬가지이다. 만약 이것이 옳다면, DNA 전사와 단백질 번역 과정은 세균과 고세균에서 대단히 비슷한데, DNA 복제 과정만 다른 이유는 무엇일까? 또, 고세균의 세포막과 세포벽이 고온의 환경에 적응하는 데에 도움이 된다면, 똑같은 열수 분출구 환경에 사는 세균들의 세포막과 세포벽이 고세균의 것과 같거나 비슷하게 바뀌지 않은 까닭은 무엇일까? 토양이나 탁 트인 바다에서 살아가는 고세균은 왜 세포막과 세포벽을 세균의 것으로 바꾸지 않았을까? 세균과 고세균은 전 세계에 걸쳐 같은 환경에서 살아간다. 게다가 두 영역 사이에 유전자 수평 이동이 일어나지만, 어떤 환경에서도 둘 사이의 유전학적 성질과 생화학적 성질은 근본적으로 다르다. 이 모든 근원적 차이가 하나의 극단적인 환경에 대한 적응을 반영한다는 것, 그리고 그 이후에는 적절한지 여부와 상관없이 모든 환경에서 살아가는 모든 고세균에 예외 없이 보존되어 있다는 것은 믿기 어려운 이야기이다.

마지막으로 뻔뻔한 선택권이 하나 남는다. 명백한 역설은 역설이 아니다. LUCA는 ATP 합성효소로 정말로 화학삼투를 했지만, 오늘날의 세포막이나 오늘날의 세포에서 양성자를 퍼내는 데에 활용되는 커다란 호흡 복합체는 가지고 있지 않았다. DNA와 보편적인 유전암호와 전사와 번역과 리보솜은 있었지만, 오늘날과 같은 DNA 복제는 발달하지 않았다. 이 괴상한 유령 같은 세포가 탁 트인 대양에서 살아간다는 것은 말도 안 되지만, 앞 장에서 다루었던 염기성 열수 분출구 환경을 생각하면 이해가 가기 시작한다. 실마리는 세균과 고세균이 이런 열수 분출구에서 살아가는 방식에서 찾을 수 있다. 적어도 그들 중 일부는 아세틸 CoA 경로라고 부르는 원시적인 방식을 활용하는데, 이 방식은 열수 분출구의 지구화학적 과정을 묘하게 닮아 있다.

LUCA의 험난한 길

생물계 전체에 걸쳐, 이산화탄소 같은 무기물을 유기물로 전환하는 탄소 고정방식은 여섯 가지뿐이다. 이 경로들 중 다섯 가지는 꽤 복잡하고 경로의 진행을 위해서는 에너지의 공급이 필요하다. 이런 경로의 예로는 태양에너지를 이용한 광합성이 있다. 광합성은 다른 이유에서도 좋은 본보기이다. 이산화탄소를 끌어모아 당(糖) 같은 유기물로 전환하는 생화학 경로인 "캘빈 회로(Calvin cycle)"는 광합성 세균에서만 발견된다(이 세균을 획득해 엽록체로 삼은 식물에서도 발견된다). 이 말은 캘빈 회로가 공통 조상으로부터 물려받은 방식일 가능성이 거의 없다는 의미가 된다. LUCA에 광합성이 있었다면 모든 고세균에서 조직적으로 사라졌다는 것인데, 이런 유용한 기술을 그렇게 내팽개친다는 것은 바보짓일 뿐이다. 캘빈 회로가 나중에 만들어졌고 광합성은 그 세균에만 있었다고 보는 편이 훨씬 더 그럴싸하다. 하나를 제외한 다른 모든 경로들 역시 마찬가지이다. 세균과 고세균에서 모두 발견되어 공통 조상에 있었을 가능성을 암시하는 유일한 탄소 고정 경로가 바로 아세틸 CoA 경로이다.

이 주장도 썩 옳은 것은 아니다. 세균과 고세균의 아세틸 CoA 경로에는 약간 이상한 차이가 있는데, 이 차이에 관해서는 이 장의 후반부에서 다룰 것이다. 지금은 초기 기원을 뒷받침할 계통학적 증거가 매우 모호함에도 불구하고(그러나 가치가 줄어드는 것은 아니다), 왜 이 경로가 공통 조상의 것이라는 주장이 적절한지를 간단히 살펴보자. 어떤 계통수에서는 메탄생성고세균이 아주 오래 전에 갈라진 것처럼 묘사되고, 다른 계통수에서는 아세트산생성세균(acetogen)이 오래 전에 갈라진 것처럼 묘사된다. 또 다른 계통수에서는 두 무리의 단순성이 오래 전의 상태라기보다는 분화와 간소화를 반영하는 것으로 보고, 어느 정도 나중에 진화한 것처럼 묘사된다. 만약 우리가 계통학에만 집중해야 한다면, 아무것도 이해하지 못할지도 모른다. 다행히도 우리는 그럴 필요가 없다.

아세틸 CoA 경로는 수소와 이산화탄소로 시작한다. 앞 장에서 염기성 열수 분출구에 풍부하다고 했던 바로 그 물질들이다. 앞에서 지적한 것처럼, CO_2와 H_2가 만나 유기물을 형성하는 반응은 에너지 방출 반응이다. 원칙적으로 이 반응은 저절로 일어나야 한다. 그러나 실제로는 어떤 에너지 장벽이 H_2와 CO_2가 빠르게 반응하는 것을 방해한다. 메탄생성고세균은 이 장벽을 극복하기 위해서 양성자 기울기를 활용하는데, 이것이 내가 이야기하려는 조상의 상태였다. 그렇다고 해도, 메탄생성고세균과 아세트산생성세균은 둘 다 H_2와 CO_2의 반응 하나만으로 동력을 얻는다. 이 반응을 통해서 성장에 필요한 모든 에너지와 탄소를 공급받는 것이다. 아세틸 CoA 경로는 이런 측면에서 다른 다섯 가지 탄소 고정 경로와 다르다. 지구화학자인 에버렛 쇼크는 이것을 "이미 돈을 낸 공짜 점심"이라는 인상적인 표현으로 요약했다. 초라하기는 하지만, 열수 분출구에는 하루 종일 이런 밥상이 차려져 있다.

그것이 전부가 아니다. 다른 경로와 달리, 아세틸 CoA 경로는 짧고 일직선으로 이어진다. 몇 단계만 거치면 단순한 무기물에서부터 모든 세포 내 물질대사의 중심에 이를 수 있다. 이 중심에는 작지만 반응성 있는 분자인 아세틸 CoA가 있다. 낯선 단어라고 겁먹을 필요는 없다. CoA는 조효소(coenzyme) A라는 뜻이며, 효소가 처리할 수 있도록 작은 분자들을 매달아놓는 중요하고 보편적인 화학적 "갈고리"이다. 여기서 중요한 것은 갈고리보다는 거기에 매달리는 물질인데, 이 경우에는 **아세틸기**이다. "아세틸(acetyl)"의 어원은 식초의 성분인 아세트산과 같다. 두 개의 탄소로 이루어진 간단한 분자인 아세트산은 모든 세포에서 생화학의 중심에 있다. 조효소 A에 부착되면, 아세틸기는 다른 유기물과 곧바로 반응해서 생합성을 일으킬 수 있는 활성 상태("활성화된 아세트산"이라고도 불리는데, 말하자면 반응성 있는 식초인 셈이다)가 된다.

따라서 아세틸 CoA 경로는 CO_2와 H_2에서부터 몇 단계만을 거치면 반응성 있는 작은 유기물을 생산한다. 이와 함께 뉴클레오티드와 다른 분자의 생성뿐만 아니라 긴 사슬을 이루는 중합 반응까지 일으켜서 DNA, RNA, 단백질 따위를 만들기에 충분한 에너지도 방출한다. 처음 몇 단계의 촉매 작용을 하는 효소에 들어 있는 철, 니켈, 황의 무기 클러스터는 CO_2에 직접 전자를 전달해 반응성 있는 아세틸기를 형성하는 역할을 담당한다. 이런 무기 클러스터는 기본적으로 광물(암석!)이며, 열수 분출구에 침전되는 철-황 광물과 구조가 어느 정도 같다(그림 11을 보라). 염기성 열수 분출구의 지구화학적 구조와 메탄생성고세균과 아세트산생성세균의 생화학적 구조는 상사(相似, analogy)라는 단어가 마땅하지 않을 정도로 잘 들어맞는다. 상사에서 의미하는 유사성은 피상적일 수 있다. 사실 여기서 유사성은 한 형태에서 다른 형태가 물리적으로 만들어지는 진짜 상동(相同, homology)처럼 보일 정도로 가깝다. 즉 지구화학적 구조에서 생화학적 구조가 만들어지면서 무기물에서 유기물로 매끄럽게 넘어간 것이다. 화학자인 데이비드 가너의 말처럼, "유기화학에 생명을 가져온 것은 무기 원소들이다."[3]

그러나 아세틸 CoA의 가장 큰 미덕은 아마 탄소 대사와 에너지 대사가 만나는 지점에 위치한다는 점일 것이다. 아세틸 CoA와 생명의 기원 사이의 연관성은 벨기에의 뛰어난 생화학자인 크리스티앙 드 뒤브가 1990년대 초반에 지적했지만, 아쉽게도 그는 염기성 열수 분출구가 아닌 원시 수프의 맥락에서 설명했다. 아세틸 CoA는 유기물의 합성을 유도할 뿐만 아니라 인

---

3 그리고 같은 무기물 원소들은 지금도 유기화학에 생명을 가져오고 있다. 이와 어느 정도 비슷한 철-황 클러스터는 우리의 미토콘드리아에서도 발견된다. 각각의 호흡연쇄에는 10여 개 이상의 철-황 클러스터가 들어 있는데(복합체 I은 그림 8을 보라), 이는 미토콘드리아마다 수천 개의 철-황 클러스터가 들어 있다는 것을 의미한다. 이런 철-황 클러스터가 없으면, 호흡이 작동하지 않아서 우리는 몇 분 안에 죽게 될 것이다.

산염과 직접 반응해서 아세틸인산을 만들 수도 있다. 아세틸인산은 ATP만큼 중요한 에너지 통화는 아니지만, 지금도 생명 전반에 걸쳐 널리 쓰이고 있으며 ATP와 거의 비슷한 일을 할 수도 있다. 앞 장에서 지적한 것처럼, ATP는 단순히 에너지 방출만 하는 것이 아니다. 두 개의 아미노산이나 다른 구성단위들이 하나의 긴 사슬로 연결될 때 한 분자의 물을 제거하는 탈수 반응도 유발한다. 앞에서 지적했듯이, 용액 속에서 일어나는 아미노산의 탈수 반응은 물속에서 빨래를 비틀어 짤 때와 비슷한 문제를 일으킨다. 그러나 이 문제는 ATP에 의해서 해결된다. 우리가 실험을 통해서 증명한 바에 따르면, 기본적으로 화학적 특성이 같은 아세틸인산도 정확히 똑같은 일을 할 수 있다. 이는 초기 탄소 대사와 에너지 대사가 똑같이 단순한 황화에스테르인 아세틸 CoA에 의해서 일어날 수 있었다는 것을 의미한다.

그렇다면, 간단히 해결된 것일까? 그러나 두 개의 탄소로 이루어진 아세틸기는 단순할지 모르지만 조효소 A는 복잡한 분자이다. 당연히 자연선택의 산물이고, 따라서 훗날 진화에 의해서 만들어졌다. 그렇다면 이 모든 주장이 돌고 도는 것일까? 그렇지는 않다. 아세틸 CoA와 맞먹는 단순한 "비생물적" 등가물이 정말 있기 때문이다. 아세틸 CoA의 반응성은 이른바 "황화에스테르 결합"에서 나온다. 황 원자 하나가 탄소와 연결되고, 그 옆에 산소가 연결되어 있는 것에 불과한 이 결합은 다음과 같이 묘사될 수 있다.

$$R-S-CO-CH_3$$

여기서 "R"은 이 분자의 "나머지(rest)" 부분을 나타내며, 아세틸 CoA의 경우에는 CoA가 된다. CH_3는 메틸기(methyl group)이다. 그러나 R이 꼭 CoA일 필요는 없다. 다른 단순한 것, 이를테면 CH_3가 하나 더 들어갈 수도 있고, 그러면 메틸황화아세테이트라는 작은 분자가 된다.

$$CH_3-S-CO-CH_3$$

메틸황화아세테이트는 화학적으로 아세틸 CoA와 같은 반응성 있는 황화에스테르이지만, 염기성 열수 분출구에서 H_2와 CO_2만으로 형성될 수 있을 정도로 단순하다. 실제로 클라우디아 후버와 귄터 베흐터쇼이저가 CO와 CH_3SH만으로 만든 적이 있었다. 게다가 메틸황화아세테이트는 아세틸 CoA처럼 인산염과 직접 반응해서 아세틸인산을 만들 수도 있다. 따라서 이런 반응성 있는 황화에스테르는 단백질과 RNA 같은 더 복잡한 사슬을 만드는 중합 반응을 일으키는 것은 물론, 원칙적으로는 아세틸인산을 거쳐 새로운 유기물을 직접 합성할 수도 있다. 이 가설은 현재 우리 실험실의 실험대 위에 놓인 반응기에서 실험 중이다(사실 저농도이기는 하지만, 이제 막 아세틸인산을 만드는 데까지 성공했다).

원시적인 아세틸 CoA 경로는 염기성 열수 분출구의 미세한 구멍 속에서 원시 세포가 진화하는 데에 필요한 모든 동력을 제공했을 것이다. 나는 세 개의 단계를 예상한다. 첫 번째 단계는 철-황 광물이 들어 있는 얇은 무기 장벽을 사이에 둔 양성자 기울기에 의한 작은 유기물 분자의 형성이다(그림 14). 이 유기물은 열영동에 의해서 열수 분출구에서 더 온도가 낮은 쪽 구멍에 농축되어, 제3장에서 다루었던 것처럼 더 훌륭한 촉매로 작용했다. 이런 것들이 생화학 반응의 기원이 되어, 반응성 있는 전구체의 지속적인 형성과 농축, 분자들 사이의 상호작용, 간단한 중합체의 형성을 촉진했다.

두 번째 단계는 열수 분출구의 구멍 속에서 단순한 유기 원형세포(protocell)의 형성이다. 이것은 유기물 사이의 물리적 상호작용에 의한 자연스러운 결과이다. 세포와 같은 형태의 단순한 소산 구조인 이 원형세포는 물질의 자기조직화에 의해서 형성되었지만, 아직까지는 어떤 유전적 토대나 진정한 복잡성을 갖추지 못했다. 나는 이 단순한 원형세포가 양성자 동력에 의존해서 유기물을 합성했을 것이라고 생각한다. 그러나 이제는 열수 분출구 자체의 무기질 격벽이 아닌 세포 자체의 유기질 막(이를테면 지방산에서 저절로 생긴 지질 이중막)을 사이에 두고 일어났을 것이다. 이 과정에서 단백질은 필요 없다. 앞에서 설명했던 것처럼, 양성자 동력은 메틸황화아세테이트와 아세틸인산의 형성을 일으켜서 탄소 대사와 에너지 대사를 모두 일으킬 수 있다. 이 단계에는 한 가지 중요한 차이가 있다. 이제는 새로운 유기물이 원형세포의 내부에서 형성되는데, 이 작용을 일으키는 것은 유기질 막을 사이에 둔 천연 양성자 기울기이다. 다시 읽어보니 내가 "일으킨다"는 단어를 지나치게 많이 쓴 것 같다. 내 글재주가 부족한 탓일 수도 있지만, 더 마땅한 단어가 없다. 내가 전달하고자 하는 것은 이 반응이 소극적인 화학 작용이 아니라 탄소와 에너지와 양성자의 끊임없는 흐름에 의해서 **어쩔 수 없이** 일어나는 반응이라는 점이다. 이 반응은 **반드시** 일어나야 한다. 이것은 환원을 일으키는 수소가 풍부한 염기성 열수액이 산화를 일으키는 금속이 풍부한 산성 바닷물 속으로 유입되어 생기는 불안정한 불균형 상태를 해소하는 유일한 방법, 열역학적 평형이라는 축복받은 상태에 도달하는 유일한 방법이다.

세 번째 단계는 유전암호의 기원이다. 마침내 원형세포는 어느 정도 정확한 자신의 복사본을 만들 수 있는 진짜 유전을 하게 되었다. 합성과 분해의 상대속도를 기반으로 하는 최초의 선택은 사라지고 제대로 된 자연선택이 등장했다. 이 과정에서 유전자와 단백질을 가지고 있던 원형세포 집단은 열수 분출구의 구멍 안에서 생존 경쟁을 시작했다. 표준적인 진화 메커니즘에 의해서 초기 세포에서는 리보솜, ATP 합성효소, 오늘날 생명체 전반에 걸쳐 보편적으로 들어 있는 단백질 같은 정교한 단백질이 만들어졌다. 나는 세균과 고세균의 공통 조상인 LUCA가 염기성 열수 분출구의 미세한 구멍 속에서 살았을 것이라고 생각한다. 즉 비생물학적 기원에서 LUCA로 가는 세 단계 모두 열수 분출구의 구멍 속에서 일어났을 것이라는 뜻이다. 무기질 격벽이나 유기질 막을 사이에 둔 양성자 기울기에 의해서 거의 모든 일이 일어났지만, ATP 합성효소 같은 정교한 단백질은 LUCA에 이르는 이 험난한 길의 막바지 단계에 등장한다.

이 책에서는 유전암호의 유래나 다른 까다로운 문제들과 관련된 원시 생화학을 자세히 다루지 않는다. 진짜로 까다로운 이런 문제들을 해결하기 위해서 많은 연구자들이 연구에 몰두하고 있지만, 아직 우리는 답을 얻지 못했다. 그러나 이 발상들은 모두 반응성 있는 전구체들의 충분한 공급을 전제로 한다. 일례로, 유전암호의 기원에 관한 셸리 코플리와 에릭 스미스와 해럴드 모로비츠의 아름다운 발상은 디뉴클레오티드(두 개의 뉴클레오티드가 서로 결합한 것)를 촉매로 피루브산염(pyruvate) 같은 더 단순한 전구체에서 아미노산이 만들어졌을 것이라고 가정한다. 그들은 유전암호가 어떻게 결정론적 화학에서 등장했을 수 있는지를 기발한 방법으로 증명한다. 나는 이 문제에 관심이 있는 사람들을 위해서 『생명의 도약(*Life Ascending*)』에서 DNA의 기원을 설명하면서 이 문제를 일부 다루었다. 그러나 이 가설은 모두 뉴클레오티드와 피루브산염과 다른 전구체들의 꾸준한 공급을 당연하게 생각한다. 여기서 우리가 고심하고 있는 문제는 지구상에서 생명의 기원을 재촉한 원동력이 무엇이었는가 하는 것이다. 그리고 나의 요점은 단순하다. 복잡한 생체 분자의 형성을 유발하고, 곧장 유전자와 단백질과 LUCA로 이어지게 하는 이런 모든 탄소와 에너지와 효소들이 어디에서 유래했는지에 관한 **개념적** 어려움은 전혀 없다는 것이다.

여기서 개략적으로 설명한 열수 분출구 시나리오는 메탄생성고세균의 생화학적 특성과 매끄럽게 연결된다. H_2와 CO_2로 살아가는 고세균인 메탄생성고세균은 아세틸 CoA 경로를 이용한다. 확실히 원시적인 이 세포들은 막을 경계로 양성자 기울기를 만듦으로써(이 방식에 관해서는 뒤에서 다룰 것이다), 염기성 열수 분출구에서 제공하는 공짜 식사를 정확하게 재현한다. 이 양성자 기울기는 막 속에 박혀 있는 철-황 단백질을 거쳐 아세틸 CoA 경로를 일으킨다. 에너지-전환 수소화효소(energy-converting hydrogenase), 간단히 Ech라고도 부르는 이 단백질은 막 너머에 있는 페레독신이라는 다른 철-황 단백질로 양성자를 이동시켜, CO_2를 환원시킨다. 앞 장에서 나는 열수 분출구의 얇은 FeS 격벽을 사이에 둔 천연 양성자 기울기에 의해서 H_2와 CO_2의 환원 전위가 바뀌면서 CO_2가 환원된다고 말했다. 내 추측으로는, 바로 이것이 Ech가 하고 있는 나노 규모의 일일 것 같다. 효소는 불과 몇 옹스트롬 벌어져 있는 단백질의 틈새에서 (양성자 농도 같은) 물리적 조건을 정확하게 조절하기도 하는데, 어쩌면 Ech도 이런 일을 할지 모른다. 만약 그렇다면, 지방산 속에 박혀 있는 FeS 광물과의 결합으로 짧은 폴리펩티드가 안정화되는 원시적인 원형세포의 상태와 유전적으로 암호화된 막 단백질인 Ech에서 탄소 대사가 일어나는 오늘날 메탄생성고세균의 상태 사이에는 어떤 연속성이 존재하는 셈이다.

사실 유전자와 단백질의 세계인 오늘날 메탄생성고세균의 Ech는 CO_2의 환원을 일으키기 위한 메탄 합성에 의해서 만들어진 양성자 기울기에 의존한다. 또 메탄생성고세균은 ATP 합성효소를 거쳐 직접 ATP를 합성하는 데에도 양성자 기울기를 이용한다. 따라서 탄소 대사와 에너지 대사가 둘 다 양성자 기울기에 의해서 일어나며, 열수 분출구는 바로 이런 양성자 기울기를 공짜로 제공했다. 염기성 열수 분출구에 살았던 최초의 원형세포는 정확히 이런 방식으로 탄소 대사와 에너지 대사에 필요한 동력을 얻었을 것이다. 충분히 그럴싸하게 들리지만, 사실 천연 양성자 동력에 의존하는 일은 그 자체로 문제를 야기한다. 이 문제는 매우 흥미롭고도 심각하다. 빌 마틴과 나는 어쩌면 이 문제를 해결할지 모를 방법이 하나 있다고 생각했다. 그리고 그 방법은 고세균과 세균이 근본적으로 다른 이유를 언

뜻 드러낸다.

막 투과성 문제

우리 미토콘드리아 내부에 있는 막은 양성자를 거의 통과시키지 못한다. 이것은 불가피한 일이다. 양성자를 열심히 퍼냈는데 무수히 많은 구멍들로 곧바로 다시 들어오면 아무 소용이 없기 때문이다. 차라리 바닥에 구멍이 숭숭한 물통에 물을 퍼넣는 편이 나을 것이다. 게다가 미토콘드리아 내부는 전기 회로 같은 회로로 연결되어 있으며, 이 회로에서 막은 절연체로 작용한다. 우리는 막 너머로 양성자를 퍼내고, 이 양성자들은 터빈처럼 작동하는 단백질을 거쳐 다시 막 안쪽으로 들어온다. ATP 합성효소의 경우, 이 나노 규모의 회전 모터를 통과하는 양성자의 흐름으로 ATP 합성을 일으킨다. 그러나 짚고 넘어가야 할 것은 이 모든 체계가 활발한 펌프질에 달렸다는 점이다. 이 펌프질을 차단하면 모든 것이 서서히 멈춘다. 흔히 청산가리라고 부르는 시안화물을 먹으면 바로 이런 일이 벌어진다. 시안화물은 우리의 미토콘드리아 속 호흡연쇄의 양성자 펌프를 엉망으로 만든다. 호흡연쇄에서 양성자 펌프의 작용이 이런 식으로 지연되면, 막 안팎의 양성자 농도가 같아져서 불과 몇 초 안에 ATP 합성효소를 통과하는 양성자의 흐름이 전면 중단될 것이다. 죽음도 생명만큼이나 규정하기 어렵지만, 막전위의 돌이킬 수 없는 붕괴라면 죽음의 정의에 꽤 근접할 것 같다.

그렇다면 천연 양성자 기울기는 어떻게 ATP 합성을 일으킬 수 있었을까? 이 역시 "청산가리" 문제에 직면한다. 열수 분출구 내의 구멍에서 천연 양성자 기울기로 작동하는 원형세포를 상상해보자. 세포의 한쪽 면은 끊임없이 흐르는 바닷물에, 다른 한쪽 면은 지속적으로 밀려드는 염기성 열수액에 노출되어 있다(그림 17). 40억 년 전의 대양은 약산성(pH 5-7)

이었을 것이다. 반면 열수액은 오늘날과 같은 pH 9-11이었을 것이다. 따라서 3-5단계의 pH 농도 차이가 났을 것이다. 다시 말해서 양성자 농도가 1,000-10만 배 차이가 났을 것이라는 뜻이다.[4] 논의의 편의를 위해서 세포 내 양성자 농도가 열수액의 농도와 비슷하다고 상상해보자. 그러면 세포 안팎의 양성자 농도가 달라지고, 농도 기울기에 따라서 양성자가 세포 내로 흘러들어올 것이다. 그러나 내부로 흘러들어온 양성자를 다시 제거하지 않으면, 양성자의 유입은 몇 초 안에 멈추게 될 것이다. 여기에는 두 가지 이유가 있다. 첫째는 농도 차이가 빠르게 사라진다는 것이고, 둘째는 전하와 관련된 문제이다. 양성자(H^+)는 양전하를 띠지만, 바닷물에서는 염소 이온(Cl^-) 같은 음전하로 하전된 원소들에 의해서 양전하가 상쇄된다. 문제는 양성자가 염소 이온보다 막을 훨씬 빨리 통과하기 때문에, 음전하의 유입에 의해서 상쇄되지 않는 양전하의 유입이 생긴다는 점이다. 따라서 세포의 내부는 외부에 비해 상대적으로 양전하를 띠게 되어 H^+가 더 유입되는 것을 막는다. 간단히 말해서, 세포의 내부에서 양성자를 제거할 수 있는 펌프가 없으면, 천연 양성자 기울기는 아무 일도 할 수 없다. 세포의 안팎은 평형 상태가 되고, 평형 상태는 곧 죽음이다.

그러나 한 가지 예외가 있다. 막이 양성자를 거의 투과시키지 못하면, 양성자의 유입은 중단되어야 한다. 양성자는 세포 안으로 들어오지만 다시 빠져나갈 수는 없다. 하지만 만약 막의 투과성이 좋으면 이야기가 달라진다. 양성자는 앞에서와 마찬가지로 계속 세포 안으로 들어오지만, 투과성이 좋은 막을 통해서는 소극적이기는 해도 다시 세포 밖으로 빠져나갈

---

4 pH는 로그 단위이기 때문에, pH가 1단계 변할 때마다 양성자 농도는 10배씩 변한다. 그렇게 작은 공간에서 이렇게 큰 차이가 난다는 것이 불가능해 보이지만, 직경이 몇 마이크로미터 규모의 구멍을 통해서 흐르는 액체의 특성 때문에 가능하다. 이런 상황에서는 흐름에 교란과 혼합이 거의 없이 얇은 층을 이루는 "층류(層流, laminar)"가 발생한다. 염기성 열수 분출구의 구멍 크기는 층류와 난류(亂流)를 모두 통합하는 경향이 있다.

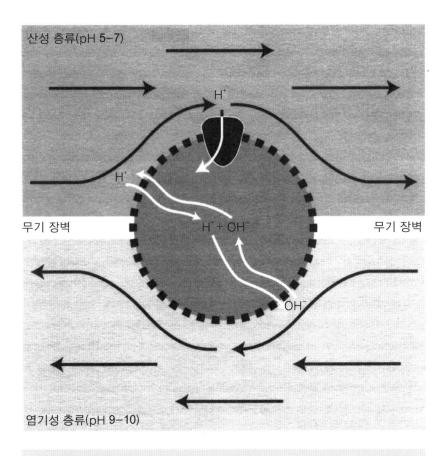

그림 17 천연 양성자 기울기에 의해서 작동하는 세포

그림 중앙의 세포는 양성자가 투과하는 막으로 둘러싸여 있다. 이 세포가 "박혀" 있는 무기 장벽을 기준으로 미세한 구멍으로 이루어진 열수 분출구의 내부가 두 상태로 분리된다. 장벽의 위쪽은 길쭉한 형태의 구멍을 따라 약산성 바닷물이 흘러 pH 농도가 5–7인 상태이다(일반적인 모형에서는 pH 7이다). 장벽의 아래쪽은 따로 떨어져 있는 구멍을 통해서 염기성 열수액이 스며들어서 pH 농도가 약 10인 상태이다. 교란과 혼합이 거의 일어나지 않는 층류는 작고 한정된 공간에서 흐르는 액체의 특징이다. 양성자(H^+)는 염기성 열수액에 대한 산성 바닷물의 농도 차이에 따라 지질막을 곧장 통과하거나 막에 박혀 있는 단백질(삼각형 모양)을 통해서 흘러들어갈 수 있다. 양성자 흐름의 전체적인 속도를 결정하는 것으로는 H^+에 대한 막 투과성, (H_2O을 형성하는) OH^-에 의한 중화반응, 막 단백질의 수, 세포의 크기, 이온의 이동을 통해서 막에 축적된 전하량이 있다.

수 있다. 사실 투과성이 좋은 막은 그물담장과 다를 바 없다. 오히려 열수액 속의 수산화 이온(OH^-)이 양성자와 거의 같은 비율로 막을 통과한다. 그 둘이 만나면 H^+와 OH^-이 반응해서 물(H_2O)이 형성되면서 양전하를 띠는 양성자가 단번에 제거된다. 정통 전기화학 반응식을 이용하면 양성자가 (컴퓨터의) 가상 세포를 드나드는 속도를 막 투과성에 대한 함수로 계산할 수 있다. 생물학의 중대한 문제에 관심이 많은 화학자인 빅터 소조는 정확히 이런 계산을 했다. 그는 나와 앤드루 포미안코프스키 밑에서 박사과정을 밟고 있다. 우리는 정상 상태에서의 양성자 농도 차이를 추적함으로써, pH 농도 차이만으로 이용 가능한 자유 에너지(ΔG)를 계산할 수 있었다. 결과는 지극히 아름다웠다. 이용 가능한 추진력은 양성자에 대한 막 투과성에 의해서 결정되었다. 만약 투과성이 아주 좋은 막이면 양성자가 마구 밀려들겠지만, 급속도로 유입된 OH^-에 의해서 제거되면서 다시 빠르게 사라질 것이다. 우리는 아무리 막 투과성이 좋아도 지질 자체보다는 (ATP 합성효소 같은) 막 단백질을 통한 양성자의 유입이 더 빠르다는 것을 발견했다. 이것은 양성자의 유입이 ATP 합성이나 막 단백질인 Ech를 통한 탄소의 환원을 일으킬 수 있다는 것을 의미한다. ATP 합성효소 같은 단백질의 작동뿐 아니라 농도 차이와 전하량까지 고려하면, 대단히 투과성이 좋은 막을 가진 세포만 천연 양성자 기울기를 탄소 대사와 에너지 대사의 동력으로 활용할 수 있다는 것이다. 놀랍게도, 이런 투과성이 좋은 세포가 pH가 세 단계 차이인 천연 양성자 기울기를 통해서 그러모을 수 있는 에너지의 양은 이론상 오늘날 세포가 호흡을 통해서 얻는 양과 맞먹는다.

　실제로 열수 분출구의 무기 세포는 더 많은 에너지를 얻었을 가능성이 있다. 다시 메탄생성고세균을 생각해보자. 이름에서 알 수 있듯이, 메탄생성고세균은 대부분의 시간을 메탄을 생성하며 보낸다. 평균적으로 메탄생성고세균은 필요한 유기물보다 40배 더 많은 폐기물(메탄과 물)을 만든

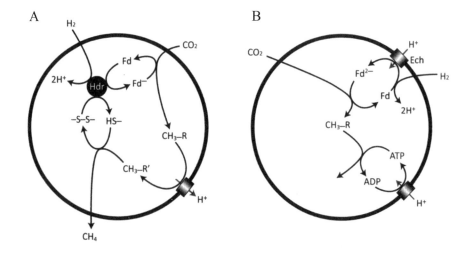

그림 18 메탄 생성으로 발생하는 동력

메탄 생성 반응을 간단히 나타낸 그림. A에서 H_2와 CO_2 사이의 반응으로 발생한 에너지는 막 너머로 양성자(H^+)를 내보내는 데에 쓰인다. 수소화효소(Hdr)는 H_2에서 온 두 개의 전자를 이용해서 페레독신(Fd)과 이황화 결합($-S-S-$) 하나를 동시에 환원시킨다. 이어서 페레독신은 CO_2를 환원시키고, 그로 인해서 만들어진 메틸기($-CH_3$)는 R이라는 보조인자와 결합한다. 그 다음 메틸기는 두 번째 보조인자(R')로 전달되고, 이 단계에서 H^+(또는 Na^+)를 막 너머로 퍼내기에 충분한 에너지가 방출된다. 마지막 단계에서 메틸기는 HS-에 의해서 메탄(CH_4)으로 환원된다. 종합하면, H_2와 CO_2가 반응해서 메탄(CH_4)이 형성되는 과정에서 방출되는 에너지의 일부가 세포막을 경계로 한 H^+(또는 Na^+) 기울기의 형태로 보존되는 것이다. B에서 H^+ 기울기는 두 개의 뚜렷한 막 단백질을 통해서 탄소 대사와 에너지 대사를 일으키는 데에 이용된다. 에너지-전환 수소화효소(Ech)는 페레독신을 직접 환원시키고, 환원된 페레독신은 CO_2에 전자를 전달해서 메틸기($-CH_3$)를 형성하고, 이것이 CO와 반응함으로써 물질대사의 핵심인 아세틸 CoA를 형성한다. 마찬가지로, ATP 합성효소를 통해서 유입된 H^+는 ATP 합성을 유발하고, 그렇게 에너지 대사가 일어난다.

다. 메탄의 합성을 통해서 얻은 에너지는 고스란히 양성자를 퍼내는 데에 쓰인다(그림 18). 그것이 끝이다. 메탄생성고세균은 메탄생성 반응으로 얻은 에너지의 거의 98퍼센트를 양성자 기울기를 만드는 데에 이용하고, 새로운 유기물을 생산하는 데에 이용하는 양은 2퍼센트에 지나지 않는다. 천연 양성자 기울기와 투과성이 좋은 막을 이용하면, 이런 과도한 에너지 낭비는 할 필요가 없다. 이용 가능한 동력은 정확히 같지만 경비는 40배 이상 절감되는 것이다. 이것은 엄청난 장점이다. 그냥 에너지가 40배 이상 많아지는 것을 상상하면 된다! 내가 따라갈 수 없는 나의 어린 아들들의 에너지도 이 정도로 많지는 않을 것이다. 앞 장에서 나는 원시 세포가 오늘날의 세포보다 탄소와 에너지 흐름이 더 많이 필요했을 것이라고 말했다. 퍼낼 필요가 전혀 없으면 훨씬 더 많은 탄소와 에너지가 돌아온다.

천연 양성자 기울기 속에 자리한 투과성이 좋은 세포를 생각해보자. 현재 우리는 유전자와 단백질의 시대에 살고 있다. 유전자와 단백질은 그 자체가 원형세포에 작용되던 자연선택의 산물이다. 투과성이 좋은 우리의 세포는 앞에서 다룬 에너지-변환 수소화효소인 Ech에 끊임없이 흐르는 양성자를 통과시킴으로써 탄소 대사를 일으킬 수 있다. Ech 단백질은 세포에서 H_2가 CO_2와 반응해 아세틸 CoA를 형성하고, 더 나아가 모든 구성단위의 형성을 가능하게 한다. 또 양성자 기울기를 활용해서 ATP 합성효소를 거쳐 ATP를 합성한다. 이 ATP는 아미노산과 뉴클레오티드를 중첩시켜 새로운 단백질과 RNA와 DNA를 만드는 데에 이용될 수 있다. 궁극적으로 자신의 복제에 이용되는 것이다. 중요한 것은 투과성이 좋은 우리의 세포는 양성자를 퍼내는 일에 에너지를 낭비할 필요가 없다는 점이다. 그래서 수십억 년의 진화로 다듬어지지 않은 비효율적인 초기 효소만으로도 잘 살았을 것이다.

그러나 이런 투과성이 좋은 세포도 그 자리에 매여서, 열수 분출구의 흐름에 전적으로 의존하며 다른 곳에서는 살 수 없다. 흐름이 멈추거나 방향이 바뀌면 파멸을 맞는 것이다. 게다가 설상가상으로, 이 세포들은 진화 불가능 상태에 있는 것처럼 보인다. 막의 특성을 개선해도 아무런 이득이 없다. 반대로 투과성이 좋지 않은 막은 세포 내부의 양성자를 제거할 방법이 없기 때문에 양성자 기울기가 빠르게 붕괴된다. 따라서 더 "현대적인" 불투과성 막을 만드는 변이 세포는 선택에 의해서 도태되었을 것이다. 물론 양성자를 퍼내는 법을 터득했다면 도태되지 않았겠지만, 이것 역시 문제가 있다. 앞에서 확인한 것처럼, 투과성이 좋은 막은 양성자를 퍼낼 필요가 없다. 우리의 연구를 통해서 확인된 바에 따르면, 양성자를 퍼내는 펌프는 막 투과성이 세 자릿수 이상 크게 감소해도 아무런 이득을 제공하지 않는다.

이에 관해서 간단히 설명해보겠다. 투과성이 좋은 세포는 양성자 기울기를 통해서 탄소 대사와 에너지 대사를 일으키기에 충분할 정도로 많은 에너지를 얻는다. 만약 진화의 손길이 살짝 작용해서 완전한 기능을 갖춘 펌프가 막에 생긴다고 해도, 에너지의 이용 가능성이라는 측면에서는 아무런 이득을 제공하지 않는다. 다시 말해서, 펌프가 없을 때와 이용 가능한 에너지의 양이 똑같다. 투과성이 좋은 막에서는 양성자를 퍼내는 일이 무의미하기 때문이다. 양성자는 구멍을 통해서 금방 다시 들어온다. 막 투과성을 10배 줄이고 다시 시도해도, 여전히 이득은 0이다. 투과성을 100배 줄여도 이득이 없다. 투과성을 1,000배 줄여도 마찬가지이다. 왜 그럴까? 힘의 균형 때문이다. 막 투과성을 줄이면 양성자를 퍼내는 데에는 도움이 되지만, 세포의 에너지 공급을 지탱하는 천연 양성자 기울기도 붕괴된다. 투과성이 거의 없는 막에 엄청난 수의 펌프가 빽빽하게 붙어 있어야만(우리의 세포와 거의 같은 상태), 펌프의 작용이 이득이 된다. 이것은 심각한 문제이다. 오늘날과 같은 지질막이나 오늘날과 같은 양성자 펌프의 진화를 유도하는 선택압(選擇壓, selection pressure)이 어디에도 없는 것이다. 선택압이 없으면 진화는 일어날 수 없다. 그럼에도 불구하고, 그런 막과 그런 펌프가 분명히 존재하고 있다. 그렇다면 우리가 놓치고 있는 것은 무엇일까?

과학에서는 우연한 발견의 사례를 종종 볼 수 있다. 빌 마틴과 나는 바로 이 문제로 고심하던 중, 메탄생성고세균이 역수용체(antiporter)라고 부르는 단백질을 활용한다는 점을 떠올렸다. 메탄생성고세균이 퍼내는 것은 사실 양성자(H^+)가 아니라 나트륨 이온(Na^+)이지만, 그래도 세포 내에 축적되는 양성자로 인해서 몇 가지 문제를 겪고 있다. 메탄생성고세균의 역수용체는 마치 지하철의 개찰구처럼 엄격하게 Na^+ 하나를 H^+ 하나와 맞바꾼다. Na^+ 하나가 세포 안으로 들어와 농도 기울기를 낮출 때마다, H^+ 하나를 내보내는 것이다. 말하자면 나트륨 기울기로 작동하는 양성자 펌프인 셈이다. 그러나 역수용체는 별로 민감하지 않아서, 작동 방향에는 별로 신경을 쓰지 않는다. 세포가 Na^+ 대신 H^+를 통과시키면, 역수용체는 그냥 반대로 작동한다. H^+ 하나가 들어올 때마다 Na^+ 하나를 내보내는 것이다. 옳거니! 갑자기 이해가 된다! 만약 염기성 열수 분출구에 있는 우리의 투과성 좋은 세포에서 Na^+/H^+ 역수용체가 진화했다면, 양성자로 작동되는 Na^+ 펌프처럼 작용했을 것이다! 역수용체를 통해서 H^+ 하나가 세포 내로 들어올 때마다 Na^+ 하나를 내보내는 것이다! 이론적으로 역수용체는 천연 양성자 기울기를 생화학적인 나트륨 기울기로 전환할 수 있었다.

이것은 정확히 어떤 도움이 되었을까? 나는 이것이 사고 실험이라는 점을 강조하고자 한다. 이 실험은 알려져 있는 단백질의 특성을 토대로 하지만, 우리의 계산에 따라서 결과가 크게 달라질 수 있다. 일반적으로 지질막에서 Na^+의 투과성은 H^+보다 여섯 자릿수만큼 작다. 그래서 양성자를 아주 잘 투과시키는 막도 나트륨 이온은 비교적 잘 투과시키지 않는다. 양성자는 막 너머로 퍼내면 곧바로 다시 들어오지만, 막 너머로 퍼낸 나트륨 이온은 그만큼 빨리 되돌아오지 않는다. 이것은 역수용체가 천연 양성자 동력에 의해서 작동될 수 있다는 것을 의미한다. H^+ 하나가 들어올 때마다 Na^+ 하나가 밀려나가는 것이다. 막이 양성자를 잘 통과시키는 동안에는 역수용체를 통한 양성자 흐름이 Na^+을 계속 내보낼 것이다. 막이 Na^+을 잘 투과시키지 않기 때문에 Na^+은 세포 밖에 머물러 있을 확률이 높다. 좀 더 전문적으로 말하면, 다시 들어올 때는 지질을 통해서 곧바로 들어오기보다는 막 단백질을 통과해야 한다. 그리고 이 과정은 Na^+의 유입과 해야 할 일의 연결을 개선한다.

물론 이것은 단백질과 에너지 대사를 일으키는 막 단백질(Ech와 ATP 합성효소)이 Na^+과 H^+를 구별하지 않을 때에만 효과가 있다. 말도 안 되는 이야기 같지만, 아마 그럴 것이다. 일부 메탄생성고세균이 가지고 있는 ATP 합성효소는 H^+와 Na^+에 대해서 대략 비슷하게 잘 작동할 수 있는 것으로 드러났다. 따분한 화학적 표현에서조차 이 효소들을 "난잡(promiscuity)"하다고 묘사한다. 이런 난잡함의 이유는 두 이온의 전하량이 같고 반지름이 비슷하다는 것과 연관이 있을 수 있다. H^+는 Na^+보다 훨씬 더 작기는 하지만, 양성자만 홀로 있는 일이 매우 드물다. 물에 용해된 H^+는 물과 결합해서 H_3O^+ 이온을 형성하는데, 이 이온의 반지름이 Na^+과 거의 똑같다. Ech를 포함한 다른 막 단백질들도 H^+와 Na^+을 구별하지 않는데, 아마 같은 이유 때문일 것이다. 결론은 Na^+을 퍼내는 일이 결코 무의미하지 않다는 것이다. 천연 양성자 기울기에 의해서 작동하면, Na^+의 배출은 본질적으로 아무 비용이 들지 않는다. 일단 나트륨 기울기가 생기면, Na^+이 세포 내로 다시 들어올 때에는 막 지질보다는 Ech나 ATP 합성효소 같은 막 단백질을 통과할 가능성이 더 크다. 막은 이제 더 잘 "맞물려" 돌아간다. 즉 절연이 더 잘 되고, 그로 인해서 단락(short-circuit)이 덜 일어난다. 그 결과 탄소와 에너지 대사를 일으키는 데에 이용될 수 있는 이온이 더 많아지고, 이온을 퍼낼 때마다 얻는 보상도 더 많아진다.

이 단순한 발명은 몇 가지 놀라운 파문을 일으켰다. 그중 하나는 거의 우연에 가깝다. 세포 밖으로 나트륨을 퍼내는 작용은 세포 내의 나트륨 농도를 낮춘다. 세균과 고세균에서 발견되는 여러 중요한 효소들(이를테면 전사와 번역을 담당하는 효소들)은 선택에 의해서 Na^+ 농도가 낮은 조건에서 작동하도록 최적화되어 있다. 그러나 이 생명체들 대부분이 진화해왔을 바다는 40억 년 전에도 Na^+ 농도가 높았을 것이다. 나트륨 농도가 높은 환경에서 진화했음에도 모든 세포가 저농도의 나트륨에 최적화된 이유가 진화 초기에 작동한 역수용체를 통해서 설명될 수도 있을 것이다.[5]

역수용체에 관한 사실 중에서 우리의 당면 과제를 위해서 더 중요한 것은 이미 존재하고 있던 H^+ 기울기에 Na^+ 기울기를 효과적으로 추가한다는 점이다. 세포는 천연 양성자 기울기에 의해서 작동하므로 양성자-투과성 막도 여전히 필요하다. 그런데 이제는 Na^+ 기울기도 생긴다. 우리의 계산에 따르면, 이 Na^+ 기울기는 양성자에만 의존할 때보다 세포에 60퍼센트 정도 더 많은 동력을 제공한다. 이로 인해서 세포는 두 가지 큰 장점을 얻는다. 첫째, 역수용체가 있는 세포는 더 많은 에너지를 얻기 때문에 역수용체가 없는 세포에 비해서 더 빨리 성장하고 복제한다. 이 점은 선택에서 확실히 장점으로 작용한다. 둘째, 양성자 기울기가 더 작아져도 세포가 생존

---

5 러시아의 생체 에너지학자인 아르멘 몰키디야니안에 따르면, 최초의 막이 이온들을 투과시킬 수 있었던 상황에서 고대의 효소들이 저농도 Na^+/고농도 K^+ 조건에 최적화되어 있다는 사실은 세포가 주위 환경의 이온 균형에 최적화되어 있었다는 것을 의미할 뿐이다. 그는 Na^+ 농도가 높고 K^+ 농도가 낮았던 초기 바다에서는 생명이 시작될 수 없었을 것이라고 생각한다. 만약 그의 주장이 맞다면, 내 생각은 틀릴 것이다. 몰키디야니안은 K^+ 농도가 높고 Na^+ 농도가 낮으면서 지열이 발생하는 육상 환경에 주목한다. 그러나 여기에도 그 나름의 문제가 있다(그가 생각하는 황화아연 광합성에 의한 유기물 합성은 실제 생물에서는 알려져 있지 않다). 하지만 40억 년이라는 시간 동안 자연선택에 의해서 단백질이 최적화되는 것이 정말 불가능한 일일까? 아니면 아주 오래 전의 이온 균형이 모든 효소에 완벽했다는 것을 믿어야 할까? 만약 효소 기능을 최적화하는 것이 가능하다면, 투과성이 좋은 초기 막으로 어떻게 이를 실현할 수 있었을까? 천연 양성자 기울기에서 역수용체의 활용은 만족스러운 해결책을 제공한다.

할 수 있다. 우리의 연구에서, 투과성이 좋은 막을 가진 세포는 pH 농도차가 3단계인 양성자 기울기에서 잘 성장한다. pH 농도차가 3단계라는 것은 대양의 양성자 농도(약 pH 7)가 염기성 열수액의 양성자 농도(약 pH 10)에 비해 세 자릿수만큼 더 크다는 의미이다. 역수용체가 있는 세포는 천연 양성자 기울기의 동력을 증가시킴으로써 pH 농도차가 2단계 이하에서도 살아남아, 같은 열수 분출구의 더 넓은 영역이나 인접한 다른 열수 분출구까지 군집의 범위를 넓혀나갈 수 있었다. 따라서 역수용체가 있는 세포는 다른 세포에 비해 경쟁에서 더 우위를 차지했을 것이고, 열수 분출구 속에서 더 널리 퍼져나가고 다양화되었을 것이다. 그러나 여전히 천연 양성자 기울기에만 의존했기 때문에 열수 분출구를 벗어날 수는 없었다. 열수 분출구를 벗어나기 위해서는 한 단계가 더 필요했다.

이제 우리는 중요한 지점에 이르렀다. 역수용체 하나로는 세포가 열수 분출구를 벗어나는 것이 불가능할지 모르지만, 이제 중요한 채비는 끝난 것이다. 전문 용어로는 이런 역수용체를 "전적응(preadaptation)"이라고 한다. 전적응은 훗날 진화적 발달을 용이하게 하기 위해서 반드시 필요한 첫 단계이다. 이 전적응의 이유는 적어도 내게는 뜻밖이었다. 처음으로 역수용체가 능동적인 펌프의 진화에 호의를 나타낸 것이다. 앞에서 나는 투과성이 좋은 막 너머로 양성자를 퍼내봐야 곧바로 다시 들어오기 때문에 아무 이득이 없다고 말했다. 그러나 역수용체가 있으면 이득이 생긴다. 퍼낸 양성자의 일부는 투과성이 좋은 지질막이 아닌 역수용체를 통해서 세포 안으로 다시 들어올 것이고, 그러면 Na^+ 이온이 방출될 것이다. 막은 Na^+ 이온을 잘 통과시키지 않기 때문에, 양성자를 퍼내는 데에 쓰인 것보다 더 많은 양의 에너지가 막을 사이에 둔 이온 기울기의 형태로 유지될 것이다. 이온은 퍼낼 때마다, 세포 밖에 존재할 확률이 조금씩 높아진다. 그래서 양성자를 퍼내는 일은 아무런 이득이 없었던 예전에 비해서 이제는 약간의 장점이 된다. 역수용체가 있으면 양성자를 퍼내는 편이 이득인 것이다.

이것이 전부가 아니다. 일단 양성자 펌프가 진화되면, 이제부터는 처음으로 막을 개선하는 것이 장점이 된다. 다시 강조하자면, 천연 양성자 기울기에서는 투과성이 좋은 막이 반드시 필요하며 투과성이 좋은 막 너머로 양성자를 퍼내는 것은 아무 소용이 없다. 역수용체는 천연 양성자 기울기를 통해서 얻을 수 있는 동력을 증가시킴으로써 이런 상황을 개선하지만, 천연 양성자 기울기에 대한 세포의 의존이 중단되는 것은 아니다. 그러나 역수용체가 존재하는 상황에서는 양성자를 퍼내는 일이 보상을 받는데, 이는 천연 양성자 기울기에 대한 의존이 줄어든다는 것을 의미한다. 그리고 이제, 이제야 비로소, 투과가 덜 되는 막이 유리해지기 시작한다. 막을 조금 덜 새게 만드는 일이 펌프 작용에 더 유리해진다. 조금씩 개선을 해나갈수록 장점도 조금씩 더 강화되면서 오늘날처럼 양성자를 투과하지 못하는 막이 된다. 처음으로 우리에게 현재의 지질막과 양성자 펌프의 진화를 지속적으로 추진하는 선택압이 생긴 것이다. 마침내 세포는 천연 양성자 기울기와의 질긴 인연을 끊을 수 있었다. 드디어 열수 분출구를 벗어나 거대하고 텅 빈 세상으로 나오게 되었다.[6]

이것은 물리적 제약에 관한 하나의 잘 짜여진 이야기이다. 계통학은 우리에게 확실하게 이야기해줄 수 있는 것이 매우 적다. 이와 달리, 이런 물리

---

6 세심한 독자는 세포가 왜 Na^+을 퍼내지 않는지 궁금할 수도 있을 것이다. 실제로 투과성이 좋은 막에서는 H^+보다 Na^+을 퍼내는 것이 더 낫다. 그러나 막의 투과성이 나빠지면 장점이 줄어든다. 그 이유는 다소 복잡하다. 세포가 이용할 수 있는 동력은 이온의 절대 농도가 아니라 막을 사이에 둔 농도 차이에 의해서 결정된다. 바다는 Na^+의 농도가 대단히 높기 때문에, 세포 안팎의 Na^+ 농도 차이를 세 자릿수로 유지하려면, H^+보다 훨씬 더 많은 양을 퍼내야 한다. 따라서 두 이온의 막 투과성이 상대적으로 적다고 해도, Na^+ 펌프 작용의 장점이 약화될 것이다. 흥미롭게도, 메탄생성고세균이나 아세트산생성세균처럼 열수 분출구에서 사는 세포들은 Na^+을 퍼내기도 한다. 한 가지 가능성 있는 이유는 아세트산 같은 유기산의 농도가 높으면 H^+에 대한 막 투과성이 좋아져서 Na^+을 퍼내는 편이 더 이득이 된다는 것이다.

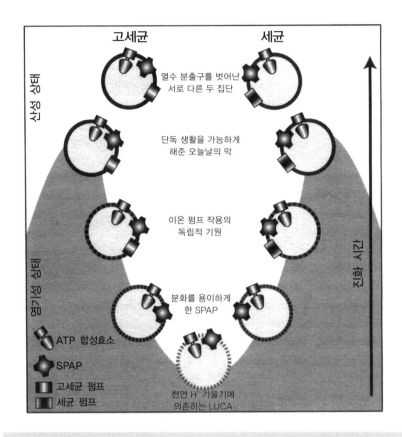

그림 19 세균과 고세균의 기원

세균과 고세균의 분기에 관한 가능성 있는 시나리오, 천연 양성자 기울기에서 사용 가능한 에너지의 수학적 모형을 토대로 한다. 이 그림에서는 단순성을 위해서 ATP 합성효소만 나타냈지만, Ech 같은 다른 막 단백질에도 동일한 원리가 적용된다. 열수 분출구의 천연 H^+ 기울기는 막 투과성이 좋을 때에는 ATP 합성효소를 작동시킬 수 있다. 그러나 막의 투과성이 개선되면 천연 H^+ 기울기가 무너지기 때문에 아무 이득이 없다. 나트륨–양성자 역수용체(sodium-proton antiporter, SPAP)는 지구화학적인 양성자 기울기에 생화학적인 나트륨 기울기를 추가해서, 더 작은 H^+ 기울기에서도 생존을 가능하게 해주고 열수 분출구에서 개체군의 전파와 분화를 용이하게 해준다. SPAP를 통해서 공급되는 추가 동력은 H^+를 퍼내는 일이 처음으로 이득이 된다는 것을 의미한다. 펌프가 생기면서 H^+에 대한 막 투과성이 적은 것이 이득이 된다. H^+에 대한 막 투과성이 오늘날의 수준에 근접하자, 세포는 마침내 열수 분출구를 벗어나 천연 양성자 기울기로부터 독립할 수 있게 된다. 세균과 고세균은 독립적으로 열수 분출구를 떠난 것으로 묘사된다.

적 제약은 천연 양성자 기울기에 대한 의존에서 시작해 불투과성 막을 통해서 양성자 기울기를 만드는 오늘날의 세포로 끝나는 가능성 있는 진화 단계의 순서를 제시한다(그림 19). 게다가 이 제약은 세균과 고세균 사이의 골 깊은 차이를 설명할 수도 있다. 둘 다 막을 사이에 둔 양성자 기울기를 이용해서 ATP를 생산하지만, 두 영역의 막은 근본적으로 다르다. 이와 함께 막 펌프 자체, 세포벽, DNA 복제를 포함한 다른 특징에도 차이가 있다. 이를 좀더 자세히 알아보자.

세균과 고세균이 근본적으로 다른 이유

지금까지의 이야기를 간단히 요약해보자. 앞 장에서 우리는 에너지의 관점에서 생명의 기원을 일으켰을 가능성이 있는 초기 지구의 환경을 생각했다. 우리는 범위를 좁혀가다가 탄소와 에너지가 지속적으로 흐르고, 이와 더불어 천연 구획화도 나타나는 염기성 열수 분출구를 찾아냈다. 그러나 이런 열수 분출구에는 한 가지 문제가 있다. 탄소와 에너지의 흐름은 H_2와 CO_2의 형태로 나타나는데, 둘 사이의 반응은 쉽게 일어나지 않는다는 점이다. 우리는 열수 분출구의 구멍 속에 있는 얇은 반투과성 장벽을 경계로 생기는 지구화학적 양성자 기울기가 이 반응의 에너지 장벽을 무너뜨릴 수도 있다는 것을 확인했다. 메틸황화아세테이트(아세틸 CoA와 같은 기능을 한다) 같은 반응성 있는 황화에스테르가 만들어짐으로써, 양성자 기울기를 통해서 탄소와 에너지 대사의 기원이 나타날 수 있었다. 그 결과 열수 분출구의 구멍 안에 유기 분자가 축적되어, DNA, RNA, 단백질을 포함한 복잡한 중합체를 형성하는 "탈수" 반응도 용이해졌다. 나는 유전암호가 어떻게 나타났는지와 같은 세부적인 문제를 피하고, 이론상으로 유전자와 단백질을 갖춘 원시적인 세포가 만들어질 수 있는 조건에 대한 개념적 주장에 초점을 맞추었다. 세포 집단은 완벽하게 정상적인 자연선택의 대상이 었다. 나는 세균과 고세균의 가장 최근 공통 조상, 즉 LUCA가 염기성 열수 분출구의 구멍 속에서 천연 양성자 기울기에 의존해서 살던 단순한 세포 집단에 작용한 선택의 산물이었을 가능성이 있다고 생각한다. 보편적으로 보존되어 있는 리보솜, Ech, ATP 합성효소 같은 정교한 단백질들이 선택을 통해서 만들어진 것이다.

원칙적으로, LUCA는 천연 양성자 기울기를 이용해서 ATP 합성효소와 Ech를 작동시켜 탄소와 에너지 대사를 했을 것이다. 그러나 이를 위해서는 대단히 투과성이 좋은 막이 필요했을 것이다. LUCA는 세균과 고세균 모두에서 "현대적인" 불투과성 막을 진화시킬 수 없었다. 투과성이 없는 막에서는 천연 양성자 기울기가 붕괴되기 때문이었다. 그런데 역수송체가 구원에 나섰다. 역수송체는 천연 양성자 기울기를 생화학적 나트륨 기울기로 전환시킴으로써 이용 가능한 동력의 증가를 가져왔고, 따라서 양성자 기울기가 더 작아져도 세포의 생존이 가능해졌다. 그 결과, 전에는 살아갈 수 없었던 열수 분출구의 주변까지 군집이 확장되었고, 개체군의 분기도 쉬워질 수 있었다. 더 광범위한 조건에서 생존이 가능해지면서 인접한 열수 분출구를 "감염시키는" 것도 가능했을 수 있으며, 어쩌면 사문석화 작용이 일어나기 쉬웠던 초기 지구의 해저를 따라 넓게 퍼져나갔을지도 모른다.

그러나 역수송체도 처음으로 펌프 작용에 장점으로 작용했다. 마침내 우리는 아세틸 CoA 경로에 나타난 메탄생성고세균과 아세트산생성세균 사이의 독특한 차이를 마주하게 된다. 이 차이는 역수송체의 도움으로 공통 조상 개체군에서 갈라져 나올 수 있었던 서로 다른 두 개체군에서 독립적으로 능동적 펌프가 나타났음을 암시한다. 메탄생성고세균은 고세균이고, 아세트산생성세균은 세균이라는 점을 상기하자. 원핵생물을 대표하는 이 두 영역은 "계통수"에서 가장 오래 전에 갈라진 두 개의 가지이다. 세균과 고세균은 DNA의 전사와 번역, 리보솜, 단백질 합성에서는 비슷하지만, 세포막의 구조 같은 다른 근본적인 특성들에서는 다르다. 아세틸 CoA 경로도 세세한 부분에서는 다르지만, 그럼에도 이 경로가 아주 오래되었다는 점도 언급했다. 이런 공통점과 차이점을 통해서 흥미로운 사실들이 드러나고 있다.

메탄생성고세균처럼, 아세트산생성세균도 일련의 비슷한 단계를 거쳐 H_2와 CO_2를 반응시켜서 아세틸 CoA를 형성한다. 두 무리 모두 양성자를 퍼내기 위해서 전자 쌍갈림(electron bifurcation)이라고 알려진 기발한 방법을 이용한다. 독일의 뛰어난 미생물학자인 롤프 타우어와 그의 동료 연구진이 근래에 발견한 전자 쌍갈림은 최근 수십 년간 생체 에너지학 분야에서 성취한 가장 큰 약진이었을 것이다. 현재 타우어는 공식적으로 은퇴를 했다. 그러나 화학양론적 계산으로는 말도 안 되는 성장을 계속하는 기묘한 미생물의 에너지 특성을 밝히기 위해서 수십 년을 매진한 그의 연구 인생은 그 발견으로 정점에 이르렀다. 종종 진화는 우리보다 영리하다. 전자 쌍갈림을 간단히 설명하면, 즉시 상환을 약속하는 단기 에너지 대출이라고 할 수 있다. 앞에서 지적했듯이, H_2와 CO_2의 반응은 전체적으로는 (에너지를 생산하는) 에너지 방출 반응이지만, 처음 몇 단계는 (에너지의 투입이 필요한) 에너지 흡수 반응이다. 전자 쌍갈림은 CO_2가 환원되는 나중 단계에서 방출되는 에너지의 일부를 처음 몇 단계의 까다로운 반응을 위해서 지불하는 것이다.[7] 마지막 몇 단계에서 방출되는 에너지가 처음 몇 단계에

7 전자 쌍갈림의 흥미로운 과정을 더 알고 싶은 사람을 위해서 보충 설명을 하고자 한다. 전자 쌍갈림은 별개의 두 반응이 짝을 이룸으로써, 일어나기 쉬운 (에너지 방출) 반응이 일어나기 어려운 (에너지 흡수) 반응을 일으키는 것이다. H_2 속에 들어 있는 두 전자 중 하나가 곧바로 "쉬운" 표적과 반응을 해서, 나머지 전자가 더 어려운 단계(CO_2가 환원되어 유기 분자를 형성하는 반응)를 일어나게 한다. 전자 쌍갈림을 수행하는 단백질 장치에는 철-니켈-황 클러스터가 많이 포함되어 있다. 이 필수적인 무기 구조는 메탄생성고세균의 몸속에서 H_2로부터 전자 한 쌍을 떼어낸 다음, 전자 하나는 유기물을 형성하는 CO_2에 전

서 필요한 에너지보다 더 많으면, 일부 에너지가 막을 사이에 둔 양성자 기울기의 형태로 보존될 수 있다(그림 18). 전체적으로 보면, H_2와 CO_2의 반응으로 방출된 에너지는 막 너머로 양성자를 배출하는 데에 쓰인다.

문제는 메탄생성고세균과 아세트산생성세균의 전자 쌍갈림 "배선"이 서로 다르다는 점이다. 둘 다 상당히 유사한 철-니켈-황 단백질에 의존하지만, 여러 필수 단백질들이 그렇듯이 정확한 메커니즘은 다르다. 메탄생성고세균과 마찬가지로, 아세트산생성세균도 H_2와 CO_2의 반응으로 방출된 에너지를, 막을 사이에 둔 H^+나 Na^+ 기울기의 형태로 보존한다. 두 생물 모두, 이 기울기는 탄소와 에너지 대사의 동력으로 이용된다. 또한 ATP 합성효소와 Ech를 가지고 있다. 그러나 메탄생성고세균과 달리, 아세트산생성세균은 Ech를 이용해 곧바로 탄소 대사를 일으키지 않는다. 오히려 반대로, 일부 아세트산생성세균은 Ech를 H^+나 Na^+ 펌프처럼 이용하고 탄소 대사는 완전히 다른 경로를 이용해서 일으킨다. 이것은 일부 전문가의 눈에도 수렴 진화나 유전자 수평 이동의 산물이라고 확신될 정도로, 공통 조상으로부터 전해진 것이 아닌 본질적인 차이처럼 보인다.

그러나 이런 유사점과 차이점은 LUCA가 정말로 천연 양성자 기울기에 의존했을 것이라는 가정을 하면 이해가 되기 시작한다. 만약 그렇다면, 펌프 작용에서 중요한 것은 Ech를 통한 양성자 흐름의 방향이었을 가능성이 있다. 세포 내로 들어오는 자연적인 양성자의 흐름을 이용해서 탄소 고정

달하고, 나머지 전자 하나는 전체 과정을 일으키는 "더 쉬운" 표적인 황 원자에 전달한다. 이 전자들은 폐기물로 배출되는 메탄(CH_4)에서 마침내 다시 만난다. 그래서 메탄생성고세균이라는 이름이 붙여진 것이다. 다시 말해서 전자 쌍갈림 과정은 놀라운 순환구조를 가지고 있다. H_2에서 나온 전자는 잠시 분리되기는 하지만, 결국 모두 CO_2로 전달되어 CO_2를 메탄으로 환원시킨다. 결과적으로 CO_2가 환원되는 에너지 방출 단계에서 발생한 에너지의 일부가 막을 사이에 둔 H^+ 기울기의 형태로 보존되는 것이다(사실 메탄생성고세균에서는 주로 Na^+ 기울기가 형성되지만, Na^+과 H^+는 역수용체를 통해서 쉽게 전환된다). 요약하자면, 전자 쌍갈림은 열수 분출구에서 공짜로 제공되던 것을 양성자를 퍼냄으로써 재현하는 것이다.

을 일으키거나, 이제는 이 단백질이 양성자를 퍼내는 막 펌프로 작용해서 흐름의 방향을 바꾸는 것이다(그림 20). 내 생각은 이렇다. 조상 개체군에서는 Ech를 통한 정상적인 양성자의 유입이 페레독신을 환원시키는 데에 이용되고, 이어서 CO_2의 환원을 일으켰다. 이후 둘로 분리된 개체군은 독립적으로 펌프 작용을 발명했다. 훗날 아세트산생성세균이 되는 개체군은 Ech의 방향을 바꿔서 페레독신을 산화시키고 방출된 에너지를 이용해 양성자를 세포 밖으로 퍼냈다. 이는 깔끔하고 멋진 방법이지만 곧바로 문제를 일으켰다. 원래는 탄소를 환원시키는 데에 이용되었던 페레독신이 이제는 양성자를 퍼내는 데에 이용되기 때문에, 아세트산생성세균은 페레독신에 의존하지 않고 탄소를 환원시킬 새로운 방법을 찾아야 했다. 그래서 찾은 기발한 방법이 CO_2를 간접적으로 환원시키는 전자 쌍갈림이었다. 아세트산생성세균의 기본적인 생화학 반응은 틀림없이 단순한 전제를 따를 것이다. Ech를 통과하는 양성자 흐름의 방향이 바뀌어 아세트산생성세균은 기능적인 펌프를 얻었지만, 이것은 해결해야 할 특수한 문제들을 남겼다.

메탄생성고세균이 된 두 번째 개체군은 다른 대안을 찾았다. 그들의 조상과 마찬가지로, 양성자 기울기를 활용해서 페레독신을 환원시킨 다음, 환원된 페레독신을 이용해서 탄소를 고정했다. 그러나 이들은 펌프를 새로 "발명해야" 했다. 그렇다고 완전히 무에서 시작한 것은 아니고, 기존의 단백질을 용도에 맞게 개조했을 것이다. 추측하건대, 역수용체가 그냥 펌프로 개조되었을 것이다. 새로운 펌프를 만드는 일은 그리 어렵지는 않았지만, 다른 문제가 생겼다. 이 펌프에는 어떻게 동력을 공급해야 할까? 메탄생성고세균은 아세트산생성세균처럼 같은 단백질을 일부 활용해서 배선의 형태가 상당히 다른 전자 쌍갈림 방법을 내놓았다. 메탄생성고세균이 필요로 하는 것과 연결된 펌프가 달랐기 때문이다. 두 영역의 탄소와 에너지 대사는 Ech를 지나는 양성자 흐름의 방향에 의해서 결정되었을 것이

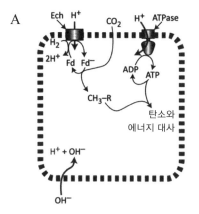

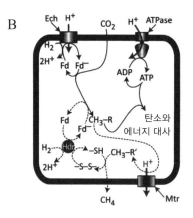

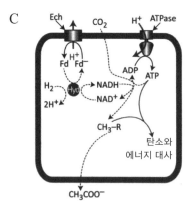

그림 20 능동적인 펌프의 가상 진화 과정
Ech 막 단백질을 통한 H^+ 흐름의 방향을 토대로 세균과 고세균에서 일어나는 펌프 작용의 기원을 추측한 가설. A 조상의 상태, Ech와 ATP 합성효소(ATPase)를 통과하는 천연 양성자 기울기에 의해서 탄소와 에너지 대사가 일어난다. 이 과정은 양성자가 막을 잘 통과할 때에만 작용한다. B 메탄생성고세균(고세균의 조상으로 가정). 이 세포들도 계속 Ech와 ATPase를 이용해서 탄소와 에너지 대사를 하지만, H^+가 잘 통과하지 않는 막으로는 더 이상 천연 양성자 기울기에 의존할 수 없었다. 그래서 H^+(또는 Na^+) 기울기를 만들기 위해서 메탄생성 고세균 고유의 새로운 펌프(메틸 전이효소 [methyl transferase], Mtr)와 새로운 생화학 경로를 "발명해야" 했다(점선). 이 그림은 그림 18의 A와 B를 합쳐놓은 것과 같다. C 아세트산생성세균(세균의 조상으로 가정). 여기서는 Ech를 통과하는 H^+의 방향이 역전되었고, 이제는 페레독신의 산화를 통해서 동력을 얻는다. 아세트산생성세균은 펌프를 "발명할" 필요는 없었지만, CO_2를 유기물로 환원시킬 새로운 방법을 찾아야 했다. 그 방법은 NADH와 ATP를 활용하는 것이었다(점선). 이 가상의 시나리오는 메탄생성고세균과 아세트산생성세균의 아세틸 CoA 경로에 나타나는 유사점과 차이점을 모두 설명할 수 있었다.

다. 선택지는 둘 중 하나였고, 메탄생성고세균과 아세트산생성세균은 서로 다른 방법을 선택했다(그림 20).

각각의 무리가 저마다 능동적인 펌프를 가지게 되자, 이제야말로 막의 개선이 장점으로 작용하게 되었다. 지금까지의 모든 단계에서는 인지질(phospholipid)이 풍부한 "현대적인" 막을 진화시키는 것이 아무런 이득이 되지 않았고, 오히려 불리했을 것이다. 그러나 세포가 역수용체와 이온 펌프를 갖추자마자, 이제는 막 지질에 글리세롤 머리를 포함시키는 것이 이로워졌다. 그리고 두 영역에서는 이 과정이 독립적으로 일어나서, 고세균과 세균이 글리세롤의 서로 다른 입체 이성질체(거울상)을 이용하는 것으로 보인다(제2장을 보라).

이제 세포는 능동적인 이온 펌프와 현대적인 막을 진화시킴으로써, 마침내 열수 분출구를 벗어나서 드넓은 바다로 나왔다. 처음으로 홀로서기를 시작한 세균과 고세균은 열수 분출구의 양성자 기울기에 의존해서 살아가던 공통 조상으로부터 독립적으로 나타났다. 당연히 세균과 고세균은 새로운 충격으로부터 스스로를 보호하기 위해서 서로 다른 세포벽을 만들고, DNA 복제도 독립적으로 "발명해야" 했을 것이다. 세균은 세포 분열을 하는 동안 레플리콘(replicon)이라고 하는 DNA의 한 지점을 세포막에 부착한다. 이 부착을 통해서 각각의 딸세포는 유전체의 복사본을 전달받을 수 있다. DNA를 막에 부착시키는 데에 필요한 분자 기계장치와 DNA 복제의 여러 가지 세부 사항들 중 적어도 일부는 이 부착의 메커니즘에 의해서 결정되어야 할 것이다. 세포막이 독립적으로 진화했다는 사실은 DNA 복제가 세균과 고세균에서 그렇게 다를 수밖에 없는 이유를 설명할 단초가 되어준다. 세포벽의 경우도 마찬가지이다. 대부분의 구성성분이 세포 내에서 특별한 막공(membrane pore)을 통해서 전달되어야 하기 때문에, 세포벽의 합성도 막의 특성에 의존하며 세균과 고세균이 서로 달라야 한다.

따라서 우리는 종착점에 가까워가고 있다. 생체 에너지학은 세균과 고세균이 근본적으로 달라야 한다는 것을 1차 원리를 통해서 예측하지는 않지만, 두 무리가 처음에 어떻게, 그리고 왜 등장할 수 있었는지를 설명해 준다. 원핵세포의 두 영역 사이에 존재하는 심대한 차이는 고온과 같은 극한의 환경에 대한 적응과는 아무런 상관이 없었다. 오히려 생체 에너지학적 이유에서 막 투과성이 좋아야만 했던 세포의 분기와 상관이 있었다. 세균과 고세균의 분기는 1차 원리를 통해서 예측이 불가능할지는 모르지만, 두 무리 모두 (막을 사이에 둔 양성자 기울기에 의존하는) 화학삼투를 한다는 사실은 앞의 두 장에서 다룬 물리적 원리를 따른다. 생명을 일궈낼 확률이 현실적으로 가장 높은 환경은 염기성 열수 분출구이다. 이 점은 지구뿐만 아니라 우주의 다른 어느 곳에서도 마찬가지이다. 이런 열수 분출구는 세포가 천연 양성자 기울기를 활용하게 하고, 결국에는 세포 스스로 양성자 기울기를 생성하게 만든다. 이런 맥락에서 지구상의 모든 세포가 화학삼투를 해야 한다는 사실은 전혀 신기한 일이 아니다. 나는 우주 어디에서나 세포는 화학삼투를 할 것이라고 믿는다. 즉 그 세포들 역시 지구의 생명체들과 정확히 똑같은 문제에 직면하게 될 것이다. 제3부에서는 복잡한 생명체가 우주에 드물 것이라는 예측이 어떻게 양성자 동력의 보편적 요건에서 나올 수 있는지를 알아볼 것이다.

제3부

복잡성

5
복잡한 세포의 기원

1940년대 누아르 영화인 「제3의 사나이」에서 오슨 웰스가 했던 유명한 대사가 있다. "이탈리아는 보르지아 가문이 지배하던 30년 동안 전쟁과 테러와 살인과 유혈 사태가 끊이지 않았지만, 미켈란젤로와 레오나르도 다빈치와 르네상스를 낳았지. 스위스는 형제처럼 사랑하면서 500년 동안 민주적이고 평화롭게 살았어. 그리고 뭘 만들어냈는지 아나? 바로 뻐꾸기시계야." 이 대사는 웰스가 직접 썼다고 전해진다. 소문에 의하면, 스위스 정부는 웰스에게 "우리는 뻐꾸기시계를 만들지 않는다"는 내용의 항의 서한을 보냈다. 나는 스위스에(또는 오슨 웰스에게) 악감정은 전혀 없다. 내가 이 이야기를 꺼낸 것은 단지 이것을 보다가 진화가 떠올랐기 때문이다. 15-20억 년 전에 복잡한 진핵세포가 처음 나타난 이래로, 우리는 전쟁과 테러와 유혈 사태 속에서 살고 있다. 자연은 피로 물든 이빨과 발톱인 것이다. 그러나 그 이전의 20억 년은 평화와 공생, 세균적 사랑(사랑뿐이 아니었다)의 시대였다. 그리고 이런 긴 시간 동안 원핵생물은 무엇을 이룩했을까? 확실히 뻐꾸기시계처럼 크거나 복잡해 보이는 것은 없다. 형태적 복잡성이라는 부분에서, 세균과 고세균은 단세포 진핵생물과 비교가 되지 않는다.

이 점은 짚고 넘어갈 필요가 있다. 원핵생물의 2대 영역인 세균과 고세균은 유전적으로나 생화학적으로 유달리 재주가 많다. 물질대사 면에서는 진핵생물이 부끄러울 정도이다. 한 개체의 세균이 진핵생물 영역 전체보다도 더 다양한 물질대사를 할 수 있다. 그러나 몇 가지 이유에서, 세균과 고세균은 진핵생물과 같은 규모의 구조적 복잡성을 **직접적으로** 만들지 못했다. 일반적으로 진핵생물은 원핵생물에 비해서 세포 용적이 1만5,000배 정도 더 크다(그러나 몇 가지 예외가 있으며, 이에 관해서는 뒤에서 확인할 것이다). 유전체의 크기에서는 원핵생물과 진핵생물 사이에 조금 겹치는 부분이 있지만, 지금까지 알려진 가장 큰 세균 유전체에는 약 12메가염기쌍(megabase, 1메가염기쌍은 염기 10^6쌍/옮긴이)의 DNA가 들어 있다. 이에 비해, 인간은 약 3,000메가염기쌍을 가지고 있으며, 일부 진핵생물 중에는 유전체의 크기가 10만 메가염기쌍이 넘는 것도 있다. 가장 흥미로운 점은 세균과 고세균이 40억 년의 진화 기간 내내 거의 변하지 않았다는 것이다. 그 기간 동안 주위 환경에서는 엄청난 격변이 일어났다. 대기와 해양의 산소 농도 증가는 새로운 기회가 되었지만, 세균은 요지부동이었다. 전 지구적 규모의 빙하 형성(눈덩이 지구)은 생태계를 파멸 직전까지 몰아갔지만, 세균은 꿈쩍도 하지 않았다. 캄브리아기 대폭발로 나타난 동물들은 세균에게 새로운 목초지가 되었다. 우리 인간은 세균을 단순히 병원균으로만 보는 경향이 있지만, 병을 일으키는 종류는 다양한 원핵생물의 극히 일부일 뿐이다. 그러나 이런 변화 속에서도 세균은 꿋꿋하게 세균으로 남았다. 벼룩처럼 크고 복잡한 무엇인가를 결코 만들지 않았다. 세균만큼 보수적인 것도 없을 것이다.

제1장에서 나는 이 사실을 가장 잘 설명하는 것이 구조적 제약이라고 주장했다. 진핵생물의 물리적 구조에는 세균, 고세균과는 근본적으로 다른 무엇인가가 있다. 이런 구조적 제약을 극복함으로써, 진핵생물은 홀로 형태적 변이라는 영역을 탐험할 수 있었다. 광범위한 의미에서 볼 때, 원핵생물은 가장 난해한 화학적 문제에 대한 기발한 해결책을 찾기 위해서 물질대사의 가능성을 탐험했다면, 진핵생물은 화학적 재주에는 등을 돌리는

대신에 크기와 구조적 복잡성이라는 미지의 가능성을 탐험했다.

구조적 제약이라는 발상이 특별히 새로울 것은 없지만, 이런 제약이 무엇인지에 관해서는 아무런 합의도 이루어지지 않고 있다. 파국적 재앙을 가져오는 세포벽의 상실에서부터 선형 염색체(straight chromosome)라는 새로운 성질에 이르기까지, 여러 가지 의견들이 나왔다. 세포벽의 상실은 재앙일 수 있다. 탄탄한 외부 지지대가 없으면, 세포는 쉽게 부풀어 터져버리기 때문이다. 그러나 동시에, 세포벽은 세포가 물리적으로 형태를 바꾸면서 이동하는 중에 다른 세포를 집어삼키는 식작용을 하지 못하도록 막는 구속이기도 하다. 따라서 아주 드물게, 성공적으로 세포벽을 상실하는 일이 벌어진다면, 식작용의 진화가 일어났을 수도 있다. 이 획기적인 발상은 옥스퍼드 대학교의 생물학자인 톰 캐벌리어-스미스가 오랫동안 주장해온 진핵생물 진화의 핵심이었다. 식작용을 위해서는 세포벽의 상실이 반드시 필요한 것은 맞다. 그러나 세균이 세포벽을 상실하는 일은 결코 드물지 않으며, 세포벽을 잃고도 재앙과는 거리가 먼 생활을 하는 세균도 종종 있다. 이른바 L-형 세균이라고 불리는 이런 세균은 세포벽 없이 완벽하게 잘 살아가지만, 역동적인 식세포로 진화할 징후는 전혀 보이지 않는다. 세포벽이 전혀 없는 고세균도 적지 않다. 그러나 마찬가지로 식세포가 되지는 않는다. 조금만 자세히 살펴보면, 크고 거추장스러운 세포벽이 세균과 고세균에서 더 큰 복잡성의 진화를 방해하는 제약이라는 주장은 성립하기 어렵다는 것을 알 수 있다. 많은 세균과 고세균이 세포벽을 잃고도 더 복잡해지지 않은 반면, 식물과 균류를 포함한 많은 진핵생물은 (비록 원핵생물의 것과는 다르지만) 세포벽이 있어도 원핵생물보다 훨씬 더 복잡하다. 진핵생물인 조류와 원핵생물인 남세균의 차이는 실로 인상적이다. 둘 다 광합성으로 살아가고, 세포벽을 가지고 있다. 그러나 조류는 남세균보다 유전체의 규모가 일곱 자릿수나 더 크며, 세포의 부피와 구조의 복잡성도 훨씬 더 크다.

선형 염색체와 관련된 생각도 문제는 비슷하다. 원핵생물의 염색체는 대개 고리 모양이며, DNA 복제는 이 고리(레플리콘)의 특별한 지점에서 시작된다. 그러나 DNA 복제는 세포 분열보다 더 느린 경우가 종종 있고, 세포는 DNA가 복제를 마치기 전까지는 둘로 갈라질 수 없다. 이는 레플리콘이 세균 염색체의 최대 크기를 제한한다는 것을 뜻한다. 염색체가 더 작은 세포는 염색체가 더 큰 세포보다 복제 속도가 더 빠를 것이기 때문이다. 만약 세포가 불필요한 유전자를 잃는다면, 더 빠르게 분열할 수 있을 것이다. 시간이 흐를수록 작은 염색체를 가진 세균은 더 번성할 것이고, 특히 예전에 잃었지만 다시 필요해진 유전자를 유전자 수평 이동을 통해서 다시 획득할 수 있다면 더욱 좋을 것이다. 이와 대조적으로, 진핵생물은 대개 여러 개의 선형 염색체를 가지고 있으며, 각 염색체마다 여러 개의 레플리콘이 있다. 이는 진핵생물에서는 DNA의 복제가 병렬적으로 진행되는 반면, 세균에서는 직렬적으로 일어난다는 의미이다. 그러나 이런 제약 역시 원핵세포가 왜 여러 개의 선형 염색체를 진화시키지 못했는지를 설명하기는 힘들다. 사실, 일부 세균과 고세균은 선형 염색체를 가지고 있으며 "병렬적 처리"를 한다는 사실이 밝혀졌다. 그러나 그들의 유전체는 진핵세포와 같은 방식으로 확대되지 않았다. 다른 무엇인가가 원핵세포를 가로막고 있는 것이 분명하다.

세균이 진핵생물의 복잡성을 지속적으로 만들어내지 않는 이유를 설명하기 위해서 제안된 구조적 제약들은 모두 정확히 똑같은 문제를 겪는다. "법칙"으로 주장되는 것마다 하나 같이 예외가 엄청나게 많다는 점이다. 저명한 진화생물학자인 존 메이너드 스미스가 점잖게 면박을 줄 때에 자주 했던 말처럼, 이런 설명들은 통하지 않는다.

그렇다면 어떤 것이 통할까? 우리는 계통학을 통해서는 산뜻한 답이 나오지 않는다는 것을 안다. 모든 진핵생물의 공통 조상은 이미 복잡한 세포였다. 선형 염색체, 막으로 둘러싸인 핵, 미토콘드리아, 다양하게 분화된 "세포소기관"과 다른 막 구조, 역동적인 세포골격, 성 같은 특징들을 가지고 있었다. 이것은 확실히 "현대적인" 진핵세포였다. 진핵생물 특징의 진화는 모든 진핵생물의 공통 조상 이전의 시간으로는 거슬러올라가는 것이 불가능한 계통학적 "사건의 지평선"이다. 말하자면, 집, 위생, 도로, 분업, 농경, 재판정, 상비군, 대학, 정부 같은 현대 사회의 모든 발명품들은 로마시대까지는 흔적을 찾을 수 있지만, 그 이전 시대에는 원시적인 수렵-채집 사회만 있는 것과 비슷하다. 고대 그리스, 중국, 이집트, 레반트, 페르시아, 그외 다른 어떤 문명도 없고, 어디를 둘러보아도 수렵-채집인들의 흔적만 가득한 셈이다. 진핵생물의 문제점은 바로 이런 것이다. 상상을 한번 해보자. 고고학자들이 수십 년 동안 전 세계의 유적을 뒤지고 다니다가 로마 시대 이전의 문명으로 추정되는 옛 도시의 유적을 발굴했다. 고고학자들은 로마가 어떻게 만들어졌는지를 알아낼 수 있을 것으로 기대했다. 그러나 그곳에서 발견된 수백 가지의 유물은 면밀한 조사 결과 모두 로마 시대 이후의 것으로 밝혀졌다. 아주 오래되고 원시적으로 보였던 도시가 사실은 조상의 흔적을 쫓아 고대 로마로 회귀하려는 후손들이 만든 "암흑시대"의 도시였던 것이다. 진짜로 모든 길은 로마로 통했고, 로마는 정말 하루아침에 만들어졌다.

이 이야기가 공상처럼 들리겠지만, 현재 생물학이 직면한 상황도 이와 다르지 않다. 실제로 세균과 진핵생물 사이에는 중간 단계의 "문명"이 없다. 한때 중간 단계로 생각되었던 일부 생물(제1장에서 다룬 "아케조아")도 화려한 과거가 있었다. 마치 과거의 영화를 뒤로 하고 도시의 성벽 안에서 쇠락한 비잔티움 제국처럼 껍데기만 남은 것이다. 우리는 혼란스럽기 짝이 없는 이 상황을 어떻게 이해할 수 있을까? 사실 계통학이 제공하는 단서가 하나 있기는 하다. 이 단서는 단일 유전자에 대한 연구에서는 확인되지 않았지만, 오늘날의 유전체 전체에 대한 비교에서 정체를 드러냈다.

복잡성의 키메라적 기원

단일 유전자로 진화를 재구성할 때의 문제점은 (일반적으로 활용되는 리보솜 RNA 유전자처럼 대단히 잘 보존된 유전자조차도) 하나의 유전자는 당연히 하나의 계통수를 만든다는 점이다. 한 유전자는 같은 유기체 내에서 서로 다른 두 역사를 가질 수 없다. 키메라가 될 수는 없는 것이다.[1] 각각의 유전자가 비슷한 형태의 계통수를 만들어 공통의 역사를 반영하는 것이 (계통학자들에게) 이상적인 세계일 것이다. 그러나 과거 우리가 진화해온 오랜 시간 동안에는 이런 일이 거의 일어나지 않았다는 것이 확인되었다. 일반적인 접근법은 같은 역사를 가진 몇 개의 유전자에 의지해서, 말그대로 최대 수십 개의 유전자에 의지해서, 이것이 "하나의 진정한 계통수"라고 주장하는 것이다. 만약 이 주장이 옳다면, 진핵생물은 고세균과 매우 가까울 것이다. 이것이 일반적인 "교과서"의 계통수이다(그림 15). 진핵생물이 고세균과 정확히 어떻게 연관이 있는지에 관해서는 논란이 있지만(연구방법과 유전자에 따라서 답이 달라진다), 진핵생물이 고세균의 "자매" 분류군이라는 주장은 오랫동안 있어왔다. 나는 강연을 할 때 이 일반적인 계통수를 보여주고 싶다. 가지의 길이는 유전적 거리를 나타낸다. 분명히 세균과 고세균 사이에도 진핵생물만큼이나 유전자 변이가 많을 것이다. 그렇다면 고세균과 진핵생물을 멀리 떼어놓는 기다란 가지에서는 과연 무슨 일이 벌어졌을까? 계통수에는 아무런 단서도 숨어 있지 않다.

---

1 사실 기술적으로는 가능하다. 서로 역사가 다른 두 조각의 유전자를 이어붙여서 단일 유전자를 만들 수 있기 때문이다. 그러나 일반적으로는 이런 일이 일어나지 않으며, 계통학에서 단일 유전자의 역사를 추적하는 것은 모순되는 이야기를 재구성하려고 시작하는 것이 아니다.

그러나 유전체 전체를 보면, 완전히 양상이 다르다. 분류법이 더 강력해지면서 비율이 점점 줄어들고는 있지만, 진핵생물의 유전자 중에는 세균이나 고세균에서는 비슷한 것을 찾을 수 없는 유전자가 많다. 이런 독특한 유전자는 진핵생물의 "서명(signature)" 유전자로 알려져 있다. 그러나 표준 분류법으로도 진핵생물의 유전자 중 대략 3분의 1은 원핵생물에서 비슷한 유전자를 찾을 수 있다. 이런 유전자들은 그들의 원핵생물 사촌과 같은 조상에게서 내려온 것이 분명하다. 이것들을 상동이라고 한다. 여기에 흥미로운 점이 있다. 한 진핵생물의 몸속에 있는 여러 유전자들이 모두 같은 조상에게서 유래한 것은 아니다. 원핵생물의 유전자와 상동인 진핵생물 유전자 중 약 4분의 3은 확실히 세균 조상에서 유래한 반면, 나머지 4분의 1은 고세균에서 유래한 것으로 보인다. 이는 인간의 사례이지만, 우리만 그런 것은 아니다. 효모도 놀라울 정도로 양상이 비슷하다. 초파리, 성게, 소철도 마찬가지이다. 유전체로 보았을 때, 진핵생물은 모두 괴물 같은 키메라인 듯하다.

이런 사실은 많은 부분에서 이론의 여지 없이 명백하다. 그것이 의미하는 바에 관해서는 격렬한 논쟁이 벌어지고 있다. 이를테면, 진핵생물의 "서명" 유전자는 원핵생물 유전자에서는 비슷한 서열을 찾아볼 수 없다. 왜 그럴까? 어쩌면 그 유전자들이 생명의 기원까지 거슬러올라가는 아주 오래된 것일 수도 있다. 이는 오래된 진핵생물 가설이 될 것이다. 아주 오래 전에 공통 조상으로부터 갈라져 나온 이 유전자들은 아득한 시간이 흐르는 동안 닮은 점을 모두 상실했을 수도 있다. 만약 그렇다면 진핵생물이 다양한 원핵생물의 유전자를 얻은 시기는 훨씬 더 최근, 이를테면 미토콘드리아를 획득했을 때가 분명하다.

이 오랜 생각은 진핵생물을 특별하게 생각하는 사람들에게 감정적으로 호소를 한다. 감정과 개성은 과학에서 놀라울 정도로 큰 역할을 한다. 일부 연구자들은 갑작스러운 파국적 변화라는 개념을 자연스럽게 받아들이는 반면, 다른 연구자들은 지속적인 작은 수정을 강조하는 것을 선호한다. 급진적 진화와 점진적 진화의 대결인 셈이다. 그러나 생명에서는 두 가지 진화가 모두 일어난다. 진핵생물의 경우, 문제는 인간중심적인 존엄성에 있는 것 같다. 우리는 진핵생물이므로, 스스로를 유전적 교잡을 통해서 새롭게 등장한 생명체라고 간주함으로써 우리의 존엄성을 지킨다. 어떤 과학자는 진핵생물이 계통수의 맨 밑동에서부터 출발했다고 보는 관점을 좋아한다. 그래서 감정적이라는 것이다. 이 관점이 틀렸다는 것을 증명하기는 어렵다. 그러나 만약 이것이 옳다면, 진핵생물은 크고 복잡한 생명체로 "도약하기"까지 왜 그렇게 오랜 시간이 걸렸을까? 왜 25억 년 동안이나 정체되어 있었을까? 왜 화석 기록에는 (원핵생물의 흔적은 수없이 많은데) 고대 진핵생물의 흔적은 발견되지 않을까? 게다가 만약 진핵생물이 그렇게 오랫동안 성공을 거두었다면, 미토콘드리아 획득 이전에 살았던 초기 진핵생물 중에 지금까지 생존한 종류가 왜 하나도 없을까? 우리는 초기 진핵생물들이 경쟁에서 밀려 멸종했다고 추측할 이유가 없다는 것을 이미 알고 있다. 형태적으로 단순한 진핵생물이 세균과 더 복잡한 진핵생물과 함께 수천만 년 동안 함께 생존할 수 있다는 것이 아케조아(제1장을 보라)의 존재를 통해서 증명되기 때문이다.

진핵생물의 서명 유전자에 대한 또다른 설명은 이 유전자들이 다른 유전자에 비해 단순히 진화 속도가 더 빨라서 이전 서열과의 유사성을 상실했다는 것이다. 이 유전자들은 왜 그렇게 빨리 진화했을까? 만약 조상인 원핵생물에서부터 다른 기능 때문에 선택되었다면 그랬을 수도 있다. 내게는 이 이야기가 아주 설득력 있게 들린다. 진핵생물에는 수많은 유전자군이 있으며, 한 유전자군 안에 있는 수십 개의 중복 유전자는 서로 다른 기능을 하도록 분화된다. 진핵생물은 원핵생물에게는 금단의 영역인 형태적 복잡성을 탐험할 수 있다. 그렇기 때문에 진핵생물의 유전자가 완전히 새로운 일을 수행하도록 적응하는 과정에서 원핵생물 조상과의 유사성을 상실하는 것은 그리 놀라운 일이 아니다. 이런 예측에 따르면, 그 유전자들의 조상은 사실 세균이나 고세균 유전자들 속에 있지만, 새로운 작업에 적응하면서 초기 역사에 대한 흔적을 지워버린 것이다. 이 예측이 정말 설득력이 있다는 것에 대해서는 차후에 다시 이야기하도록 하고, 지금은 진핵생물의 "서명" 유전자가 존재한다고 해서 진핵세포가 본질적으로 키메라일 가능성이 배제되지 않는다는 점에 주목하자. 진핵세포는 원핵생물 사이의 모종의 연합을 통해서 만들어진 산물일 가능성이 있다.

그렇다면 원핵생물과의 상동을 알아볼 수 있는 진핵생물의 유전자는 어떨까? 진핵생물의 유전자는 왜 일부는 세균에서, 일부는 고세균에서 유래해야 할까? 이 점은 분명 진핵생물의 키메라적 기원과 완전히 일치할 것이다. 진짜 문제는 기원의 수와 관련이 있다. 진핵생물에서 "세균" 유전자를 보자. 선구적인 계통학자인 제임스 매키너니는 진핵생물 유전체 전체를 세균과 비교함으로써 진핵생물의 세균 유전자가 서로 다른 여러 무리의 세균과 연관이 있음을 증명했다. 계통수에서 묘사될 때, 이 유전자들은 서로 다른 무리로 "갈라진다." 진핵생물에서 발견되는 모든 세균 유전자가 미토콘드리아의 조상으로 알려진 α-프로테오박테리아 같은 하나의 현대 세균 무리로만 갈라지는 것은 결코 아니다. 오히려 그 반대이다. 진핵생물 유전자에 기여한 것으로 보이는 유전자를 가지고 있는 현대의 세균 무리는 최소 25개가 넘는다. 기여한 무리가 조금 더 적을 뿐, 이는 고세균도 마찬가지이다. 더 흥미로운 것은, 빌 마틴의 묘사처럼 이 모든 세균과 고세균의 유전자가 진핵생물 계통수 내에서 서로 갈라진다는 점이다(그림 21). 분명히 이 유전자들은 진화 초기에 진핵생물에 의해서 받아들여져서 그후로 역사를 공유하게 되었을 것이다. 진핵생물의 전 역사에서 유전자 수평 이동이 끊임없이 일어났을 가능성은 없다. 진핵생물이 탄생할 바로 그 시기에 어떤 기이한 일이 벌어졌을 것이다. 최초의 진핵생물은 원핵생물로부터 수천 개의 유전자를 받아들였지만, 그 이후로는 원핵생물 유전자와의 교류를 완전히 중단한 것으로 보인다. 이 점을 가장 단순하게 설명하는 방법은 세균 방식의 유전자 수평 이동이 아니라 진핵생물 방식의 세포내 공생이다.

얼핏 보면 연속적 세포내 공생설에서 예측했던 것처럼 수십 번의 세포내 공생이 일어났었던 것 같다. 그러나 25종류의 세균과 7-8종류의 고세균이 다함께 진핵생물 초기에 세포내 공생이라는 야합에 참여한 다음, 그 이후의 진핵생물의 역사에는 아무 간섭도 하지 않았을 것이라는 추측은 거의 믿기 어렵다. 하지만 이것이 아니라면 이런 유형을 달리 어떻게 설명할 수 있을까? 아주 간단한 방법이 있다. 바로 유전자 수평 이동이다. 나는 자기 부정을 하고 있는 것이 아니다. 진핵생물은 단 한번 세포내 공생을 했을 것이다. 그리고 그후에는 진핵생물과 세균 사이에 유전자 교환이 거의 없었을 것이다. 그러나 그 기간 전체에 걸쳐 다양한 세균 무리 사이에서는 유전자 수평 이동이 수없이 많이 일어났을 것이다. 진핵생물의 유전자는 왜 25개의 서로 다른 세균 무리로 갈라졌을까? 만약 진핵생물이 다수의 유전자를 한 세균 집단으로부터 획득했다면 그랬을 수도 있다. 그후 그 세균 집단이 차츰 바뀐 것이다. 25개의 서로 다른 세균 무리에서 무작위로 뽑은 유전자들을 모두 모아서 한 세균 집단에 넣어보자. 그리고 이 세균 집단이 15억 년 전에 살았던 미토콘드리아의 조상이라고 해보자. 오늘날에 그들과 비슷한 세포는 없다. 세균에서는 유전자 수평 이동이 널리 일어나는데, 굳이 모든 유전자를 유지할 필요가 있을까? 이 세균 집단 중 일부는 세포내 공생을 했고, 일부는 오늘날의 세균처럼 자유롭게 살면서 지난 15억 년간 수평 이동을 통해서 유전자를 교환해왔다. 말하자면 조상의 흔적을 담은 유전자들이 수십 개의 세균 무리에서 거래되어온 것이다.

숙주세포도 마찬가지이다. 진핵생물에 기여한 7-8종류의 고세균에서

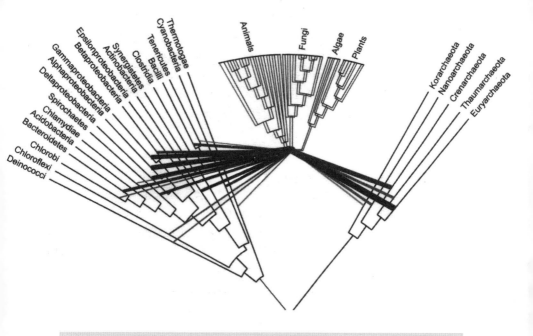

그림 21 진핵생물의 놀라운 키메라 현상

진핵생물의 유전자 중에는 세균이나 고세균에 상응하는 유전자가 있는 경우가 많지만, 빌 마틴과 그의 동료 연구진이 만든 이 계통수에 나타난 것처럼 명확한 기원의 범위가 엄청나게 넓다. 이 계통수는 원핵생물에서 유래한 진핵생물 유전자와 가장 가까운 세균이나 고세균 무리가 무엇인지를 확실히 나타낸다. 선이 두꺼울수록 그 계통에서 유래한 유전자가 뚜렷하게 더 많은 것이다. 이를테면, 많은 유전자들이 유리고세균(Euryarchaeota)에서 유래한 것으로 나타난다. 이 계통수는 다중 세포내 공생이나 유전자 수평 이동으로 해석될 수 있지만, 이와 관련된 형태학적 증거는 없으며 이런 온갖 원핵생물 유전자가 왜 모두 진핵생물 안에서 갈라지는지 설명하기는 어렵다. 이것이 의미하는 바는, 진핵생물 진화 초기에 잠깐 진화의 창구가 열려서 유전자 이동이 활발하게 일어났다가 이후 15억 년 동안에는 이런 일이 전혀 없었다는 것이다. 더 단순하고 더 현실적인 설명은 이렇다. 세균 하나와 고세균 하나 사이에 단 한 차례 세포내 공생이 있었고, 이 세균과 고세균은 오늘날의 어떤 무리와도 일치하지 않는 유전체를 가지고 있었다. 그후 이 세포들과 다른 원핵세포들의 후손들 사이에서 유전체 수평 이동이 일어나서 각양각색의 유전자들을 갖춘 현대의 세균 무리들이 나타났다.

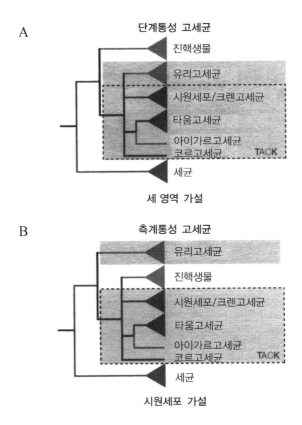

A 단계통성 고세균

진핵생물

유리고세균

시원세포/크렌고세균

타움고세균

아이가르고세균
코르고세균 TACK

세균

세 영역 가설

B 측계통성 고세균

유리고세균

진핵생물

시원세포/크렌고세균

타움고세균

아이가르고세균
코르고세균 TACK

세균

시원세포 가설

그림 22 셋이 아니라 둘로 나뉘는 생명의 기본 영역

마틴 엠블리와 그의 동료 연구진은 진핵생물이 고세균에서 유래했음을 증명하는 중요한 연구 결과를 내놓았다. A는 논란이 있는 세 영역 계통수이다. 이 계통수에서는 각 영역이 (섞이지 않은) 단계통군이다. 맨 위에는 진핵생물, 맨 아래에는 세균, 가운데에는 몇 개의 큰 무리로 나뉜 고세균이 있는데, 이 고세균들은 진핵생물이나 세균보다 서로 유연관계가 더 가깝다. B는 최근에 강하게 지지를 받고 있는 계통수를 보여준다. 이 계통수는 훨씬 광범위한 표본 수집, 전사와 번역과 관련된 다량의 정보 유전자를 토대로 만들어졌다. 이 계통수에서는 진핵생물의 정보 유전자가 고세균 안에서 갈라져나오며, 시원세포(eocyte)라고 알려진 특별한 무리와 가깝다. 그래서 이 가설은 시원세포 가설로 알려져 있다. 이 가설이 의미하는 바에 따르면, 진핵생물 영역의 기원에서 세균 세포내 공생체를 획득한 숙주세포는 시원세포와 비슷한 진짜 고세균이었고, 따라서 이 고세균은 일종의 "원시적인 식세포"였다. TACK는 타움고세균, 아이가르고세균, 크렌고세균, 코르고세균을 포함하는 측계통군을 나타낸다.

유래한 유전자들을 15억 년 전에 살았던 조상 집단에 넣어보자. 이번에도 이 고세균 중 일부가 세포내 공생을 획득했고 결국 미토콘드리아로 진화했다. 반면 나머지 고세균들은 계속 고세균으로 남아서, 유전자 수평 이동을 통해서 주위와 유전자를 교환했다. 이 시나리오가 역공학(reverse engineering)이고, 이미 사실로 확인된 것을 기반으로 하는 추측이라는 점에 주목하자. 즉 유전자 수평 이동은 세균과 고세균에서 흔히 일어나며, 진핵생물에서는 매우 드물다는 것을 전제한다. 또한 하나의 원핵생물(당연히 다른 세포를 집어삼키는 식작용을 할 수 없는 고세균)이 어떤 다른 메커니즘을 통해서 세포내 공생체를 획득할 수 있었다고도 가정한다. 이에 관해서는 지금은 잠시 접어두고 나중에 다시 살펴보도록 하자.

하나의 고세균 숙주세포와 세균 세포내 공생체 사이의 단 한번의 키메라 사건이 있었다는 시나리오는 진핵생물의 기원에 관한 시나리오들 중 가장 단순하다. 지금 당장 내 말을 믿으라는 것이 아니라, 몇몇 다른 가능성 있는 시나리오와 마찬가지로, 이 단순한 시나리오도 진핵생물의 계통학적 역사에 관해서 우리가 알고 있는 모든 것과 잘 어울린다는 말을 하는 것이다. 나는 오컴의 면도날 하나만 놓고 보아도 이 관점이 좋지만(주어진 자료에서 도출할 수 있는 가장 단순한 설명이다), 마틴 엠블리와 뉴캐슬 대학교의 연구진은 정확히 어떤 일이 있었는지에 관해서 놀라울 정도로 강력한 계통학적 증거를 내놓았다(그림 22). 그러나 진핵생물의 계통 분류에 논란이 있는 상태에서, 이 문제가 다른 해결책을 찾을 수 있을까? 나는 그럴 수 있다고 생각한다. 만약 진핵생물이 고세균 숙주세포와 훗날 미토콘드리아가 되는 세균 공생체라는 두 원핵생물 사이의 세포내 공생에 의해서 생겼다면, 더 개념적인 관점에서 이 문제를 탐구할 수 있다. 한 세포가 다른 세포의 몸속으로 들어감으로써 원핵생물의 범주를 넘어 진핵생물과 같은 복잡성의 가능성을 촉발시켰다고 생각할 타당한 이유가 있을까? 그렇다. 대단히 설득력 있는 이유가 있으며, 그 이유는 에너지와 연관이 있다.

세균이 지금도 세균인 이유

그 모든 것을 푸는 열쇠는 원핵생물인 세균과 고세균이 모두 화학삼투를 한다는 사실에 있다. 우리는 앞에서 최초의 세포가 암석으로 된 열수 분출구의 벽에서 어떻게 나타날 수 있었고, 천연 양성자 기울기가 탄소와 에너지 대사를 어떻게 일으킬 수 있었으며, 양성자 기울기에 대한 이런 의존이 왜 세균과 고세균 사이에 깊은 골을 만들 수밖에 없었는지에 관해서 알아보았다. 이런 고찰들은 화학삼투 짝반응이 처음에 어떻게 나타났는지는 설명할 수 있지만, 왜 그것이 모든 세균과 고세균과 진핵생물에서 항상 유지되는지는 설명하지 못한다. 어떤 무리는 화학삼투 짝반응을 버리고 좀 더 개선된 다른 방식으로 바꾸는 것도 가능하지 않았을까?

  그런 무리도 있다. 이를테면 효모는 많은 시간을 발효를 하며 보내고, 일부 다른 세균도 마찬가지이다. 발효 과정은 ATP의 형태로 에너지를 생산하며 더 빨리 일어나기는 하지만, 자원의 활용이 비효율적이다. 엄격하게 발효만 하면 환경이 금방 오염되어 성장에 방해가 되는 한편, 버려지는 최종 산물인 에탄올이나 젖산 따위는 다른 세포의 연료가 된다. 화학삼투를 하는 세포는 이런 폐기물을 산소나 질산염 같은 다른 기질로 연소시켜서 더 많은 에너지를 긁어모아 더 오랫동안 성장을 이어갈 수 있다. 발효는 최종 산물을 연소시키는 다른 세포와 섞여 있을 때에는 잘 작용하지만, 그 자체만으로는 무척 제한적이다.[2] 발효는 호흡보다 진화에서 훨씬 더 나

---

2 발효의 최종 산물을 제거하는 가장 빠르고 확실한 방법은 호흡을 통한 연소이다. 호흡의 최종 산물인 CO_2는 공기 중으로 확산되거나 침전되어 탄산염으로 이루어진 암석이 된다. 따라서 발효는 대체로 호흡에 의존한다.

중에 등장했다는 강력한 증거가 있으며, 발효의 열역학적 한계에 비추어볼 때, 이것은 완벽하게 잘 맞아떨어지는 이야기이다.

조금 뜻밖이겠지만, 발효는 화학삼투 짝반응에 대한 유일한 대안으로 알려져 있다. 모든 형태의 호흡, 모든 형태의 광합성, 단순한 무기질 전구체에서 세포가 성장하는 사실상 모든 형태의 독립영양은 절대적으로 화학삼투에만 의존한다. 이 점에 관해서는 제2장에서 몇 가지 타당한 이유를 지적했다. 무엇보다도 화학삼투 짝반응은 놀라울 정도로 다재다능하다. 공통된 작동체계에 적용할 수 있는 전자 공여체와 수용체의 범위가 엄청나게 넓기 때문에, 사소한 적응으로도 즉각적인 이득을 얻을 수 있다. 마찬가지로 유전자는 유전자 수평 이동을 통해서 주위로 전달될 수 있다. 그리고 마치 새로운 앱을 깔 듯이, 완벽하게 호환이 가능한 다른 체계에 다시 설치될 수 있다. 따라서 화학삼투 짝반응은 거의 모든 환경에서 삽시간에 물질대사에 적응이 가능하다. 화학삼투가 압도적인 것은 당연한 일이다!

그러나 그것이 전부가 아니다. 화학삼투 짝반응은 어떤 환경에서도 에너지를 마지막 한 방울까지 짜낼 수 있다. 메탄생성고세균을 보자. 메탄생성고세균은 H_2와 CO_2를 이용해서 탄소와 에너지 대사를 일으킨다. 우리는 H_2와 CO_2를 서로 반응시키는 것이 쉽지 않다는 점에 주목했다. 반응을 일으키기 위한 장벽을 극복하기 위해서는 에너지 공급이 필요하다. 메탄생성고세균은 전자 쌍갈림이라는 영리한 꾀를 내어 반응을 일으켰다. 전체적인 에너지론의 측면에서 생각해보자. 수소 기체를 채운 독일의 비행선인 힌덴부르크 호는 대서양을 횡단한 직후에 소이탄처럼 폭발해서 수소에 오명을 안겨주었다. H_2와 O_2는 불꽃의 형태로 에너지가 더해지지만 않으면, 안정되고 반응성이 없다. 그러나 작은 불꽃만으로도 곧바로 엄청난 양의 에너지를 방출한다. H_2와 CO_2의 반응은 그 반대이다. "불꽃"은 비교적 커야 하지만, 방출되는 에너지의 양은 꽤 적은 편이다.

어떤 반응에서 방출되는 유용한 에너지양이 투입되어야 하는 에너지양보다 두 배 이하일 때, 세포는 흥미로운 한계에 직면한다. 학창시절에 화학식의 계수를 맞추던 일을 떠올려보자. 분자는 통째로 다른 분자와 반응을 해야 한다. 1/2분자와 3/4분자가 반응을 하는 일은 없다. 세포에서는 2ATP 이하의 에너지를 얻으려면, 반드시 1ATP를 써야 한다. 1ATP나 2ATP는 되지만, 1.5ATP 같은 것은 없다. 1ATP를 얻기 위해서는 1ATP를 써야 한다. 차익은 없다. 따라서 일반적인 화학에 의하면, H_2와 CO_2의 반응으로는 성장이 불가능하다. 이것은 H_2와 CO_2뿐만 아니라, 메탄과 황산염 같은 다른 많은 산화환원 쌍(전자 공여체와 전자 수용체)에도 적용된다. 이런 기본적인 화학적 한계에도 불구하고, 세포들은 산화환원 짝반응을 통해서 별 문제 없이 아주 잘 성장하고 있다. 막을 경계로 양성자 기울기가 뚜렷한 경사를 이루고 있기 때문에 가능한 일이다. 화학삼투 짝반응에는 화학을 초월하는 강점이 있다. 화학삼투 짝반응은 세포가 "잔돈"을 모을 수 있게 해준다. 가령 ATP 하나를 만들기 위해서 양성자 10개가 필요하고, 어떤 화학 반응을 통해서는 양성자 4개를 퍼낼 수 있는 에너지가 방출된다고 해보자. 이 반응을 세 번 반복하면 양성자 12개를 퍼낼 수 있고, 그중 10개로 1ATP를 만들 수 있다. 이것은 어떤 형태의 호흡을 위해서 반드시 필요한 반응이지만, 우리 모두에게 유익하다. 화학삼투 짝반응이 없었다면 열로 낭비되었을 소량의 에너지를 세포에 보존할 수 있게 해주기 때문이다. 그리고 거의 언제나 평범한 화학 반응에 양성자 기울기라는 멋스러움을 더해준다. 미묘한 차이의 힘인 것이다.

에너지라는 측면에서 화학삼투 짝반응이 주는 이득은 왜 이 작용이 40억 년 동안 존속했는지를 설명하기에 충분하다. 그러나 양성자 기울기에는 세포의 기능과 연관된 다른 특성도 있다. 역사가 오래된 메커니즘일수록 전혀 연관이 없는 특징의 토대가 될 가능성이 더 크다. 그래서인지 양성자 기울기는 양분의 섭취와 노폐물의 배출을 일으키는 데에 폭넓게 쓰이고 있다. 또 세균의 운동기관인 편모를 회전시키는 데에도 쓰이고, 갈색지방 세포에서는 의도적으로 열을 분산시키는 역할을 한다. 무엇보다도 흥미로운 것은, 양성자 기울기의 붕괴가 세균 집단에서 예정된 세포 자살을 갑자기 일으킨다는 점이다. 본질적으로 세균 세포는 바이러스에 감염되면 대체로 파멸에 이른다. 만약 바이러스가 복제를 하기 전에 세포가 재빨리 자살을 할 수 있다면, 그 세균의 친척들(관련된 유전자를 공유하는 세포들)은 살아남을 수 있을지도 모른다. 세포의 죽음을 조율하는 유전자는 집단 전체에 퍼져나갈 것이다. 이 죽음의 유전자는 빠르게 작용해야 한다. 그래서 몇 가지 메커니즘이 신속하게 진행되어 세포막에 구멍이 뚫린다. 많은 세포들에서 정확히 이런 작용이 일어나서, 감염이 되면 막에 구멍을 낸다. 그러면 양성자 동력이 붕괴되고, 이는 잠자고 있던 죽음의 장치를 작동시킨다. 양성자 기울기는 세포 건강의 최종 감지장치, 삶과 죽음의 결정권자가 된다. 그 역할은 이 장의 후반부에서 중대하게 다가올 것이다.

전체적으로 화학삼투 짝반응의 보편성이 어떤 요행처럼 보이지는 않는다. 화학삼투 짝반응이 생명의 기원, 즉 염기성 열수 분출구(지금까지 가장 유력한 생명의 인큐베이터)에서 등장한 세포와 연관이 있다는 데에는 논란이 있지만, 거의 모든 세포에 존재한다는 점을 생각하면 대단히 타당해 보인다. 한때는 기이한 메커니즘으로 보였던 것이 이제는 겉모습만 직관에 반하는 것처럼 보인다. 우리의 분석이 시사하는 바에 따르면, 화학삼투 짝반응은 말 그대로 우주 어디에서나 생명의 보편적인 특성이어야 한다. 그리고 이것은 다른 어딘가에 있는 생명도 세균과 고세균이 직면한 것과 정확히 똑같은 문제에 직면해야 한다는 의미이기도 하다. 세균과 고세균의 문제는 세포막 너머로 양성자를 퍼내야 한다는 사실에 뿌리를 두고 있다. 이것은 진정한 원핵생물에 대한 어떤 방식의 강요가 아니라, 원핵생물의 가능성에 대한 일종의 테두리이다. 이런 테두리 밖에 있는 불가능한 원핵생물은 우리 눈에 보이지 않는 원핵생물, 바로 큰 유전체를 갖추고 형태적으로 복잡한 원핵생물이다.

문제는 유전자당 활용 가능한 에너지의 양이다. 나는 지난 수년간 무턱대고 이 개념을 찾아 헤맸지만, 진짜 해결책은 빌 마틴과의 격론 중에 얻게 되었다. 몇 주일에 걸쳐 의견과 생각들을 교환한 우리는 불현듯 진핵생물 진화의 핵심이 "유전자당 에너지"라는 단순한 발상에 있다는 결론을 끌어냈다. 나는 벅찬 흥분을 감추지 못하고 봉투 뒷면에다 마구 계산을 하기 시작했다. 꼬박 1주일 동안 꽤 많은 봉투를 희생해가며 계산한 끝에 마침내 해답을 얻었다. 원핵생물을 진핵생물과 구별하는 에너지 차이를 수치로 나타낸 자료 문헌을 토대로 도출한 해답에 우리는 둘 다 깜짝 놀랐다. 우리의 계산에 의하면, 진핵생물은 원핵생물에 비해 유전자당 에너지가 20만 배 이상 많았다. 무려 20만 배이다! 우리는 드디어 두 무리 사이의 깊은 골을 찾아냈다. 이 강력한 골은 세균과 고세균이 복잡한 진핵생물로는 결코 진화할 수 없는 이유를 직감적으로 알려준다. 그리고 같은 이유에서, 우리가 세균 세포로 이루어진 외계인을 만날 가능성은 영원히 제거된다. 우리가 에너지 세상 속에 있다고 상상해보자. 이 세상에서는 봉우리는 에너지가 높은 상태이고 골짜기는 에너지가 낮은 상태이다. 가장 깊은 골짜기의 바닥에는 세균이 자리하고 있다. 세균에게 하늘 높이 치솟아 있는 봉우리는 에너지의 차이가 너무 커서 결코 오를 수 없는 벽이다. 당연히 세균은 영원히 그곳에 남는다. 그 이유를 알아보자.

유전자당 에너지

대체로 과학자들은 서로 비슷한 것들끼리 비교를 한다. 에너지에 관해서

216

는 그램당 비교를 하는 것이 가장 공평하다. 우리는 세균 1그램의 대사율을 (산소 소비량으로 측정해서) 진핵세포 1그램의 대사율과 비교해볼 수 있다. 어쩌면 놀라울 수도 있겠지만, 세균은 단세포 진핵생물보다 평균적으로 호흡 속도가 세 배 더 빠르다. 별로 놀랍지 않은 사실은 대부분의 연구자들이 이 점을 간과한다는 것이다. 이는 사과와 배를 비교하는 위험을 초래한다. 우리도 그랬다. 세포당 대사율을 비교하는 것은 어떨까? 이런 불공평한 비교도 없다! 약 50종의 세균과 20종의 단세포 진핵생물에 대한 표본 조사에서, 진핵세포는 세균에 비해서 세포의 부피가 (평균적으로) 1만5,000배 더 컸다.[3] 진핵세포의 호흡 속도를 세균의 3분의 1로 볼 때, 진핵생물은 세균에 비해 평균적으로 초당 5,000배 더 많은 산소를 소비한다. 이는 단순히 진핵세포가 세균보다 훨씬 더 크고 훨씬 더 많은 DNA를 가지고 있다는 사실을 보여준다. 어찌 되었든, 하나의 진핵세포는 여전히 세균보다 에너지가 5,000배 더 많다. 그 에너지는 다 어디에 쓰일까?

이런 추가 에너지 중 DNA 자체에 쓰이는 에너지는 많지 않다. 단세포 유기체의 전체 에너지 예산 중 DNA 복제에 투입되는 비율은 2퍼센트에 불과하다. 이와 대조적으로, 미생물 생체 에너지학의 뛰어난 원로인 프랭크 해럴드에 따르면(그의 의견에 항상 동의하는 것은 아니지만, 그는 내 우상이기도 하다), 세포는 전체 에너지 예산의 무려 80퍼센트를 단백질 합성에 할애한다. 그 이유는 세포가 주로 단백질로 이루어져 있기 때문이다. 세균은 건조(dry) 질량의 약 절반이 단백질이다. 게다가 단백질을 만드는 데

---

3 비교를 하기 위해서, 우리는 세포의 부피와 유전체의 크기는 물론, 세포의 대사율까지 알아야 했다. 이런 종류의 비교에서 50종의 세균과 20종의 진핵생물은 많은 것이 아니라고 생각한다면, 각각의 세포 유형에 대해서 이런 종류의 정보를 입수하는 일이 얼마나 어려울지를 감안해주기를 바란다. 유전체의 크기나 세포의 부피에 대한 정보 없이 대사율만 측정되거나 그 반대인 경우는 수없이 많다. 그렇지만 문헌에서 우리가 추출한 값들은 꽤 신뢰할 만하다고 자신한다. 만약 자세한 계산에 관심이 있다면, 레인과 마틴의 논문 (2010)을 보라.

에는 비용이 대단히 많이 든다. 아미노산 가닥으로 이루어진 단백질은 대개 수백 개의 아미노산이 "펩티드(peptide)" 결합으로 길게 이어져 있다. 각각의 펩티드 결합을 연결하려면, DNA에서 뉴클레오티드를 중합하는 데에 필요한 ATP의 다섯 배인 최소 5개의 ATP가 필요하다. 그 다음 수천 개의 복사본을 통해서 만들어진 각각의 단백질은 닳거나 찢어진 부분을 수리하기 위해서 끊임없이 교체된다. 얼핏 생각하면, 세포의 에너지 비용은 거의 단백질 생산 비용이다. 단백질은 저마다 다른 유전자에 암호화되어 있다. 모든 유전자가 단백질로 번역된다고 가정하면(유전자 발현에 차이가 있지만 일반적으로는 그렇다), 유전자가 많은 유전체일수록 단백질 합성 비용이 증가한다. 이것은 리보솜(세포 내 단백질 합성 공장)의 수를 세는 간단한 방법으로 쉽게 증명이 된다. 리보솜의 개수는 합성되는 단백질의 양과 직접적인 상관관계가 있기 때문이다. 대장균 같은 평균적인 세균에는 약 1만3,000개의 리보솜이 있는 반면, 간 세포에는 최소 1,300만 개의 리보솜이 있어서 1,000-1만 배의 차이가 난다.

평균적으로 세균은 약 5,000개, 진핵생물은 2만 개의 유전자를 가지고 있는데, 특히 호수에 서식하는 친숙한 진핵생물인 짚신벌레(우리보다 두 배 더 많은 유전자를 가지고 있다)처럼 큰 원생생물의 경우에는 유전자의 수가 4만 개에 이르기도 한다. 평균적인 진핵생물은 유전자당 에너지가 평균적인 원핵생물에 비해 1,200배 더 많다. 만약 5,000개의 유전자를 가진 세균 유전체를 2만 개의 유전자를 가진 진핵생물 크기의 유전체로 확대시키면, 이 세균의 유전자당 에너지는 평균적인 진핵생물의 유전자당 에너지에 비해 거의 5,000분의 1로 줄어든다. 이것은 진핵생물이 세균보다 5,000배 더 큰 유전체를 지탱할 수 있다는 뜻이거나, 각각의 유전자가 발현될 때에 5,000배 더 많은 ATP를 사용해서 더 많은 단백질 복사본을 만들 수 있다는 뜻이다. 아니면 둘 다를 뜻할 수도 있는데, 사실 이것이 이치에 맞다.

진핵생물이 1만5,000배 더 크다는 것이 대수롭지 않은 문제라고 생각할 수도 있다. 크기가 더 커지면 무엇인가로 더 채워야 하며, 그 무엇인가는 주로 단백질이다. 이런 비교는 세포의 부피도 보정해야 의미가 있다. 우리의 세균을 평균적인 진핵세포 크기까지 확대시킨 다음, 이제 유전자 하나당 에너지 이용량을 계산해보자. 아마 세균의 크기가 커지면 ATP의 양도 더 증가할 것이라고 생각할 것이다. 실제로도 증가한다. 그러나 단백질 합성에 대한 요구도 더 증가하므로, ATP 소비도 더 늘어난다. 전체적인 균형은 이런 요인들 사이의 상호관계에 의해서 결정된다. 우리의 계산 결과에 따르면, 크기를 키우려는 세균이 지불해야 하는 대가는 실로 엄청났다. 세균에게 크기는 중요한 문제이며, 크다고 더 좋은 것은 아니다. 이와 대조적으로, 거대 세균은 같은 크기의 진핵생물에 비해 유전자당 에너지가 20만 배 더 적어야 한다. 그 이유는 다음과 같다.

세균의 크기를 키우면 곧바로 표면적 대 부피의 비율과 관련된 문제가 발생한다. 진핵생물은 보통의 세균보다 부피가 평균적으로 1만5,000배 더 크다. 문제를 단순화하기 위해서 세포가 공 모양이라고 가정해보자. 우리의 세균을 진핵세포만 하게 키우려면, 반지름은 25배, 표면적은 625배 더 증가시켜야 할 것이다.[4] ATP 합성이 막에서 일어나기 때문에 이것은 중요한 문제이다. 그 결과 ATP 합성도 625배 더 넓어진 막을 따라서 625배 증가할 것으로 추산된다.

그러나 당연히 ATP 합성에는 단백질이 필요하다. 막 너머로 양성자를

---

4 구의 부피는 반지름의 세제곱에 비례하고, 표면적은 반지름의 제곱에 비례한다. 따라서 구의 반지름이 증가하면, 부피는 표면적에 비해서 훨씬 더 많이 증가한다. 그로 인해서 세포에서는 부피에 비해 표면적이 작아지는 문제가 생긴다. 이 문제의 해결에는 형태 변화가 도움이 된다. 이를테면 세균 중에는 막대 모양이 많은데, 이런 모양은 부피에 비해 표면적을 더 넓혀준다. 그러나 크기가 수십만 배 이상 증가하면, 이런 형태 변화도 거의 도움이 되지 않는다.

능동적으로 퍼내는 호흡연쇄와 양성자의 흐름을 ATP 합성의 동력으로 활용하는 분자 터빈인 ATP 합성효소가 바로 이런 단백질이다. 만약 세포막의 표면적이 625배 증가하면, ATP 합성은 625배만 증가할 수 있을 것이다. 전체 호흡연쇄와 ATP 합성효소의 수는 늘어나도, 단위면적당 농도는 변함이 없기 때문이다. 분명한 사실이기는 하지만, 이것은 아주 위험한 추론이다. 추가적인 단백질은 모두 물리적으로 합성되어 막에 삽입되어야 한다. 이를 위해서는 리보솜과 온갖 종류의 조립인자가 필요하다. 게다가 리보솜과 조립인자 역시 합성되어야 하는 단백질이다. 아미노산은 RNA를 통해서 리보솜으로 전달되어야 하며, 이에 필요한 단백질과 유전자도 모두 만들어져야 한다. 이런 추가적인 활동을 뒷받침하기 위해서는 확장된 막에 더 많은 양분이 전달되어야 하는데, 이를 위해서는 특별한 수송 단백질이 필요하다. 사실 새로운 막을 만들려고 해도 지질 합성효소가 필요하며, 이렇게 줄줄이 이어진다. 해일처럼 밀려드는 이런 엄청난 작업량은 하나의 유전체로는 감당할 수가 없다. 생각해보자. 리보솜과 단백질과 RNA와 지질을 625배 더 많이 생산해서 훨씬 더 넓어진 세포 표면 전체에 전달하는 일을 작은 유전체 하나가 홀로 담당해야 하는 것이다. 도대체 무엇을 위해서 이렇게까지 하는 것일까? 단지 단위면적당 ATP 합성 속도를 예전처럼 유지하기 위해서이다. 간단히 말하면 이것은 불가능하다. 만약 어떤 도시의 규모가 625배 커지면서, 학교와 병원과 상점과 놀이터와 재활용 센터 따위가 새로 들어선다고 상상해보자. 이를 책임지는 지방 정부가 예전과 동일한 적은 예산으로 이 모든 편의시설을 꾸려나가기란 거의 불가능할 것이다.

세균의 성장 속도와 유전체를 간소화함으로써 얻은 이득을 생각할 때, 세균은 각각의 유전체에서의 단백질 합성이 이미 한계점에 근접했을 가능성이 크다. 전체적인 단백질 합성이 625배 증가하면, 정확히 같은 방식으로 작동하는 유전체 복사본을 625개 요구하는 것이 가장 합리적인 대응법일 것이다.

얼핏 생각하면 말도 안 되는 소리처럼 들릴 수도 있겠지만, 사실은 그렇지 않다. 이 문제는 잠시 후에 다시 다룰 것이다. 지금은 에너지 비용만 생각하자. ATP가 625배 더 많아졌어도, 625배 더 많아진 유전체를 유지하려면 유전체마다 그에 해당하는 비용이 든다. 수세대에 걸쳐 엄청난 에너지를 들여 진화되어야 하는 정교한 세포내 수송체계가 없는 상태에서, 각각의 유전체가 그에 해당하는 "세균" 부피의 세포질과 세포막 등을 담당할 것이다. 625배로 커진 이 세균은 하나의 세포라기보다는 625개의 똑같은 세포가 하나로 합쳐진 연합체로 보는 것이 옳을 것이다. "유전자당 에너지"는 이 연합체를 구성하는 각각의 단위세포에도 정확히 똑같이 적용된다. 따라서 표면적을 늘리는 것은 에너지 측면에서 전혀 이득이 없다. 확대된 세균은 진핵생물에 비해서 중대한 단점을 안고 있다. 진핵생물은 "보통" 세균에 비해 에너지가 5,000배 더 많다는 사실을 다시 떠올려보자. 세균의 표면적을 625배 늘리는 것이 유전자당 에너지 효용성에 아무런 영향이 없다면, 세균의 에너지 효용성은 진핵생물에 비해 5,000배 낮은 상태일 것이다.

게다가 이것이 끝이 아니다. 우리는 세균의 이득과 에너지 비용을 625배 증가시키면서 세포의 표면적을 625배 키웠다. 그러면 세포 내부의 부피는 어떨까? 부피는 무려 1만5,000배가 증가한다. 지금까지 우리가 생각한 세포는 내부가 물질대사의 측면에서 정의되지 않은 거대한 기포 같은 것이어서 세포 내부의 에너지 요구량은 0이었다. 대사적으로 불활성인 거대한 액포가 세포의 내부를 채우고 있다면, 실제로 그럴 수도 있다. 하지만 그런 경우라면 우리의 확대된 세균은 진핵생물과 비교할 수 없을 것이다. 진핵생물은 1만5,000배 더 클 뿐만 아니라 복잡한 생화학 장치가 가득 들어차 있기 때문이다. 이런 장치들은 주로 단백질로 만들어져서 비슷한 에너지 비용이 든다. 이 단백질을 모두 계산에 넣을 때에도 같은 주장이 적용된다. 세포의 부피가 1만5,000배 증가하려면 유전체의 총량도 얼추 비슷하게 증가해야 한다. 그러나 ATP의 합성은 이에 비례해서 증가할 수 없다. 우리가 이미 고찰한 바와 같이, ATP 합성은 세포막의 표면적에 의해서 결정된다. 따라서 세균의 크기를 평균적인 진핵생물의 크기로 확대시키면, ATP 합성은 625배 증가하지만 에너지 비용은 1만5,000배 증가하므로, 유전자 하나당 이용할 수 있는 에너지양은 25분의 1로 감소할 것이다. 이를 (유전체 크기를 보정한 후의) 유전자당 에너지 차이인 5,000분의 1과 곱하면 12만5,000분의 1이 된다. 이는 유전체 크기와 세포의 부피가 같을 때, 거대 세균은 진핵생물에 비해 유전자당 에너지가 12만5,000분의 1에 불과하다는 것을 의미한다. 이것은 평균적인 진핵생물의 경우이다. 아메바 같은 거대한 진핵세포는 거대한 세균에 비해서 유전자당 에너지가 20만 배 이상 크다. 여기서 우리의 수치가 나온 것이다.

어쩌면 이것이 아무 의미도 없는 시시한 숫자 놀음이라고 생각할지도 모르겠다. 솔직히 고백하자면 나도 그런 점을 걱정했다. 이런 수치들은 무척 의심스럽기 때문이다. 그러나 이렇게 학설을 세우면 적어도 명확한 예측을 할 수 있다. 거대 세균은 유전체 전체의 복사본이 수천 개가 있어야 할 것이다. 이런 예측은 쉽게 확인이 가능하다. 세상에는 거대한 세균이 흔치는 않지만 분명히 존재하기 때문이다. 현재까지 2종의 거대 세균이 자세히 연구되어 있다. 에풀로피스키움(*Epulopiscium*)은 산소가 없는 양쥐돔(surgeonfish)의 후장(hind gut)에만 서식하는 것으로 알려져 있다. 이 세균은 전함 같은 세포이다. 길이 0.5밀리미터의 길고 유선형인 이 세균은 육안으로 보일 정도이며, 짚신벌레를 포함한 대부분의 진핵생물 세포보다 훨씬 더 크다(그림 23). 에풀로피스키움이 이렇게 큰 이유는 알려져 있지 않다. 티오마르가리타(*Thiomargarita*)는 크기가 더 크다. 티오마르가리타는

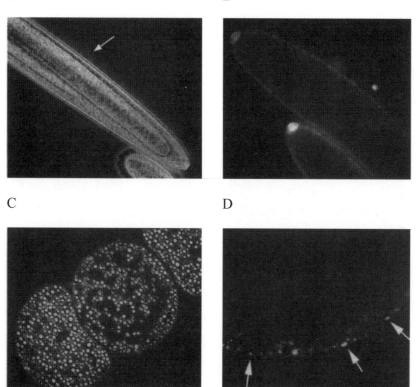

A   B

C   D

그림 23 "극심한 배수성"을 나타내는 거대 세균

A 거대 세균인 에풀로피스키움. 화살표가 가리키는 것은 비교를 위한 "전형적인" 세균인 대장균이다. 그림 아래쪽 중앙에 있는 세포는 진핵 원생생물인 짚신벌레이다. 에풀로피스키움에 비해서 왜소하다. B DAPI로 DNA를 염색한 에풀로피스키움. 세포막 근처에 있는 흰 점들은 완전한 유전체의 복사본이다. 크기가 큰 세포는 무려 20만 개의 유전체 복사본을 가지는 "극심한 배수성"을 나타낸다. C 에풀로피스키움보다 더 커서 지름이 0.6밀리미터에 달하는 세균인 티오마르가리타. D DAPI로 DNA를 염색한 티오마르가리타. 현미경 사진에서 위쪽의 검은 부분은 세포의 대부분을 차지하고 있는 거대한 액포이다. 액포의 주위를 얇은 막처럼 둘러싸고 있는 세포질에는 2만 개에 이르는 완전한 유전체의 복사본이 들어 있다(흰색 화살표로 표시된 부분).

지름이 거의 1밀리미터에 달하는 구형 세포로, 세포의 대부분이 거대한 액포로 이루어져 있다. 세포 하나가 초파리 머리만 한 세균인 것이다! 티오마르가리타는 용승류(湧昇流)에 의해서 주기적으로 질산염이 풍부해지는 바닷물 속에 산다. 이 세균은 호흡을 할 때에 전자 수용체로 활용되는 이런 질산염을 액포에 모아둠으로써 질산염이 부족한 시기에도 호흡을 계속할 수 있다. 그러나 중요한 점은 에풀로피스키움과 티오마르가리타는 둘 다 "극심한 배수성(polyploidy)"을 나타낸다는 것이다. 다시 말해서, 이 세포들은 유전체 전체에 대한 복사본을 수천, 수만 개씩 가지고 있다는 뜻이다. 에풀로피스키움은 20만 개의 복사본이 있으며, 티오마르가리타는 (세포의 대부분이 거대한 액포로 이루어져 있음에도) 1만8,000개의 복사본을 가지고 있다.

갑자기 1만5,000개의 유전체라는 신소리가 그렇게 황당하지만은 않은 이야기가 되었다. 유전체의 수뿐만 아니라 그 분포까지도 가설에서 예측한 것과 일치한다. 두 경우 모두, 유전체들이 세포막과 가까운 세포의 주변부에 위치하고 있다(그림 23). 세포의 중심부는 물질대사가 활성화되어 있지 않다. 티오마르가리타의 경우에는 액포뿐이고, 에풀로피스키움의 경우에는 새로운 딸세포를 위한 산란장으로 쓰이는 거의 빈 공간이다. 세포 내부가 물질대사 면에서 비활성이라는 사실은 단백질 합성 비용을 아낄 수 있으므로 세포 내부에는 추가의 유전체가 없어도 된다는 것을 의미한다. 이는 이론상으로는 거대 세균이 보통의 세균과 유전자당 에너지가 얼추 비슷해야 한다는 뜻이기도 하다. 추가된 유전체는 저마다 더 연관된 생체 에너지 막이 있으며, 각각의 생체 에너지 막에서는 각각의 추가 유전자 복사본을 지탱하는 데에 필요한 추가 ATP를 모두 생산할 수 있다.

그리고 실제로도 그런 것으로 보인다. 이 세균들의 대사율은 전문가들에 의해서 측정되었고, 우리는 유전체 복사본의 총수를 알고 있었다. 따라

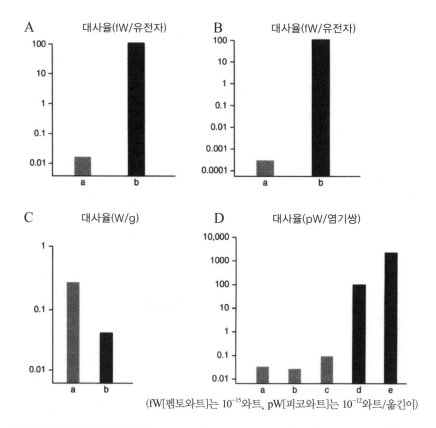

(fW[펨토와트]는 10^{-15}와트, pW[피코와트]는 10^{-12}와트/옮긴이)

그림 24 세균과 진핵생물의 유전자당 에너지

A는 유전체의 크기가 같을 때, 세균(a, 회색 막대)과 단세포 진핵생물(b, 검은색 막대)의 유전자당 평균 대사율을 비교한 그래프이다. B도 비슷하지만, 이번에는 유전체의 크기뿐 아니라 세포의 부피(진핵생물이 1만5,000배 더 크다)도 같을 때를 보여준다. 그래프에서 Y축의 눈금이 10배씩 증가하는 로그 비율이라는 점에 유의하자. 따라서 단세포 진핵생물은 세균보다 세포 1그램당 호흡은 약 3배 더 느려도, 유전자당 에너지는 10만배 더 많다(C). 이 수치들은 측정된 대사율을 토대로 했지만, 유전체 크기와 세포 부피는 이론적으로 보정한 것이다. D는 이 가설이 실제 상황과 잘 맞아떨어진다는 것을 보여준다. 이 그래프는 유전체의 크기, 복사본의 수(배수성), 세포의 부피를 고려해서 유전체 하나에 대한 대사율을 나타낸 것이다. 그래프에서 a는 대장균, b는 티오마르가리타, c는 에풀로피스키움, d는 유글레나, e는 거대 아메바인 아메바 프로테우스(*Amoeba proteus*)이다.

서 우리는 유전자당 에너지를 바로 계산할 수 있었다. 결과는 놀라웠다! 이 세균들의 대사율은 평범한 세균인 대장균과 비슷했다(자릿수가 같다). 크기 증가로 거대 세균이 어떤 이득을 얻고 어떤 대가를 치르는지는 몰라도, 에너지 측면에서는 이득이 없었다. 이 세균들의 유전자당 에너지는 진핵생물의 5,000분의 1로, 예측과 정확히 일치했다(그림 24). 이 차이가 20만 배가 아니라는 점에 주목하자. 거대 세균은 내부가 아닌 주변부에 다수의 유전체를 배치하기 때문이다. 물질대사가 거의 일어나지 않는 거대 세균의 내부는 세포분열 시에 큰 문제가 되며, 이런 문제는 이 세균들이 번성하지 못하는 이유를 이해하는 데에 도움이 된다.

세균과 고세균은 지금 그대로의 모습에 만족한다. 작은 유전체를 가지고 있는 작은 세균은 에너지 측면에서 부족함이 없다. 문제는 우리가 세균을 진핵생물의 크기로 확대하려고 할 때에만 드러난다. 진핵생물처럼 유전체의 크기와 에너지 효용성이 커지는 것이 아니라 유전자당 에너지가 오히려 줄어들어서 격차가 엄청나게 벌어진다. 세균은 유전체의 크기를 확장시킬 수도, 온갖 새로운 기능이 암호화된 수천 개의 새로운 유전자를 축적할 수도 없다. 이런 것들은 모두 진핵생물의 특징이다. 결국 세균은 하나의 거대한 핵 유전체를 진화시키기보다는, 규격에 맞는 작은 세균 유전체의 복사본 수천 개를 비축하게 된 것이다.

진핵생물은 크기의 굴레에서 어떻게 빠져나왔는가

어떻게 진핵생물은 똑같은 규모의 문제에서 발목을 잡히지 않고 복잡해졌을까? 그 차이는 미토콘드리아에 있다. 진핵생물이 고세균 숙주세포와 세균 공생체 사이의 유전적 키메라에서 기원했다는 것을 떠올려보자. 계통학적 증거는 이 시나리오와 들어맞지만, 그 자체로는 충분한 증명이 되지 않았다는 이야기도 했다. 그러나 세균에 가해진 극심한 에너지 제약은 복잡한 생명체의 키메라적 기원에 대한 요건을 거의 드러낸다. 내가 주장하고 싶은 것은 원핵생물들 사이의 세포내 공생만이 세균과 고세균의 에너지 제약을 벗어날 수 있게 해주었다는 것, 그리고 원핵생물들 사이의 이런 세포내 공생이 진화에서 극히 드물다는 것이다.

세균은 자율적으로 자기 복제를 하는 존재, 즉 세포이다. 반면 유전체는 그렇지 않다. 거대한 세균은 커지기 위해서는 유전체 전체를 수천 번 복제해야 한다는 문제에 직면한다. 각각의 유전체는 완벽하게, 아니 거의 완벽하게 복제된다. 그러나 그런 다음에는 그 자리에 매여서 그 일에만 매달린다. 단백질은 유전자를 전사하고 번역하는 일을 시작할 것이다. 숙주세포는 단백질과 물질대사의 활발한 작용으로 분열이 일어날 것이다. 그러나 유전체 자체는 완전히 비활성이다. 컴퓨터의 하드디스크처럼 스스로를 복제할 수 없다.

이것은 무슨 차이를 만들까? 이것은 세포 내 모든 유전체 복사본이 본질적으로 서로 똑같다는 것을 의미한다. 유전체들 사이의 차이는 자연선택의 대상이 아니다. 유전체는 자기 복제를 하는 존재가 아니기 때문이다. 같은 세포 내의 다른 유전체 사이에 나타난 차이는 잡음이 그렇듯이 여러 세대를 거치면서 잠잠해질 것이다. 그러나 세균들 사이에 경쟁이 일어날 때는 무슨 일이 벌어지는지 생각해보자. 만약 한 세포주(細胞株)가 다른 세포주들보다 두 배 더 빠르게 복제된다면, 그 세포주는 세대를 거듭할수록 장점을 더 배가시키면서 기하급수적으로 더 빠르게 늘어날 것이다. 빠르게 성장하는 세포주는 불과 몇 세대 만에 개체군 내의 대다수를 차지할 것이다. 이 정도로 엄청나게 유리한 성장 속도는 거의 꿈같은 이야기이지만, 세균은 대단히 빠르게 성장하기 때문에 성장 속도에 나타나는 작은 차이만으로도 몇 세대 후에는 개체군 조성에 뚜렷한 영향을 미칠 수 있다. 세균은 하루에 70세대가 지날 수도 있다. 인간의 수명으로 따지면, 동틀 무렵이 예수의 탄생일 정도로 아득한 옛날이 되는 것이다. 성장 속도는 유전체에서 약간의 DNA 결실(缺失)만 일어나도 변화할 수 있다. 이런 결실의 예로는 더 이상 쓸모가 없는 유전자의 상실이 있다. 그 유전자가 훗날 다시 필요하게 될지는 중요하지 않다. 유전자를 잃은 세포는 복제 속도가 조금 더 빨라질 것이고, 며칠 만에 집단 내에서 우위를 차지하게 될 것이다. 쓸모없는 유전자를 유지하는 세포들은 서서히 사라진다.

그러다가 다시 환경이 바뀐다. 쓸모없던 유전자가 다시 중요해진다. 세포들은 버렸던 유전자를 유전자 수평 이동으로 다시 획득하지 못하면, 더 이상 성장할 수 없다. 세균 집단은 이렇게 끊임없이 돌고 도는 유전자의 상실과 획득이라는 역학의 지배를 받는다. 시간이 흐를수록 유전체의 크기는 실현 가능한 가장 작은 크기로 안정되는 반면, 각 세포들이 이용하는 "메타 유전체(metagenome : 개체군 전체와 이웃한 개체군까지도 아우르는 통합 유전자 풀)"는 훨씬 더 거대해진다. 하나의 대장균 세포에는 약 4,000개의 유전자가 있지만, 메타 유전체의 유전자 수는 1만8,000개에 이른다. 이 메타 유전체에서 유전자를 획득할 때에는 엉뚱한 유전자나 돌연변이 유전자나 기생 유전자를 선택할 위험이 수반된다. 그러나 시간이 흐르는 동안 이 전략은 성과를 거둔다. 자연선택에 의해서 적합하지 않은 것은 제거되고 운 좋은 승자가 모든 것을 차지하기 때문이다.

이제 세포내 공생체 세균 집단을 생각해보자. 소수가 제한된 공간 내에 살고 있기는 하지만, 이들 역시 세균 집단일 뿐이므로 동일한 일반 원리가 적용된다. 불필요한 유전자를 잃은 세균은 복제가 조금 더 빨라서 예전에 비해 우위를 차지하는 경향이 있을 것이다. 중요한 차이는 환경의 안정성이다. 조건이 시시각각 변하는 드넓은 바깥세상과 달리, 세포질은 대단히 안정된 환경이다. 살아남아서 그곳을 차지하기는 쉽지 않지만, 일단 자리를 잡으면 필요한 양분을 안정적으로 공급받을 수 있다. 자유롭게 살아가는 세균들 사이에서 끊임없이 유전자의 상실과 획득을 반복하는 쳇바퀴를 벗어나, 유전자를 버리고 유전적 간소화로 향하는 궤적을 따라가는 것이다. 필요 없는 유전자는 결코 다시 필요하지 않을 것이다. 세포내 공생체는 유전자를 아주 버릴 수 있다. 그 결과 유전체는 축소된다.

　나는 원핵생물 사이에는 세포내 공생이 대단히 드물다고 말했다. 원핵생물은 다른 세포를 식작용을 통해서 집어삼킬 수 없기 때문이다. 그러나 두어 종의 세균에서 세포내 공생의 사례가 알려져 있으므로(그림 25), 아주 드물게는 식작용 없이도 세포내 공생이 분명히 일어날 수 있다. 식작용과 관련해서는 세균과 별로 다를 바 없는 일부 균류도 세포내 공생체를 가지고 있는 것으로 알려져 있다. 그러나 식작용을 하는 진핵생물은 세포내 공생체를 가지는 경우가 많으며, 수백 가지의 사례가 알려져 있다.[5] 이 세포내 공생체들은 일반적으로 공통된 궤적을 따라가다가 유전자를 상실한다. 가장 작은 세균 유전체는 대개 세포내 공생체에서 발견된다. 이를테면, 나폴레옹의 군대에 재앙을 안겨준 티푸스의 원인균인 리케차(*Rickettsia*)의 유전체 크기는 1메가염기쌍이 조금 넘는다. 대장균 유전체의 4분의 1에 불

5 원핵생물이 식작용을 통해서 다른 세포를 집어삼킬 수 없다는 사실은 종종 숙주세포가 "반드시" 일종의 "원시적인" 식세포여야 하는 이유로 소환되곤 한다. 이런 추론에는 두 가지 문제점이 있다. 첫째는 이것이 사실이 아니라는 것이다. 드물지만 원핵생물의 몸속에서 살아가는 세포내 공생체의 사례가 있다. 두 번째 문제는 세포내 공생체가 진핵생물에 흔한 것은 맞지만 미토콘드리아 같은 세포소기관이 일상적으로 생기지는 않는다는 점이다. 사실, 이런 사례는 미토콘드리아와 엽록체 외에는 알려진 바가 없다. 수천, 수만 번의 기회가 (확실히) 있었는데도 말이다. 진핵세포의 기원은 단발의 사건이었다. 제1장에서 지적했던 것처럼, 왜 이 사건이 단 한 번뿐이었는지를 명확히 밝힐 적절한 설명이 반드시 나와야 한다. 그 설명은 믿을 수 있을 만큼 충분히 설득력이 있겠지만, 왜 그런 일이 여러 번 일어나지 않았는지에 대한 궁금증을 말끔히 해소하지는 못할 것이다. 원핵세포 사이의 세포내 공생은 드물지만, 진핵생물 기원의 특이성을 설명하지 못할 만큼 드물지는 않다. 그러나 원핵생물 사이의 세포내 공생으로 얻은 막대한 에너지의 보상은 생활 주기의 조화라는 중대한 어려움(이에 관해서는 다음 장에서 다룰 것이다)과 결합될 때에만 진화의 특이성을 설명할 수 있다.

A

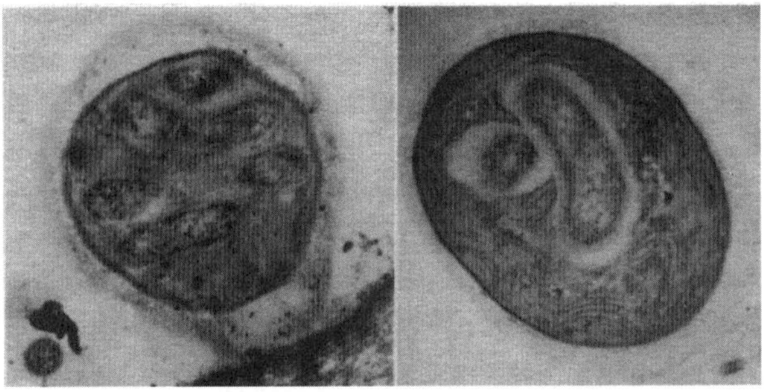

B

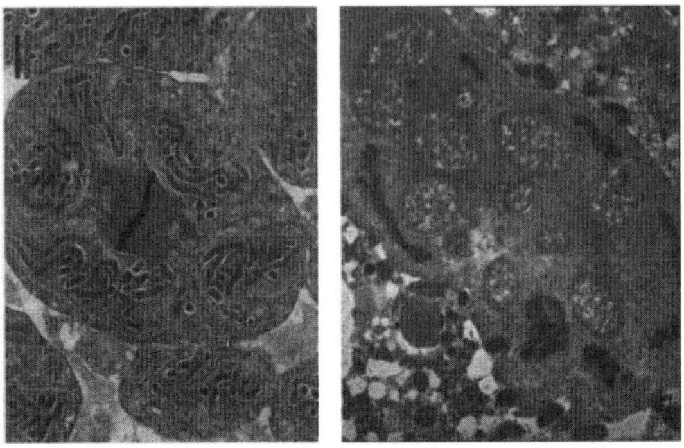

그림 25 다른 세균의 몸속에 사는 세균

A 남세균의 몸속에 사는 세균 집단. 오른쪽 세포의 내부에 있는 구불구불한 막은 남세균에서 광합성이 일어나는 장소인 틸라코이드(thylakoid) 막이다. 세포를 둘러싸고 있는 진한 선은 반투명한 젤리 같은 피막으로 싸여 있는 세포벽이다. 이 세포내 세균을 둘러싸고 있는 밝은 부분은 식포(phagocytic vacuole)로 오해를 받기도 하지만, 세포벽을 가지고 있는 세포 중에서 식작용을 통해서 다른 세포를 집어삼킬 수 있는 세포는 없기 때문에 아마 수축으로 인한 구조일 것이다. 이 세균들이 어떻게 남세균의 몸속으로 들어 갔는지는 알 길이 없다. 그러나 그 세균들이 거기에 있다는 것은 분명한 사실이므로, 자유생활을 하는 세균의 몸속에 다른 세균이 들어가는 일도 비록 드물기는 하지만 분명히 가능한 일이다. B 숙주세포인 베타-프로테오박테리아의 몸속에 살고 있는 감마-프로테오박테리아 집단. 이 세균들은 다세포 진핵생물인 깍지벌레(mealybug)의 세포 속에 살고 있다. 왼쪽 중앙의 (핵에서 체세포 분열이 일어나고 있는) 세포는 6개의 세균 세포내 공생체를 가지고 있다. 각각의 세포내 공생체에는 막대 모양의 세균이 여러 개씩 들어 있는데, 오른쪽 그림은 이 막대 모양의 세균을 확대한 것이다. 이 경우는 남세균의 사례보다 흥미가 조금 덜하다. 진핵세포 내에서의 동거는 자유생활을 하는 숙주세포와 같지 않기 때문이다. 그럼에도 두 경우는 식작용 없이도 세균들 사이에서 세포내 공생이 일어날 수 있다는 것을 보여준다.

과한 크기이다. 나무이(jumping plant louse)의 세포내 공생체인 카르소넬라 (Carsonella)의 유전체 크기는 지금까지 알려진 것 중 가장 작은 200킬로염기쌍으로, 일부 식물의 미토콘드리아 유전체보다도 더 작다. 우리는 원핵생물 내 세포내 공생체의 유전체 상실에 관해서 아는 바가 거의 없지만, 그세포내 공생체가 다른 행동을 보일 것이라고 추측할 이유는 전혀 없다. 확실히 그들도 거의 비슷한 방식으로 유전자를 잃었을 것이라고 확신할 수있다. 어쨌든 미토콘드리아도 한때는 고세균 숙주세포의 몸속에 살던 세포내 공생체였다.

유전자 상실은 엄청난 차이를 만든다. 유전자가 줄어들면 복제 속도가 빨라지기 때문에 세포내 공생체에게 이득이다. 그밖에 ATP를 줄일 수도있다. 간단한 사고실험을 해보자. 100개의 세포내 공생체를 가지고 있는 숙주세포를 상상해보자. 각각의 세포내 공생체는 평범한 세균에서 시작해서 점차 유전자를 잃어간다. 지극히 평범한 유전자 4,000개짜리 세균 유전체에서 시작해서 유전자를 200개(5퍼센트)씩 잃어간다고 해보자. 아마 맨먼저 세포벽 합성 관련 유전자를 잃게 될 것이다. 숙주세포의 몸속에서 살아가면 더 이상 세포벽이 필요 없기 때문이다. 이 200개의 유전자에 암호화되어 있는 단백질을 합성하기 위해서는 에너지를 비용을 치러야 한다. 단백질을 만들지 **않음으로써** 절감되는 에너지 비용은 얼마일까? 세균의 단백질은 대개 250개의 아미노산으로 구성되어 있고, 개개의 단백질은 평균 2,000개씩 만들어진다. 펩티드 결합(아미노산을 서로 이어준다)은 하나당약 5ATP의 비용이 든다. 따라서 100개의 세포내 공생체에서 200개의 단백질을 2,000개씩 만들기 위한 총 ATP 비용은 500억 ATP가 된다. 만약 이 에너지 비용이 한 세포의 생활주기 동안 발생하고 그 세포가 24시간마다 분열한다면, 단백질 합성에 드는 비용은 초당 58만 ATP가 될 것이다! 반대로, 그 단백질을 만들지 않으면 이 만큼의 ATP가 절감될 것이다.

이 ATP가 다른 어딘가에 쓰여야 할 불가피한 이유도 당연히 없다(그러나 몇 가지 가능성 있는 이유가 있는데, 이에 관해서는 나중에 다시 살펴볼 것이다). 그래도 만약 **쓰인다면**, 세포에 어떤 변화를 가져올지 생각해보자. 진핵생물을 세균과 차별화하는 비교적 단순한 요소들 중 하나는 역동적인 세포골격이다. 세포골격은 세포를 개조할 수 있고, 운동을 하거나 세포 내로 물질을 수송하는 과정에서 형태를 바꿀 수 있게 해준다. 진핵생물 세포골격의 주성분은 액틴(actin)이라는 단백질이다. 초당 58만 개의 ATP로는 얼마나 많은 액틴을 만들 수 있을까? 액틴은 단량체들(monomers)이 사슬 형태로 결합되어 이루어진 일종의 섬유로, 두 개의 사슬이 서로 꼬여서 액틴 섬유를 형성한다. 각각의 단량체는 374개의 아미노산으로 이루어져 있고, 2 × 29개의 단량체가 모여 액틴 섬유 1마이크로미터가 된다. 펩티드 결합 하나당 소비되는 ATP의 양이 같을 때, 액틴 1마이크로미터당 필요한 ATP의 총량은 13만1,000개이다. 이론상으로는 절감된 ATP로 매초 약 4.5마이크로미터의 액틴을 만들 수 있는 것이다. 이것이 어느 정도인지 감이 잘 오지 않는다면, 일반적으로 세균의 길이가 약 2마이크로미터라는 것을 생각하자.[6] 따라서 세포내 공생체의 유전자 상실(전체 유전자의 불과 5퍼센트)로 인해서 절감된 에너지는 역동적인 세포골격을 충분히 지탱할 수 있으며, 실제로도 그랬다. 주목해야 할 것은, 100개라는 세포내 공생체의 수는 실제보다 적게 추산한 것이라는 점이다. 일부 거대 아메바는 무려 30만 개의 미토콘드리아를 가지고 있다.

게다가 유전자 상실은 5퍼센트보다 훨씬 더 많이 일어난다. 미토콘드리아는 거의 모든 유전자를 잃었다. 우리의 미토콘드리아에는 불과 13개의

---

6 이 수치를 가늠하기 위해서 비교를 하자면, 일반적으로 동물 세포에서 액틴 섬유가 만들어지는 속도는 분당 1–15마이크로미터이다. 일부 유공충은 속도가 초당 12마이크로미터에 이르기도 한다. 그러나 이것은 액틴을 처음부터 만드는 속도가 아니라, 이미 형성되어 있는 액틴 단량체들을 조립하는 속도이다.

단백질이 암호화된 유전자만 남아 있으며, 다른 모든 동물들도 마찬가지이다. 미토콘드리아가 오늘날의 α-프로테오박테리아와 많이 다르지 않은 조상에서 유래했다고 가정하면, 대략 4,000개의 유전자에서 출발했을 것이다. 진화를 거치면서 미토콘드리아는 유전체의 99퍼센트 이상을 잃었다. 위의 계산에 따라 만약 100개의 세포내 공생체가 유전자의 99퍼센트를 상실했다면, 24시간의 생활 주기를 거치는 동안 절감되는 에너지는 1조 ATP에 육박할 것이다. 초당 1,200만 ATP라는 엄청난 양이다! 그러나 미토콘드리아는 이 에너지를 아껴두지 않는다. 미토콘드리아는 ATP를 생산한다. 미토콘드리아는 자유생활을 하던 조상들처럼 ATP를 생산하지만, 세균으로 살아가는 데에 드는 비용을 크게 줄였다. 사실, 진핵생물의 세포는 수많은 세균의 힘으로 살아가면서 단백질 합성 비용을 아끼고 있다. 더 정확히 말하자면, 단백질 합성 비용을 유용하는 것이다.

미토콘드리아는 유전자의 대부분을 상실했지만, 일부 미토콘드리아 유전자는 핵에 전달되었다(이에 관해서는 다음 장에서 더 알아볼 것이다). 이 유전자 중 일부는 계속 동일한 단백질이 암호화되어 있으며, 예전과 같은 일을 한다. 따라서 그 부분에서는 에너지 절감 효과가 없었다. 그러나 어떤 유전자는 숙주세포와 세포내 공생체 모두에서 더 이상 필요가 없었다. 이 유전자들은 핵에 들어와서 마치 해적처럼 마음대로 기능을 바꾸었지만, 아직까지는 자연선택의 제약을 받지 않았다. 이렇게 쓸모없이 많기만 한 DNA는 진핵생물 진화의 유전적 원료가 된다. 어떤 것들은 유전자군(gene family) 전체가 되어 새롭고 생소한 임무를 담당할 수 있었다. 진핵생물은 세균에 비해서 약 3,000개의 새로운 유전자군을 가지고 있다. 미토콘드리아의 유전자 상실로 인해서 핵은 유전적 비용을 전혀 들이지 않고 새로운 유전자를 축적할 수 있었다. 만약 100개의 세포내 공생체가 저마다 (전체 유전자의 5퍼센트인) 200개의 유전자를 핵에 전달하면, 이론상으로 숙주세포의 핵은 2만 개의 새로운 유전자를 얻게 될 것이다(인간 유전체 전체와 맞먹는 양이다!). 이 유전자들은 온갖 새로운 목적에 쓰일 수 있었을 것이며, 별도의 에너지 비용은 전혀 없었다. 미토콘드리아의 장점은 한마디로 경이로웠다.

두 가지 의문이 남아 있는데, 이 두 가지 의문은 서로 단단히 얽혀 있다. 첫째, 이 주장은 모두 원핵생물의 표면적 대 부피 문제를 토대로 한다. 그러나 남세균 같은 일부 세균은 내막을 기괴하고 복잡하게 구부려 표면적을 극대화함으로써, 생체 에너지 막을 완벽하게 체내에 들일 수 있었다. 왜 세균은 이런 식으로 호흡을 내면화해서 화학삼투 짝반응의 제약을 탈출하지 못했을까? 둘째, 만약 유전자의 상실이 그렇게 중요하다면 왜 미토콘드리아에서는 이 과정을 완료해서 유전체 전체를 잃고 에너지 혜택을 최대화하지 않았을까? 이 의문에 대한 해답은 세균이 40억 년 동안 틀에 박힌 생활을 하는 까닭을 명확히 보여준다.

미토콘드리아—복잡성의 비결

미토콘드리아가 소량의 유전자를 유지하는 이유는 확실하지 않다. 미토콘드리아 단백질이 암호화된 수백 개의 유전자는 진핵생물 진화 초기에 핵에 전달되었다. 이제 미토콘드리아의 단백질 산물은 세포기질(cytosol)에서 만들어진 후에 미토콘드리아로 들어온다. 그러나 호흡 단백질이 암호화된 소량의 유전자들은 변함없이 미토콘드리아에 남아 있다. 왜 그럴까? 일반적인 교재인 『세포 분자생물학(*Molecular Biology of the Cell*)』에는 다음과 같이 쓰여 있다. "미토콘드리아와 엽록체에서 만들어지는 단백질이 세포기질 대신 반드시 그곳에서 만들어져야 하는 설득력 있는 이유를 우리는 알지 못한다." 이 문장은 2008년, 2002년, 1992년, 1983년 개정판에도 똑같이 등장한다. 교재의 저자들이 이 문제에 대해서 실제로 얼마나 생각해보았는지 의심스럽다.

　진핵생물 기원의 관점에서 볼 때, 내게 그 해답은 사소하거나 필연적인 것 중 하나인 것 같다. "사소하다"는 것은 하찮다는 의미가 아니라, 미토콘드리아 유전자가 그곳에 반드시 있어야 하는 생화학적 이유가 없다는 뜻이다. 그 유전자들이 옮겨지지 않은 것은 움직일 수 **없었기** 때문이 아니라 단순히 움직이지 않았기 때문이라는 것이다. 사소한 해답은 유전자들이 미토콘드리아에 **머무르는** 이유를 설명한다. 미토콘드리아 유전자는 모두 핵으로 이동할 수 있었지만, 우연과 선택압의 균형으로 인해서 일부 유전자가 원래 있던 곳에 계속 남아 있다는 것이다. 그밖의 가능성 있는 원인으로는 미토콘드리아 단백질의 소수성과 크기, 유전암호의 소소한 변경 등이 포함된다. 원칙적으로, "사소한" 가설의 주장에 따르면, 미토콘드리아에 남아 있는 유전자는 모두 핵으로 전달될 수 있었고, 비록 필요에 따라 서열을 바꾸기 위해서는 약간의 유전자 조작이 요구되지만 세포는 완벽하게 작동했을 것이다. 어떤 연구자들은 미토콘드리아 유전자의 핵 전달이 노화를 방지할 수 있다는 생각을 기반으로 연구에 몰두하고 있다(이에 관해서는 제7장에서 더 알아볼 것이다). 이것은 어려운 도전으로 점철된 문제로, 흔히 하는 말 속에 담겨 있는 의미의 사소함이 아니다. 여기서 사소하다는 것은 연구자들이 미토콘드리아에 유전자들이 남아 있을 이유가 없다고 믿는다는 뜻이다. 그들이 생각하기에는, 유전자를 모두 핵으로 옮기는 편이 확실히 이롭다. 그들에게 행운이 있기를 빈다.

　나는 그들의 추론에는 동의하지 않는다. "필연적" 가설의 주장은 미토콘드리아에 유전자가 있는 까닭은 필요하기 때문이며, 그 유전자가 없으면 미토콘드리아가 존재할 수 없다는 것이다. 그 유전자들은 이론상으로도 핵으로 옮길 수 없는, 변경 불가능 요소이다. 왜 불가능할까? 내가 보기에 그 해답은 나의 오랜 동료 생화학자인 존 앨런이 내놓았다. 그가 내 친구여서 그의 해답을 믿는 것이 아니다. 오히려 반대로, 우리가 친구가 된 것은 그의 해답을 믿었기 때문이다. 창의성이 풍부한 앨런은 다수의 독창적인 가설을 내놓았고, 수십 년간 그 가설들을 실험해왔다. 그리고 그중에는 우리가 몇 년째 논쟁을 벌이는 것도 있다. 특히 이 경우에는, 미토콘드리아가 (그리고 비슷한 이유에서 엽록체도) 유전자를 유지하는 것이 화학삼투 짝반응을 조절하기 위해서라는 가설을 뒷받침할 탄탄한 증거도 있다. 미토콘드리아에 남아 있는 유전자가 핵으로 이동하면, 새집인 핵에서 그 유전자들을 아무리 세심하게 보살핀다고 해도 세포는 이내 죽게 될 것이라는 것이 그의 주장한다. 미토콘드리아 유전자는 바로 그 자리, 그 유전자들이 이용되는 생체 에너지 막 옆에 있는 것이 옳다는 것이다. 나는 "브론즈 관리자(bronze control)"라는 정치 용어에 관해서 들은 적이 있다.[7] 전시에 중앙 정부는 장기적인 전략을 세우는 골드 관리자(gold control)가 된다. 군 사령부는 실버 관리자(silver control)로서 인력과 무기의 배치를 계획한다. 그러나 현장에서 전쟁의 승패는 브론즈 관리자인 용맹스러운 남녀 군인의 명령에 따라서 결정된다. 그들이야말로 실제로 적과 부딪치고, 전술을 결정하고, 병사들의 용기를 북돋고, 역사에서 위대한 군인으로 기억되는 사람들이다. 미토콘드리아 유전자는 현장에서 의사 결정을 하는 브론즈 관리자인 셈이다.

왜 이런 결정이 필요할까? 제2장에서 우리는 양성자 동력의 엄청난 힘에 관해서 이야기했다. 미토콘드리아 내막은 150-200밀리볼트의 전위차를 가지고 있다. 막의 두께는 불과 5나노미터이기 때문에, 이 전위차는 번개와

---

7 나는 이 용어를 전직 국방부 장관인 존 리드에게서 들었다. 그는 『생명의 도약』을 읽은 후 상원의회의 다과회에 나를 초대했다. 지적 욕구가 왕성한 그에게 설명을 하는 과정에서 미토콘드리아의 분산 조절이 군사적으로 완벽하게 이치에 맞는다는 것이 밝혀졌다.

맞먹는 미터당 3,000만 볼트라는 엄청난 전기장이 된다. 만약 이런 엄청난 전하량을 통제하지 못하면 큰 화를 입을 것이다! 그 화는 단순히 ATP 합성의 손실이 아니다. 물론 이것만으로도 엄청 심각한 문제이기는 하다. 호흡연쇄를 거쳐 산소로 (또는 다른 전자 수용체로) 전자를 제대로 전달하지 못하면, 일종의 단락(short-circuit)이 일어날 수 있다. 그러면 여기서 빠져나온 전자가 산소나 질소와 직접 반응해서 활성화된 "유리기(遊離基, free radical)"를 형성한다. ATP 농도의 감소, 생체 에너지 막의 탈분극, 유리기 누출의 결합은 "예정된 세포 죽음"의 전통적인 유발 요인이다. 앞에서 우리는 예정된 세포 죽음이 단세포 세균에까지 널려 퍼져 있다는 점을 지적했다. 본질적으로 국지적인 조건 변화에 반응할 수 있는 미토콘드리아 유전자는 그 변화가 파국을 불러오기 전에 조심스럽게 막전위를 조절한다. 만약 이런 유전자들을 핵으로 옮긴다면, 미토콘드리아는 막전위를 통제하지 못해서 몇 분 내에 산소 분압(分壓)이나 기질의 이용도에 심각한 변화가 일어나거나 유리기가 누출되어 세포가 죽음에 이르게 될 것이다.

우리는 살아 있기 위해서 끊임없이 숨을 쉬어야 하기 때문에, 횡격막과 가슴과 목구멍의 근육을 미세하게 조절해야 한다. 미토콘드리아 수준으로 내려가면, 미토콘드리아 유전자도 이와 꽤 비슷한 방식으로 호흡을 조절해서 늘 요구사항에 딱 맞는 결과를 확실하게 내놓는다. 그 외에는 미토콘드리아 유전자가 공통적으로 남아 있는 이유를 충분히 설명해주는 것이 없다.

이것은 단순히 미토콘드리아에 남아 있는 유전자에 대한 "필연적" 이유가 아니다. 어디에 있든지 관계없이, 생체 에너지 막 옆에 머물러 있는 모든 유전자에 대한 필연적 이유이다. 호흡을 할 수 있는 모든 진핵생물의 미토콘드리아가 어쩔 수 없이 똑같이 소량의 유전자를 유지하고 있다는 사실은 대단히 놀라운 일이다. 아주 드물게 미토콘드리아 유전자를 모두 잃은 세포도 있는데, 이 경우에는 호흡 능력도 함께 잃었다. 하이드로게노솜과 미토솜은 일반적으로 유전자를 모두 잃었고, 이와 함께 화학삼투 짝 반응의 능력도 모두 잃었다(아케조아에서 발견되는 이 특별한 두 세포소 기관은 미토콘드리아에서 유래했다). 반대로 앞에서 우리가 다루었던 거대 세균들에는 항상 그들의 생체 에너지 막 바로 옆을 지키고 있는 유전자(또는 유전체)가 있다. 내가 보기에 이 사례는 대단히 복잡한 내막(inner membrane)을 가지고 있는 남세균에도 적용된다. 만약 호흡을 조절하기 위해서 유전자가 필요하다면, 비록 크기는 훨씬 더 작아도 남세균 역시 거대 세균과 무척 비슷한 방식으로 유전체 전체를 여러 개 복제해야 할 것이다. 실제로 그랬다. 더 복잡한 남세균은 그들의 유전체 전체를 종종 수백 개씩 복제한다. 이는 거대 세균의 경우처럼 유전자당 에너지 이용량에 제한을 가져온다. 남세균은 한 유전체를 진핵생물의 핵과 같은 규모로 키울 수 없다. 대신 다수의 작은 세균 유전체를 축적하는 수밖에 없다.

그렇다면 세균이 진핵세포만 한 크기로 팽창할 수 없는 이유는 바로 여기에 있다. 단순히 생체 에너지 막을 세포 내에 들이고 세포의 크기를 키우는 것만으로는 효과가 없다. 막 옆에 유전자가 위치해야 하는데, 세포내 공생이 없는 상황이라면 현실적으로 그 유전자는 유전체 전체의 형태가 되어야 한다. 유전자당 에너지라는 측면에서 볼 때, 크기가 더 커져도 아무런 이득이 없는 것이다. 단 세포내 공생을 통해서 크기가 커진 경우는 예외이다. 세포내 공생이 있어야 유전자 소실이 가능하고, 미토콘드리아 유전체의 축소가 핵 유전체를 팽창시키는 동력이 될 수 있다. 그래야만 핵 유전체 크기가 몇 자릿수 이상 커져서 진핵세포 유전체만 한 크기가 될 수 있다.

어쩌면 다른 가능성을 생각할 수도 있을 것이다. 이를테면 수십 개의 유전자들을 운반할 수 있는 반독립적인 고리 모양 DNA인 세균 플라스미드

(bacterial plasmid)를 이용하는 방법이다. 호흡과 관련된 유전자들을 하나의 큰 플라스미드에 담아 여러 개를 복제한 다음, 막 근처에 머물게 하는 방법은 어떨까? 딱히 논리적으로 문제될 것은 없어 보이지만, 이 방법이 과연 효과가 있을까? 내 생각에는 없을 것 같다. 원핵생물에서 몸집이 더 커지는 것은 그 자체만으로는 장점이 되지 못하며, 필요 이상의 ATP를 가지는 것도 마찬가지이다. 작은 세균은 ATP에 부족함이 없다. 몸집이 약간 더 커져서 ATP를 조금 더 얻는 것에는 아무런 이득이 없다. 조금 더 작아져서 그에 걸맞은 작은 ATP를 가지는 편이 훨씬 더 낫고, 그러면 복제 속도도 더 빨라진다. 부피 자체의 증가가 가져오는 두 번째 불이익은 세포의 변두리 지역을 보살필 보급선이 필요하다는 점이다. 큰 세포는 모든 구역에 화물을 수송해야 하며, 실제로 진핵생물의 세포에서는 그런 일이 일어나고 있다. 그러나 이런 수송체계는 하루아침에 진화하지는 않는다. 여러 세대가 걸리기 때문에, 그 사이에 크기 증가로 인한 다른 장점이 있어야 할 것이다. 따라서 플라스미드는 효과가 없을 것이다. 이것은 말 앞에 수레가 놓이는 격이다. 지금까지 분산 문제를 해결할 가장 단순한 방법은 문제를 완전히 우회하는 것이다. 거대 세균에서처럼 유전체 전체의 복사본을 여러 개 만들어서, 저마다 "세균" 부피의 세포질을 조절하게 하는 것이다.

그렇다면 진핵생물은 어떻게 크기라는 올가미를 벗어나서 복잡한 수송체계를 진화시킬 수 있었을까? 다수의 미토콘드리아가 저마다 플라스미드 크기의 유전체를 유지하는 큰 세포와 다수의 플라스미드가 분산되어 호흡을 조절하는 큰 세균의 차이는 무엇일까? 그 해답은 진핵생물의 기원이 ATP와는 관계가 없는 거래였다는 것이다. 이에 관해서는 빌 마틴과 미클로스 뮐러가 최초의 진핵생물에 대한 그들의 가설에서 지적했다. 마틴과 뮐러는 숙주세포와 그들의 세포내 공생체가 물질대사적 영양공생(syntrophy)을 통해서 교환한 것은 에너지가 아니라 성장을 위한 기질이었다고 제안했다. 이들의 수소 가설에 따르면, 최초의 세포내 공생체는 그들의 메탄생성고세균 숙주에게 성장에 필요한 수소를 공급했다. 여기서 세부적인 내용은 중요하지 않다. 중요한 것은 기질(이 경우에는 수소)이 없으면 숙주세포가 전혀 성장할 수 없다는 점이다. 세포내 공생체는 성장에 필요한 기질을 모두 공급한다. 세포내 공생체가 많을수록 기질도 더 많아져서 숙주세포는 더 빠르게 성장할 수 있다. 세포내 공생체에게도 더 좋다. 세포내 공생체의 경우에는 세포가 커질수록 더 많은 세포내 공생체를 수용할 수 있기 때문에 자신에게도 이득이다. 그러면 성장에 필요한 연료도 더 많이 얻을 수 있다. 세포내 공생체들 사이에 자체 수송망이 발달하면 더욱 잘 해낼 것이다. 이것은 말 그대로 말(동력 공급)을 수레(수송) 앞에 놓는 것이다.

세포내 공생체가 유전자를 잃는 동안 자체적인 ATP 요구량도 줄어든다. 여기에 모순이 있다. 세포 호흡을 통해서 ADP에서 ATP가 생산되고, ATP가 다시 ADP로 분해되면서 세포에서 일어나는 일에 동력이 공급된다. ATP가 소비되지 않으면, ADP가 모두 ATP로 전환된 후에는 호흡이 서서히 멈추게 된다. 이런 상황에서는 호흡연쇄에 전자가 축적되어 대단히 "환원된" 상태가 된다(이에 관해서는 제7장에서 더 다룰 것이다). 그러면 산소와 반응해서 유리기가 새어나와 주위의 단백질과 DNA가 손상될 수 있고, 심지어 세포 죽음을 일으키기도 한다. ADP-ATP 수송단백질(transporter)이라는 중요한 단백질의 진화는 숙주세포가 세포내 공생체의 ATP를 빼돌려 자신의 목적에 이용할 수 있게 해주었다. 그러나 이것은 또한 세포내 공생체의 문제도 해결해주었다. 숙주세포는 세포내 공생체에서 남아도는 ATP를 빼오고 ADP를 다시 공급함으로써, 세포내 공생체 내부의 유리기 누출을 막고 손상과 세포 죽음의 위험도 낮추었다. 이것은 역동적인 세포골격 같은 대규모 공사계획을 통해서 ATP를 "연소하는" 것이 숙주세포와 세포내 공생체 모두에게 이익인 까닭을 설명하는 데에도 도움이 된다.[8] 그러나 중요한 것은 세포내 공생관계가 모든 단계마다 이득을 제공했다는 점이다. 크기와 ATP 증가가 아무런 이득이 되지 않는 플라스미드와는 달랐다.

진핵세포의 기원은 단발의 사건이었다. 이곳 지구에서는 40억 년의 진화 과정에서 딱 한번 일어났다. 유전체와 정보라는 측면에서 생각하면, 이 기이한 궤적은 선뜻 이해가 되지 않는다. 그러나 에너지와 세포의 물리적 구조라는 측면에서 생각하면, 이치에 딱 들어맞는다. 우리는 염기성 열수 분출구에서 화학삼투 짝반응이 어떻게 나타났는지, 왜 이것이 세균과 고세균에서는 영원히 보편적으로 남아 있는지를 살펴보았다. 화학삼투 짝반응은 원핵생물이 놀라운 적응력으로 온갖 재주를 부릴 수 있게 해주었다. 이런 요소들은 다른 행성에서도 암석과 물과 CO_2만으로 충분히 생명의 출발점에 이르도록 해줄 것이다. 이제 우리는 아주 오랜 시간 동안 무수히 많은 세균 집단에 자연선택이 작용해도 진핵세포처럼 크고 복잡한 세포가 왜 만들어질 수 없는지도 안다. 우리가 알고 있는 진핵생물은 아주 드물고 우연한 세포내 공생을 통해서 만들어진 예외이다.

복잡한 생명체를 향해 나아가는 고유의 궤적이나 보편적 궤도 같은 것은 없다. 우주는 우리 자신의 생각이 깃들어 있는 곳이 아니다. 다른 어딘가에서도 복잡한 생명체가 나타날 수는 있겠지만, 일반적이지는 않을 것이다. 같은 이유에서 이곳 지구에서도 두 번 다시 나타나지 않았다. 이에 관한 설명의 첫 번째 부분은 간단하다. 원핵생물 사이의 세포내 공생이 흔

---

8 ATP 연소와 관련해서 도움이 될 만한 세균의 선례가 하나 있다. ATP "뿌리기(spilling)" 또는 에너지 뿌리기라고 알려진 방식인데, 매우 적절한 명칭이라고 생각한다. 일부 세균에서는 세포막을 통해서 이온들을 쓸데없이 순환시키거나 다른 무의미한 일을 통해서 전체 ATP 예산의 3분의 2 이상을 흩뿌릴 수 있다. 그 이유는 무엇일까? ADP에 대한 ATP의 균형을 건강하게 유지해서 막전위와 유리기의 누출을 통제하기 위해서일 가능성이 있다. 여기서 다시 세균에는 여분의 에너지가 아주 많다는 것이 증명된다. 세균은 에너지 측면에서 부족함이 전혀 없다. 진핵생물 크기로 확대했을 때에만 유전자당 에너지 문제가 드러난다.

하지 않다는 것이다(그러나 두어 가지 사례가 알려져 있으므로 완전히 불가능한 일은 아니다). 두 번째 부분은 조금 모호하며, 타인을 지옥으로 본 사르트르의 시선과 비슷한 분위기를 풍긴다. 세포내 공생이라는 깊은 관계는 세균을 영원한 속박으로부터 해방시켜주었을지 모른다. 그러나 다음 장에서는 왜 이런 사건이 아주 드물었는지, 왜 모든 복잡한 생명체가 성에서 죽음에 이르는 독특한 형질을 그렇게 많이 가지고 있는지가, 진핵세포라는 새로운 존재의 고통스러운 탄생을 통해서 설명된다는 것을 확인하게 될 것이다.

6
성과 죽음의 기원

아리스토텔레스는 자연은 공백을 싫어한다고 말했다. 2,000년 후, 뉴턴도 이 말을 되풀이했다. 두 인물 모두 무엇으로 공백을 채울지를 고민했다. 뉴턴은 에테르(æther)라고 알려진 신비의 물질이 있다고 믿었다. 물리학에서는 이 개념이 20세기에 들어서면서 평판이 나빠졌지만, 생태학에서는 "공백 공포(horror vacui)"가 여전히 힘을 발휘하고 있다. 가득 채워진 생태적 공간에 대한 이야기는 옛날 노래에도 잘 담겨 있다. "커다란 벼룩의 등에 작은 벼룩이 올라가 깨물고 있네. 작은 벼룩의 등에는 더 작은 벼룩이 올라가 있고, 그렇게 끝도 없이 이어지네." 상상할 수 있는 모든 틈새는 무엇인가가 차지하고 있으며, 각각의 종은 기가 막힌 솜씨로 그들만의 공간에 적응한다. 모든 식물과 모든 동물과 모든 세균은 그 자체로 하나의 서식지가 된다. 온갖 종류의 이동 유전자(jumping gene), 바이러스, 기생충을 위한 기회의 정글이며, 대형 포식자의 경우는 말할 것도 없다. 무슨 일이든지 다 가능하다.

　실제로는 그렇지가 않다. 그렇게 보일 뿐이다. 무한히 얽혀 있는 생명의 주단은 한가운데에 큰 구멍이 뚫려 있는 허울일 뿐이다. 이제 생물학의 가장 큰 역설을 설명할 시간이 되었다. 왜 지구상의 모든 생명은 형태적 복잡성이 결여된 원핵생물과 복잡한 진핵생물로 나뉠까? 진핵생물이 공통으로 가지고 있는 수많은 세부적인 특징들 중 그 어느 것도 원핵생물에서는 찾아볼 수 없다. 둘 사이에는 거대한 틈, 거대한 동공이 존재한다. 자연이 정말 싫어해야 하는 공백이 있는 것이다. 모든 진핵생물은 거의 모든 것을 공유한다. 그러나 모든 원핵생물은 형태적인 측면에서 볼 때, 아무것도 없는 것이나 다름없다. "있는 자가 더 받을 것"이라는 불공평한 『성서』의 교리를 더 없이 잘 보여주는 본보기이다.

앞의 장에서 우리는 두 원핵생물 사이의 세포내 공생으로 단순성의 무한 반복이라는 고리가 끊어졌음을 확인했다. 하나의 세균이 다른 세균의 몸속으로 들어가서 대대손손 살아남는 일이 쉽지는 않지만, 우리는 소수의 사례가 있다는 것을 안다. 그래서 매우 드물기는 하지만 실제로 일어난다는 것도 안다. 그러나 세포 안의 세포는 시작점에 불과한, 생명의 역사에서 중요한 한 순간일 뿐이다. 이것은 어디까지나 단순히 한 세포 속에 있는 세포일 뿐인 것이다. 우리가 어떻게든 기록해야 하는 과정은 진정한 복잡성의 탄생에서 모든 진핵생물의 공통된 특징이 축적된 세포에 이르는 경로이다. 복잡한 특성이 거의 없는 우리의 여정은 세균에서 시작해서, 핵과 지나치게 복잡한 내막과 역동적인 세포골격과 성 같은 복잡한 행동을 갖춘 진핵생물이라는 종착점에 이른다. 진핵세포는 유전체의 규모와 물리적 크기를 수만 배, 수십만 배 확대시켰다. 모든 진핵생물의 공통 조상에는 이 모든 특징들이 축적되어 있었다. 반면 그 시작점인 세포 안의 세포에는 이런 것이 전혀 없었다. 중간 단계도 전혀 남아 있지 않아서 이런 복잡한 진핵생물의 특징들이 어떻게 또는 왜 진화했는지를 알려줄 만한 것은 별로 없다.

때로는 진핵생물의 시작점이 된 세포내 공생이 다윈주의적이지 않았다는 이야기가 나오기도 한다. 작은 단계를 밟아나가는 점진적 과정의 연속이 아니라 미지의 "희망적 괴물"을 만든 갑작스러운 도약이었다는 것이다. 어느 정도는 옳은 말이다. 앞에서 나는 자연선택에 대해서, 무수히 오랜 시간 동안 무수히 많은 원핵생물 집단에 작용해왔지만 진핵생물은 결코 만들어지지 않을 것이라고 말했다. 진핵생물을 만든 한 번의 세포내 공생은 예외적인 사건이었다. 이런 사건은 가지가 갈라지기만 하고 융합되지 않는 일반적인 계통수로는 표현할 수 없다. 그러나 세포내 공생은 단발의 사건, 진화의 한 순간이기 때문에 핵이나 그밖의 진핵생물의 전형적인 특징을 만들 수는 없다. 세포내 공생이 했던 진짜 역할은 꼬리에 꼬리를 물고 이어지는 사건들을 촉발시켰다는 것이다. 이 사건들은 일반적인 의미에서 완벽하게 다윈주의적이다.

따라서 나의 주장은 진핵생물의 기원이 비다윈주의적이었던 것이 아니라, 한 번의 세포내 공생으로 자연선택의 경관이 바뀌었다는 것이다. 그 이후로는 줄곧 다윈주의를 따랐다. 문제는 세포내 공생체의 획득이 자연선택의 방향을 어떻게 바꾸었는가 하는 점이다. 다른 행성에서도 비슷한 경로를 따를 법한 예측 가능한 방식으로 일어났을까? 아니면 에너지 제약의 해소가 자유로운 진화의 물꼬를 활짝 트는 계기가 되었을까? 내가 앞으로 내놓을 주장에 따르면, 진핵생물의 공통된 특징 중 적어도 일부는 숙주 세포와 세포내 공생체 사이의 긴밀한 관계 속에서 탄생했다. 이런 특징으로는 핵, 유성생식, 양성 분리가 있으며, 소멸될 육신을 만드는 불멸의 생식세포주도 여기에 포함된다.

세포내 공생의 시작은 사건의 순서에 약간의 제약을 가한다. 이를테면 핵과 막계(membrane system)는 세포내 공생 이후에 나타났을 것이다. 그러나 이는 진화가 작동해야 하는 속도에도 약간의 제약을 가한다. 다윈주의 진화와 점진주의(gradualism)를 잘 구분하지는 않지만, "점진적"이라는 것은 정확히 무슨 뜻일까? 미지를 향한 엄청난 도약 없이, 모든 **적응적** 변화가 작게 분산되어 있다는 의미이다. 그러나 유전체 자체의 변화를 고려하면 이것은 사실이 아니다. 유전체에서는 조절유전자가 부적절하게 켜지거나 꺼짐으로써 대규모의 결실, 중첩, 전위, 갑작스러운 재편이 일어난다. 그러나 이것은 적응적 변화가 아니다. 세포내 공생처럼 자연선택이 작용하는 시작점을 바꿔놓을 뿐이다. 가령 핵이 어찌어찌해서 갑자기 튀어나왔다고 말한다면, 이것은 유전적 도약과 적응을 혼동한 것이다. 핵은 단순한 DNA 저장소가 아니라 대단히 정교하게 적응된 구조이다. 핵을 구성하는 인 같은 구조에서는 새로운 리보솜 RNA가 엄청난 규모로 만들어진다. 이중으로 된 핵막을 장식하고 있는 아름다운 핵공(nuclear pore) 복합체(그림 26)는 하나하나 모두 진핵생물에 공통으로 들어 있는 수십 개의 단백질로 이루어져 있다. 탄성이 있는 라미나(lamina)는 핵막을 그물처럼 둘러싸고 있는 유연한 단백질로, 외부의 힘에 의해서 DNA가 끊어지지 않도록 보호한다.

중요한 것은, 수백 개의 서로 다른 단백질들에 대한 개선과 조절이 요구되는 이런 구조가 광대한 시간에 걸쳐 작용하는 자연선택의 산물이라는 점이다. 이 모든 것은 순수하게 다윈주의적 과정이다. 그러나 그 과정이 지질시대 전반에 걸쳐 천천히 진행되어야 한다는 의미는 아니다. 화석 기록에는 오랜 정체에 종지부를 찍는 빠른 변화의 시기가 가끔씩 나타나기도 한다. 이 변화는 지질학적 시간이라는 측면에서는 빠르지만, 세대라는 측면에서 보면 반드시 그런 것은 아니다. 정상적인 상황에서는 변화를 방해하는 동일한 제약의 저지를 받지 않는 것뿐이다. 자연선택이 변화를 촉진하는 경우는 대단히 드물다. 보통 자연선택은 적응 지형의 가장 높은 곳에서 변이를 제거함으로써 변화를 저지한다. 적응 지형에 일종의 지각 변동이 일어날 때에만 자연선택은 안정보다 변화를 추구한다. 그 다음에는 놀라울 정도로 빠른 속도로 선택이 일어난다. 눈의 진화가 그 좋은 본보기이다. 눈은 캄브리아기 대폭발 때에 약 200만 년이라는 기간에 걸쳐 등장했다. 거의 영원에 가까운 선캄브리아대에는 수억 년 주기도 대수롭지 않

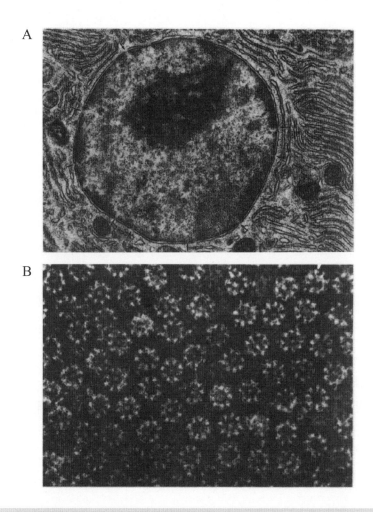

그림 26 핵공

전자현미경의 선구자인 돈 포셋의 멋진 사진. A에서는 진핵생물의 핵을 둘러싸고 있는 이중막과 화살표로 표시된 핵공이 뚜렷하게 보인다. 핵에서 더 어두운 부분은 염색질(chromatin)이 "응축된," 상대적으로 활성이 적은 영역이다. 반면 핵공 근처의 밝은 부분은 핵의 안팎으로 활발한 수송이 이루어지고 있음을 나타낸다. B는 규칙적으로 배열된 핵공 복합체를 보여준다. 수십 개의 단백질이 조립되어 형성된 각각의 핵공은 물질의 출입을 담당하는 장치이다. 핵공 복합체의 중심 단백질은 모든 진핵생물에 보존되어 있다. 따라서 핵공은 LECA(모든 진핵생물의 공통 조상)에도 존재했을 것이다.

아 보이는데, 200만 년이라는 기간은 너무 빠른 것 같다. 정체가 오래 지속되다가 이렇게 급속한 변화가 나타나는 까닭은 무엇일까? 아마 산소 농도가 높아져서 처음으로 눈과 껍데기가 있는 크고 활동적인 동물, 즉 포식자와 피식자가 자연선택의 선호를 받았기 때문일 것이다.[1] 단순히 빛을 감지하는 일부 벌레의 안점(眼點)에서부터 눈이 진화하기까지 걸리는 시간을 계산한 유명한 수학적 모형이 있다. 생활 주기가 1년이고 각 세대마다 형태 변화의 비율이 1퍼센트를 넘지 않는다고 가정할 때, 이 모형을 통해서 계산된 눈의 진화에 걸리는 시간은 겨우 50만 년이었다.

핵의 진화에는 얼마나 긴 시간이 필요할까? 성이나 식작용의 경우는 어떨까? 눈의 진화보다 더 오래 걸려야 할 이유가 있을까? 앞으로의 과제는 원핵생물에서 진핵생물이 진화하는 데에 걸리는 최소한의 시간을 계산하는 것이다. 이 과제를 시작하기에 앞서, 우리는 먼저 연관된 사건의 순서를 더 자세히 알아야 할 것이다. 그러나 우선은 이 과정이 수억 년이라는 엄청난 시간이 걸려야 한다고 가정할 명백한 근거는 없다. 200만 년이라고 가정하면 안 될 이유는 없다. 세포가 하루에 한 번 분열한다고 가정할 때, 200만 년이면 거의 10억 세대가 된다. 얼마나 많은 세대가 필요할까? 원핵생물에서 복잡성의 진화를 가로막았던 에너지 제약이 일단 사라지기만 하면, 비교적 짧은 시간 안에 진핵세포가 진화하지 못할 이유는 없다고 본다. 30억 년이라는 원핵생물의 오랜 정체 기간과 대비되어 갑작스러운 도약처럼 보이지만, 진핵세포의 진화 과정은 엄격히 다윈주의적이었다.

빠르게 작동하는 진화를 상상할 수 있다고 해서, 그런 진화가 실제로

---

1 나는 (제1장에서 말했듯이) 산소 농도의 증가가 동물의 진화를 일으켰다고 주장하는 것이 아니다. 그러나 산소는 큰 동물들의 더 활발한 활동을 가능하게 해주었다. 에너지 제약으로부터 해방되면서 여러 다양한 계통으로 동물 무리의 방산이 활발하게 일어나기는 했지만, 동물은 선캄브리아대가 종말로 향하면서 산소가 크게 증가한 시기인 캄브리아기 대폭발이 일어나기 이전에 이미 진화해 있었다.

일어났다는 뜻이 되지는 않는다. 그러나 진핵생물의 진화가 빠르게 일어 났을 것이라는 추측의 탄탄한 토대는 자연이 공백을 싫어한다는 점을 기 반으로 한다. 문제는 진핵생물이 공통적으로 가지고 있는 모든 것이 원핵 생물에는 하나도 없다는 사실이다. 이것은 불안정을 의미한다. 제1장에서 우리는 비교적 단순한 단세포 진핵생물인 아케조아에 관해서 알아보았다. 한때 아케조아는 원핵생물과 진핵생물 사이의 진화적 중간 단계로 오해를 받았다. 이 색다른 무리는 진핵생물의 특징을 모두 가지고 있던 더 복잡한 조상에서 유래한 것으로 밝혀졌다. 그렇기는 해도 아케조아는 진정한 **생태 적** 중간 단계이다. 진핵생물과 원핵생물 사이에서 형태적 복잡성의 틈새를 차지했기 때문이다. 아케조아는 공백을 채우고 있다. 얼핏 보면 어디에도 공백은 없다. 기생성 유전인자에서 거대 바이러스까지, 세균에서 단순한 진 핵생물까지, 복잡한 세포에서 다세포 유기체에 이르기까지 형태적 복잡성 의 연속 스펙트럼이 이어진다. 아케조아가 가짜였다는 것이 밝혀진 최근에 들어서야, 공백의 참상이 뚜렷해졌다.

아케조아가 멸종하지 않았다는 사실은 단순한 중간 단계가 빈 공간에 서 번성할 수 있다는 것을 의미한다. 그렇다면 진짜 진화적 중간 단계가 동일한 생태적 틈새를 차지하지 못할 이유는 없다. 미토콘드리아나 핵이 나 퍼옥시좀이 없는 세포, 골지체나 소포체 같은 막 구조가 없는 세포도 살아남을 수 있는 것이다. 만약 진핵생물이 수천만 년에서 수억 년에 걸쳐 서서히 나타났다면, 진핵생물의 다양한 특징을 얻지 못한 안정적인 중간 단계가 여럿 있었을 것이다. 이 중간 단계들은 현재 아케조아가 채우고 있 는 중간 단계의 틈새를 차지해왔어야 한다. 그중 일부는 빈 공간을 채우 고 있는 진짜 진화적 중간 단계처럼, 오늘날에도 살고 있어야 한다. 그런 데 그렇지 않다! 오랫동안 열심히 찾아보았지만 하나도 발견되지 않았다. 만약 이들이 멸종하지 않았다면, 하나도 남아 있지 않은 이유는 무엇일까? 유전적으로 불안정했기 때문이라고 말하고 싶다. 이 틈을 통과할 방법은 많지 않아서 대부분이 사라졌을지도 모른다.

개체군의 규모가 작았다는 것을 의미할 수도 있다. 이 역시 타당성이 있다. 큰 개체군은 진화의 성공을 나타낸다. 만약 초기 진핵생물이 번성하고 있었다면, 새로운 생태적 공간을 차지하고 분기하면서 뻗어나갔을 것이고, 유전적으로도 안정적이었을 것이다. 그랬다면, 적어도 일부는 살아남았을 것이다. 그러나 그런 일은 일어나지 않았다. 이것을 액면 그대로 받아들이면, 최초의 진핵생물은 유전적으로 불안정했고 작은 규모의 개체군에서 빠르게 진화했을 가능성이 매우 높다.

이 가능성이 옳다고 생각할 만한 다른 이유도 있다. 모든 진핵생물이 정확히 똑같은 특징을 가지고 있다는 점이다. 이것이 얼마나 괴상한 일인지 생각해보라! 우리는 모두 다른 사람들과 똑같은 특징을 가지고 있다. 직립 자세, 털 없는 몸, 반대 방향을 향하고 있는 엄지손가락, 큰 뇌, 언어 능력 따위의 특징들을 공통적으로 가지는 까닭은 우리 모두가 상호 교배로 얽혀 있는 혈연집단이기 때문이다. 즉 유성생식을 하기 때문이다. 가장 간단한 종의 정의는 서로 교배하는 개체들의 집단이다. 교배하지 않는 집단은 갈라져 나가서 다른 특징을 진화시키고, 결국 새로운 종이 된다. 그러나 진핵생물의 기원에서는 이 같은 일이 일어나지 않았다. 모든 진핵생물은 한 꾸러미의 똑같은 기본 특성을 공통적으로 가지고 있다. 유성생식을 하는 하나의 교배 집단과 아주 비슷해 보인다.

다른 형태의 생식으로도 같은 종착점에 도달할 수 있었을까? 그럴 것 같지는 않다. 클론 복제 같은 무성생식을 하게 되면, 개체군마다 다른 돌연변이가 축적되기 때문에 점점 더 다른 종류로 분화된다. 돌연변이는 여러 환경에서 다양한 장단점으로 작용하는 자연선택의 대상이다. 클론 복제는 똑같은 복제본을 만들려고 하지만, 아이러니하게도 돌연변이를 축적시켜서 개체군의 분기를 일으킨다. 이와 대조적으로, 유성생식은 개체군 내의 형질들을 공동으로 관리하면서 이리저리 조합해 분기를 막는다. 같은 특징들을 공유한다는 사실을 통해서, 진핵생물이 상호 교배를 하는 유성생식 집단에서 나타났음을 알 수 있다. 이는 초기 진핵생물의 개체군 크기가 서로서로 교배가 가능할 정도로 작았다는 것을 암시한다. 이 개체군 내에서 유성생식을 하지 않은 세포는 모두 살아남지 못했다. 성서의 말씀은 옳았다. "생명에 이르는 문은 좁고 또 그 길이 험해서 그리로 찾아드는 사람이 적다."

세균과 고세균 사이에서 널리 일어나는 유전자 수평 이동은 어떨까? 유성생식과 마찬가지로, 유전자 수평 이동도 재조합을 통해서 유전자의 조합이 바뀌는 "유동적인" 염색체를 만든다. 그러나 유성생식과 달리, 유전자 수평 이동은 두 개체 사이에 일어나는 작용이 아니다. 세포의 융합도 없고 유전자 전체를 재조합하지도 않는다. 유전자 수평 이동은 단편적이고 일방적인 작용이다. 이것은 개체군 내에서 형질을 융합하지 않고, 오히려 개체들 사이의 차이를 증가시킨다. 대장균의 경우를 생각해보자. 하나의 대장균은 약 4,000개의 유전자를 가지고 있지만, "메타 유전체"(리보솜 RNA로 정의되는 서로 다른 대장균 균주에서 발견되는 유전자의 총수)는 1만8,000개에 가깝다. 유전자 수평 이동이 난무하면, 각 균주 사이의 차이는 50퍼센트가 넘는다. 이 차이는 척추동물 전체의 차이를 모두 합친 것보다도 더 크다. 간단히 말해서, 세균과 고세균에서 주로 나타나는 유전방식인 클론 복제와 유전자 수평 이동은 둘 다 진핵생물에 나타나는 동질성의 비밀을 설명하지 못한다.

만약 내가 10년 전에 이 글을 썼다면, 유성생식이 진핵생물의 진화에서 대단히 이른 시기에 나타났다는 발상을 뒷받침할 증거가 별로 없었을 것이다. 많은 아메바와 아케조아로 추정되는 지아르디아(*Giardia*)를 포함한 수많은 종에 성이 없다고 생각되었기 때문이다. 지금까지도 지아르디아가 교배를 하는 모습을 현장에서 포착한 사람은 아무도 없다. 그러나 우리는 자연사에서 부족한 부분을 기술로 만회할 수 있다. 우리는 지아르디아의 유전체 서열을 알고 있다. 지아르디아의 유전체에는 감수분열(염색체 수가 줄어드는 세포분열로, 유성생식을 위한 생식세포를 만든다)을 하는 데에 필요한 유전자가 완전히 정상 작동이 가능한 상태로 포함되어 있으며, 유전체의 구조에는 유성생식을 통한 정기적인 재조합이 일어난 흔적이 나타난다. 우리가 찾아본 다른 모든 종들도 거의 비슷하다. 2차적으로 유래한 무성생식 진핵생물(대체로 빠르게 멸종에 이르고 있다)을 제외하고, 알려진 모든 진핵생물이 유성생식을 한다. 따라서 우리는 그들의 공통 조상 역시 그랬을 것이라고 추측할 수 있다. 요약하자면, 유성생식은 진핵생물 진화의 아주 초기에 등장했다. 그리고 작고 불안정한 개체군에서 나타난 유성생식의 진화만이 모든 진핵생물이 공통된 특징을 그렇게 많이 가지고 있는 이유를 설명해줄 수 있다.

이 사실은 우리를 이 장에서 다룰 문제로 안내한다. 두 원핵생물 사이의 세포내 공생에는 유성생식의 진화를 일으킬 만한 무엇인가가 있는 것일까? 당연히, 기대 이상의 것이 있다.

우리의 유전자 구조에 담긴 비밀

진핵생물은 "조각조각 나뉜 유전자"를 가지고 있다. 20세기 생물학의 몇 가지 발견은 엄청난 놀라움으로 다가왔다. 세균 유전자에 대한 초기 연구는 우리를 오해의 늪으로 이끌었고, 우리는 유전자가 줄에 꿰인 구슬처럼 합리적인 순서로 염색체에 늘어서 있다고 생각했다. 유전학자인 데이비드 페니는 다음과 같이 말했다. "만약 내가 대장균 유전체 설계위원회의 일원으로 참여했다면, 꽤 뿌듯했을 것이다. 그러나 인간 유전체 설계위원회에는 결코 참여를 수락하지 않았을 것이다. 대학생 위원회라도 그렇게 일을 엉망으로 망칠 수는 없을 것이다."

무엇이 잘못된 것일까? 진핵생물의 유전자는 엉망이다. 유전자는 단백질 조각이 암호화된 비교적 짧은 서열들로 이루어져 있는데, 그 사이사이에는 인트론(intron)이라는 암호화되지 않은 DNA의 구역이 길게 자리하고 있다. 하나의 유전자(대개 하나의 단백질이 암호화된 구간으로 정의된다)에는 일반적으로 몇 개의 인트론이 끼어들어 있다. 인트론은 길이가 다양하지만, 단백질이 암호화된 서열 자체보다 훨씬 긴 경우도 종종 있다. 인트론도 아미노산 서열을 지정하는 RNA 주형에 항상 복사되지만, RNA가 세포질의 단백질 생산 공장인 리보솜에 이르기 전에 서열에서 잘려나가고 암호화된 서열끼리만 연결된다. 이는 결코 쉽지 않은 작업으로, 스플라이세오솜(spliceosome)이라는 놀라운 단백질 나노 기계의 솜씨이다. 스플라이세오솜의 중요성에 관해서는 곧 다시 알아볼 것이다. 지금은 이 과정 전체가 기묘하게 꼬여 있다는 점에만 주목하자. 인트론을 잘라내고 이어붙이는 과정에서 실수가 생긴다는 것은 무의미한 RNA 서열 뭉텅이가 리보솜에 그대로 전달되어 무의미한 단백질이 생산되는 불상사가 일어난다는 뜻이다. 리보솜도 카프카의 관료들만큼이나 그들만의 요식 행위가 중요하다.

왜 진핵생물의 유전자는 조각이 나 있는 것일까? 여기에는 몇 가지 장점이 알려져 있다. 이어붙이는 방식을 달리하면 같은 유전자로 다른 단백질을 조합할 수 있어서, 면역계의 신묘한 재조합 솜씨 발휘가 가능해진다. 단백질 조각들이 온갖 방식으로 재조합되어 형성되는 수십억 가지의 항체는 세균이나 바이러스의 단백질과 결합함으로써 면역계의 살상 장치를 작동시킨다. 그러나 면역계는 나중에 등장한 크고 복잡한 동물에만 존재한다. 더 이른 시기에는 장점이 없었을까? 1970년대에 20세기 진화생물학의 원로인 포드 두리틀은 인트론이 지구에서 생명이 기원한 바로 그 순간까지 거슬러올라갈 수 있다는 제안을 내놓았다. "이른 인트론(intron early)" 가설로 알려진 이 생각에 따르면, 오늘날과 같은 정교한 DNA 수선 장치가 없던 초기 유전자는 오류가 대단히 빠르게 축적되어 돌연변이에 의한 붕괴가 일어나기가 매우 쉬웠을 것이다. 돌연변이율이 높은 상황에서, 축적되는 돌연변이의 수는 DNA의 길이에 의해서 결정된다. 작은 크기의 유전체만 붕괴를 피할 여지가 있었다. 인트론은 하나의 해결책이었다. 짧은 DNA 토막에 많은 단백질을 암호화할 방법은 무엇일까? 작은 토막들을 재조합하는 것이다. 이는 매우 아름다운 발상으로, 오늘날까지도 지지자가 남아 있다. 그러나 두리틀의 생각은 바뀌었다. 모든 훌륭한 가설이 그렇듯이, 이 가설에서도 몇 가지 예측이 나왔지만, 안타깝게도 모두 빗나간 것으로 밝혀졌다.

가장 중요한 예측은 진핵생물이 맨 먼저 진화했다는 것이다. 진정한 인트론은 진핵생물에만 있다. 만약 인트론이 아주 오래 전부터 있었다면, 가장 오래된 세포는 진핵세포여야 했다. 세균과 고세균은 그 이후에 등장해서 자연선택을 통해서 인트론을 잃고 오늘날과 같은 날렵한 유전체를 가지게 된 것이어야 했다. 이는 계통학적으로 맞지 않는다. 오늘날에는 유전체 서열 전체에 대한 분석을 통해서, 진핵생물이 숙주세포 고세균과 세포내 공생체 세균으로부터 등장했다는 것이 분명하게 밝혀졌다. 세균과 고세균 사이의 가지는 계통수에서 가장 오래 전에 갈라졌고, 진핵생물은 더 최근에 등장했다. 이 관점은 화석 기록뿐만 아니라, 앞 장에서 다루었던 에너지 관련 사항과도 일치한다.

인트론이 처음부터 있던 것이 아니라면, 도대체 어디서, 왜 유래했을까? 그 해답 역시 세포내 공생체에 있는 것으로 보인다. 나는 "진정한 인트론"이 세균에서는 발견되지 않는다고 말했지만, 인트론의 전구체는 거의 확실히 세균에서 유래했다. 더 정확히 말하자면, "이동성 제2군 자기-이어맞춤 인트론(mobile group II self-splicing intron)"이라는 세균성 기생 유전자에서 유래했다. 이런 복잡한 이름에는 신경 쓰지 않아도 된다. 이동성 인트론은 유전체를 이리저리 돌아다니며 스스로를 복제하는 이기적인 DNA 조각일 뿐이다. 그러나 "뿐"이라고 폄하해서는 안 될 것 같다. 이동성 인트론은 뚜렷한 목적을 가진 특별한 장치이다. 이들은 RNA를 정상적인 방식으로 읽어나가다가 갑자기 생기를 띠면서(달리 어떻게 표현할 방법이 없다) RNA "가위"로 변신한다. 이들은 길게 전사된 RNA에서 숙주세포의 손상을 최소화하면서 기생 유전자를 잘라내어 역전사효소가 암호화된 활성 복합체를 형성한다. 역전사효소(reverse transcriptase)란 RNA를 다시 DNA로 전환할 수 있는 효소이다. 이렇게 형성된 인트론 복사본은 다시 유전체에 삽입된다. 그래서 인트론은 세균성 유전체를 잘랐다가 붙였다 할 수 있는 기생 유전자이다.

"커다란 벼룩의 등에 작은 벼룩이 올라가 깨물고 있네……." 유전체가 교활한 기생충이 마음대로 들락거리며 득실대는 아수라장일 줄 누가 알았으랴. 그러나 사실이 그렇다. 이런 이동성 인트론은 아마 아주 오래되었을 것이다. 생명의 세 영역에서 모두 발견되며, 바이러스와 달리 숙주세포의 안전을 위협하는 일도 없다. 생명은 이 인트론과 함께 살아가는 방법을 터득했다.

게다가 세균은 인트론을 능숙하게 다룰 수 있다. 우리는 그 방법을 잘 모르지만, 큰 개체군에 작용하는 선택압에 의한 것이 아닐까 추정된다. 인트론이 자리를 잘못 잡은 세균은 그렇지 않은 세균과의 경쟁에 밀려 선택을 받지 못한다. 아니면 인트론 자체가 융통성 있게 DNA의 주변부에만 침투해서 숙주세포를 자극하지 않는 것일 수도 있다. 스스로 살아갈 수 있어서 숙주세포의 죽음을 대수롭지 않게 생각하는 바이러스와 달리, 이동성 인트론은 숙주세포와 명운을 함께하기 때문에 숙주세포의 걸림돌이 되어도 아무것도 얻을 것이 없다. 이런 종류의 생물학을 분석하기에 적합한 언어는 비용과 편익의 수학, 죄수의 딜레마, 게임 이론 같은 경제학 이론에서 찾을 수 있다. 세균이나 고세균에는 이동성 인트론이 많지 않고, 있더라도 유전자 자체의 내부에서는 발견되지 않지만(그래서 엄밀한 의미에서는 인트론이 아니다), 유전자 사이에 낮은 밀도로 축적된다. 전형적인 세균 유전체에는 (4,000개의 유전자 사이에) 약 30개의 이동성 인트론이 있는데, 이에 비해 진핵생물에는 인트론이 수만 배 더 많다. 세균에 인트론 수가 적다는 것은 비용 편익의 균형을 반영하는 것으로, 여러 세대에 걸쳐 양쪽 모두에 선택이 작용한 결과이다.

15-20억 년 전에 고세균 숙주세포의 몸속에 세포내 공생을 하기 위해서 들어갔던 것은 세균의 일종이었다. 이 세균과 가장 가까운 오늘날의 세균은 α-프로테오박테리아이며, 우리는 오늘날의 α-프로테오박테리아에 약간의 이동성 인트론이 있다는 것을 알고 있다. 이런 고대의 기생 유전자와 진핵생물의 유전자 구조를 연결하고 있는 것은 무엇일까? 별다른 것은 없다. 세균 인트론을 잘라서 이어붙이는 RNA 가위의 세부적인 메커니즘과 단순 논리 정도이다. 나는 몇 단락 전에 우리의 RNA 전사체에서 인트론을 잘라내는 단백질 나노 기계인 스플라이세오솜에 관해서 언급했다. 스플라이세오솜은 단백질로만 이루어진 것이 아니다. 그 중심에는 바로 RNA 가위가 있다. 스플라이세오솜이 진핵생물의 인트론을 잘라내는 방식은 그들의 조상이 세균의 자기-이어맞춤 인트론이라는 것을 넌지시 드러낸다(그림 27).

그것뿐이다. 인트론 서열 자체에는 인트론이 세균에서 유래했다는 것을 암시하는 근거가 전혀 없다. 역전사효소 같은 단백질이 암호화되어 있지도 않고, 스스로를 잘라 DNA에 이어맞추지도 않고, 이리저리 옮겨다니는 기

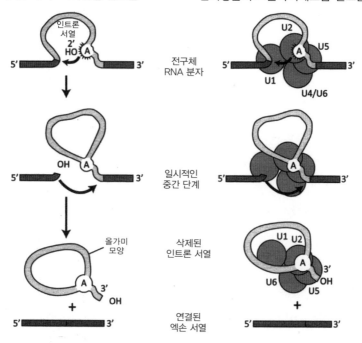

제2군 자기-이어맞춤 인트론   진핵생물의 스플라이세오솜 인트론

인트론
서열

U2

U5

HO A

U1

전구체
RNA 분자

5′   3′   5′   A   3′

U4/U6

OH   A

일시적인
중간 단계

올가미
모양

삭제된
인트론 서열

U1 U2

A

3′
OH

A   3′

U6   U5

OH

+   +

연결된
엑손 서열

그림 27 이동성 자기-이어맞춤 인트론과 스플라이세오솜

진핵생물의 유전자는 엑손(exon : 단백질이 암호화된 서열)과 인트론으로 구성된다. 유전자에 삽입된 길고 의미 없는 서열인 인트론은 단백질이 합성되기 전에 RNA 전사체에 의해서 잘려나간다. 인트론은 세균의 유전체에서 발견되는 기생성 DNA 요소(왼쪽 그림)에서 유래했지만, 진핵생물의 유전체에서는 돌연변이에 의해서 비활성 서열로 퇴화한 것으로 추정된다. 이 인트론들은 스플라이세오솜에 의해서 능동적으로 제거된다(오른쪽 그림). 위의 그림에는 이 주장의 근거가 되는 이어맞춤 메커니즘이 묘사되어 있다. 세균의 기생 유전자(왼쪽 그림)는 스스로를 이어맞춤 방식으로 잘라내어 활성화된 인트론 서열 하나를 형성한다. 이 인트론 서열에 암호화되어 있는 역전사효소는 기생 유전자의 복사본을 DNA 서열로 전환해서 세균 유전체에 여러 개의 복사본을 삽입할 수 있다. 진핵생물의 스플라이세오솜(오른쪽 그림)은 거대 단백질 복합체이다. 그러나 그기능은 중심에 있는 촉매 RNA(리보자임[ribozyme])에 의해서 결정된다. 촉매 RNA는 세균의 기생 유전자와 정확히 똑같은 방식으로 이어맞춤 작용을 한다. 이것은 스플라이세오솜, 더 나아가 진핵생물의 인트론까지도 진핵생물 진화 초기에 세포내 공생체 세균에서 흘러나온 이동성 제2군 자기-이어맞춤 인트론에서 유래했다는 것을 암시한다.

생 유전자도 아니다. 그저 DNA의 한 구역을 차지하고 뭉개면서 아무것도 하지 않는 룸펜 영역일 뿐이다.[2] 그러나 죽은 인트론이 돌연변이에 의해서 손상되어 수면 아래에서 서서히 퇴화하다가 형체를 알아볼 수 없을 지경이 되면, 살아 있는 기생 유전자보다 훨씬 더 위험하다. 이런 인트론은 더 이상 스스로를 잘라낼 수 없다. 숙주세포에 의해서 제거되어야만 한다. 그래서 살아 있는 사촌들 중에서 징발된 가위에 의해서 잘려나간다. 스플라이세오솜은 세균의 기생 유전자에 기반을 둔 진핵생물의 장치이다.

이제 소개할 가설은 러시아 태생의 미국 생물정보학자인 유진 쿠닌이 빌마틴과 함께 2006년에 발표한 멋진 논문에서 소개된 것이다. 그들의 말에 따르면, 진핵생물의 기원에서 세포내 공생체는 뜻하지 않게 숙주세포에 기생 유전자의 집중 포화를 퍼부었다. 유전체 전체에 빠르게 확산된 이 초기 인트론 침입을 통해서, 진핵생물의 유전체는 대강의 형체를 갖추었고 핵과 같은 뚜렷한 형질의 진화를 유발했다. 나는 여기에 성을 추가하려고 한다. 물론 이 모두가 그럴싸하게 꾸며낸 이야기라는 것을 인정한다. 빈약한 증거를 토대로 가위의 행실을 추정해보는 "그래서 그렇게 됐대" 식의 진화 이야기이다. 그러나 이 생각의 토대가 된 것은 유전자의 세부적인 구조이다. 수만 개에 이르는 엄청난 수, 진핵세포 내에서 차지하고 있는 물리적 위치는 인트론의 오랜 유산에 관해서 무언의 증언을 하고 있다. 그 유산은 인

---

2 그렇다, 대부분은 아무것도 하지 않는다. 일부 인트론은 기능을 획득해서 전사인자와 결합하기도 하고, RNA처럼 활성화되어 단백질 합성이나 다른 유전자의 전사를 방해하기도 한다. 우리는 암호화되지 않은 DNA의 기능을 밝히기 위한 논의가 한창인 시대의 한가운데에 있다. 암호화되지 않은 DNA 중 일부는 확실히 기능을 가지고 있지만, 내 생각은 회의적인 입장의 편으로 기운다. 그들의 주장에 따르면, (인간) 유전체의 대부분은 서열에 크게 얽매이지 않기 때문에 서열의 어떤 목적을 정의하는 것은 별로 도움이 되지 않는다. 모든 의도와 목적에 대해서, 어떤 기능이 없다는 의미이다. 대충 짐작했을 때, 인간 유전체 중에서 기능이 있는 서열은 20퍼센트 정도이고, 나머지는 기본적으로 쓰레기(junk)이다. 그러나 아무 쓸모가 없다는 뜻은 아니다. 이를테면 이런 서열은 공백을 채운다. 어쨌든 자연은 공백을 싫어하니 말이다.

트론 자체를 넘어, 숙주세포와 세포내 공생체 사이의 긴밀하고도 고통스러운 관계까지도 들려준다. 이 생각들이 전부 옳지는 않겠지만, 우리가 찾고 있는 해답의 **일종**이라고 생각한다.

인트론과 핵의 기원

많은 인트론의 위치는 진핵생물 전체에 걸쳐 보존된다. 이것은 예기치 못한 새로운 호기심을 자극한다. 단백질이 암호화된 유전자를 생각해보자. 이 단백질이 모든 진핵생물에서 발견되는 기본적인 물질대사와 관련된 물질, 이를테면 시트르산 합성효소(citrate synthase)라고 해보자. 이 유전자는 우리 자신은 물론, 해초와 버섯과 나무와 아메바에서도 똑같이 발견된다. 공통 조상에서 우리와 나무가 갈라질 정도로 가늠하기 어려운 긴 세대를 지나오는 동안 어느 정도 서열이 달라졌지만, 자연선택이 그 기능을 보존하는 쪽으로 작용해서 이 유전자의 특별한 서열로 남았다. 이는 공통된 계통을 보여주는 아름다운 본보기이며, 자연선택의 분자적 토대이다. 아무도 예측하지 못했던 것은, 이런 유전자에 기본적으로 포함되어 있는 두어 개의 인트론이 나무와 인간에서 정확히 똑같은 위치에 삽입된다는 것이었다. 왜 그래야 할까? 이에 대한 그럴싸한 설명이 딱 두 개 있다. 모종의 이유에서 그 자리가 자연선택의 선호를 받아서 인트론들이 독립적으로 같은 자리에 스스로를 삽입했든지, 아니면 진핵생물의 공통 조상에 한 번 삽입되었다가 그 후손들에게 전해진 것이다. 당연히 후손들 중 일부는 훗날 그 인트론을 다시 잃었을 수도 있다.

알려진 사례가 얼마 없다면, 아마 전자의 설명에 더 마음이 끌릴 수도 있을 것이다. 그러나 모든 진핵생물이 공통적으로 가지고 있는 수백 개의 유전자에서 수천 개의 인트론이 정확히 같은 위치에 삽입되어 있다는 사실을 생각하면, 그 설명은 믿기 어려워 보인다. 공통된 계통이라는 것이 가장 간명한 설명에 가깝다. 만약 그렇다면, 이 모든 인트론들의 삽입을 맨 처음 담당했던 인트론의 침입은 진핵세포가 만들어진 직후에 일어났을 것이다. 그 다음에 일종의 돌연변이로 인한 변형이 일어나서 이동 능력을 잃은 인트론은 이후의 모든 진핵생물의 몸속에서 마치 지워지지 않는 분필로 표시된 시체의 외곽선처럼 위치가 보존되었을 것이다.

인트론의 초기 침입을 지지하는 더 설득력 있는 다른 이유도 있다. 우리는 **직렬상동**(ortholog)과 **병렬상동**(paralog)이라고 알려진 두 가지 다른 유형의 유전자를 구별할 수 있다. 기본적으로 같은 유전자인 직렬상동 유전자들은 서로 다른 종에서 같은 일을 하며, 방금 우리가 이야기했던 인트론의 사례처럼 공통 조상으로부터 전해져 내려왔다. 따라서 모든 진핵생물은 시트르산 합성효소 유전자의 직렬상동 유전자를 가지고 있으며, 이는 모두 공통 조상으로부터 전해져 내려왔다. 또다른 유형인 병렬상동 유전자들도 공통 조상이 있지만, 이 경우에는 조상의 유전자가 같은 세포 안에서 여러 번 복제되어 하나의 유전자군을 이룬다. 이런 유전자군에는 20-30개의 유전자가 포함되는데, 각각의 유전자는 조금씩 다른 일을 하도록 분화된다. 대표적인 예로, 약 10개의 유전자로 이루어진 헤모글로빈 유전자군이 있다. 이 유전자들은 모두 대단히 비슷한 단백질로 암호화되어 있으며, 저마다 조금씩 다른 목적을 수행한다. 간단히 말해서 직렬상동 유전자는 다른 종에 있는 동등한 유전자이며, 병렬상동 유전자는 같은 유기체 내의 한 유전자군에 속해 있는 일원이다. 물론 하나의 병렬상동 유전자군 전체가 같은 조상에서 유래한 다른 종에서도 발견될 수 있다. 그래서 모든 포유류가 병렬상동인 헤모글로빈 유전자군을 가지고 있다.

우리는 병렬상동 유전자군을 오래된 것과 최근의 것으로 구분할 수 있다. 유진 쿠닌은 한 독창적인 연구에서 정확히 이 방법을 이용했다. 그는 모든 진핵생물에서 발견되지만, 원핵생물과는 중복되지 않는 유전자군을 고대 병렬상동 유전자군으로 정의했다. 따라서 우리는 그 유전자군을 만든 유전자의 중복이 진핵생물 진화 초기, 다시 말해서 진핵생물의 공통 조상이 진화될 무렵에 일어난 사건이라고 생각할 수 있다. 이와 달리, 최근 병렬상동 유전자군은 동물이나 식물 같은 특정 진핵생물 무리에서만 발견되는 유전자군이다. 이 경우에는 그 특정 무리의 진화가 일어나고 있던 시기인 더 최근에 유전자의 중복이 일어났다는 결론을 내릴 수 있다.

쿠닌의 예측은 만약 진핵생물의 진화 초기에 정말로 인트론의 침입이 있었다면, 이동성 인트론들이 서로 다른 유전자에 무작위적으로 삽입되어야 한다는 것이었다. 같은 시기에 고대 병렬상동 유전자에서도 활발하게 중복이 일어나고 있었기 때문이다. 만약 초기 인트론 침입이 여전히 기승을 부리고 있었다면, 이동성 인트론은 점점 늘어나고 있던 병렬상동 유전자군의 새로운 위치에 계속 스스로를 삽입하고 있었을 것이다. 이와 달리, 최근 병렬상동 유전자의 중복은 초기 인트론 침입이 끝나고 한참 후에 일어났을 것이다. 새로운 삽입 없이, 오래된 인트론의 위치는 이 유전자들의 새로운 복사본에 보존되어야 할 것이다. 다시 말해서, 고대 병렬상동 유전자는 최근 병렬상동 유전자에 비해 인트론의 위치가 잘 보존되지 않아야 한다. 확인 결과는 놀라웠다. 최근 병렬상동 유전자에서는 사실상 모든 인트론의 위치가 보존된 반면, 고대 병렬상동 유전자에서는 인트론의 위치가 거의 보존되지 않았다. 예측은 정확했다.

이 모든 것은 초기 진핵생물이 자신의 세포내 공생체로부터 정말 이동성 인트론의 침입을 받았다는 것을 의미한다. 그러나 만약 그렇다면, 세균과 고세균 모두로부터 철저한 통제를 받고 있던 초기 진핵생물에서 왜 이런 증식이 일어났을까? 여기에는 그럴싸한 추론이 두 가지 있는데, 둘 다 옳을 가능성이 있다. 첫 번째 추론은 초기 진핵생물, 다시 말해서 기본적으로 아직까지는 원핵생물인 **고세균**이 자신의 세포질이라는 불편할 정도로 가까운 거리에서 **세균** 인트론의 집중포화를 맞았다는 것이다. 여기에 작용하는 톱니바퀴가 있다. 세포내 공생은 자연의 "실험"이다. 실패할 수도 있다. 만약 숙주세포가 죽으면, 실험은 끝난다. 그러나 그 반대는 아니다. 만약 세포내 공생체가 둘 이상이고 그중 하나만 죽는다면, 실험은 계속된다. 숙주세포가 다른 세포내 공생체들과 함께 살아가는 것이다. 그러나 죽은 세포내 공생체의 DNA는 세포기질로 흘러나오고, 일반적인 유전자 수평 이동에 의해서 숙주세포의 유전체에 재조합되어 들어갈 가능성이 크다.

이 작용은 쉽게 멈추지 않으며, 오늘날까지도 계속되고 있다. 우리의 핵 유전체에는 "넘트(numt, 굳이 알고 싶다면, 핵 미토콘드리아 서열[nuclear-mitochondrial sequence]이라는 뜻이다)"라고 하는 수천 개의 미토콘드리아 유전자 조각이 가득하다. 넘트는 정확히 이런 이동 과정을 거쳐서 핵에 이르렀다. 가끔씩 불쑥 나타난 새로운 넘트가 유전자를 파괴하고 유전질환을 일으켜서 주목을 받기도 한다. 다시 진핵생물의 기원으로 돌아가서, 핵이 형성되기 이전에는 이런 이동이 더 흔했을 것이다. 만약 이동성 인트론을 유전체 내의 특정 위치로 보내고 다른 위치를 피하게 하는 선택 메커니즘이 있었다면, 미토콘드리아에서 숙주세포로의 DNA 이동은 더욱 혼란스러웠을 것이다. 일반적으로 세균 인트론은 그들의 세균 숙주에 적응하고, 고세균 인트론은 고세균 숙주에 적응한다. 그러나 초기 진핵생물에서 **세균** 인트론은 유전자 서열이 판이하게 다른 **고세균** 유전체에 침입하고 있었다. 여기에는 적응의 제한이 전혀 없었다. 이런 제한 없이 걷잡을 수 없이 증식하는 인트론을 막을 방법은 무엇이 있었을까? 방법은 없었다! 절멸이 다가올 뿐이었다. 우리가 걸어볼 수 있는 최선의 희망은 유전적으로 불안정한 허약한 세포들로 이루어진 한 작은 집단이었다.

초기 인트론 증식에 대한 두 번째 추론은 여기에 작용하는 선택압이 낮다는 것이다. 어느 정도는 허약한 세포들로 이루어진 작은 집단이 건강한 세포들로 이루어진 큰 집단보다 경쟁력이 떨어지기 때문이다. 그러나 초기 진핵생물은 인트론의 침입에 대해서 유례없이 큰 저항성을 가지고 있어야 했다. 어쨌든 이 인트론의 근원은 유전적으로는 비용이 들지만 에너지 측면에서는 유용한 세포내 공생체인 훗날의 미토콘드리아였다. 인트론은 유전적인 측면과 에너지 측면에서 세균에게 부담이 되는 비용이다. DNA 양이 적은 작은 세포는 DNA 양이 필요 이상 많은 큰 세포보다 복제 속도가 더 빠르다. 앞 장에서 확인했던 것처럼, 세균은 살아남기 위해서 유전체의 크기를 최소한으로 줄인다. 이와 대조적으로, 진핵생물의 유전체에서는 극도의 불균형이 나타난다. 진핵생물이 핵 유전체를 한껏 팽창시킨 까닭은 그들의 세포내 공생체의 유전체가 그만큼 쪼그라들었기 때문이다. 숙주세포의 유전체 팽창에 무슨 계획이 있었던 것은 아니다. 그냥 유전체의 크기 증가가 세균에서처럼 자연선택에 불리하게 작용하지 않는 것뿐이다. 이렇게 불이익이 없다 보니, 진핵생물은 온갖 방식의 중복과 재조합을 통해서 수천 개의 유전자를 더 축적할 수 있었다. 그러나 기생 유전자가 훨씬 더 많아지는 부담도 견뎌야 했다. 이 두 가지 현상은 함께 일어날 수밖에 없었고, 진핵생물의 유전체에는 인트론이 들끓게 되었다. 그 이유는 에너지의 관점에서 가능했기 때문이다.

따라서 최초의 진핵생물은 그들의 세포내 공생체로부터 기생 유전자의 집중포화를 당했던 것으로 보인다. 이 기생 유전자들은 별로 문제가 되지 않았다. 문제는 기생 유전자가 쇠퇴하거나 죽은 뒤에 유전체에 방치된 기생 유전자의 사체, 즉 인트론에서 시작되었다. 이제 숙주세포가 이 인트론들을 물리적으로 잘라내지 않으면, 이것들이 해독되어 의미 없는 단백질이 만들어질 것이다. 앞에서 지적했듯이, 이동성 인트론의 RNA 가위에서 유래한 스플라이세오솜이 이 일을 담당한다. 그러나 스플라이세오솜은 인상적인 나노 기계일지는 모르지만, 깔끔한 해결책이 되지는 못했다. 문제는 스플라이세오솜이 너무 느리다는 것이었다. 거의 20억 년이 지난 오늘날에도 인트론 하나를 잘라내는 데에 몇 분이 걸린다. 이와 대조적으로, 리보솜은 작업 속도가 엄청나게 빨라서 초당 10개 이상의 아미노산을 연결한다. 30초 남짓이면 약 250개의 아미노산으로 이루어진 일반적인 세균 단백질 하나를 만들 수 있다. 스플라이세오솜이 RNA에 접근할 수 있다고 해도(RNA는 여러 개의 리보솜에 둘러싸여 있는 경우가 많아서 접근이 쉽지 않다), 인트론이 그대로 포함된 쓸모없는 단백질이 마구 만들어지는 것을 막지는 못했을 것이다.

어떻게 이런 오류 파국을 피할 수 있었을까? 마틴과 쿠닌에 따르면, 간단히 중간에 차단벽을 설치하는 것으로 해결이 가능했다. 핵막은 번역과 전사를 분리하는 차단벽이다. 핵의 안쪽에서는 유전자가 RNA 암호문으로 전사되고, 핵의 바깥쪽에 있는 리보솜에서는 RNA가 단백질로 번역된다. 속도가 느린 이어맞춤 과정이 핵의 안쪽에서 먼저 일어나고, 그 다음에 리보솜이 근처에 있는 RNA에 접근하는 것이다. 리보솜의 접근을 차단하는 것, 이것이 바로 핵의 결정적 역할이다. 이로써 진핵생물에는 핵이 필요하지만, 원핵생물에는 그렇지 않은 이유가 설명된다. 원핵생물에는 인트론으로 인한 문제가 없기 때문이다.

잠깐, 이것은 무엇인가 석연치가 않다! 완벽하게 만들어진 핵막은 어디서 불쑥 가져올 수 있는 것이 아니다! 핵막이 진화하려면 여러 세대가 걸릴 텐데, 어떻게 초기 진핵생물은 그 사이에 죽음을 면할 수 있었을까? 당연히 많이 죽기도 했을 것이다. 그러나 문제가 그렇게 어렵지만은 않았을 것이다. 해답의 실마리는 막에 대한 또다른 궁금증 속에 있다. 숙주세포가 **고세균**의 특징적인 지질(脂質, lipid)을 가지고 있던 진정한 고세균이었던 것은 분명하지만, 진핵생물의 막은 **세균**의 지질로 이루어져 있다. 이는 잘 알려진 사실이다. 몇 가지 이유에서 고세균의 막은 진핵생물의 진화 초기에 세균의 막으로 대체되었을 것이다. 그 이유는 무엇일까?

이 질문에는 두 가지 측면이 있다. 먼저 실현 가능성이라는 문제가 있다. 실제로 그렇게 될 수 있을까? 그 답은 "그렇다"이다. 조금 놀랍지만, 고세균의 지질과 세균의 지질이 뒤섞여 있는 모자이크 막은 사실 안정적이다. 이 점은 실험실에서의 실험을 통해서 밝혀졌다. 따라서 고세균의 막이 서서히 세균의 막으로 바뀌어가는 것도 가능하다. 이런 일이 일어나지 못할 이유는 없지만, 이런 변화가 정말 드문 것도 사실이다. 이것은 우리를 이 질문의 또다른 측면으로 안내한다. 이런 변화를 유발한 희귀한 진화의 압력은 과연 무엇이었을까? 그 해답은 세포내 공생체에 있다.

세포내 공생체에서 숙주세포로 정신없이 이동하던 DNA 중에는 세균의 지질 합성 유전자도 있었을 것이다. 그 유전자에 암호화된 효소가 합성되고 활성화되었으리라는 것은 쉽게 추측이 가능하다. 곧바로 세균의 지질이 만들어졌겠지만, 처음에는 아무런 통제가 없었을 것이다. 통제 없이 만들어진 지질에서는 무슨 일이 벌어졌을까? 물속에서라면 그냥 기름 방울을 형성했을 것이다. 뉴캐슬 대학교의 제프 에링턴은 진짜 세포들은 이런 방식으로 행동한다는 것을 증명했다. 세균에서 지질 합성을 증가시키는 돌연변이가 일어나면, 세균의 내부에 막이 형성된다. 이 막은 형성된 곳 근처에 머무는 경향이 있어서, 돌연변이가 일어난 유전체 주위에는 기름 "주머니"가 쌓이게 된다. 노숙자가 비닐 봉지 따위로 어설프게 냉기를 차단하듯이, 기름 주머니들은 DNA와 리보솜 사이를 허술하게 차단함으로써 인트론 문제를 해결했을 것이다. 이 차단벽은 반드시 허술해야 했다. 완벽하게 막혀 있으면 RNA가 리보솜으로 전달되지 못하기 때문이다. 중간 중간 끊겨 있는 차단벽은 단순히 접근 속도만 늦춰서, 리보솜이 작업에 들어가기 전에 스플라이세오솜이 인트론을 잘라낼 시간을 조금 더 늘려준다. 다시 말해서, 무작위적인 (그러나 예측 가능한) 현상이 자연선택의 작용을 받는 해결의 시작점이 된 것이다. 그 시작점은 유전체를 켜켜이 둘러싸고 있던 기름 주머니였고, 종착점은 정교한 구멍이 가득한 핵막이었다.

핵막의 형태는 이 관점과 일치한다. 지질 주머니는 비닐 주머니처럼 납작해질 수 있다. 납작해진 주머니의 단면에서는 거의 평행하게 인접해 있는 두 면이 이중막처럼 보인다. 이는 핵막의 구조와 정확히 일치한다. 납작한 소포들이 서로 융합되어 만들어진 핵막의 사이사이에 있는 작은 틈새에는 핵공 복합체가 자리잡고 있다. 세포분열이 일어나는 동안에는 핵막이 해체되어 작은 소포들로 분산된다. 그후 다시 성장하고 융합해서 두 개의 딸세포의 핵막으로 재구성된다.

핵의 구조가 암호화된 유전자의 유형도 이런 관점에서 이해가 된다. 만약 핵이 미토콘드리아를 획득하기 전에 진화했다면, 핵공과 핵 라미나와 인 같은 다양한 부분들의 구조는 숙주세포의 유전자에 암호화되어 있어야 한다. 그런데 실제로는 그렇지 않다. 모두 키메라적으로 뒤섞인 단백질로 구성되어 있다. 어떤 단백질은 세균 유전자에서, 어떤 단백질은 고세균 유전자에서, 그 나머지는 진핵생물에서만 발견되는 유전자에서 유래한다. 핵이 미토콘드리아의 획득 이후에 진화하지 않고서는 이런 구성에 대한 설명은 특히 불가능하다. 종종 진핵세포가 진화할 때, 세포내 공생체는 미토콘드리아가 되는 과정에서 거의 원형을 알아볼 수 없을 정도로 변했다고 말한다. 그러나 숙주세포가 겪은 더 극적인 변화는 제대로 평가를 받지 못하고 있다. 단순한 고세균이었던 숙주세포는 세포내 공생체를 획득했다. 세포내 공생체들은 자신도 모르는 사이에 숙주세포에 DNA와 인트론을 퍼부어 핵의 진화를 일으켰다. 이뿐이 아니었다. 핵의 진화는 성의 진화도 함께 가져왔다.

성의 기원

우리는 성이 진핵생물 진화의 초창기에 등장했다는 점에 주목했다. 또 나는 성의 기원이 인트론의 폭격과 어떤 관계가 있는 것처럼 암시했다. 왜 그럴까? 먼저 우리가 알아볼 것을 간단히 훑어보자.

진핵생물이 하는 진짜 유성생식은 두 배우자(gametes, 인간의 경우에는 정자와 난자)의 융합과 관련이 있다. 각각의 배우자는 정상적인 염색체 할당량의 절반을 가지고 있다. 우리는 대부분의 다른 다세포 진핵생물과 마찬가지로 이배체(二倍體, diploid)이다. 이것은 우리 유전자가 두 개의 복사본을 가지고 있다는 뜻으로, 각각의 유전자는 부모로부터 하나씩 물려받는다. 더 구체적으로 말하면, 우리는 염색체마다 자매 염색체인 복사본을 가지고 있다. 상징적인 염색체의 이미지는 염색체가 변치 않는 물리적 구조처럼 보이게 하지만, 이는 사실과는 거리가 멀다. 배우자가 형성되는 동안 염색체는 **재조합된다.** 다른 염색체의 조각과 융합되어 만들어지는 유전자의 새로운 조합은 예전에는 없던 것일 가능성이 크다(그림 28). 새로 조합된 유전자를 하나씩 쭉 살펴보면, 일부 유전자는 모계에서, 일부 유전자는 부계에서 온다는 것을 알게 될 것이다. 염색체는 이제 감수분열이라는 과정을 거쳐 분리되어, 모든 염색체의 복사본을 하나씩만 가지는 반수체(半數體, haploid) 배우자를 만든다. 각각 재조합된 염색체로 이루어진 두 배우자가 융합하면 마침내 수정란이 된다. 이 수정란은 독특한 유전자 조합을 가지는 새로운 개체, 즉 자손이 된다.

성의 기원과 관련된 문제는 진화되어야 하는 새로운 장치가 많다는 것이 아니다. 재조합은 나란히 배열된 두 자매 염색체에서 일어난다. 염색체의 한 지점이 교차되면서 양쪽 자매 염색체의 일부분이 서로 상대편 염색체로 물리적으로 이동한다. 이런 물리적인 염색체의 배열과 유전자의 재조합은 세균과 고세균이 유전자 수평 이동을 할 때에도 일어난다. 그러나 유

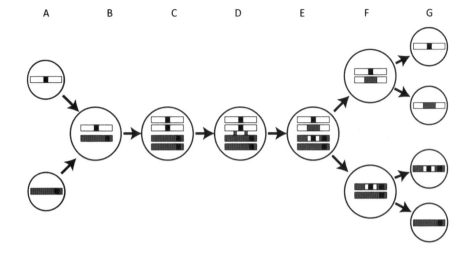

그림 28 진핵생물의 재조합과 성

성 주기에 대한 간단한 묘사. 두 배우자가 융합한 후에 두 단계에 걸쳐 재조합을 동반하는 감수분열이 일어나면, 유전적으로 다른 새로운 배우자가 만들어진다. A에서 (유전적으로는 다르지만) 동일한 염색체의 복사본을 하나씩 가지고 있는 두 배우자가 서로 융합해, B에서는 두 개의 서로 다른 염색체를 가지고 있는 접합자(zygote)를 형성한다. 검은 선을 눈여겨보자. 이 검은 선은 해로운 돌연변이나 특정 유전자의 유익한 변이를 나타낼 수도 있다. 감수분열의 첫 번째 단계인 C에서는 염색체가 일렬로 늘어선 다음 복제가 일어나서 동일한 4개의 염색체가 만들어진다. D에서는 둘 또는 그 이상의 염색체들이 재조합된다. E에서는 DNA의 일부분이 다른 염색체의 일부분과 뒤바뀌어, 부계의 염색체 조각과 모계의 염색체 조각이 조합된 새로운 염색체가 형성된다. 두 단계에 걸친 감수분열로 이 염색체들이 F로 분리되고 마지막으로 새롭게 선택되는 배우자 G가 만들어진다. 주목할 것은, 이 배우자들 중 둘은 원래 배우자와 같지만 나머지 둘은 이제 다르다는 점이다. 만약 검은 선이 해로운 돌연변이를 나타낸다면, 감수분열을 통해서 돌연변이가 없는 배우자와 돌연변이를 두 개 가지고 있는 배우자가 만들어진 것이다. 돌연변이가 둘인 배우자는 자연선택에 의해서 제거될 것이다. 이와 달리, 만약 검은 선이 이로운 변이를 나타낸다면, 이 두 변이가 감수분열에 의해서 하나의 배우자에 통합되어 동시에 자연선택의 선호를 받을 수 있게 된 것이다. 간단히 말해서, 성은 배우자들 사이의 분산(차이)을 증가시켜서, 선택의 폭을 넓혀 시간이 흐를수록 돌연변이는 제거되고 이로운 변이는 선호를 받게 해준다.

전자 수평 이동은 대개 양방향으로 일어나지 않는다. 손상된 염색체를 수선하거나 염색체에서 지워진 유전자를 다시 채우는 데에 이용된다. 이들의 분자 기계장치는 기본적으로 동일하지만, 유성생식은 범위와 상호성에서 다르다. 유성생식은 세포 전체의 융합과 유전체 전체의 물리적 이동을 수반한다. 이것은 원핵생물에서는 거의 보기 어려운 현상이다.

성은 20세기 생물학에서 제기된 문제들 중 "여왕"으로 간주되었지만, 이제 우리는 엄격한 무성생식(클론 복제)과 비교해서 유성생식이 도움이 되는 이유를 잘 이해하고 있다. 유성생식은 단단한 유전자 조합을 분해함으로써 자연선택이 개개의 유전자를 "보고" 우리의 특성을 하나하나 분석할 수 있게 해준다. 유성생식은 기생충을 막아줄 뿐만 아니라, 변화하는 환경에 적응하고 개체군 내에서 필요한 변이를 유지하는 데에도 도움이 된다. 중세의 석공들은 대성당의 벽감 뒤에 감춰진 석상의 뒷면까지도 혼신을 다해 조각했다. 신의 눈에는 다 보일 것이라는 믿음 때문이었다. 이처럼 유성생식도 자신의 작품을 속속들이 드러내어 모든 것을 보는 자연선택이 유전자를 하나하나 점검할 수 있게 해준다. 성은 우리에게 "유동적인" 염색체를 준다. 끊임없이 변하는 유전자의 조합(전문용어로는 **대립유전자**[allele][3]라고 한다)은 자연선택으로 하여금 유례없이 교묘한 솜씨로 유기체들 사이의 차이를 식별할 수 있게 해준다.

한번도 재조합되지 않은 염색체에 100개의 유전자가 배열되어 있다고 상상해보자. 자연선택은 염색체 전체의 적응도만 식별할 수 있다. 이 염색체

---

3 대립유전자는 같은 유전자의 변이들이다. 특정 유전자는 염색체에서 같은 위치(locus)를 차지한다. 그러나 특정 유전자의 실제 서열은 개체마다 다를 수 있다. 어떤 개체군에서 특별한 변이들이 공통적으로 나타나면, 이 변이들은 대립유전자로 알려진다. 대립유전자는 염색체의 같은 위치를 차지하는 같은 유전자에서 나타나는 다형성 변이이다. 대립유전자는 드물게 일어나는 돌연변이와는 다르다. 개체군 내에서 새로운 돌연변이가 나타나는 빈도는 매우 낮다. 만약 돌연변이가 어떤 장점을 제공한다면, 이 장점은 다른 단점과 균형을 맞추면서 개체군 전체에 퍼질 것이다. 그러면 이 돌연변이는 대립유전자가 된다.

에 진짜 중요한 유전자가 몇 개 있다고 해보자. 이 유전자에 돌연변이가 생기면 거의 항상 죽음에 이르게 된다. 그러나 안타깝게도, 덜 중요한 유전자에 일어난 돌연변이는 자연선택에서 거의 눈에 띄지 않는다. 약간 해로운 돌연변이는 유전자에 축적될 수 있다. 이런 돌연변이로 인한 부정적 영향은 소수의 중요한 유전자에서 얻는 큰 이득에 의해서 상쇄되기 때문이다. 그 결과, 염색체와 개체의 적응도는 점차 약화된다. 인간의 Y염색체에서도 대략 이런 일이 진행되고 있다. 재조합이 없다는 것은 대부분의 유전자가 천천히 퇴화하고 있는 상태라는 의미이다. 결정적인 유전자만 선택에 의해서 보존될 수 있다. 결국에는 유전체 전체가 사라질 수 있고, 실제로 두더지들쥐인 엘로비우스 루테스켄스(*Ellobius lutescens*)에서는 이런 일이 일어났다.

그러나 선택이 긍정적으로 작용하면 상황은 더 나빠진다. 만약 아주 희귀한 좋은 돌연변이가 중요한 유전자에 나타나서 개체군 전체를 휩쓸게 되면, 무슨 일이 벌어질지 생각해보자. 이 새로운 돌연변이를 물려받은 개체들이 많아지다가 결국에는 유전자가 "고정될" 것이다. 개체군 내의 모든 개체가 그 유전자를 가지게 되는 것이다. 그러나 자연선택은 염색체 전체만 "볼" 수 있다. 이것은 염색체에 있는 다른 99개의 유전자도 개체군 내에 고정된다는 뜻이다. 그 유전자들까지 함께 고정에 "무임승차"를 한다고 말할 수 있다. 이것은 재앙이다. 개체군 내에 유전자마다 각각 두세 가지의 다른 형태(대립유전자)가 있다고 상상해보자. 1만-100만 가지의 서로 다른 대립유전자의 조합이 가능하다. 고정 이후에는 이 모든 조합이 사라지고 단 하나의 유전자 조합만 남아서, 개체군 전체가 가장 최근에 고정된 염색체를 공유하게 되는 것이다. 이는 파국적인 변이의 상실이다. 물론 100개의 유전자는 심하게 단순화된 것이다. 수천 개의 유전자를 가지고 있는 무성생식 유기체도 선택적 격류가 한 번만 휩쓸고 지나가면 유전자에서 모든 변이들이 일시에 제거될 수 있다. 이는 개체군의 "실질적" 크기를 크게 축소시키고, 무성생식 개체군은 절멸에 훨씬 더 취약해진다.[4] 무성생식을 하는 대부분의 식물과 동물에서는 정확히 이런 일이 일어나고 있으며, 거의 모두 수백만 년 내에 멸종한다.

크게 위험하지 않은 돌연변이의 축적과 선택적 격류로 인한 변이의 상실이라는 이 두 과정을 합쳐서 **선택 간섭**(selective interference)이라고 한다. 재조합이 일어나지 않으면, 어떤 유전자에 대한 선택은 다른 유전자에 대한 선택을 간섭한다. 유성생식은 다양한 조합의 대립유전자로 이루어진 "유동적인" 염색체를 만듦으로써, 모든 유전자가 개별적으로 선택을 받을 수 있게 해준다. 이제 자연선택은 신처럼 유전자 하나하나의 모든 미덕과 악덕을 볼 수 있다. 이것이 유성생식의 위대한 장점이다.

그러나 유성생식에는 심각한 단점도 있다. 그래서 오랫동안 진화 문제의 여왕으로 군림하고 있는 것이다. 유성생식은 특별한 환경에서 성공이 증명된 대립유전자의 조합을 갈라놓음으로써, 우리 선조들의 번성에 도움을 주었던 바로 그 유전자들을 다시 흩뜨린다. 유전자들은 세대마다 다시 뒤섞이므로, 모차르트 같은 천재가 정확히 똑같이 복제될 가능성은 전혀 없다. 게다가 유성생식을 하면 "비용이 두 배"로 든다. 클론 복제에서는 세포가 분열할 때, 두 개의 딸세포가 만들어지면 각각의 딸세포가 또 두 개의 딸세포를 생산하는 식으로 계속 이어진다. 개체군은 기하급수적으로 성장한다. 만약 하나의 유성생식 세포가 두 개의 딸세포를 만들려면, 먼저 서

---

4 개체군의 실질적 크기는 개체군의 유전적 변이의 양을 반영한다. 기생생물 감염이라는 측면에서 볼 때, 클론 집단은 하나의 개체와 다를 바가 없다. 특정 유전자 조합을 표적으로 삼는 어떤 기생생물의 적응을 허락하는 것이 개체군 전체를 파괴할 수 있기 때문이다. 이와는 반대로, 큰 유성생식 개체군은 (모두 같은 유전자를 가지고 있지만) 대립유전자의 유전적 변이가 많은 편이다. 이것은 특정 기생생물에 감염되었을 때에 일부 유기체는 내성을 가질 가능성이 크다는 것을 의미한다. 따라서 개체의 수는 같더라도 개체군의 실질적 크기는 더 크다.

로 융합을 해서 새로운 개체를 만들어야 한다. 그래서 무성생식 개체군은 세대마다 크기가 두 배로 늘어나는 반면, 유성생식 개체군은 크기가 변하지 않는다. 훌륭한 개체를 단순히 클론 복제하는 것에 비해, 유성생식에서는 짝 찾기라는 문제가 대두된다. 짝 찾기에는 감정적(그리고 재정적) 비용이 든다. 그리고 수컷이라는 비용도 있다. 복제를 하면, 서로 뿔을 부딪치며 대립하거나 꼬리를 흔들면서 뽐을 내거나 높은 자리를 독차지하는 난폭하고 거만한 수컷은 전혀 필요가 없다. 또 AIDS나 매독 같은 끔찍한 성 감염증과 우리 유전체에 무임승차해서 쓰레기를 잔뜩 만드는 바이러스와 "이동성 유전자"로부터도 해방될 것이다.

수수께끼는 유성생식이 진핵생물 어디에나 있다는 점이다. 유성생식의 장점은 어떤 상황에서는 비용을 상쇄하고도 남지만 어떤 상황에서는 그렇지 않을지도 모른다. 이 말은 어느 정도 옳다. 미생물들은 30세대 정도를 무성생식으로 분열하다가 가끔, 대체로 불안한 상태일 때 유성생식을 한다. 그러나 유성생식은 적정선이라고 생각했던 것보다 훨씬 더 널리 퍼져 있다. 아마 모든 진핵생물의 공통 조상이 이미 성을 가지고 있었기 때문에, 그 자손들 모두 성을 가지게 되었을 것이다. 많은 미생물들이 규칙적으로 유성생식을 하지는 않지만, 유성생식 방식을 완전히 버리고도 멸종되지 않은 종류는 매우 적다. 따라서 성을 전혀 가지지 않는 것에 따르는 비용도 높다. 초기 진핵생물에도 비슷한 주장이 적용되어야 한다. 성을 전혀 가지지 않았던 생물, 어쩌면 성을 "발명하지" 않았던 생물은 멸종되었을 가능성이 크다.

그러나 우리는 여기서 유전자 수평 이동이라는 문제와 다시 마주친다. 유전자 수평 이동은 유전자를 재조합해서 "유동적인 염색체"를 만든다는 측면에서 유성생식과 비슷하다. 최근까지 세균은 클론 복제의 고수로 여겨졌다. 세균은 기하급수적인 속도로 증가한다. 전혀 제약이 없으면, 한

마리의 대장균은 30분마다 두 배씩 늘어나서 사흘이면 지구 전체를 뒤덮을 것이다. 그러나 그동안 대장균은 그보다 훨씬 더 많은 일을 할 수 있다. 대장균은 유전자 수평 이동을 통해서 새로운 유전자를 염색체에 통합시키고, 쓸모없는 다른 유전자는 주위에 버린다. 복통을 일으키는 대장균은 코에 사는 같은 "종"의 대장균과 비교할 때 유전자의 30퍼센트가 다를 것이다. 따라서 세균은 빠르고 간편한 클론 복제의 장점과 함께 성의 혜택(유동적인 염색체)까지 누리는 것이다. 그러나 세균은 세포 전체를 서로 융합하지 않고 두 종류의 성도 없기 때문에, 유성생식의 여러 단점을 피할 수 있다. 둘의 장점을 모두 갖춘 것처럼 보인다. 그렇다면 최초의 진핵생물은 유전자 수평 이동을 하지 않고, 왜 성을 만들었을까?

샐리 오토와 닉 바턴은 수리 집단 유전학 연구를 통해서, 진핵생물이 기원했을 상황과 뚜렷한 관련이 있는 요소들의 위험한 삼위일체를 지적했다. 유성생식의 이득은 돌연변이율이 높고, 선택압이 강하고, 개체군 내에 변이가 많을 때 가장 커진다는 것이다.

먼저 돌연변이율을 보자. 무성생식에서는 돌연변이율이 높으면 가벼운 손상을 일으키는 돌연변이가 축적되는 비율이 증가하고 선택적 격류로 인한 변이의 상실도 증가한다. 초기에 인트론이 밀려드는 상황에서, 최초의 진핵생물은 돌연변이율이 높았을 것이다. 정확히 얼마나 높았는지 단언하기는 어렵지만, 모형을 통해서 알아볼 수 있을 것이다. 나는 앤드루 포미안코프스키, 제즈 오언과 함께 이 문제를 연구하고 있다. 물리학에 관한 배경지식이 풍부하고 생물학의 굵직한 문제들에 관심이 많은 박사과정 학생인 제즈는 현재 유성생식이 유전자 수평 이동을 앞지른 지점을 밝히기 위한 수학적 모형을 개발하고 있다. 여기에는 함께 고려해야 하는 2차적 요소도 있다. 바로 유전체의 크기이다. 돌연변이율이 변하지 않더라도(DNA 문자 100억 개당 하나의 치명적인 돌연변이가 발생한다고 해보자),

유전체의 크기가 한없이 커지면 일종의 돌연변이 붕괴가 일어날 수밖에 없다. 이런 경우, DNA 문자의 수가 100억 개 이하인 유전체를 가진 세포는 괜찮겠지만, 그보다 유전체가 훨씬 더 큰 세포는 죽게 될 것이다. 모두 치명적인 돌연변이가 생기기 때문이다. 진핵생물의 기원에서 미토콘드리아의 획득은 두 가지 문제를 모두 악화시켰을 것이다. 돌연변이율이 높아진 것은 거의 확실하고, 유전체의 규모도 수백만 배 이상 커졌을 것이다.

유성생식은 이 문제의 유일한 해결책이었을 가능성이 크다. 유전자 수평 이동도 원칙적으로는 재조합을 통해서 선택의 개입을 피할 수는 있지만, 제즈의 연구는 유전자 수평 이동에는 한계가 있다는 것을 시사한다. 유전체의 크기가 커질수록 유전자 수평 이동을 통해서 "올바른" 유전자를 선택하기가 더 어려워진다. 단순한 도박이 되어갈 뿐이다. 필요한 유전자 일체를 갖추고 정상 작동을 하는 유전체를 보장하는 방법은 그 유전자들을 모두 유지하면서 정기적으로 유전체 전체를 재조합하는 것뿐이다. 이는 유전자 수평 이동을 통해서는 불가능하다. 유전체 전체를 재조합하는 "완전한 유성생식"을 해야만 한다.

선택압은 어떨까? 이번에도 인트론이 중요하다. 오늘날의 유기체에서 유성생식을 선호하는 대표적인 선택압은 기생충 감염과 변화무쌍한 환경이다. 지금 이 순간에도, 선택은 클론 복제보다는 유성생식의 편을 들어야 한다. 이를테면 기생충이 흔해지고 더 강력해지는 것은 유성생식을 선호하기 위해서인 것으로 보인다. 당연히 이와 같은 요인은 초기 진핵생물에도 적용되었지만, 초기 진핵생물은 약화된 인트론의 침입, 즉 기생 유전자와 씨름해야 했다. 왜 이동성 인트론은 유성생식의 진화를 일으켰을까? 유전체 전체에 걸친 재조합은 분산의 폭을 증가시키므로, 중요한 위치에 인트론이 있는 세포도 만들어지고 덜 중요한 위치에 인트론이 있는 세포도 만들어진다. 그 다음에 선택이 작용해서 최악의 세포들을 제거한다. 유전자 수평 이동은 소규모로 일어나며, 어떤 세포는 깨끗하고 어떤 세포는 돌연변이가 더 많이 축적되도록 체계적 변이를 일으킬 수 없다. 마크 리들리는 그의 명저인 『멘델의 악마(*Mendel's Demon*)』에서 유성생식을 원죄에 관한 신약성서의 관점과 비교했다. 그리스도가 그동안 쌓인 인류의 죄를 위해서 죽은 것처럼, 유성생식도 하나의 희생양에 돌연변이를 긁어모은 다음 십자가형에 처할 수 있다.

세포들 사이의 변이의 양은 인트론과도 관련이 있을 수 있다. 세균과 고세균은 하나의 고리 모양 염색체를 가지고 있는 것이 보통이다. 반면 진핵생물은 여러 개의 선형 염색체를 가지고 있다. 왜 그럴까? 인트론이 유전체에 스스로를 이어맞추는 동안 실수를 했을 수도 있다. 스스로를 잘라낸 후에 염색체의 양쪽 끝에 다시 붙이는 데에 실패하면 염색체가 끊어질 것이다. 고리 모양이 한 번 끊기면 하나의 선형 염색체가 되고, 여러 번 끊기면 여러 개의 선형 염색체가 된다. 따라서 재조합 과정에서 이동성 인트론의 실수로 인해서 초기 진핵생물에서 여러 개의 선형 염색체가 만들어졌을 수도 있다.

이것은 초기 진핵생물의 세포 주기에 끔찍한 문제를 일으켰을 것이다. 세포마다 염색체 수가 달랐고, 저마다 서로 다른 돌연변이나 결실이 축적되었을 것이다. 또 세포들은 자신의 미토콘드리아로부터 새로운 유전자와 DNA를 받아들이기도 했을 것이다. 복제 오류는 틀림없이 염색체에 중복되었을 것이다. 이런 상황에서 유전자 수평 이동은 아무 도움도 되지 않았을 것이다. 그러나 염색체를 한 줄로 배열하고 빠진 유전자를 채우는 일반적인 세균의 재조합은 세포가 유전자와 형질을 축적할 수 있게 해주었을 것이다. 작동되는 유전자를 축적하고 그렇지 않은 유전자를 제거할 수 있는 것은 유성생식뿐이었다. 유성생식과 재조합을 통해서 새로운 유전자와 DNA를 골라내는 이런 경향은 초기 진핵생물 유전체의 팽창을 쉽게 설명해준다. 이런 방식의 유전자 축적으로 유전적 불안정성의 문제가 일부 해결되었을 것이다. 한편, 미토콘드리아의 보유는 세균과 달리 에너지 측면에서 전혀 불이익이 없는 에너지의 획득을 의미했다. 이 모든 것은 확실히 추측에 불과하지만, 그 가능성은 수학적 모형을 통해서 확인될 수 있다.

세포는 어떻게 그들의 염색체를 물리적으로 분리했을까? 그 해답은 세균이 큰 플라스미드를 분리할 때에 사용하는 장치에서 찾을 수 있을 것이다. 플라스미드는 항생제 내성 같은 형질이 암호화되어 있는 휴대용 유전자 꾸러미이다. 큰 플라스미드는 일반적으로 진핵생물의 방추사와 비슷하게 생긴 미세소관(微細小管, microtubule)을 발판으로 삼아 분리된다. 플라스미드 분리장치가 초기 진핵생물에서 다양한 염색체를 분리하는 데에 징발되었다는 것은 그럴듯한 이야기이다. 이런 방식으로 분리되는 것은 플라스미드만이 아니다. 일부 세균 종은 세포막을 이용하는 일반적인 방식 대신, 상대적으로 역동적인 방추사를 통해서 염색체를 분리하는 것으로 보인다. 어쩌면 진핵생물의 감수분열이나 체세포분열에서 일어나는 염색체 분리의 물리적 기원에 관한 단서는 원핵생물의 세계에 대한 더 상세한 표본조사를 통해서 나올 수도 있을 것이다.

세포벽이 있는 세균에서는 거의 알려진 사례가 없지만, 일부 고세균에서도 융합이 일어나는 것으로 알려져 있다. 세포벽의 상실은 확실히 융합을 훨씬 용이하게 만들어주었을 것이다. 세포벽을 잃은 L-형 세균은 실제로 꽤 쉽게 융합한다. 오늘날 진핵생물에 세포 융합을 제어하는 몇 가지 장치가 있다는 점을 생각하면, 조상 세포들끼리의 융합을 막기는 어려웠을 것이라는 짐작을 할 수 있다. 독창적인 진화생물학자인 닐 블랙스톤의 주장처럼, 초기에는 융합이 미토콘드리아에 의해서 추진되었을 수도 있다. 미토콘드리아가 처한 상황을 한번 생각해보자. 세포내 공생체인 미토콘드리아는 숙주세포를 떠날 수 없었고, 단순히 그 수만 불릴 수 있었다. 그래서 미토콘드리아의 진화적 성공은 숙주세포의 성장에 달려 있었다. 만약 숙주세포가 돌연변이로 인해서 심각한 손상을 입고 성장을 하지 못하게 되면, 미토콘드리아 역시 꼼짝 없이 갇혀서 성장이 불가능했을 것이다. 그러나 만약 미토콘드리아가 다른 세포와 융합을 일으킬 수 있다면, 어떻게 될까? 가능하다면, 이것은 양쪽 모두에게 이로운 상황이다. 숙주세포는 부족한 부분을 채울 수 있는 유전체를 얻음으로써, 재조합이 가능해지거나 특정 유전자에 일어난 돌연변이를 잠시나마 같은 유전자의 깨끗한 복사본으로 위장할 수 있을 것이다. 이계(異系) 교배의 혜택인 것이다. 세포 융합으로 숙주세포가 성장을 재개하면, 미토콘드리아도 복제를 계속할 수 있다. 따라서 초기 미토콘드리아가 유성생식을 선동했을 가능성이 있다![5] 이로써 당장 눈앞의 문제는 해결될지 모르지만, 얄궂게도 미토콘드리아 사이의 경쟁이라는 훨씬 더 중대한 문제를 일으키게 되었다. 이 문제의 해결책은 성의 또다른 당혹스러운 일면인 양성의 진화에 있을지도 모른다.

두 가지 성

진화유전학의 창시자 중 한 사람인 로널드 피셔 경은 이렇게 말했다. "사실상 생물학자들은 유성생식에 관심이 없다. 만약 관심이 있었다면, 셋 이

---

5 심지어 블랙스톤은 미토콘드리아의 생물물리학에서 이끌어낸, 가능성 있는 메커니즘을 제안하기도 했다. 돌연변이로 인해서 제대로 성장을 하지 못하는 숙주세포는 ATP 요구량이 적어서 ADP로 분해되는 ATP의 양이 적을 것이다. 호흡에서 전자의 흐름은 ADP의 농도에 따라서 결정되기 때문에, 전자로 가득 찬 호흡연쇄는 반응성이 커져서 산소 유리기를 형성한다(이에 관해서는 다음 장에서 더 알아볼 것이다). 오늘날 일부 조류(藻類)에서는 미토콘드리아의 유리기 누출이 배우자 형성과 유성생식을 유발하며, 이 반응은 항산화물질을 이용해 차단할 수 있다. 유리기가 막의 융합을 직접적으로 유발할 수 있을까? 가능하다. 방사선에 의한 손상은 유리기 메커니즘을 통해서 막의 융합을 일으키는 것으로 알려져 있다. 만약 그렇다면 자연스러운 생물물리학적 과정이 충분히 자연선택의 토대가 되었을 수 있다.

상의 성을 가지는 유기체가 어떤 결과를 가져올지에 관한 자세한 연구가 있었을 것이다. 만약 그들이 성은 왜 항상 둘뿐인지를 이해하기를 바란다면, 이외에 무엇을 해야 할까?" 이 문제는 아직까지 속 시원히 해결되지 않았다.

이론적으로 볼 때, 두 가지 성은 모든 가능성 중에서 최악의 선택으로 보인다. 만약 모두 같은 성을 가지고 있다고 상상해보자. 누구나 서로 짝짓기를 할 수 있을 것이다. 선택할 수 있는 짝의 범위가 갑자기 두 배로 늘어나게 될 것이다. 확실히 모든 것이 더 쉬워질 것이다! 만약 몇 가지 이유에서 우리가 둘 이상의 성을 가지게 된다면, 셋이나 넷이 둘보다는 나을 것이다. 어쩔 수 없이 다른 성과 짝짓기를 해야 하더라도, 인구의 3분의 2 또는 4분의 3 중에서 짝을 찾는 것이 절반 중에서 찾는 것보다 나을 것이다. 여전히 둘이 짝을 지어야 하는 것은 마찬가지이지만, 이 짝이 같은 성이거나 자웅동체처럼 복수의 성을 가지고 있으면 안 될 이유는 딱히 없다. 자웅동체의 문제점은 실제로 자웅동체가 겪는 어려움에서 일부 드러난다. 자웅동체는 어느 쪽도 "암컷"이 되는 비용을 감당하기를 원하지 않는다. 어떤 편형동물(扁形動物, Platyhelminthes)의 자웅동체 종은 기이할 정도로 수정이 되는 것을 꺼려서 격렬한 싸움을 벌이기도 한다. 그것도 음경을 무기로. 패자의 몸은 정액이 만든 구멍들로 만신창이가 된다. 이것은 생생한 자연의 모습이지만, 순환논법에 지나지 않는다. 암컷에게 생물학적으로 더 많은 비용이 드는 것은 당연한 일로 간주되기 때문이다. 왜 그래야만 할까? 수컷과 암컷은 실제로 어떻게 다를까? 그 차이의 골은 매우 깊으며, X와 Y 염색체, 또는 정자와 난자와는 아무런 관련이 없다. 두 종류의 성, 혹은 적어도 교배형(mating type)은 일부 균류와 조류 같은 단세포 진핵생물에서도 발견된다. 그들의 배우자는 현미경으로 볼 수 있을 정도로 작고 양성이 거의 비슷해 보이지만, 그래도 우리처럼 양성이 구별된다.

양성 간의 가장 깊은 차이 중 하나는 미토콘드리아의 유전과 관련이 있다. 한쪽 성은 미토콘드리아를 전달하는 반면, 다른 한쪽 성은 그렇지 않다. 이 차이는 인간(우리의 미토콘드리아는 모두 모계에서 유래하며, 난자에는 10만 개의 미토콘드리아가 들어 있다)에서 클라미도모나스(Chlamydomonas) 같은 조류에 이르기까지 똑같이 적용된다. 이런 조류에서 만들어지는 배우자는 생김새가 같지만(동형배우자[isogamete]라고 한다), 미토콘드리아를 전달하는 것은 한쪽 배우자뿐이다. 다른 쪽 배우자는 미토콘드리아가 내부에서 소화되는 치욕을 겪는다. 사실 더 정확하게 말하면, 미토콘드리아의 DNA가 소화되는 것이다. 문제가 되는 것은 미토콘드리아의 형태적 구조가 아니라 유전자인 것으로 보인다. 따라서 우리는 매우 기이한 상황에 놓여 있다. 앞에서 확인했듯이, 미토콘드리아가 성을 부추긴 것은 분명하다. 그런데 미토콘드리아는 이 세포에서 저 세포로 퍼져나가기는커녕 절반이 소화되어 사라진다. 도대체 어떻게 된 것일까?

가장 확실한 가능성은 이기적 충돌이다. 유전적으로 동일한 세포들 사이에서는 진정한 경쟁이 일어나지 않는다. 우리의 세포는 그런 식으로 길들여졌고, 그래서 우리의 몸을 형성하기 위해서 서로 협동하는 것이다. 우리의 몸을 구성하는 세포는 모두 유전적으로 동일하다. 우리 각자는 하나의 거대한 클론이다. 그러나 유전적으로 다른 세포들 사이에서는 경쟁이 일어나고, 일부 돌연변이체(유전적 변화가 일어난 세포)는 암을 일으킨다. 유전적으로 다른 미토콘드리아들이 한 세포에 뒤섞여 있을 때에도, 이와 무척 비슷한 상황이 벌어진다. 이런 세포나 미토콘드리아는 일종의 미토콘드리아 암을 일으킬 것이다. 숙주가 되는 유기체에 해를 끼치더라도, 성공을 거두기 위해서 가장 빨리 복제되려는 경향이 나타나는 것이다. 세포는 자율적으로 자기 복제를 하는 존재이다. 세포는 할 수만 있다면 언제든지 성장하고 분열을 할 태세를 갖추고 있다. 프랑스의 노벨상 수상자인 프랑

수아 자코브의 말에 따르면, 모든 세포의 꿈은 두 개의 세포가 되는 것이다. 당연히 세포는 종종 그렇게 한다. 오히려 놀라운 점은 한 인간이 만들어질 정도로 오랫동안 그렇게 하지 못할 수도 있다는 것이다. 이런 이유에서, 같은 세포 안에 두 개의 미토콘드리아 집단이 섞여 있으면 분란만 일어날 뿐이다.

이 생각은 수십 년 전으로 거슬러올라가며, 빌 해밀턴을 위시한 가장 위대한 진화생물학자들이 이 연구에 참여했다. 그러나 이 생각에 아무런 문제가 없었던 것은 아니다. 우선, 미토콘드리아들이 자유롭게 뒤섞이는 예외들이 알려져 있었고, 이 예외들이 항상 재앙으로 끝나지는 않았다. 그 다음으로는 실용적인 문제가 있다. 복제에 이득을 주는 미토콘드리아 돌연변이를 상상해보자. 이 돌연변이체 미토콘드리아는 다른 미토콘드리아들보다 훨씬 더 빠르게 성장할 것이다. 이 돌연변이는 위험할 수도 있고 위험하지 않을 수도 있다. 위험할 경우에 돌연변이 미토콘드리아는 숙주세포와 함께 죽어서 사라질 것이고, 위험하지 않다면 집단 전체에 퍼질 것이다. 돌연변이체의 전파를 막기 위해서는 어떤 유전적 제약(이를테면 미토콘드리아의 혼합을 막는 핵 유전자의 변화)이 빨리 발생해야 한다. 제대로 된 유전자가 제때에 만들어지지 않으면 너무 늦다. 돌연변이체가 이미 고착될 정도로 퍼져버리면 아무런 소용이 없다. 진화는 눈 먼 장님이며, 미래를 내다보지도 못한다. 다음 미토콘드리아 돌연변이를 예측할 수도 없다. 마지막으로, 빠르게 복제되는 미토콘드리아가 그렇게 나쁘지만은 않을 것이라고 추측하게 하는 세 번째 이유는 미토콘드리아가 극소수의 유전자를 유지하고 있기 때문이다. 여기에는 여러 가지 이유가 있겠지만, 그중에는 복제 속도가 빠른 미토콘드리아에 대한 선택도 분명히 작용했을 것이다. 이는 시간이 흐르는 동안 미토콘드리아의 복제 속도를 증가시켰던 돌연변이가 수없이 많았음을 보여준다. 이들은 양성의 진화에 의해서 제거되지 않았다.

이런 이유에서, 나는 전작에서 새로운 생각을 내놓았다. 이 문제가 핵 유전자에 대한 미토콘드리아 유전자의 적응 요건과 깊은 연관이 있다는 것이다. 이에 관해서는 다음 장에서 더 다룰 것이다. 지금은 요점만 짚고 넘어가자. 호흡이 제대로 작동하기 위해서는 미토콘드리아와 핵의 유전자가 서로 협력을 해야 한다. 그래서 어느 쪽 유전체든 돌연변이가 발생하면 물리적 적합성을 약화시킬 수 있다. 내 제안은 한쪽 성에서만 미토콘드리아를 전달하는 한부모 유전(uniparental inheritance)이 두 유전체 사이의 상호적응을 개선할 수 있다는 것이다. 내가 보기에는 이 생각이 이치에 닿는 것 같았지만, 유능한 수학자인 제나 하드지바실리우가 생물학에 관심을 가지게 되어서 나와 앤드루 포미안코프스키와 함께 박사학위 공부를 시작하지 않았다면, 아마 그냥 방치되었을 것이다.

제나는 한부모 유전이 미토콘드리아와 핵 유전체의 상호적응을 개선한다는 것을 정말로 증명해냈다. 그 이유는 충분히 단순하며 표본 추출의 효과와 연관이 있었다. 이 주제에 관해서는 아주 흥미로운 변이와 함께 나중에 다시 다룰 것이다. 유전적으로 다른 100개의 미토콘드리아가 있는 세포를 상상해보자. 그중 1개를 다른 세포의 내부로 옮기면 다시 100개가 될 때까지 저절로 복제를 한다. 몇몇 돌연변이체를 제외하면, 이 미토콘드리아들은 모두 동일할 것이다. 즉 클론인 셈이다. 이제 다른 미토콘드리아에도 똑같이 해서 100개의 미토콘드리아를 얻는다. 이렇게 만들어진 100개의 새로운 세포에는 저마다 다른 미토콘드리아 개체군이 있는데, 어떤 것은 좋고 어떤 것은 나쁘다. 세포들 사이의 분산(variance) 값이 증가하는 것이다. 만약 세포 전체를 그냥 100번 복제했다면, 딸세포들의 미토콘드리아 구성은 모세포와 대략 비슷했을 것이다. 모든 세포가 대단히 비슷하기 때문에 자연선택은 그 세포들 사이의 차이를 구별할 수 없을 것이다. 그러나 표본을 추출해서 그 표본을 복제하면, 원래 세포보다 더 적합한 것에서부터 덜 적합한 것까지 다양한 범위의 세포가 만들어진다.

이것은 극단적인 예이지만, 한부모 유전의 특징을 잘 보여준다. 한부모 유전은 부모 중 한쪽으로부터만 소수의 미토콘드리아 표본을 추출함으로써, 수정된 난세포들 사이의 분산을 증가시킨다. 이렇게 다양성이 더 커질수록 자연선택의 대상이 더 뚜렷해져서 가장 나쁜 세포를 제거하고 더 좋은 세포들만 남길 수 있다. 이 개체군의 적응도는 세대를 거듭할수록 개선된다. 흥미롭게도 이 점은 유성생식 자체의 장점과 실질적으로 같지만, 유성생식은 핵 유전자의 분산을 증가시키는 반면, 두 종류의 성은 세포들 간의 미토콘드리아 분산을 증가시킨다. 그리고 이것은 더 없이 단순하다. 아니, 우리는 그렇게 생각한다.

우리의 연구는 한부모 유전을 할 때와 그렇지 않을 때의 적응도에 대한 직접 비교였다. 그러나 이 시점에는 양부모가 모두 미토콘드리아를 전달하는 세포 개체군에서 한부모 유전을 일으키는 유전자가 나타나면 무슨 일이 일어날지는 고려하지 않았다. 그 유전자가 퍼져서 고정될 수 있을까? 만약 그렇다면, 미토콘드리아를 전달하는 쪽과 미토콘드리아를 죽이는 쪽으로 이루어진 두 종류의 성이 진화되었을 것이다. 우리는 이 가능성을 알아보기 위한 모형을 개발했다. 이와 함께, 우리는 우리의 상호적응 가설을 앞에서 다루었던 이기적 충돌, 그리고 돌연변이의 단순 축적 결과와 비교했다.[6] 결과는 놀라웠고, 적어도 실망스럽지는 않았다. 이 유전자는 전파되

---

6 수학적 관점에서 볼 때, 세 학설은 모두 서로에 대해서 변수로 작용하는 것으로 밝혀졌다. 즉 저마다 돌연변이율에 영향을 받는다. 단순한 돌연변이 모형에서는 돌연변이체의 축적 속도가 확실히 돌연변이율에 의해서 결정된다. 마찬가지로 이기적 돌연변이체가 등장하면 야생형보다 조금 더 빨리 복제된다. 이는 이 새로운 돌연변이체가 개체군 전체에 퍼진다는 뜻이다. 수학적으로 볼 때 이것은 돌연변이율이 더 높아진다는 것과 같다. 다시 말해서, 주어진 시간 동안 더 많은 돌연변이체가 생긴다는 것이다. 상호적응 모형은 이와는 정반대이다. 실질적인 돌연변이율이 낮아지는데, 핵 유전자가 미토콘드리아 돌연변이체에 적응할 수 있기 때문이다. 이는 이 돌연변이체가 더 이상 해롭지 않다는 뜻이 되므로, 결론적으로 돌연변이체가 아니다.

지 않았고, 당연히 고정도 되지 않았다.

문제는 적응 비용이 돌연변이 미토콘드리아의 수에 의해서 결정된다는 점이었다. 돌연변이체가 많아질수록 비용도 더 많이 들었다. 한부모 유전의 이득도 돌연변이의 양에 의해서 결정되지만, 이번에는 정반대이다. 돌연변이의 부담이 적어질수록 이득도 적어진다. 다시 말해서, 한부모 유전의 비용과 편익은 개체군 내에서 고정되어 있는 것이 아니라 돌연변이 수에 따라 유동적이다. 그리고 몇 세대에 걸쳐 한부모 유전이 일어나서 낮아질 수도 있다(그림 29). 우리는 한부모 유전이 세 가지 모형 모두에서 개체군의 적응을 개선한다는 것을 발견했다. 그러나 한부모 유전의 유전자가 개체군 전체에 퍼지기 시작하면, 그로 인한 이득은 점점 줄어들다가 약점과 상쇄되어 사라진다. 한부모 유전을 하는 세포의 주된 약점은 개체군의 일부와만 짝짓기를 한다는 점이다. 이 거래는 개체군의 약 20퍼센트가 한부모 유전을 하면 평형에 도달한다. 돌연변이율이 높으면 비율은 개체군의 50퍼센트까지 올라갈 수 있다. 그러나 개체군의 나머지 절반은 계속 짝짓기를 할 수 있기 때문에, 세 가지 성이나 다름없는 상태가 된다. 결론적으로 말해서, 미토콘드리아의 유전은 두 가지 교배형의 진화를 일으키지는 않을 것이다. 한부모 유전은 배우자들 사이의 분산 값을 증가시켜 적응도를 높이지만, 이 이득은 교배형의 진화를 유발할 정도로 강력하지는 않다.

결국 내가 내 생각을 직접 반증한 꼴이었으니, 썩 기분이 좋지는 않았다. 우리는 효과가 있을 것이라고 생각되는 것은 닥치는 대로 다 시도해보았지만, 결국 한부모 유전 돌연변이체가 두 가지 교배형의 진화를 일으킬 수 있는 현실적인 상황은 없다는 것을 인정해야 했다. 교배형은 다른 어떤 이유에서 진화되었을 것이다.[7] 그래도 한부모 유전은 분명히 존재한다. 우리

---

[7] 이계 교배에서 신호와 페로몬에 이르기까지, 다른 가능성은 아주 많다. 두 세포가 융합하는 유성생식에서는 먼저 상대방을 찾아야 하고, 융합을 하는 상대가 알맞은 세포인지,

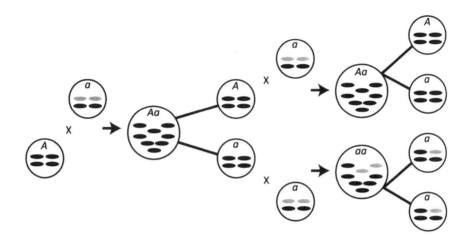

그림 29 미토콘드리아 유전에서 적응 이득의 "누출"

A와 a는 핵의 특정 유전자에 대해서 서로 다른 유형(대립유전자)을 가지는 배우자이다. a 배우자는 다른 a 배우자와 융합하면 자신의 미토콘드리아를 전달한다. A 배우자는 "한부모 유전을 하는 돌연변이체"이다. A 배우자가 a 배우자와 융합하면, A 배우자만 미토콘드리아를 전달한다. 그림의 첫 번째 교배는 A 배우자와 a 배우자가 융합해서 두 대립유전자를 모두 가지고 있지만(Aa), 미토콘드리아는 A에서 유래한 것만 들어 있는 접합자를 형성하는 과정이다. 이제 이 접합자는 각각 A와 a 대립유전자를 가지는 두 개의 배우자를 형성한다. 각각의 배우자는 결함이 있는 미토콘드리아(옅은 색)가 있는 a 배우자와 융합한다. 위쪽 교배에서는 A와 a 배우자가 A 배우자에서 유래한 미토콘드리아만 가지는 Aa 접합자를 형성한다. 그 결과, 결함이 있는 미토콘드리아(옅은 색)가 제거된다. 아래쪽 교배에서는 결함이 있는 미토콘드리아가 전달된 aa 접합자를 형성한다. 이 접합자들(Aa와 aa)은 저마다 배우자를 형성한다. a 미토콘드리아는 이제 두어 번의 한부모 유전을 거쳐 "정화되었다." 이는 양부모 배우자의 적응을 개선한다. 따라서 적응의 이득이 개체군 전체로 "누출됨으로써," 결국 스스로의 전파를 막는 것이다.

가 그것을 설명하지 못한다면, 우리의 모형이 틀린 것이다. 사실 우리는 만약 다른 어떤 이유에서 두 가지 교배형이 이미 존재하고 **있었다면**, 다수의 미토콘드리아나 높은 미토콘드리아 돌연변이율 같은 특정 조건이 한부모 유전을 고정했을 수도 있다는 것을 증명했다. 우리의 결론에는 이론이 없을 것이다. 게다가 우리의 설명은 자연계에 알려져 있는 한부모 유전의 예외들과 더 잘 부합한다. 또한 한부모 유전이 일반적으로 다세포 유기체 사이에 보편적이라는 사실도 이해가 된다. 다세포 유기체, 즉 우리 같은 동물은 일반적으로 미토콘드리아 수가 많고, 돌연변이율이 높기 때문이다.

위의 사례는 수리 집단 유전학이 왜 중요한지를 여실히 보여준다. 가설은 형식에 맞추어 가능한 모든 방법으로 검증되어야 한다. 이 경우에 형식을 갖춘 모형이 명확하게 보여주는 것은, 두 가지 교배형이 이미 존재하지 않는 한, 한부모 유전이 개체군 내에 고정될 수 없다는 것이다. 이것은 우리가 얻을 수 있는 가장 엄밀한 증명에 가깝다. 그러나 완전히 희망이 없는 것은 아니다. 교배형과 "진짜" 성(남성과 여성은 명백히 다르다) 사이의 차이는 뚜렷하지 않다. 많은 식물과 조류는 교배형과 성을 둘 다 가지고 있다. 어쩌면 성에 관한 우리의 정의가 틀렸을 수도 있다. 그러면 우리가 정말로 고심해야 하는 것은 겉으로 보기에 동일한 교배형이 아니라 진짜 성의 진화이다. 한부모 유전이 동물과 식물의 진짜 성 사이의 차이를 설명해줄 수 있을까? 만약 그렇다면, 교배형은 다른 이유에서 등장했을지 몰라도 진짜 성의 진화는 미토콘드리아 유전에 의해서 유발되었을 가능성이

즉 같은 종의 다른 세포인지를 확인해야 한다. 세포는 일반적으로 "주화성(chemotaxis)"을 이용해서 서로를 찾는다. 일종의 페로몬을 생산하는 것으로, 이를테면 "냄새"가 풍길 때 냄새가 진한 곳으로 이동하는 것이나 마찬가지이다. 만약 양쪽 배우자가 같은 페로몬을 생산하면, 혼동을 일으킬 수 있다. 자신의 페로몬 냄새를 맡으면서 주위를 맴돌 수도 있는 것이다. 일반적으로 한쪽 배우자만 페로몬을 생산하고, 다른 배우자가 찾아가는 편이 훨씬 낫다. 따라서 교배형 사이의 차이는 짝을 찾는 문제와 연관이 있을 수도 있다.

여전히 남는다. 솔직히 별로 설득력 있는 생각 같지는 않지만, 검토해볼 만한 가치는 있다. 이 추론을 하면서 우리가 실제로 찾아낸 답이 무엇인가를 밝혀줄 것이라는 기대를 가지고 시작한 것은 아니었다. 한부모 유전이 보편적이라는 일반적인 가정이 아닌 우리가 이전 연구에서 도출한 실망스러운 결론에서 출발한 답이었기 때문이다.

불멸의 생식세포주, 소멸하는 육신

동물은 대단히 많은 미토콘드리아를 가지고 있다. 그리고 그 미토콘드리아는 강력한 동력이 필요한 우리의 생활방식을 유지하기 위해서 쉴 새 없이 일을 한다. 그래서 미토콘드리아는 돌연변이율이 높다. 여기까지는 대체로 옳다. 우리의 세포에는 하나당 수백에서 수천 개의 미토콘드리아가 들어 있다. 우리는 미토콘드리아의 돌연변이율을 확실히 알 수 없지만(직접적으로 측정하기가 어렵다), 여러 세대를 거치는 동안 미토콘드리아 유전자의 진화 속도가 핵에 있는 유전자에 비해서 10-50배 더 빠르다는 것을 알고 있다. 이는 한부모 유전이 동물에서 쉽게 고정되어야 한다는 것을 의미한다. 우리는 모형을 이용한 연구를 통해서 단세포 유기체보다는 다세포 생물에서 한부모 유전이 더 쉽게 고정된다는 것을 확인했다. 여기까지는 특별히 놀라울 것이 없다.

그러나 우리는 우리 자신의 모습에 쉽게 현혹이 된다. 최초의 동물은 우리와 비슷하지 않았다. 고착생활을 하는 여과섭식 생물인 해면이나 산호와 더 비슷했고, 적어도 성체가 되었을 때는 주위를 돌아다니지 않았을 것이다. 당연히 그런 동물들은 미토콘드리아가 많지 않고, 미토콘드리아의 돌연변이율도 더 낮다. 더 정확히 말하자면 핵 유전자보다도 더 낮다. 박사과정 학생인 아루나스 라츠빌라비치우스는 이 사실에서 출발했다. 그 역시 생물학의 중요한 문제에 매료된 재능 있는 물리학자였다. 이쯤이면 슬슬 궁금해진다. 물리학에서 가장 흥미로운 문제들은 이제 모두 생물학에 있는 것일까?

아루나스는 다세포 유기체에서 일어나는 단순한 세포분열이 한부모 유전과 꽤 비슷한 효과가 있다는 것을 깨달았다. 세포분열은 세포들 사이의 분산을 증가시킨다. 왜 그럴까? 세포분열이 일어나면 미토콘드리아 집단은 딸세포에 임의로 배분된다. 만약 돌연변이체가 적으면, 이 돌연변이체가 정확히 똑같이 나뉠 확률이 매우 낮을 것이다. 한 딸세포가 다른 딸세포들보다 돌연변이체를 몇 개 더 받게 되기가 훨씬 더 쉽다. 만약 이런 식의 세포분열이 몇 번 더 반복되면, 분산이 더 커지는 결과가 나올 것이다. 6세대쯤 지나면 다른 딸세포들에 비해 훨씬 더 많은 돌연변이체를 물려받은 딸세포가 나올 것이다. 이것이 좋은 일인지 나쁜 일인지는 어떤 세포가 나쁜 미토콘드리아를 얼마나 많이 받았는지에 의해서 결정된다.

해면 같은 유기체를 상상해보자. 아마 모든 세포가 거의 비슷할 것이다. 해면은 뇌와 장 같은 특별한 세포가 별로 분화되지 않는다. 살아 있는 해면을 작은 조각으로 자르면(가정에서 따라하면 안 된다), 그 조각에서 해면이 다시 생성될 수 있다. 이렇게 할 수 있는 이유는 거의 모든 곳에 자리하고 있는 줄기세포들이 (몸을 구성하는) 체세포뿐만 아니라 생식세포까지도 새로 만들 수 있기 때문이다. 이런 면에서 해면은 식물과 비슷하다. 해면은 발생 초기에 생식세포주를 따로 만들지 않고, 여러 조직에 있는 줄기세포에서 배우자를 만들 수 있다. 이 차이는 매우 중요하다. 우리에게는 전문적인 생식세포주가 있다. 이 생식세포주는 배아 발생 초기에 따로 격리된다. 정상적인 포유동물이라면, 간에 있는 줄기세포에서는 절대 생식세포가 만들어지지 않을 것이다. 그러나 해면과 산호와 식물은 다양한 위치에서 새로운 생식기관이 돋아나서 배우자를 만들 수 있다. 이런 차이에 대

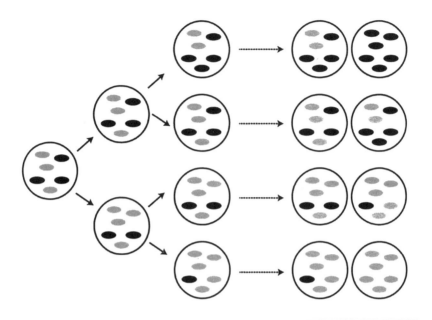

그림 30 세포들 사이의 분산을 증가시키는 무작위 분리

만약 한 세포 속에 섞여 있는 서로 다른 종류의 미토콘드리아들이 두 배로 늘어난 다음 두 개의 딸세포에 대략 같은 수로 나뉘어 들어간다면, 미토콘드리아의 비율은 세포 분열을 할 때마다 조금씩 다양해질 것이다. 그 차이는 시간이 흐를수록 더 증폭되는데, 각각의 세포에 나뉘어 들어가는 미토콘드리아 개체군이 점점 더 달라지기 때문이다. 만약 맨 오른쪽에 있는 마지막 딸세포들이 배우자가 된다면, 세포분열의 반복은 배우자들 사이의 분산을 증가시키는 효과가 있는 것이다. 이 배우자들 중 일부는 대단히 좋고 일부는 대단히 나빠서, 자연선택의 시야를 넓혀준다. 이것은 한부모 유전의 효과와 정확히 똑같으며, 좋은 일이다. 이와 달리 만약 오른쪽 딸세포들이 새로운 조직이나 기관을 만드는 전구세포(progenitor cell)라면, 이런 분산의 증가는 재앙이 된다. 이제 어떤 조직은 제 기능을 하지만 어떤 조직은 기능을 하지 못해서, 유기체 전체의 적응도가 약화될 것이다. 조직의 전구세포들 사이의 분산을 줄이는 한 가지 방법은 처음부터 엄청나게 많은 수의 미토콘드리아를 배분해서 접합자 속에 들어 있는 미토콘드리아 수를 증가시키는 것이다. 이 방법은 난자의 크기를 증가시킴으로써 달성할 수 있으며, 그 결과 "이형접합(anisogamy, 큰 난자와 작은 정자)"이 일어난다.

한 이유를 세포들 사이의 경쟁에서 찾는 설명이 몇 가지 있는데, 모두 그다지 설득력은 없다.[8] 아루나스는 이 모든 유기체들이 가지고 있는 한 가지 공통점을 발견했다. 모두 미토콘드리아 수가 적고 미토콘드리아의 돌연변이율이 낮다는 것이었다. 그리고 조금씩 일어나는 돌연변이도 **분리**를 통해서 제거될 수 있었다. 그 작동방식은 다음과 같다.

세포분열이 여러 차례 반복되면 세포들 사이의 분산이 증가한다는 점을 떠올려보자. 이는 생식세포도 마찬가지이다. 만약 발생 초기에 생식세포를 따로 떼어놓으면, 이 생식세포들 사이에는 차이가 별로 없을 것이다. 즉 세포분열 몇 번으로는 분산이 그다지 이루어지지 않는다. 그러나 만약 생식세포가 성체의 조직에서 선택된다면, 세포들 사이의 차이가 훨씬 더 커질 것이다(그림 30). 여러 번 세포분열을 반복하면, 어떤 생식세포는 다른 생식세포에 비해 돌연변이가 더 많이 축적된다는 뜻이다. 어떤 생식세포는 거의 완벽해질 것이고, 어떤 생식세포는 끔찍할 정도로 엉망이 될 것이다. 생식세포들 사이의 분산이 큰 것이다. 바로 이때 자연선택이 필요하다. 자연선택은 나쁜 세포를 모두 솎아내어 좋은 세포들만 남길 수 있다. 그러면 세대를 거듭할수록 생식세포의 질은 더 좋아진다. 성체 세포에서 무작위로 선택하는 것이, 발생 초기에 "동결시켜서" 꽁꽁 숨겨두는 것보다 더 효과가 좋다.

따라서 분산이 더 커지는 것은 생식세포주에는 좋지만, 성체의 건강에는 큰 타격이 될 수도 있다. 분산이 큰 생식세포주는 선택을 통해서 불량 생식세포를 제거하고 더 나은 것만 남겨 다음 세대에 전달한다. 그러나 새로

---

8 발생학자인 레오 버스의 주장에 따르면, 이동성이 있는 동물 세포는 자신의 생식세포주를 침범하는 이기적인 시도를 자행하기가 더 쉽지만, 거추장스러운 세포벽 때문에 사실상 거의 이동을 할 수 없는 식물 세포는 그렇지 않다. 그러나 완벽하게 이동성이 있는 동물 세포로 이루어진 산호와 해면에도 그의 주장이 적용될 수 있을까? 그럴 것 같지는 않다. 그래도 산호와 해면은 식물만큼 생식세포주를 가지고 있다.

운 성체세포를 만드는 줄기세포가 불량이면, 제대로 기능을 하지 못하는 조직을 만들어서 유기체의 생존을 위태롭게 할 것이다. 유기체 전체의 적응도는 가장 뒤떨어지는 기관의 적응도에 의해서 결정된다. 만약 내게 심장마비가 오면, 내 신장의 기능이 얼마나 좋은지는 중요하지 않다. 건강한 기관들도 문제가 생긴 부분과 함께 죽게 될 것이다. 따라서 유기체에서 미토콘드리아의 분산 증가는 장점과 단점을 모두 가지고 있으며, 생식세포주에 대한 장점은 몸 전체에 대한 단점으로 상쇄될 수도 있다. 어느 정도까지 상쇄되는지는 조직의 수와 돌연변이율에 의해서 결정된다.

성체에 조직의 종류가 많을수록, 중요한 조직에 불량 미토콘드리아가 몽땅 축적될 가능성이 커진다. 반대로 조직의 종류가 하나뿐일 때에는 별로 문제가 되지 않는다. 한 기관이 제대로 작동하지 못해서 개체 전체의 기능이 약화되는 상호의존성이 없기 때문이다. 한 종류의 조직으로만 이루어진 단순한 유기체는 분산이 커지는 것이 확실히 좋다. 생식세포주에는 이롭고, 몸에는 특별히 해가 되지도 않는다. 따라서 우리의 예측에 따르면, 미토콘드리아 돌연변이율이 낮고 조직의 종류가 매우 적었던 (것으로 추측되는) 최초의 동물은 양부모 유전을 하고 격리된 생식세포주가 없어야 했다. 그러나 초기 동물이 조금 더 복잡해져서 두 종류 이상의 조직이 생기게 되면, 몸 자체의 분산이 증가해서 좋은 조직과 나쁜 조직이 생길 수밖에 없으므로, 성체의 적응도에 재앙이 일어난다. 심장마비 시나리오 같은 일이 발생하는 것이다. 성체의 적응도를 높이기 위해서는 미토콘드리아의 분산이 감소해야 한다. 그래야만 발생 초기의 조직은 전체적으로 비슷하게 양호한 미토콘드리아만 받게 된다.

성체 조직에서 분산을 줄이는 가장 단순한 방법은 미토콘드리아가 더 많은 난세포에서 시작하는 것이다. 통계학의 규칙에 따르면, 처음에 큰 집단에서 시작해서 여러 개의 작은 집단으로 분할하는 것이 작은 집단을 두 배로 키우고 분할하기를 반복해서 같은 수의 작은 집단을 만드는 것보다 분산이 더 작다. 결론은 난세포의 크기를 증가시켜서 더 많은 미토콘드리아를 쌓아두는 편이 이롭다는 것이다. 우리의 계산에 의하면, 더 큰 난자를 만드는 유전자는 단순한 다세포 유기체의 개체군 사이에 전파될 것이다. 그런 유전자는 성체 조직 사이의 분산을 감소시킴으로써 기능에 엄청난 손상을 가져올 가능성이 있는 차이를 완전히 없애기 때문이다. 반면 배우자에게는 분산이 작은 것이 좋지 않다. 배우자들이 서로 더 비슷해져서 자연선택의 "눈에 잘 띄지" 않기 때문이다. 어떻게 하면 상반된 이 두 경향을 조화시킬 수 있을까? 간단하다! 두 배우자 중 하나, 즉 난세포만 크기를 키우고, 정자가 되는 다른 배우자는 크기를 줄이면 해결된다. 큰 난세포는 조직들 사이의 분산을 감소시켜 성체의 적응도를 개선한다. 한편, 정자에서는 미토콘드리아가 제거되어 궁극적으로 한쪽 부모의 미토콘드리아만 전달되는 한부모 유전이 초래된다. 앞에서 지적한 것처럼, 미토콘드리아의 한부모 유전은 배우자들 사이의 분산을 증가시켜 적응도를 개선한다. 다시 말해서, 가장 단순한 출발점에서부터 한부모 유전을 따르는 두 이형접합(서로 다른 배우자, 정자와 난자)은 둘 이상의 조직을 가지는 유기체에서 진화되는 경향을 나타낼 것이다.

내가 강조하고 싶은 것은, 이 모두가 미토콘드리아의 돌연변이율이 낮다는 것을 전제로 한다는 점이다. 이 추론은 해면과 산호와 식물의 경우에는 들어맞는 것으로 알려져 있지만, "더 고등한" 동물에서는 그렇지 않다. 돌연변이율이 증가하면 어떻게 될까? 생식세포 생산을 미룸으로써 얻는 이득이 이제는 사라진다. 우리의 모형에서 밝혀진 바에 따르면, 돌연변이들이 빠르게 축적되면서 결국에는 돌연변이로 엉망이 된 생식세포가 남는다. 유전학자인 제임스 크로의 말처럼, 개체군의 건강에 가장 위협이 되는 돌연변이 요소는 생식 능력이 있는 노인이다. 다행히도 한부모 유전은 남자는 미토콘드리아를 전혀 전달하지 않는다는 것을 의미한다. 돌연변이율이 더 높아지면, 생식세포주의 분할을 일찍 유발하는 유전자가 개체군 전체에 퍼질 것이다. 일찌감치 생식세포주를 분리해서 자성(雌性) 배우자를 동결시킴으로써 미토콘드리아 돌연변이가 축적되지 않게 하는 것이다. 생식세포주의 돌연변이율을 특별히 더 낮추는 적응도 선호를 받아야 한다. 내 동료인 존 앨런이 밝힌 바에 따르면, 사실상 자성 배우자의 미토콘드리아는 난소의 배아 발생 초기에 분리된 난세포 속에 스위치가 꺼진 채 보관되어 있는 것처럼 보인다. 앨런은 난세포 속의 미토콘드리아가 활성이 없고 돌연변이율이 낮은 유전적 "주형(template)"이라고 오랫동안 주장해왔다. 우리의 모형을 통해서 보았을 때, 이 생각은 바쁘게 살아가는 오늘날의 동물처럼 미토콘드리아의 수가 많고 돌연변이율이 높은 생물에는 들어맞지만, 더 느린 조상 동물이나 식물, 조류, 원생생물을 포함하는 더 넓은 범위의 생물에는 맞지 않는다.

이 모든 것은 무엇을 의미할까? 놀랍게도, 미토콘드리아의 변이만으로 이형접합(정자와 난자)과 한부모 유전과 발생 초기에 자성 생식세포가 분리되는 생식세포주라는 특징을 가진 다세포 유기체의 진화를 설명할 수 있다는 것을 의미한다. 이런 특징들이 함께 어우러져서 남성과 여성이라는 성적 차이의 토대를 형성한다. 다시 말해서, 두 종류의 성 사이에 실제로 나타나는 물리적 차이는 대부분 미토콘드리아의 유전을 통해서 설명될 수 있다. 세포들 간의 이기적 충돌도 여기에 한몫을 할지 모르지만, 반드시 필요한 것은 아니다. 생식세포주-체세포 구별의 진화도 이기적 충돌을 언급하지 않고 설명될 수 있다. 결정적으로 우리의 모형은 연구를 처음 시작했을 때에만 해도 내가 짐작조차 하지 못했던 사건의 순서를 명확하게 지정해준다. 나는 한부모 유전이 조상의 상태일 것이라고 상상했다. 그 다음에 생식세포주가 진화했고, 정자와 난자가 진화하면서 진정한 성이 분리되었을 것이라고 생각했다. 그런데 우리의 모형은 양부모 유전이 조상의 상태였다는 것을 암시했다. 그 다음에 이형접합자(정자와 난자)가 등장했고, 한부모 유전, 생식세포주의 순서로 이어졌다. 이렇게 바뀐 순서가 맞을까? 어느 쪽과 관련해서도 정보가 별로 없다. 그러나 이는 검증 가능한 명쾌한 예측이며, 우리도 검증이 되기를 바라고 있다. 먼저 살펴보아야 할 동물은 해면과 산호이다. 두 무리 모두 정자와 난자를 가지고 있지만, 따로 분리된 생식세포주는 없다. 만약 우리가 미토콘드리아 돌연변이율이 더 높은 쪽을 선택하면, 이들 무리에 생식세포주가 발달할까?

몇 가지 숨은 의미를 통해서 결론에 접근해보자. 왜 미토콘드리아의 돌연변이율이 높아질까? 세포와 단백질의 전환이 빨라지면 미토콘드리아의 돌연변이율도 높아질 것이다. 이것은 활발한 신체활동을 의미한다. 캄브리아기 대폭발 직전에 일어났던 대양의 산화(酸化)는 활동적인 좌우대칭 동물의 진화를 선호했다. 활동성이 증가하면서 미토콘드리아의 돌연변이율이 증가한(이는 계통학적 비교를 통해서 측정이 가능하다) 동물들에서는 생식세포주의 분리가 일어날 수밖에 없었다. 이것이 바로 불멸의 생식세포주와 소멸되는 체세포의 기원, 계획에 의해서 종착점이 예정된 죽음의 기원이었다. 불멸의 생식세포주라는 것은 생식세포가 영원히 분열을 계속할 수 있다는 뜻이다. 생식세포는 늙거나 죽지 않는다. 세대마다 발생 초기에 하나의 생식세포주를 분리해서 다음 세대의 씨앗이 될 세포를 만든다. 개개의 배우자는 손상될지 몰라도, 새 생명은 태어난다. 작은 조각으로도 재생이 가능한 해면 같은 유기체에 나타나는 불멸의 잠재력을 생식세포가 홀로 유지하고 있다는 의미이다. 이런 특별한 생식세포주가 분리되자마자, 이제 불멸의 줄기세포를 유지해야 하는 제약으로부터 해방된 몸의 나머지 부분은 특별한 목적을 위해서 분화가 가능해진다. 더 이상 스스로를 재생할 수 없는 뇌 같은 조직이 처음으로 나타났다. 체세포는 일회용품이다. 체세포 조직의 수명을 결정하는 것은 유기체에서 그 조직이 자체적으로 재생되는 데에 걸리는 시간이다. 이것은 동물이 성적 성숙에 도달하는 속도, 발생 속도, 예상 수명에 의해서 결정된다. 노화의 근원인 성과 죽음의 맞교환이 처음으로 등장한다. 다음 장에서는 이에 관해서 살펴볼 것이다.

이 장에서는 미토콘드리아가 진핵생물에 미친 영향을 탐구했다. 그중 어떤 것은 매우 극적이었다. 핵심적인 문제들을 다시 떠올려보자. 왜 모든 진핵생물은 세균과 고세균에서는 발견된 적 없는 공통된 특징들을 진화시켰을까? 앞 장에서 우리는 원핵생물이 세포 구조로 인한 제약을 받고, 특히 호흡을 조절하는 유전자가 필요하다는 것을 알았다. 미토콘드리아의 획득은 진핵생물의 선택 지형을 바꾸었고, 세포의 부피와 유전체의 크기를 수십만 배까지 팽창시킬 수 있었다. 이를 촉발시킨 두 원핵생물 간의 희귀한 세포내 공생은 기이한 사고나 다름없었지만, 그 결과는 가혹했고 예측 가능했다. 핵이 없는 세포가 세포내 공생체로부터 무차별적으로 받은 DNA와 기생 유전자(인트론)의 세례는 가혹했고, 예사롭지 않은 시작이었지만, 핵과 유성생식과 두 가지 성과 생식세포주의 진화라는 각 단계마다 숙주세포는 전통적인 진화유전학의 관점에서 이해할 수 있는 반응을 나타내기 때문에 예측 가능했다. 이 장에서 소개된 생각들 중 일부는 양성의 진화에 대한 내 가설처럼 오류로 판명날 수도 있을 것이다. 그러나 그런 경우에는 이해가 더 깊어지면서, 생식세포주-체세포 차이를 넘어서 성과 죽음의 기원을 내가 상상했던 것보다 훨씬 더 풍부하게 설명해줄 것이다. 탄탄한 모형을 통해서 드러난 기본 논리는 한눈에 보기에도 아름답고 예측 가능하다. 생명은 어디에서나 비슷한 경로를 따라 복잡성에 이를 것이다.

40억 년에 걸친 생명의 역사에 관한 우리의 이야기는 미토콘드리아를 중심으로 본 진핵세포의 진화이다. 최근 몇 년 동안, 의학 연구에서도 꽤 비숫한 관점에 도달했다. 이제 우리는 미토콘드리아가 세포 죽음(아포토시스[apoptosis]), 암, 퇴행성 질환, 수정 등을 관장한다는 것을 인정한다. 그러나 미토콘드리아가 생리학의 진정한 중심이라는 나의 주장이 의학 연구자들에게는 언짢을 수도 있을 것이다. 내게 적당히 균형 잡힌 시각이 부족한 탓이다. 인간의 세포를 현미경으로 들여다보면, 환상적인 조화를 이루며 작동하고 있는 부분들을 확인할 수 있을 것이다. 미토콘드리아는 중요하기는 하지만 그 조화를 이루는 톱니바퀴 중 하나에 지나지 않는다. 그러나 이것은 진화의 관점에서 바라본 것이 아니다. 진화에서는 미토콘드리아를 복잡한 생명체의 기원을 일궈낸 동등한 동반자로 본다. 진핵생물의 모든 특징, 모든 세포생리학적 특징은 두 동반자 사이의 줄다리기를 통해서 진화해왔다. 이 줄다리기는 오늘날까지도 계속되고 있다. 마지막 제4부에서는 이런 상호작용이 우리의 무병장수와 생식력을 어떻게 지탱하고 있는지를 살펴볼 것이다.

제4부

예측

7
권력과 영광

크리스트 판토크라토르(Christ Pantocrator)는 그리스도, 세상의 지배자라는 뜻이다. 정교회의 성화(聖畵)가 아니더라도, 그리스도의 초상화를 그리는 것만큼 예술적으로 대단한 도전은 없을 것이다. 자애롭지만 준엄하게 인간을 심판하는 신이자, 인간이라는 "두 가지 본성"을 동시에 담아내야 하기 때문이다. 왼손에 펼쳐 든 『성서』에는 다음과 같은 「요한의 복음서」의 구절이 적혀 있다. "나는 세상의 빛이다. 나를 따라오는 사람은 어둠 속을 걷지 않고 생명의 빛을 얻을 것이다." 이런 엄숙한 임무가 주어진 판토크라토르는 무척이나 우수에 차 보인다. 화가의 관점에서 볼 때, 인간의 얼굴에 깃든 신의 정신을 포착하는 것만으로는 충분하지 않다. 아름다운 성당의 제단 위에 높이 솟아 있는 돔의 내부에 모자이크로 그의 얼굴을 표현해야 한다. 나로서는 이런 엄청난 작업을 위해서 어떤 기술이 필요한지 잘 상상이 되지 않는다. 생기 있는 얼굴의 빛과 그림자를 표현하기 위해서 작은 돌조각에 의미가 부여된다. 각각의 조각들은 큰 그림 속에서 본래의 위치를 망각하지만, 전체적인 개념에서는 여전히 그 조각들 하나하나가 중요하다. 나는 작은 실수가 전체적인 느낌을 망쳐서 창조주의 얼굴이 우스꽝스럽게 보일 수 있다는 것을 안다. 그러나 시칠리아 체팔루 대성당에 있는 것과 같은 걸작에서는 신심이 부족한 사람이라도 신의 얼굴을 알아볼 수 있을 것이다. 이것은 오래 전에 잊힌 장인들의 천재성을 기리는 영원한 기

넘비이다.[1]

이야기를 전혀 다른 방향으로 전환하려는 것은 아니다. 내가 매료된 것은 인간의 마음을 사로잡는 모자이크의 매력과 생물학에서 모자이크의 중요성이 매우 닮았다는 점이다. 세포와 단백질의 모듈화, 그리고 우리의 미적 정서 사이에 어떤 무의식적인 연관성이라도 있는 것일까? 우리의 눈은 간상세포(桿狀細胞, rod cell)와 원추세포(圓錐細胞, cone cell)라는 수백만 개의 감광세포로 이루어져 있다. 각각의 빛 수용체는 한 줄기의 빛에 의해서 켜지거나 꺼짐으로써 모자이크처럼 상을 만든다. 이 상은 우리 마음의 눈에서 신경의 모자이크로 재구성되어, 밝기, 색깔, 명암의 대비, 외곽선, 움직임 같은 상의 특징들을 다시 상기시켜준다. 모자이크는 어느 정도 우리의 감정을 동요시킨다. 우리의 생각과 비슷한 방식으로 현실을 분할하기 때문이다. 세포도 모듈의 단위이기 때문에 이렇게 할 수 있다. 세포는 저마다 꼭 있어야 하는 자리에서 제 역할을 하는 살아 있는 타일이며, 이런 타일 조각이 40조 개가 모여서 이루어진 경이로운 3차원 모자이크가 바로 인간이다.

더 깊이 들어가면 모자이크는 생화학 반응에서도 볼 수 있다. 미토콘드리아를 생각해보자. 미토콘드리아의 막에서 양성자를 퍼내는 동안, 양분에서부터 산소로 전자를 전달하는 거대한 호흡 단백질은 수많은 구성단위로 이루어진 모자이크이다. 가장 큰 호흡 단백질인 복합체 I은 45개의 단

---

1 체팔루 대성당은 노르만족이 1091년에 시칠리아를 완전히 정복하고 40년이 지난 후인 1131년에 착공되었다(이 침략은 유명한 잉글랜드 정복 이전인 1061년에 시작되어 30년 넘게 지속되었다). 이 성당은 근해에서 난파 사고를 당했던 루지에로 2세의 생환을 감사하는 뜻에서 건축되었다. 시칠리아의 아름다운 교회와 궁전들은 전형적인 노르만족의 건축양식에 비잔틴의 모자이크와 아랍의 둥근 천장이 결합되어 있다. 어떤 사람들은 비잔틴의 장인들이 만든 체팔루 성당의 판토크라토르가 당시 콘스탄티노플이었던 이스탄불에 위치한 유명한 성소피아 성당의 판토크라토르보다 더 훌륭하다고 말한다. 둘 다 직접 찾아가볼 만하다.

백질로 구성되어 있고, 각각의 단백질은 수백 개의 아미노산으로 이루어져 있다. 이 복합체들은 한 덩어리로 합쳐져서 "거대 복합체"를 형성하기도 하는데, 이 거대 복합체는 전자를 집중적으로 산소에 전달한다. 저마다 하나의 모자이크인 수천 개의 거대 복합체는 미토콘드리아라는 장엄한 대성당을 장식하고 있다. 이 모자이크들의 특성은 매우 중요하다. 어설픈 판토크라토르는 웃음거리가 되고 말지만, 호흡 단백질에서는 조각의 위치가 조금만 어긋나도 성서에 등장하는 그 어떤 형벌보다도 훨씬 더 끔찍한 형벌을 받을 수 있다. 전체 모자이크에서 타일 하나에 해당하는 아미노산 하나만 없어도, 근육이나 뇌에 심각한 변성을 일으키거나 때 이른 죽음을 유발하는 미토콘드리아 질환을 일으킬 수도 있다. 이런 유전병은 정확히 어떤 조각이 얼마나 자주 영향을 받는지에 따라 결정되기 때문에, 증상의 심각도와 발병 연령을 예측하기가 끔찍할 정도로 어렵다. 그러나 이것은 모두 미토콘드리아가 우리의 존재를 지탱하는 뼈대의 중심에 있음을 보여준다.

그래서 미토콘드리아는 모자이크이다. 그리고 그 특성은 삶과 죽음에 중요하게 작용한다. 그뿐이 아니다. 판토크라토르처럼 호흡 단백질도 미토콘드리아와 핵이라는 "두 가지 본성"을 가진 독특한 존재로, 둘 사이에는 천국과 같은 조화가 이루어지는 것이 좋다. 양분에서 산소로 전자를 전달하는 단백질의 조합인 호흡연쇄의 특이한 배열은 그림 31에 나타난다. 어두운 색으로 표시된 중심 단백질은 대부분 미토콘드리아 내막에 있으며, 미토콘드리아에 있는 유전자에 암호화되어 있다. 나머지 단백질(밝은 색)은 핵에 있는 유전자에 암호화되어 있다. 이 특이한 상황은 1970년대 초반부터 알려지기 시작했다. 미토콘드리아 유전체가 매우 작아서 미토콘드리아에서 발견되는 단백질을 대부분 암호화할 수 없다는 사실이 그 당시에 처음으로 명확히 밝혀졌다. 따라서 미토콘드리아가 여전히 숙주세포에 대해서 독립성을 띠고 있을 것이라는 낡은 생각은 무의미해졌다. 언

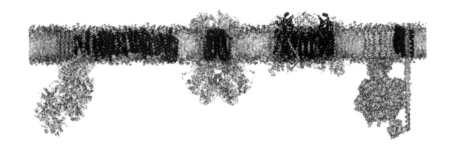

제든지 내키는 대로 스스로를 복제할 수 있어서 기묘한 느낌을 주는 미토콘드리아의 표면적인 자주성은 신기루였다. 미토콘드리아의 기능은 두 개의 서로 다른 유전체에 달려 있다. 이 두 유전체에 암호화된 단백질을 둘다 공급받아야만 성장을 하거나 제 기능을 할 수 있다.

이것이 얼마나 괴상한 일인지에 관해서 조금 더 설명을 하고자 한다. 세포 호흡을 하지 않으면 우리는 몇 분 안에 죽게 될 것이다. 이렇게 중요한 세포 호흡이 완전히 다른 두 유전체에 암호화된 단백질들로 이루어진 모자이크 호흡연쇄에 달려 있는 것이다. 전자는 산소에 도달하기 위해서 호흡연쇄에서 "산화환원 중심(redox center)"을 하나씩 차례로 뛰어넘어야 한다. 보통 한 번에 하나씩 전자를 받아들이거나 내놓는 산화환원 중심은 우리가 제2장에서 다루었던 징검다리이다. 산화환원 중심은 호흡 단백질 내부 깊숙한 곳에 자리하고 있으며, 정확한 위치는 단백질의 구조에 의해서 결정된다. 따라서 단백질이 암호화된 유전자 서열, 즉 미토콘드리아와 핵 유전체 둘 다에 의해서 결정되는 것이다. 앞에서 지적한 것처럼, 전자는 양자 터널링(quantum tunneling)이라고 알려진 방식을 이용해 산화환원 중심을 뛰어넘는다. 각각의 산화환원 중심에서 전자가 나타나고 사라지는 확률은 산소의 인력(더 정확히 말하자면, 다음 산화환원 중심의 환원 전위), 인접한 산화환원 중심 간의 거리, 점유도(다음 산화환원 중심을 이미 다른 전자가 차지했는지 여부) 같은 몇 가지 인자들에 의해서 결정된다. 산화환원 중심들 사이의 정확한 거리는 매우 중요하다. 양자 터널링은 14옹스트롬 이하의 매우 짧은 거리에서만 일어난다(1옹스트롬이 대략 원자 하나의 직경이라는 것을 상기하자). 산화환원 중심들 사이의 간격은 이보다 훨씬 더 멀어서, 전자가 이것을 뛰어넘을 확률은 거의 0에 가깝다. 이렇게 위태로운 거리에서, 전자가 건너뛸 확률은 두 중심 사이의 거리에 의해서 결정된다. 그리고 그 거리는 두 유전체가 어떤 상호작용을 하는지에 의해서 결정된다.

산화환원 중심 사이의 거리가 1옹스트롬씩 증가할 때마다 전자의 전달 속도는 약 10배씩 감소한다. 다시 한번 말하겠다. 산화환원 중심 사이의 거리가 1옹스트롬씩 멀어질 때마다 전자의 전달이 무려 10배씩 느려진다! 1옹스트롬 정도는 인접한 원자들 사이의 전기적 상호작용에 의해서도 바뀔 수 있다. 이런 상호작용의 예로는 단백질에서 양전하와 음전하를 띠는 아미노산들 사이의 "수소 결합"이 있다. 만약 돌연변이가 일어나서 어떤 단백질에 있는 아미노산 하나가 바뀌면, 기존의 수소 결합이 끊어지거나 새로운 결합이 형성될 수 있다. 그러면 전체적인 수소 결합의 연결망이 조금 바뀔 수 있는데, 산화환원 중심을 제 위치에 고정시키는 결합도 여기에 포함된다. 1옹스트롬 정도는 쉽게 움직일 수 있다. 이런 미세한 변화의 결과는 양자 터널링에 의해서 확대된다. 1옹스트롬의 변화로 전자의 전달 속도가 한 자릿수 이상 빨라지거나 느려질 수 있는 것이다. 이것은 미토콘드리아의 돌연변이가 큰 재앙이 될 수 있는 이유 중 하나이다.

이런 위태로운 배열을 더욱 악화시키는 것은 미토콘드리아와 핵 유전체가 끊임없이 분기하고 있다는 사실이다. 앞 장에서 확인한 것처럼, 유성생식과 두 가지 성의 진화는 모두 미토콘드리아의 획득과 관련이 있을 가능성이 있다. 규모가 큰 유전체에서 각각의 유전자들이 기능을 유지하려면 유성생식이 필요하다. 반면 두 가지 성은 미토콘드리아의 질을 유지하는 데에 도움이 된다. 예상치 못한 결과는 이 두 유전체가 완전히 다른 방식으로 진화한다는 점이었다. 핵 유전자는 매 세대마다 유성생식에 의해서 재조합되는 반면, 미토콘드리아 유전자는 난세포를 통해서 모계를 따라 전달된다. 미토콘드리아 유전자에서도 재조합이 일어나기는 하지만 매우 드물다. 게다가 여러 세대에 걸쳐 일어나는 서열의 변화 속도를 볼 때, 적어도 동물에서는 미토콘드리아 유전자가 핵 유전자보다 10-50배 더 빨리 진화한다. 이것이 의미하는 바는, 미토콘드리아 유전자에 암호화된 단백질이 핵 유전자에 암호화된 단백질에 비해 더 빠르게, 다른 방식으로 변한다는 것이다. 그래도 계속 호흡연쇄를 따라 전자를 효과적으로 전달하기 위해서는 몇 옹스트롬의 거리에서 상호작용을 해야 한다. 모든 생명체에서 가장 중요한 과정, 생기를 불어넣는 과정인 호흡의 처리방식이라고는 상상하기 어려울 정도로 터무니없다!

어쩌다 이 지경에 이르렀을까? 진화의 근시안적 특성을 이보다 더 잘 보여주는 사례도 드물 것이다. 이런 말도 안 되는 해법이 나온 것은 아마 어쩔 도리가 없었기 때문일 것이다. 미토콘드리아의 출발점을 다시 떠올려보

자. 미토콘드리아는 다른 세균의 몸속에 사는 세균이었다. 앞에서 우리는 세포내 공생 없이는 복잡한 생명체가 불가능하다는 것을 확인했다. 불필요한 유전자를 버리고 국지적으로 호흡을 조절하는 데에 필요한 유전자만 남길 수 있는 세포만 자치권을 얻을 수 있기 때문이다. 이 이야기는 충분히 합리적인 것처럼 들리지만, 유전자 상실을 제한하는 것은 자연선택뿐이다. 그리고 자연선택은 숙주세포와 미토콘드리아에 모두 작용한다. 무엇이 유전자 상실로 이끌었을까? 부분적으로는 단순히 복제 속도이다. 세균은 유전체의 크기가 작을수록 복제 속도가 빨라진다. 그래서 이 세균이 시간이 흐를수록 우위를 차지하는 경향이 있다. 그러나 복제 속도는 미토콘드리아의 유전자 상실은 설명할 수 있지만, 핵으로의 유전자 이동은 설명하지 못한다. 우리는 앞 장에서 미토콘드리아 유전자가 핵으로 들어가는 이유를 확인했다. 일부 죽은 미토콘드리아의 유전자가 숙주세포의 세포질로 쏟아져나왔고, 핵이 이것을 받아들인 것이다. 이 과정을 중단시키기는 어렵다. 핵에 있는 이런 DNA 중에는 이제 단백질을 미토콘드리아의 어디로 보낼지를 알려주는 서열인 주소 암호(adress code)를 획득한 것도 있다.

이런 이야기가 별난 사건처럼 들릴지도 모르지만, 사실 미토콘드리아를 표적으로 하는 1,500여 개의 단백질 거의 모두에 적용된다. 솔직히 별로 어려운 일은 아니다. 일시적으로 똑같은 유전자가 미토콘드리아와 핵에 동시에 남는 상황도 있었을 것이다. 결국 둘 중 하나에서는 유전자가 사라질 것이다. 단백질이 암호화된 13개의 유전자(원래 미토콘드리아 유전체의 1퍼센트 이하) 외에는, 모든 경우에서 유전자는 핵에 남고 미토콘드리아에서는 사라진다. 우연 같지는 않다. 핵에 있는 유전자 복사본이 선호를 받는 이유는 무엇일까? 몇 가지 가능성 있는 설명이 있지만, 아직 확실하게 증명된 것은 없다. 한 가지 가능성 있는 설명으로는 수컷의 적응도가 있다. 모계를 따라 미토콘드리아가 전달되는 동안에는 수컷의 적응을 선호하는 미토콘드리아 변이가 선택되는 것은 불가능하다. 수컷의 적응도를 개선해주는 수컷 미토콘드리아 유전자는 전혀 전달될 수 없기 때문이다. 만약 이런 미토콘드리아 유전자가 핵으로 전이된다면, 핵에서는 암수가 모두 유전자를 전달하므로 수컷의 적응도를 암컷만큼 개선할 수도 있을 것이다. 핵에 있는 유전자들도 매 세대마다 유성생식에 의해서 재조합된다. 아마 적응도를 더 개선하기 위해서일 것이다. 두 번째로, 미토콘드리아 유전자가 물리적으로 차지하고 있는 공간이 호흡이나 다른 과정을 위한 장치로 채워지면 더 좋을 것이라는 점을 들 수 있다. 마지막 세 번째 가능성 있는 설명은, 호흡 과정에서 탈출한 반응성 높은 유리기가 가까이 있는 미토콘드리아 DNA에 돌연변이를 일으킬 가능성이 있다는 것이다. 세포 생리에 미치는 유리기의 영향은 나중에 다시 다룰 것이다. 전반적으로 미토콘드리아 유전자가 핵으로 이동할 만한 이유는 차고 넘친다. 이런 관점에서 보면, 미토콘드리아에 유전자가 남아 있는 것이 더 신기할 노릇이다.

왜 그럴까? 제5장에서 우리는 국지적으로 호흡을 조절하는 유전자의 필수 요건으로서 힘의 균형을 다루었다. 얇은 막을 사이에 두고 150-200밀리볼트의 전위차가 생긴다는 사실을 떠올려보자. 이 정도면 번개와 맞먹는 미터당 3,000만 볼트의 전기장이다. 유전자는 이 엄청난 막전위를 전자의 흐름, 산소의 이용도, ADP와 ATP의 비율, 호흡 단백질의 수 등에 맞춰서 조절해야 한다. 가령 이런 방식으로 호흡을 조절하는 데에 필요한 어떤 유전자가 핵으로 전이되었다고 해보자. 그래서 그 유전자로 만들어진 단백질이 제때에 미토콘드리아에 전달되지 않아서 재앙을 막지 못했다면, 자연의 "실험"은 거기서 바로 끝났을 것이다. 특별한 유전자를 핵으로 전이시키지 않은 동물(그리고 식물)은 살아남았다. 반면, 적절하지 않게 유전자를 전이시킨 동물은 운 없게 잘못 구성된 유전자들과 함께 죽음을 맞았다.

자연선택은 앞을 보지 못하며 무자비하다. 유전자는 끊임없이 미토콘드리아에서 핵으로 전이된다. 새로운 배치가 더 효과가 좋으면 유전자는 새 보금자리에 계속 머물 것이다. 그렇지 않을 때에는 모종의 불이익을 받게 될 것이다. 그 불이익은 아마 죽음일 것이다. 마침내 거의 모든 미토콘드리아 유전자가 사라지거나 핵으로 전이되고, 미토콘드리아에는 최소한의 중요한 유전자만 남았다. 이것이 바로 우리의 모자이크 호흡연쇄의 토대이다. 이 눈 먼 자연선택은 작동을 한다. 나는 지적인 엔지니어라면 이런 방식으로 설계를 하지는 않았으리라고 생각한다. 그러나 대강 추측을 해보면, 이 방식은 세균들 사이의 세포내 공생이라는 요건이 주어진 상태에서 자연선택이 복잡한 세포를 만들 수 있는 유일한 방법이었을 것이다. 이 터무니없는 해결책은 필연적이었다. 이 장에서 우리는 모자이크 미토콘드리아의 결과를 살펴볼 것이다. 세포내 공생이라는 요건은 복잡한 세포의 특성을 어느 정도까지 **예측할까**? 내 생각은 모자이크 미토콘드리아의 선택이 가장 불가해한 진핵생물의 공통된 특징들 중 일부를 설명해줄 수 있다는 것이다. 우리는 모두 진핵생물이다. 예측된 선택의 결과가 영향을 미치는 범위에는 우리의 건강, 적응, 생식력, 수명, 심지어 한 종으로서의 우리의 역사까지도 포함된다.

종의 기원에 관하여

자연선택은 어떻게, 그리고 어디에 작용할까? 우리는 자연선택이 작용한다는 것을 알고 있다. 유전자 서열에는 미토콘드리아와 핵 유전자의 상호적응을 위한 자연선택의 역사를 뚜렷하게 보여주는 증거들이 많이 남아 있다. 미토콘드리아와 핵에 있는 유전자들은 서로 연관된 방식으로 변화한다. 우리는 시간이 흐르는 동안, 이를테면 인간이나 고릴라에서 수백만 년이라는 시간에 걸쳐 침팬지가 갈라져나가는 동안, 미토콘드리아와 핵 유전자의 변화 속도를 비교할 수 있다. 그러면 호흡연쇄의 단백질이 암호화되어 있는 유전자들처럼 직접적인 상호작용을 하는 유전자들은 거의 같은 속도로 변화하는 반면, 핵에 있는 다른 유전자들은 일반적으로 변화(진화) 속도가 훨씬 더 느리다는 것이 곧바로 확인된다. 확실히 미토콘드리아 유전자의 변화는 상호작용을 하는 핵 유전자에서 상응하는 변화를 이끌어내는 경향이 있으며, 핵 유전자의 경우도 마찬가지이다. 따라서 우리는 어떤 형태의 선택이 일어나고 있다는 것은 안다. 문제는 어떤 과정이 이런 상호적응을 일으키는가 하는 점이다.

답은 호흡연쇄 자체의 생물물리학적 과정에 있다. 핵 유전체와 미토콘드리아 유전체가 잘 맞지 **않을** 때에 무슨 일이 일어날지 생각해보자. 전자는 정상적으로 호흡연쇄에 들어가지만, 조화롭지 않은 유전체들에 의해서 만들어진 단백질들은 편안하게 어울리지 못한다. 일부 아미노산 사이의 전기적 상호작용(수소 결합)이 붕괴되어, 산화환원 중심 사이의 거리가 정상보다 1옹스트롬 이상 멀어질 수도 있다. 그러면 호흡연쇄를 따라 산소까지 이동하는 전자의 흐름이 느려진다. 처음 몇 개의 산화환원 중심에 전자가 쌓이기 시작하고, 아래쪽의 산화환원 중심은 이미 전부 차 있기 때문에 이동이 불가능해진다. 호흡연쇄는 높은 환원 상태가 되는데, 이는 산화환원 중심이 전자로 가득 차 있다는 의미이다(그림 32). 처음 몇 개의 산화환원 중심은 철-황 클러스터이다. 철은 Fe^{3+}에서 Fe^{2+} 형태로 전환(환원)되어, 산소와 곧바로 반응해 음전하를 띠는 초과산화기(superoxide)인 $O_2^{\cdot-}$를 형성할 수 있다. 여기서 점은 유리기를 정의하는 특징인 짝이 없는 홀전자(unpaired electron)를 나타낸다. 그리고 이것은 비둘기 떼 속에 고양이를 가져다놓는 격이다.

축적된 초과산화 유리기를 빠르게 제거하는 다양한 메커니즘이 있는데, 그중에서 특히 초과산화기 제거효소(superoxide dismutase)가 유명하다. 그러나 이런 효소의 양은 세심하게 조정된다. 너무 많으면 국지적으로 대단히 중요한 신호가 비활성화될 위험이 있다. 이런 신호는 화재 경보 같은 역할을 한다. 여기서 유리기는 연기와 같다. 연기를 없앤다고 문제가 해결되는 것은 아니다. 이 경우에 문제는 두 유전체가 서로 잘 맞지 않는다는 것이다. 전자의 흐름에 장애가 생겨서 초과산화 유리기, 즉 연기가 발생한다.[2] 유리기는 어떤 한계 이상이 되면 근처에 있는 막지질, 주로 카르디올리핀(cardiolipin)을 산화시킨다. 그 결과 정상적인 상태일 때는 카르디올리핀에 느슨하게 매어 있는 호흡 단백질 시토크롬 c가 방출된다. 시토크롬 c가 방출되면 모든 것이 한순간에 무너진다. 전자가 산소에 이르기 위해서는 시토크롬 c를 통과해야 하는데, 시토크롬 c가 제거됨으로써 전자는 더 이상 호흡연쇄의 종착점에 도달할 수 없다. 전자의 흐름이 없으면 더 이상 양성자를 퍼낼 수 없고, 따라서 막전위도 곧 붕괴될 것이다. 따라서 호흡에서 전자의 흐름이 느려지면 세 가지 변화가 생긴다. 첫째, 전자의 흐름이 느려지면 ATP의 합성 속도도 느려진다. 둘째, 대단히 환원된 철-황 클러스터는 산소와 반응해서 유리기를 생성하고, 그 결과 막에 느슨하게 매여 있던

---

2 대부분의 유리기는 사실 복합체 I에서 누출된다. 복합체 I에서 산화환원 중심 사이의 간격은 신중하게 계획된 것처럼 보인다. 양자 터널링의 원리를 다시 떠올려보자. 전자는 한 중심에서 다른 중심으로 "뛰어넘는다." 그리고 그 확률은 거리, 점유 상태, 산소가 "끌어당기는 힘"(환원 전위)에 의해서 결정된다. 복합체 I의 내부에는 전자 이동 경로의 초입부에 다른 갈림길이 하나 있다. 주경로에서는 대부분 중심 사이의 간격이 약 11옹스트롬이므로, 전자가 다음 중심으로 빠르게 뛰어넘을 수 있을 것이다. 다른 경로는 막다른 골목이다. 전자가 들어갈 수는 있지만 쉽게 벗어날 수는 없다. 이 두 갈래 길에 들어선 전자는 "선택"을 한다. 주경로에 있는 다음 산화환원 중심까지의 거리는 약 8옹스트롬이고, 다른 경로의 중심까지의 거리는 12옹스트롬이다(그림 8). 정상적인 상황이라면 전자는 주경로를 따라 이동할 것이다. 그런데 만약 주경로가 전자로 꽉 막혀 있다면, 다시 말해서 대단히 환원된 상태라면, 이제는 다른 경로의 중심에 전자가 축적된다. 이 다른 경로의 중심은 주변부에 있고, 산소와 반응해서 초과산화 유리기를 생성하기가 쉽다. 측정에 의해서 밝혀진 바에 따르면, 이 FeS 클러스터가 호흡연쇄에서 유리기 누출의 주요인이다. 나는 이것이 전자의 흐름이 너무 느려서 수요를 충족시키지 못할 때, "연기 신호"처럼 유리기 누출을 **일으키는** 메커니즘이라고 생각한다.

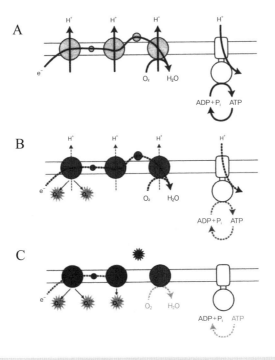

그림 32 세포 죽음에서 미토콘드리아

A는 호흡연쇄를 따라 산소로 이어지는 정상적인 전자의 흐름을 나타낸다(곡선 화살표). 전자의 흐름은 막 너머로 양성자를 방출하고, 양성자는 ATP 합성효소(오른쪽)를 통해서 흘러들어오면서 ATP 합성을 일으킨다. 막 속에는 연한 회색의 호흡 단백질 세 개가 박혀 있는데, 이는 이 복합체들이 많이 환원되지 않았음을 나타낸다. 전자가 축적되지 않고 복합체를 빠르게 통과해서 산소에 전달된다는 뜻이다. B는 미토콘드리아와 핵 유전체가 잘 맞지 않아서 전자의 흐름이 느려진 상황을 나타낸다. 전자의 흐름이 느려진다는 것은 산소의 소비가 줄어든다는 뜻이다. 그러면 양성자를 잘 퍼내지 못하고 (방출되는 양성자가 적기 때문에) 막전위가 떨어져서 ATP 합성이 되지 않는다. 호흡연쇄에 전자가 축적되는 것은 더 진한 색의 단백질 복합체로 나타냈다. 대단히 환원된 상태인 복합체 I은 산소와의 반응성이 높아져서 초과산화기(O_2^{-}) 같은 유리기를 형성한다. 만약 이런 상태가 몇 분 내에 해결되지 않으면, 유리기는 카르디올리핀을 포함하는 막지질과 반응해서, 시토크롬 c(A와 B에서는 막에 느슨하게 연결되어 있다가 C에서는 방출되는 작은 단백질)를 방출한다. 시토크롬 c가 떨어져나가면 산소로 이어지는 전자의 흐름이 완전히 끊어져서 호흡 복합체가 더 높은 환원 상태가 되고(이제는 검은색을 띤다), 유리기의 누출이 증가하고 막전위와 ATP 합성이 무너진다. 이런 요소들이 합쳐져서 세포 죽음을 일으키는 방아쇠가 되고, 그 결과 아포토시스가 일어난다.

시토크롬 c가 방출된다. 셋째, 이런 변화를 보상하는 것이 아무것도 없으면, 막전위가 무너진다(그림 32).

방금 나는 1990년대 중반 처음 발견되었을 당시에 엄청난 충격을 불러일으켰던 일련의 흥미로운 상황을 설명했다. 이 상황은 예정된 세포 죽음인 아포토시스를 유발한다. 아포토시스를 겪는 세포는 세심하게 짜인 안무에 따라서 스스로를 죽음으로 몰아가는 춤을 춘다. 세포가 추는 「빈사의 백조」인 셈이다. 아포토시스는 단순히 조각나고 분해되는 것과는 거리가 멀다. 카스파제(caspase) 효소라는 한 무리의 단백질 사형집행관이 세포 내부에서 배출되어, DNA, RNA, 탄수화물, 단백질 같은 세포 내 거대 분자들을 잘게 조각낸다. 잘라낸 조각은 막으로 둘러싸인 작은 꾸러미로 꾸려져서 이웃한 세포에 전달된다. 몇 시간 전까지 존재했던 세포의 모든 흔적이 감쪽같이 역사에서 사라진다. 마치 볼쇼이 발레단에서 KGB가 은폐 공작을 벌인 것 같다.

아포토시스는 다세포 유기체의 입장에서 보면 완벽하게 이해가 된다. 배아가 발생을 하는 동안 조직의 형태를 잡거나 손상된 세포를 제거하고 대체하기 위해서 필요하다. 충격으로 다가왔던 것은 미토콘드리아, 그중에서도 선량한 호흡 단백질인 시토크롬 c가 깊숙이 개입하고 있다는 점이었다. 도대체 왜 미토콘드리아에서 시토크롬 c를 잃는 것이 세포 죽음의 신호로 작용할까? 이 메커니즘이 발견된 이후, 의문은 더 깊어져만 갔다. 게다가 ATP 농도 감소, 유리기 누출, 시토크롬 c의 방출, 막전위의 붕괴라는 사건의 조합이 진핵생물 전체에 걸쳐 동일하게 보존되어 있는 것으로 드러났다. 식물세포와 효모는 정확히 같은 신호에 반응해서 자살을 감행한다. 아무도 예상치 못한 일이었다. 그러나 이것은 두 유전체에 대한 선택의 필연적 결과라는 1차 원리에서 나온다. **예측대로 복잡한 생명체의 보편적 특성이다.**

조화롭지 않은 호흡연쇄를 따라 전달되는 전자를 다시 생각해보자. 만약 미토콘드리아와 핵 유전자가 적절한 상호작용을 하지 못하면, 자연의 생물물리학적 결과는 아포토시스이다. 이것은 막을 수 없는 과정을 자연선택이 어떻게 다루는지를 보여주는 아름다운 사례이다. 자연의 성향은 선택에 의해서 정교하게 다듬어져서 궁극적으로 세련된 유전 메커니즘이 된다. 그러나 그 중심에는 기원을 밝힐 단서가 감춰져 있다. 어쨌든 크고 복잡한 세포가 존재하려면 두 유전체가 필요하다. 두 유전체는 서로 조화를 이루어 작동해야 한다. 그렇지 않으면 호흡이 불가능할 것이다. 제대로 작동하지 못하는 세포는 아포토시스에 의해서 제거될 것이다. 오늘날에는 이 과정이 조화롭지 않은 유전체를 가지고 있는 세포를 편리하게 제거하는 메커니즘으로 보일 수 있다. 러시아 출신 유전학자인 테오도시우스 도브잔스키의 유명한 말처럼, 생물학에서는 진화를 배제하고서는 아무것도 이해할 수 없다.

그래서 우리에게는 유전체끼리 조화를 이루지 못한 세포를 제거하기 위한 메커니즘이 있다. 반대로 서로 조화를 이루는 유전체를 가지고 있는 세포는 선택에 의해서 제거되지 않을 것이다. 진화의 결과는 정확히 우리가 보고 있는 것이다. 미토콘드리아와 핵 유전체의 상호적응, 다시 말해서 한 유전체의 서열 변화가 다른 유전체의 서열 변화에 의해서 보정되는 것이다. 제6장에서 지적한 것처럼, 두 가지 성의 존재는 자성 생식세포들 사이의 분산을 증가시켰다. 난세포에 들어 있는 미토콘드리아의 클론 집단은 난세포마다 서로 다른 미토콘드리아가 증폭된 것이다. 이 가운데 어떤 클론은 수정란에서 새로운 핵을 배경으로 잘 작동할 것이고, 어떤 것은 그렇지 않을 것이다. 충분히 잘 작동하지 않는 것은 아포토시스에 의해서 제거되고, 잘 작동하는 것은 살아남는다.

살아남는다는 것은 정확히 무슨 의미일까? 다세포 유기체에서 일반적인 답은 발생이다. 수정된 난세포(수정란)는 새로운 개체를 형성하기 위해서 분열한다. 그 과정은 대단히 정교하게 통제된다. 발생 과정에서 아포토시스에 의해서 예기치 못한 죽음을 맞는 세포는 전체적인 발생 과정을 위태롭게 하며, 배아 발생이 실패해서 유산을 일으킬 수도 있다. 이것이 반드시 나쁜 것만은 아니다. 냉정하게 자연선택의 관점에서 보면, 새로운 개체에 너무 많은 자원을 쏟아붓기 전인 초기에 발생을 멈추는 것이 완전히 발생을 끝마치는 것보다 훨씬 더 낫다. 핵과 미토콘드리아 유전자의 불화합성을 안고 태어난 개체는 미토콘드리아 질환으로 쇠약한 상태가 되거나 일찍 사망할 수도 있다. 반면 미토콘드리아와 핵 유전체 사이에 심각한 불화합성이 나타날 때, 배아를 포기하고 발생을 초반에 중단하면, 확실히 출생률이 감소한다. 정상적으로 발생하지 못하는 배아의 비율이 높으면 그 결과는 불임으로 나타난다. 여기서 비용과 편익은 자연선택에서 매우 중요하다. 분명히 아포토시스와 죽음을 유발하는 불화합성과 견딜 만한 불화합성 사이에 세심한 조절이 이루어지고 있을 것이다.

이 모든 것이 조금 건조하고 이론적으로 보일 수도 있다. 실제로도 이런 것이 중요할까? 적어도 몇몇 경우에는 확실히 그렇다. 그리고 그 사례들은 빙산의 일각에 불과할 수도 있다. 가장 멋진 사례는 미토콘드리아-핵 불화합성을 연구해온 스크립스 해양연구소의 론 버턴으로부터 나왔다. 해양 요각류(橈脚類, Copepoda)인 티그리오푸스 칼리포르니쿠스(*Tigriopus californicus*)는 길이 1-2밀리미터의 작은 갑각류인데, 거의 항상 물이 있는 환경에 서식한다. 버턴이 연구한 종은 캘리포니아 남부에 위치한 산타크루즈 섬 조간대(潮間帶)의 물웅덩이에서 발견되었다. 버턴은 섬의 반대편에 있는 요각류 개체군을 서로 교배시켰다. 두 개체군은 불과 몇 킬로미터밖에 떨어져 있지 않았지만 수천 년 동안 생식적으로 격리되어 있었다. 버턴과 그의 동료 연구진은 두 개체군 사이의 교배를 통해서 "잡종 붕괴(hybrid breakdown)"라고 알려진 것들을 정리했다. 흥미롭게도 두 개체군을 한 번

교배한 결과인 잡종 제1대에는 별로 영향이 없었다. 그러나 잡종 자손의 암컷이 부계 개체군의 수컷과 짝짓기를 하면, 이 암컷의 자손은 끔찍하게 약화되어, 버턴의 논문 제목을 빌리면 "유감스러운 상태(sorry state)"가 된다. 꽤 광범위한 결과가 나왔지만, 평균적으로 잡종의 적응도는 매우 낮았다. ATP 합성이 약 40퍼센트가 감소했고, 생존률과 생식 능력과 발생 시간(변태[變態]를 하는 데에 걸리는 시간을 말하는데, 이는 몸의 크기에 의해서 결정되므로 성장률에 해당한다)도 비슷한 감소를 나타냈다.

이 모든 문제가 미토콘드리아와 핵 유전자의 불화합성 때문일 가능성도 있다는 것이 간단한 실험을 통해서 확인되었다. 잡종 자손의 수컷을 모계 개체군의 암컷과 교배하는 역교배를 하자, 완전히 회복되어 정상적인 적응도를 나타내는 자손이 나왔다. 그러나 잡종 자손의 암컷과 부계 개체군의 수컷과의 교배에서는 적응에 어떤 긍정적인 효과도 없었다. 그 자손은 여전히 허약했고, 확실히 더 악화되기도 했다. 이 결과는 쉽게 이해할 수 있다. 미토콘드리아는 언제나 모계에서 유래하므로, 제대로 작동하기 위해서는 모계의 것과 비슷한 핵 유전자와 상호작용을 해야 한다. 유전적으로 다른 개체군의 수컷과 교배를 하면, 암컷의 미토콘드리아는 자신의 미토콘드리아와 잘 맞지 않는 핵 유전자와 짝을 이루게 된다. 잡종 제1대에서는 문제가 별로 심각하지 않다. 핵 유전자의 50퍼센트는 여전히 모계에서 유래하기 때문에 미토콘드리아의 작동에는 문제가 없다. 그러나 잡종 제2대가 되면, 핵 유전자의 75퍼센트가 미토콘드리아와 맞지 않아서 적응도에 심각한 붕괴가 일어난다. 잡종 제2대의 수컷을 원래 모계 개체군의 암컷과 교배하면 핵 유전자의 62.5퍼센트가 모계 개체군에서 유래하므로, 미토콘드리아와 잘 맞는다. 다시 건강이 회복된다. 그러나 그 반대로 교배하면 반대의 효과를 낳는다. 모계 미토콘드리아는 이제 핵 유전자의 87.5퍼센트와 맞지 않는다. 의심할 여지없이 허약한 개체군이 될 것이다.

잡종 붕괴. 대체로 우리는 잡종이 활력을 준다는 개념에 익숙하다. 잡종 교배는 이롭다. 연관이 없는 개체들은 같은 유전자에 같은 돌연변이가 나타날 확률이 적어서 부모로부터 물려받은 복사본이 상보적으로 작용하여 적응도를 개선할 가능성이 높다. 그러나 잡종 교배의 힘은 딱 그 정도이다. 다른 종 사이의 교배는 장애가 있거나 불임인 자손을 만들 가능성이 높다. 이것이 잡종 붕괴이다. 유연관계가 가까운 종 사이의 성적 장벽은 우리가 교과서에서 배운 것보다 뚫고 들어가기가 훨씬 더 쉽다. 야생에서는 행동적 이유에서 서로 데면데면한 종들끼리 갇힌 상태에서는 짝짓기에 성공하는 사례가 종종 있다. 서로 다른 개체군 사이의 교배로는 생식력 있는 자손을 얻을 수 없다는 전통적인 종의 정의는 유연관계가 가까운 많은 종들에서는 들어맞지 않는다. 그럼에도 불구하고 개체군이 시간이 흐르면서 갈라지는 동안 두 개체군 사이에는 생식 장벽이 형성되고, 결국에는 교배를 통해서 생식력 있는 자손을 만드는 데에 정말로 실패하게 된다. 이런 장벽은 오랜 기간 동안 생식적으로 격리되어 있던 같은 종의 개체군들의 교배에서 만들어지기 시작했을 것이다. 론 버턴의 요각류처럼 말이다. 이 경우, 붕괴는 전적으로 미토콘드리아와 핵 유전자의 부적합성 때문일 수 있다. 더 일반적인 종의 기원에서 이와 비슷한 부적합성이 잡종 붕괴의 원인일 가능성이 있을까?

나는 있다고 생각한다. 물론 이것은 여러 가지 메커니즘들 중 하나일 뿐이다. 그러나 다른 "미토콘드리아-핵" 붕괴 사례가 파리에서 말벌, 밀, 효모, 심지어 생쥐에 이르기까지, 다양한 종에서 보고되었다. 이런 메커니즘이 두 유전체의 적절한 작동을 위한 **요건**으로 등장했다는 사실은 진핵생물에서는 분화가 불가피했다는 것을 의미한다. 그렇더라도 그 효과는 때때로 다른 것보다 훨씬 더 뚜렷하다. 그 이유는 확실히 미토콘드리아 유전자의 변화 속도와 연관이 있다. 요각류의 경우, 미토콘드리아 유전자는 핵 유전자에 비해 50배 더 빠른 속도로 진화한다. 그러나 초파리인 드로소필라 (*Drosophila*)의 경우에는 미토콘드리아 유전자의 진화 속도가 훨씬 더 느려서, 핵 유전자의 2배 정도에 불과하다. 그래서 요각류는 초파리보다 훨씬 더 심각한 미토콘드리아-핵 붕괴를 일으키는 것이다. 변화 속도가 더 빠르다는 것은 주어진 시간 동안 유전자 서열의 차이가 더 크다는 뜻이므로, 다른 개체군끼리의 교배에서 유전체 사이의 불화합성이 일어날 가능성은 더 커진다.

동물의 미토콘드리아 유전자가 핵 유전자보다 더 빠르게 진화하는 이유가 정확히 무엇인지는 알려져 있지 않다. 미토콘드리아 유전학의 선구자인 더그 월리스의 주장에 따르면, 미토콘드리아는 적응의 최전선에 있다. 미토콘드리아 유전자의 빠른 변화는 동물이 식생과 기후 변화에 빠르게 적응할 수 있도록, 더 느린 형태적 적응보다 한 발 앞서서 첫 걸음을 내딛는 것이다. 나는 이 주장이 마음에 든다. 그러나 아직까지는 이 주장을 훌륭하게 입증하거나 반증할 증거가 별로 없다. 만약 월리스의 주장이 맞는다면, 적응의 개선은 미토콘드리아 서열에서 끊임없이 일어나는 새로운 변이에 선택이 작용할 수 있기 때문이다. 새로운 환경에 쉽게 적응하게 해주는 이런 변화들은 종 분화의 선봉대이기도 하다. 이것은 생물학의 오랜 법칙과도 일치하는데, 이 법칙은 진화생물학의 창시자 중 한 사람이자 대체 불가능한 인물인 J. B. S. 홀데인이 처음 내놓았다. 이 법칙에 대한 새로운 해석은 미토콘드리아의 상호적응이 종의 기원에서, 그리고 우리 자신의 건강에서 중요한 역할을 한다는 것을 암시한다.

성 결정과 홀데인의 법칙

홀데인은 길이 남을 명언을 여러 개 남겼는데, 1922년에 발표된 다음의 놀라운 선언도 그중 하나이다.

서로 다른 두 집단의 동물에서 나온 자손에 한 가지 성이 없거나 드물거나 불임이면, 그 성은 이형접합자[heterozygote, 이형배우자]의 성이다.

그가 "수컷"이라고 말했다면 더 쉬웠겠지만, 그러면 사실 범위가 좁아진다. 포유류에서는 수컷이 이형접합자, 즉 이형배우자를 가지고 있다. 서로 다른 두 개의 성염색체인 X와 Y 염색체를 가지고 있다는 의미이다. 암컷 포유류는 두 개의 X 염색체를 가지고 있으며, 그래서 암컷의 성염색체는 동형접합자(homozygote, 동형배우자)이다. 조류와 일부 곤충류는 그 반대이다. 이 경우에는 암컷의 성염색체가 W와 Z 염색체로 이루어진 이형접합자인 반면, 수컷의 성염색체는 두 개의 Z 염색체를 가진 동형접합자이다. 대단히 가까운 두 종의 수컷과 암컷이 이종교배를 해서 독자 생존이 가능한 자손을 낳는다고 상상해보자. 그런데 그 자손을 자세히 들여다보니, 모두 수컷이거나 모두 암컷이다. 설사 두 가지 성이 모두 있더라도, 둘 중 하나는 불임이거나 장애가 있다는 것이다. 홀데인이 선언한 법칙에서 말한 그 성은 포유류에서는 수컷이고, 조류에서는 암컷이 될 것이다. 1922년 이래로 차곡차곡 수집된 사례들의 목록은 무척 인상적이다. 여러 문(門, phylum)에 걸친 수백 종의 동물들이 이 법칙을 따랐고, 예외는 매우 드물었다. 생물학이 수많은 예외로 점철된 당혹스러운 학문이라는 점을 생각하면 실로 놀라운 일이다.

홀데인의 법칙에 대한 여러 가지 그럴싸한 설명이 나왔지만, 모든 사례에 적용될 수 있는 것은 하나도 없었다. 따라서 그중 어느 것도 학술적으로 완전히 만족스럽지 않았다. 이를테면, 성선택은 암컷의 호감을 사기 위해서 경쟁을 해야 하는 수컷에서 더 강하게 작용한다는 설명이 있다(더 유식하게 말하자면, 수컷은 암컷보다 번식 성공도의 분산이 더 커서 수컷의 성적 특징이 자연선택에 더 잘 드러난다는 것이다). 이 때문에 수컷은 다른 개체군과 교배를 할 때에 잡종 붕괴에 더 취약하다. 문제는 이 특별한 설명이 조류에서 수컷이 암컷보다 잡종 붕괴에 덜 취약한 이유를 설명하지 못한다는 것이다.

또다른 난점은 홀데인의 법칙이 단순한 성염색체를 초월한다는 점이다. 성염색체는 더 광범위한 진화의 시각에서 볼 때는 편협해 보인다. 많은 파충류와 양서류가 아예 성염색체 없이 온도를 이용해서 성을 정한다. 더 높은 온도에서 부화된 알이 수컷이 되거나 암컷이 되는 것이다. 성 결정 메커니즘은 확실히 기본적으로 중요하지만, 사실 당혹스러울 정도로 종마다 천차만별이다. 성은 기생충에 의해서 결정될 수도 있고, 염색체의 수나 호르몬, 환경의 유발 요인, 스트레스, 개체군 밀도, 심지어 미토콘드리아에 의해서 결정되기도 한다. 성의 결정이 염색체와는 전혀 상관이 없어도 두 가지 성 중 하나는 서로 다른 개체군 사이의 교배에서 더 나쁜 영향을 받는다는 것을 볼 때, 어쩌면 보다 깊이 있는 메커니즘이 작동하고 있을지도 모른다는 것을 암시한다. 실제로 세부적인 성 결정 메커니즘이 매우 다양하다는 바로 그 사실이 성 결정(암수의 발달을 일으키는 과정)에 어떤 근본적인 토대가 보존되어 있고, 서로 다른 유전자는 단순히 치장에 불과하다는 것을 시사한다.

이 근본적인 토대의 유력 후보들 중 하나는 대사율이다. 고대 그리스인들도 여자보다 남자가 말 그대로 몸이 더 뜨겁다는 것을 인정했다. 이른바 "뜨거운 남성(hot male)" 가설이다. 인간과 생쥐 같은 포유류에서 양성 간에 가장 먼저 나타나는 차이는 성장 속도이다. 수컷의 배(胚)는 암컷보다 조금 더 빨리 성장한다. 이 차이는 수정 이후에 몇 시간 이내에 측정이 가능하다(하지만 당연히 가정에서 따라하면 안 된다). 인간의 Y 염색체에서 남성의 발현에 영향을 주는 *SRY* 유전자는 성장인자의 수를 바꿈으로써 성장 속도를 높인다. 성장인자에는 성 특이적인 것이 전혀 없다. 단지 여성보다는 남성에서 활성이 더 높게 맞춰져 있을 뿐이다. 이 성장인자의 활성을 증가시켜 성장 속도를 높이는 돌연변이는 성 전환을 유발하여 Y 염색체(또는 *SRY* 유전자)가 없는 여성의 배에서 남성을 발달시킬 수 있다. 이 모든 것이 암시하는 바에 따르면, 적어도 포유류에서는 성 발달의 이면에 있는 진짜 동력은 성장 속도이다. 유전자는 고삐만 쥐고 있을 뿐이고, 진화 과정에서 쉽게 바뀔 수 있다. 성장 속도를 설정하는 유전자이기만 하면 어떤 유전자가 와도 상관이 없다.

남성이 성장 속도가 더 빠르다는 생각은 악어 같은 파충류와 양서류에서 성별의 발달이 온도에 의해서 결정된다는 사실과 일치한다. 둘 사이에 연관이 있는 까닭은 대사율도 부분적으로는 온도에 의해서 결정되기 때문이다. 어느 정도까지는 파충류의 체온이 섭씨 10도 정도 증가하면(이를테면 햇볕을 쬠으로써), 대사율은 약 두 배 증가하고, 성장 속도는 더 빠르게 유지된다. 수컷이 항상 더 높은 온도에서 발생하는 것은 아니다(여기에는 여러 가지 미묘한 이유가 있다). 그러나 유전자나 온도에 의해서 결정되는 성별과 성장 속도 사이의 관계는 어떤 특별한 메커니즘보다 더 고이 보존되어 있다. 기회를 노리는 다양한 유전자들이 시시때때로 발생을 조절하는 고삐를 틀어쥐고 남성이나 여성의 발달을 유발하는 발생 속도를 조절했던 것으로 보인다. 어쨌든 이것도 남자가 Y 염색체의 종말을 두려워할 필요가 없는 이유 중 하나이다. Y 염색체의 기능은 아마 다른 인자, 다른 염색체에 있는 다른 유전자가 넘겨받아서 남성의 발생에 필요한 더 빠른 대사율을 맞출 것이다. 어쩌면 외부 고환이라는 포유류의 기이한 약점도 이것으로 설명될지 모른다. 우리의 생물학적 특징에서는 알맞은 체온을 얻는 일이 음낭보다 훨씬 더 중요하다는 것이다.

나에게는 이런 생각들이 하나의 계시처럼 다가온다. 성이 결국 대사율에 의해서 결정된다는 이 가설은 UCL의 동료인 우르술라 미트보흐가 수십 년간 발전시켜온 것이다. 미트보흐는 90세라는 나이가 무색할 정도로 활발하게 연구를 하면서 중요한 논문들을 발표하고 있다. 그녀의 논문은 더 유명해야 마땅함에도 잘 알려져 있지 않다. 아마 성장 속도, 배의 크기, 생식선 DNA와 단백질 함량 같은 "정교하지 않은" 변수의 측정이 유전자 서열을 분석하는 분자생물학의 시대에는 낡은 방식처럼 보이기 때문일 것이다. (어떤 인자들이 유전자의 발현을 통제하는지를 밝히는) 새로운 후성유전학의 시대에 들어서고 있는 오늘날, 그녀의 생각은 큰 반향을 얻고 있으며, 나는 생물학의 역사에서 그녀의 생각이 정당한 자리를 차지하게 되기를 기대한다.[3]

그런데 이 모든 것이 홀데인의 법칙과 어떻게 연관이 있을까? 불임이나 생존 불가능 상태는 기능의 상실에 해당한다. 기관이나 유기체가 어떤 한계를 넘어서면서 작동이 안 되는 것이다. 기능의 한계는 간단한 두 가지 기준에 의해서 결정된다. 임무(정자 생산 따위)를 완수하는 데에 필요한 대사 요구량과 이용 가능한 대사 능력이다. 만약 이용 가능한 힘이 필요한 양에 미치지 못하면 그 기관이나 유기체는 죽음을 맞는다. 정교한 유전자 네트워크의 세계에서, 걸맞지 않게 투박한 기준처럼 보일 수도 있지만 나름의 중요성을 가진다. 머리에 비닐봉지를 쓰고 필요한 대사 능력을 차단한다고 해보자. 1분도 채 지나지 않아 기능이 중단될 것이다. 적어도 뇌는 그렇

---

3 미트보흐는 진정한 자웅동체와 관련된 병렬의 문제를 지적했다. 자웅동체는 두 종류의 생식기를 모두 가지고 태어난 사람을 말한다. 이를테면 오른쪽에는 정소, 왼쪽에는 난소를 가지고 있는 것인데, 이 배치가 훨씬 더 많다. 왼쪽에 정소, 오른쪽에 난소를 가지고 있는 사람은 진정한 자웅동체 중 3분의 1에 불과하다. 이 차이는 유전적인 것과는 거의 무관하다. 미트보흐의 증명에 따르면, 결정적 시기에 오른쪽이 왼쪽보다 근소하게 더 빨리 성장해서, 남성이 발달할 가능성이 더 크다. 흥미롭게도, 생쥐에서는 정반대의 현상이 나타난다. 왼쪽이 약간 더 빨리 성장하고, 정소가 발달할 가능성이 더 크다.

다. 뇌와 심장은 대사 요구량이 높아서, 가장 먼저 죽음에 도달할 것이다. 피부나 장을 구성하는 세포는 대사 요구량이 훨씬 낮기 때문에 더 오래 살아남을 것이다. 이런 세포들은 남아 있는 산소만으로도 낮은 대사 요구량을 몇 시간, 어쩌면 며칠까지도 감당할 수 있을 것이다. 세포의 관점에서 볼 때, 죽음은 양단간의 결정이 아니라 연속적인 현상이다. 우리는 세포의 집합체이며, 세포들은 일시에 죽지 않는다. 대개는 대사 요구량이 가장 높은 세포가 먼저 죽음에 이를 것이다.

미토콘드리아 질환의 문제가 바로 이런 것이다. 대부분 신경과 근육의 퇴화와 관련이 있는 미토콘드리아 질환은 뇌와 골격근, 그중에서도 대사율이 가장 높은 조직에서 발생한다. 시력은 특히 취약하다. 홍채와 시신경 세포는 신체에서 대사율이 가장 높으며, 시신경에 발생하는 미토콘드리아 질환인 레버 유전성 시신경증(Leber's hereditary optic neuropathy)은 실명을 유발하기도 한다. 미토콘드리아 질환은 일반화가 어려운데, 돌연변이의 유형, 돌연변이체의 수, 조직의 분리와 같은 다양한 인자들에 의해서 심각성이 결정되기 때문이다. 그러나 이를 제외하면, 미토콘드리아 질환은 주로 대사 요구량이 가장 높은 조직에서 일어난다는 사실이 남는다.

가령 미토콘드리아의 수와 유형이 같고, 그에 걸맞은 ATP 생산능력이 있는 두 세포가 있다고 상상해보자. 만약 이 두 세포의 대사 요구량이 다르다면, 다른 결과가 나올 것이다(그림 33). 첫 번째 세포는 대사 요구량이 적다고 해보자. ATP 생산량이 요구량을 충족시키고도 남아돌아서, ATP가 어디에나 편하게 이용될 것이다. 두 번째 세포는 최대 ATP 생산량보다 요구량이 훨씬 더 많다고 해보자. 세포는 요구량에 맞추기 위해서 전체적인 생리 반응의 출력을 높이려고 안간힘을 쓴다. 호흡연쇄로 전자가 쏟아져 들어가지만, 호흡연쇄의 용량이 너무 작아서, 전자가 들어가는 속도가 나오는 속도에 비해 훨씬 더 빠르다. 산화환원 중심은 대단히 환원된 상태가

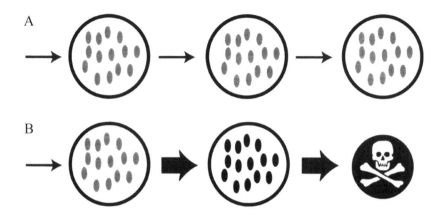

그림 33 요구량 충족 능력에 따른 운명

미토콘드리아의 용량은 같고 대사 요구량은 다른 두 세포. 요구량이 적당한 A 세포는 미토콘드리아가 높은 환원 상태가 되지 않고(연한 회색으로 표시) 편안하게 요구량을 맞출 수 있다. B 세포는 처음에는 요구량이 적당하다가 이제는 훨씬 더 증가한 상태이다. 미토콘드리아로 들어가는 전자도 이에 맞춰 증가하지만, 용량이 충분하지 않아서 호흡 복합체가 높은 환원 상태가 된다(검은색). 미토콘드리아의 용량을 신속하게 늘리지 못하면 (그림 32에서 묘사된 것과 같은) 아포토시스에 의한 세포 죽음을 맞는다.

되고, 산소와 반응해서 유리기를 생산한다. 유리기는 주위의 막지질을 산화시키고, 그로 인해서 시토크롬 c가 방출된다. 막전위는 낮아지고, 세포는 아포토시스에 의해서 죽음을 맞는다. 하나의 조직에서 일어나는 일이지만, 이것은 여전히 일종의 기능적 선택이다. 대사 요구량을 맞추지 못하는 세포는 제거되고, 맞출 수 있는 세포만 남는 것이다.

물론 줄기세포에서 새로운 세포가 계속 공급되기만 하면, 제대로 작동하지 않는 세포의 제거는 조직 전반의 기능을 개선해준다. 그러나 신경세포인 뉴런과 근육세포의 중요한 문제는 대체가 불가능하다는 것이다. 뉴런을 어떻게 대체할 수 있겠는가? 우리 인생의 경험은 시냅스로 연결된 신경망에 기록되어 있고, 각각의 뉴런은 무려 1만 개의 서로 다른 시냅스를 형성한다. 만약 뉴런이 아포토시스에 의해서 죽게 되면, 시냅스 연결도 영원히 사라진다. 그리고 그 시냅스에 기록되어 있을지 모를 경험과 독특한 특성도 함께 사라진다. 뉴런은 대체가 불가능하다. 조금 덜 명확하기는 하지만, 사실 최종적으로 분화된 모든 조직은 대체가 불가능하다. 이런 조직의 존재는 앞 장에서 다루었던 생식세포주와 체세포 사이의 심대한 차이가 없다면 불가능하다. 선택은 자손과 관련이 있을 때에만 중요하다. 만약 크고 대체 불가능한 뇌를 가진 유기체의 자손이 더 작고 대체 가능한 뇌를 가진 유기체의 자손보다 생존에 더 유리하다면, 큰 뇌를 가진 자손이 번성할 것이다. 이런 방식의 선택은 생식세포주와 체세포가 다를 때에만 효과가 있다. 그러나 그 결과 체세포는 1회용품이 되고 만다. 체세포의 수명은 유한해지고, 대사 요구량을 맞추지 못하는 세포가 결국 우리를 죽음에 이르게 할 것이다.

그래서 대사율이 중요하다. 대사율이 높은 세포는 미토콘드리아의 용량이 같을 때, 요구량을 충족시키지 못할 가능성이 더 높다. 미토콘드리아 질환뿐만 아니라 정상적인 노화와 노화 관련 질환도 물질대사 요구량이 가장 높은 조직에서 발생할 가능성이 높다. 그리고 다시 원점으로 돌아와서, 성도 물질대사 요구량이 대단히 높다. 남성은 여성보다 대사율이 더 높다(적어도 포유류는 그렇다). 만약 미토콘드리아에 어떤 유전적 결함이 있다면, 그 결함은 대사율이 더 높은 남성에게서 정체를 드러낼 것이다. 실제로 일부 미토콘드리아 질환은 여성보다 남성에게서 더 흔하게 나타난다. 이를테면 레버 유전성 시신경증은 여성보다 남성이 5배 더 많이 걸리고, 역시 미토콘드리아와 깊은 연관이 있는 파킨슨병도 남성이 2배 더 흔하다. 남성은 미토콘드리아-핵 불화합성에 더 심각한 영향을 받는다. 만약 이런 불화합성이 생식적으로 격리된 개체군 사이의 교배에 의해서 발생한다면, 그 결과는 잡종 붕괴로 나타날 것이다. 따라서 잡종 붕괴는 대사율이 가장 높은 성, 그중에서도 대사율이 가장 높은 조직에서 가장 뚜렷하게 나타난다. 이 모든 것 역시, 모든 복잡한 생명체에서 두 유전체를 위한 요건을 통해서 **예측 가능한** 결과이다.

이런 고찰들은 홀데인의 법칙에 아름답고 간명한 설명을 제공한다. 대사율이 가장 높은 성은 불임일 가능성이 높거나 눈에 잘 띄지 않는다. 그런데 그것은 사실이거나 혹은 정말 중요한 것일까? 어떤 생각은 사실이면서 사소할 수도 있을 것이다. 이런 생각들 중에서 홀데인의 법칙의 다른 원인들과 대립하는 것은 없다. 대사율이 유일한 원인이어야 한다고 말할 근거는 없다. 하지만 중요한 요인은 되지 않을까? 나는 그렇다고 생각한다. 이를테면 온도는 잡종 붕괴를 악화시키는 것으로 잘 알려져 있다. 해충인 쌀도둑(flour beetle)의 일종인 트리볼리움 카스타네움(*Tribolium castaneum*)과 가까운 유연종(類緣種)인 트리볼리움 프리만(*Tribolium freeman*)의 교배로 나온 잡종 자손은 정상적인 사육 온도인 섭씨 29도에서는 건강하다. 그러나 온도가 섭씨 34도로 올라가면 (이 경우에는) 다리와 더듬이가 기형인 암컷이 발생한다. 종종 성 특이적 불임을 일으키는 이런 종류의 온도 민감성은 흔히 볼 수 있으며, 대사율의 관점에서 가장 쉽게 이해된다. 요구량이 어느 한계점을 넘으면 특별한 조직이 붕괴되기 시작할 것이다.

이런 특별한 조직에는 종종 생식기가 포함되며, 특히 일생 동안 정자를 계속 생산하는 수컷의 생식기가 이에 해당된다. 식물에서는 세포질적 웅성 불임(cytoplasmic male sterility)이라고 알려진 충격적인 예가 발견된다. 대부분의 꽃식물은 자웅동체이지만, 수꽃이 불임인 경우가 많아서 자웅동체와 (수꽃이 불임인) 암꽃이라는 두 종류의 "성"을 가진다. 이런 불상사의 원인은 미토콘드리아이며, 대개 이기적 충돌의 측면에서 해석된다.[4] 그러

---

4 미토콘드리아는 모계를 따라 전달된다. 이론적으로 자웅동체는 미토콘드리아에 의한 성비(性比) 왜곡에 특히 취약하다. 미토콘드리아의 관점에서 보면, 수꽃은 유전적으로 막다

나 분자생물학적 자료가 제시하는 바에 따르면, 웅성 불임은 단순히 대사율을 반영하는 것일 수도 있다. 식물학자인 옥스퍼드 대학교의 크리스 리버는 해바라기의 세포질적 웅성 불임이 한 유전자 때문에 일어났다는 것을 밝혔다. 이 유전자에는 미토콘드리아에 있는 ATP 합성효소의 한 구성단위가 암호화되어 있었다. 재조합의 실수로 나타나는 이런 문제는 ATP 합성효소에서 (크게 중요하지 않은) 비교적 작은 부분에 영향을 미친다. 그 결과 최대 ATP 합성 속도가 낮아진다. 대부분의 조직에서는 이 돌연변이의 효과가 별로 눈에 띄지 않고, 웅성 생식기관인 꽃밥만 변성을 일으킨다. 꽃밥이 변성되는 이유는 꽃밥을 구성하는 세포가 아포토시스를 일으켜서 죽기 때문이다. 이 과정은 미토콘드리아에서 시토크롬 c가 방출되면서 일어나는 우리의 아포토시스와 정확히 같다. 해바라기에서 변성을 일으킬 수 있을 정도로 대사율이 높은 조직은 꽃밥이 유일해 보인다. 꽃밥에서만 결함이 있는 미토콘드리아가 대사 요구량을 맞추지 못하는 것이다. 그리고 그 결과 웅성 특이적 불임이 나타나는 것이다.

비슷한 발견이 초파리인 드로소필라에서도 보고되었다. 한 세포의 핵을 다른 세포에 치환하면, 잡종 세포(세포질 잡종[cybrid])를 만들 수 있다.[5]

른 길에 있다. 미토콘드리아가 가장 있고 싶지 않은 장소는 꽃밥이다. 따라서 미토콘드리아는 웅성 생식기관을 불임으로 만들어 확실히 암꽃을 통해서만 전달되도록 하는 것이 이득이다. 곤충에 기생하는 여러 세균들도 비슷한 장난을 친다. 특히 부크네라(*Buchnera*)와 월바키아(*Wolbachia*)는 선택적으로 수컷을 죽임으로써 곤충의 성비를 완전히 왜곡할 수 있다. 숙주 유기체에서 미토콘드리아의 중요성이 의미하는 것은 그들이 이기적 충돌 같은 것을 통해서 수컷을 죽이는 기생 세균보다 기회가 적다는 것이 아니라, 그럼에도 수컷에 대한 선택적 손상이나 불임을 일으킬 수 있다는 것이다. 그러나 내 생각은 홀데인의 법칙에서 충돌이 별로 큰 역할을 하지 않는다는 쪽으로 기운다. 새(그리고 쌀도둑)에서는 왜 암컷이 더 나쁜 영향을 받는지를 설명하지 못하기 때문이다.

5 이런 세포질 잡종은 세포 기능, 특히 호흡에 대한 정확한 측정이 가능하기 때문에 세포 배양 실험에 널리 쓰인다. 서로 다른 종 사이의 미토콘드리아와 핵 유전자가 화합하지 않으면, 앞에서 지적한 것처럼 유리기 누출이 일어난다. 기능 손실의 규모는 두 종 사이의 유전적 차이에 의해서 결정된다. 침팬지 미토콘드리아 DNA와 인간 핵 유전자로 만든 세

잡종 세포는 핵 유전체는 그럭저럭 같지만, 미토콘드리아 유전자는 다르다. 난세포로 이런 잡종 세포를 만들면, 핵을 배경으로는 유전적으로 동일하지만 미토콘드리아 유전자는 다른 초파리의 배아가 형성된다. 결과는 미토콘드리아 유전자에 따라서 충격적일 정도로 달라진다. 가장 좋은 결과는 새로 태어나는 초파리에 아무 문제가 없는 것이다. 최악의 결과는 드로소필라에서 이형배우자인 수컷이 불임이 되는 것이다. 가장 흥미로운 것은 중간 단계의 결과이다. 겉으로는 별 이상이 없어 보이지만, 다양한 기관에서 일어나는 유전자의 활동을 자세히 들여다보면 문제가 드러난다. 정소와 부속 생식기관에 있는 1,000개가 넘는 유전자가 수컷 초파리에서 과도하게 발현되고 있었다. 정확히 무슨 일이 벌어지고 있는지는 알려지지 않았지만, 내가 보기에 가장 단순한 설명은 이 기관들이 주어진 대사 요구량에 대처하지 못한다는 것이다. 그들의 미토콘드리아는 핵 유전자와 완전히 화합할 수 없다. 정소를 구성하는 세포들은 대사 요구량이 많아서 생리학적으로 압박을 받고, 이런 압박으로 인해서 유전체의 상당 부분이 반응을 보이는 것이다. 식물의 세포질적 웅성 불임과 마찬가지로, 물질대사 면에서 어려움에 처한 생식기만 이런 영향을 받기 때문에 수컷만 문제가 된다.[6]

만약 이것이 모두 옳다면, 새에서 암컷이 영향을 받는 이유는 무엇일까? 대략 비슷한 추론을 할 수 있지만, 몇 가지 흥미로운 차이가 있다. 주로 맹

포질 잡종(그렇다, 세포 배양뿐이기는 했지만 진짜 했었다)에서는 ATP 합성 속도가 정상 세포의 약 절반을 나타냈다. 생쥐와 쥐 사이의 세포질 잡종은 기능적인 호흡을 전혀 하지 못했다.

6 이 추측이 조금 이상할 수도 있을 것이다. 정말로 정소가 심장이나 뇌나 비행근 같은 다른 조직보다 대사율이 더 높은지 의아할 것이다. 반드시 그럴 필요는 없다. 정소의 최고 대사 요구량이 실제로 높을 수도 있고, 대사 요구량을 충족시키기 위해서 필요한 것보다 미토콘드리아의 수가 더 적어서 미토콘드리아 하나당 대사 요구량이 더 큰 것일 수도 있다. 이는 검증이 가능한 단순 예측이지만, 내가 아는 한 아직 검증되지 않았다.

금류에 해당하는 일부 조류는 암컷이 수컷에 비해 몸집이 더 크다. 그래서 아마 암컷의 성장 속도가 더 빠를 것이다. 그러나 모두가 그런 것은 아니다. 우르술라 미트보흐의 초기 연구에서 밝혀진 바에 따르면, 병아리에서는 처음 몇 주일 동안은 난소의 성장 속도가 정소보다 느리다가 나중에 더 빨라진다. 이 경우, 암컷 조류는 생식기관이 더 빨리 발달하므로 생존 불가능까지는 아니라도 불임을 겪을 것이라는 예측을 할 수 있다. 나는 작년까지 이렇게 생각했었는데, 조류 성선택의 전문가인 제프 힐이 보내준 조류에서의 홀데인의 법칙에 관한 그의 논문을 보았다. 힐의 지적에 따르면, 새는 Z 염색체에 호흡 단백질이 암호화된 핵 유전자 몇 개를 가지고 있다(조류에서는 수컷이 두 개의 Z 염색체를 가지고, 암컷이 Z와 W 염색체를 가지는 이형접합 생식이 일어난다는 점을 기억하자). 이것이 왜 문제가 될까? 만약 암컷이 Z 염색체를 한 개만 물려받는다면, 결정적인 미토콘드리아 유전자 몇 개의 복사본에 대해서 아버지로부터 물려받은 것 하나만 가지게 되는 것이다. 만약 그 암컷의 어미 새가 짝짓기 상대를 신경 써서 고르지 않았다면, 모계에서 유래한 미토콘드리아 유전자가 부계에서 유래한 하나의 핵 유전자와 화합하지 않을 수도 있다. 그러면 곧바로 붕괴가 일어나서 심각한 상태가 될 수 있다.

힐은 이런 사정으로 인해서 암컷이 대단히 세심하게 짝을 선택해야 하며, 그렇지 못하면 가혹한 대가(자손의 죽음)를 치르는 부담을 안게 된다고 주장한다. 수컷의 깃털이 화려하고 강렬한 이유도 이 가설로 설명될 수 있다. 만약 힐이 옳다면, 깃털의 세부적인 무늬는 미토콘드리아의 유형을 암시한다. 뚜렷한 경계를 나타내는 무늬가 눈에 띄게 다른 미토콘드리아 DNA 유형을 반영한다는 주장이다. 따라서 암컷은 깃털의 무늬를 길잡이 삼아 화합성을 확인한다. 그래도 이상형이라고 생각해서 고른 수컷이 별로일 가능성은 있다. 힐은 선명한 색상이 미토콘드리아의 기능을 반영할 것이라는 주장도 내놓았다. 대부분의 색소가 미토콘드리아에서 합성되기 때문에, 선명한 색상의 수컷은 틀림없이 최상의 미토콘드리아 유전자를 가지고 있다는 것이다. 현재는 이 가설을 뒷받침할 증거가 별로 없다. 그러나 미토콘드리아와 핵의 상호적응이 얼마나 여러 곳에서 요구될 수 있는지를 실감하게 해준다. 복잡한 생명체에서 두 유전체를 위한 요건을 통해서 종의 기원, 성의 발달, 수컷 새의 화려한 색상처럼 연관성이 없어 보이는 진화의 난제들이 설명될 수도 있다니, 진지하게 생각해볼 여지가 있을 것 같다.

어쩌면 더 진지하게 파고들어야 할지도 모른다. 미토콘드리아-핵의 불화합성에도 불이익이 있지만, 좋은 화합성을 얻는 데에도 비용이 든다. 비용과 편익 사이의 균형은 종마다 산소 요구량에 따라 다르다. 이제 우리는 체력과 생식력 사이의 거래를 확인하게 될 것이다.

죽음의 문턱

우리가 날 수 있다고 상상해보자. 완전한 비행을 하는 우리의 몸은 치타의 두 배가 넘는 힘을 발휘할 것이며, 힘, 유산소 용량, 가벼운 무게가 놀라운 조화를 이룰 것이다. 그러나 미토콘드리아가 현실적으로 완벽하지 않으면, 비행은 꿈도 꿀 수 없다. 우리의 비행근에서 공간을 놓고 벌어질 경쟁을 생각해보자. 비행을 하려면, 당연히 근섬유들이 미끄러져 들어가면서 근육의 수축을 일으키는 근원섬유(myofibril)가 필요할 것이다. 근원섬유를 많이 채우면 채울수록 근육은 더 세질 것이다. 근력의 세기는 밧줄과 마찬가지로 단면적에 의해서 결정되기 때문이다. 그러나 밧줄과 달리, 근육은 수축하려면 ATP가 필요하다. 1분 이상의 격렬한 활동을 지탱하기 위해서는 즉각적으로 ATP를 합성해야 한다. 이 말은 ATP를 쓰는 바로 그 자리, 즉 근육에 미토콘드리아가 있어야 한다는 뜻이다. 이 미토콘드리아

328

는 더 많은 근원섬유가 들어갈 수도 있는 자리에 대신 들어간다. 미토콘드리아는 산소도 필요하므로, 산소를 전달하고 노폐물을 제거할 모세혈관도 있어야 한다. 산소를 이용하는 근육에서 최적의 공간 분할은 약 3분의 1은 근원섬유, 3분의 1은 미토콘드리아, 3분의 1은 모세혈관이 차지하는 것이다. 이 비율은 우리와 치타는 물론이고, 모든 척추동물 중에서 대사율이 가장 높은 벌새에도 적용된다. 결론은 미토콘드리아의 축적 하나만으로는 더 많은 힘을 얻을 수 없다는 것이다.

이는 모두 새가 오랫동안 하늘을 나는 데에 충분한 동력을 생산할 수 있는 유일한 방법은 "보다 강력한" 미토콘드리아를 가지는 것이라는 뜻이다. 이 미토콘드리아는 "보통" 미토콘드리아보다 단위 표면적에 대해서 초당 ATP 생산량이 더 많아야 한다. 양분에서 산소로 이동하는 전자의 흐름도 빨라야 한다. 그러면 양성자를 퍼내는 속도와 ATP 합성 속도가 빨라져서 높은 대사율을 유지할 수 있다. 선택은 단계마다 작용해서 각각의 호흡 단백질이 작동하는 최대 속도를 높인다. 우리는 이 속도를 측정할 수 있고, 실제로 조류의 미토콘드리아에 있는 효소가 포유류의 미토콘드리아에 있는 효소보다 더 빠르게 작동한다는 것을 안다. 그러나 앞에서 확인했듯이, 호흡 단백질은 두 가지의 다른 유전체에 암호화된 구성단위들이 조합된 모자이크이다. 빠른 전자의 흐름은 서로 잘 작동하는 두 유전체, 미토콘드리아-핵 유전체의 상호적응에 대한 선택을 수반한다. 산소 요구량이 증가할수록, 상호적응에 대한 선택도 더 강해질 것이다. 유전체끼리 잘 조화를 이루지 않는 세포는 아포토시스에 의해서 제거된다. 앞에서 확인했듯이, 이런 선택이 일어나기에 가장 적당한 시기는 배아 발생이 일어나는 동안이다. 냉정하게 이론적인 관점에서 볼 때, 유전체끼리 화합하지 않는 배아는 비행 능력을 유지할 수 있을 정도로 잘 작동할 수 없으므로, 되도록 빨리 발생을 중단하는 것이 더 타당하다.

그러나 얼마나 어울리지 않아야 어울리지 않는 것이고, 얼마나 나빠야 나쁜 것일까? 아마 어떤 유형의 문턱, 즉 아포토시스가 유발되는 지점이 있을 것이다. 그 문턱을 넘으면, 모자이크 호흡연쇄를 통한 전자의 이동 속도가 충분히 빠르지 않아서 호흡을 감당할 수 없게 된다. 그러면 개개의 세포, 더 나아가 배아 전체가 아포토시스에 의해서 죽음을 맞는다. 반대로 문턱에 미치지 않을 때에는 전자의 흐름이 충분히 빨라서 두 유전체가 잘 어울려 작동할 것이다. 그러면 세포, 더 나아가 배아 전체가 자살을 감행하지 않는다. 대신 발생을 계속해서 "사전 검증"을 통해서 목적에 적합한 것으로 확인된 미토콘드리아를 가진 건강한 새가 태어날 것이다.[7] 중요한 것은 "목적에 적합한 것"이 목적에 따라서 달라져야 한다는 것이다. 만약 목적이 비행이면, 두 유전체는 거의 완벽하게 화합해야 한다. 그러면 높은 유산소 용량을 얻는 대신 생식력이 낮아지게 된다. 더 많은 배아의 생존이라는 다소 덜 중요한 목적은 완벽을 위해서 희생되어야 하는 것이다. 미토콘드리아 유전자 서열에서도 그 결과를 확인할 수 있다. 조류의 미토콘드리아 변화율은 대부분의 포유류보다 더 작다(새와 같은 문제에 직면하고 있는 박쥐는 예외이다). 같은 제약을 받지 않는 날지 못하는 새는 변화율이 더 크다. 대부분의 조류에서 미토콘드리아의 변화율이 작은 이유는 미토콘드리아 서열이 이미 비행에 완벽하게 맞춰져 있기 때문이다. 이렇게 이상적인 서열을 바꾸는 일은 쉽게 허용되지 않기 때문에, 변화가 일어나면 대개 선택에 의해서 제거된다. 대부분의 변화가 제거되면, 비교적 변하지 않은 것들만 남게 될 것이다.

---

7 나는 배아 발생이 일어나는 동안 어느 시점에 유리기 신호가 의도적으로 증폭된다고 생각한다. 이를테면, 일산화질소(NO)는 호흡연쇄의 마지막 복합체인 시토크롬 산화효소와 결합해서 유리기 누출과 아포토시스 가능성을 증가시킬 수 있다. 만약 발생 중 어느 시점에 NO가 더 많이 생산된다면, 유리기 신호가 어떤 한계를 넘어설 정도로 증폭되어 유전체끼리 잘 맞지 않는 배아를 제거할 수 있을 것이다. 말하자면 일종의 검문소인 셈이다.

만약 우리가 소소한 목적들을 다 포용하면 어떻게 될까? 이를테면 내가 쥐라고 해보자(내 아들이 학교에서 부르는 노랫말처럼 "피할 길은 없다"). 나는 하늘을 나는 데에는 아무 관심이 없다. 그렇다면 미래의 나의 후손 대부분을 완벽이라는 제단에 제물로 바치는 것은 어리석은 짓이다. 앞에서 확인한 바에 따르면, 아포토시스라는 기능적 선택을 일으키는 것은 유리기 누출이었다. 호흡에서 전자의 흐름이 느리다는 것은 미토콘드리아와 핵 유전체가 잘 화합하지 않는다는 징조이다. 호흡연쇄는 높은 환원 상태가 되고 유리기가 누출된다. 시토크롬 c가 방출되고 막전위가 떨어진다. 만약 내가 새라면 이런 상황에서는 아포토시스가 일어나고, 나의 자손은 배아 발생 도중에 계속 죽어나가게 될 것이다. 하지만 나는 쥐이고, 그런 상황을 바라지 않는다. 만약 어떤 신묘한 생화학적 솜씨를 발휘해서, 나의 자손의 죽음을 알리는 전령인 유리기 신호를 "무시하면" 어떻게 될까? 죽음의 문턱이 높아져서 아포토시스를 일으키기 전까지 유리기 누출을 더 많이 견딜 수 있게 될 것이다. 내가 얻는 이득은 자손의 대부분이 배아 발생에서 살아남는 것이다. 이루 헤아릴 수 없이 큰 이득이다. 결국 나는 생식력이 더 좋아진다. 그렇다면 생식력 증가에 대해서 내가 지불해야 하는 대가는 무엇일까?

확실히 나는 결코 날지는 못할 것이다. 그리고 더 일반적으로는 나의 유산소 용량도 제한될 것이다. 나의 자손의 미토콘드리아와 핵 유전자가 최적의 조화를 이룰 기회도 아득히 멀어질 것이다. 이것은 또다른 중요한 비용과 편익 문제로 나를 이끈다. 바로 적응성 대 질병이다. 미토콘드리아 유전자의 빠른 진화 덕분에 동물이 다른 먹이와 기후에 적응하기가 쉬워진다는 더그 월리스의 가설을 떠올려보자. 우리는 이것이 어떻게 작용하는지, 진짜로 작용을 하는지조차 모르지만, 만약 이것이 전혀 옳지 않다면 오히려 그 점이 더 놀라울 것이다. 적응의 최전선은 먹이와 체온과 연관이 있으며(이런 기본적인 것들이 제대로 되어 있지 않으면 오랫동안 살아남을 수 없을 것이다), 확실히 그 중심에는 미토콘드리아가 있다. 미토콘드리아의 역할 수행은 대체로 그 DNA에 의해서 결정된다. DNA 서열마다 지탱하는 역할이 서로 다르다. 어떤 것은 더운 환경보다는 추운 환경에서, 어떤 것은 습도가 높을 때, 또 어떤 것은 기름진 먹이를 연소시킬 때에 더 잘 작용할 것이다.

인간 미토콘드리아 DNA의 유형 분포가 지질학적 특성과 무관하지 않다는 사실은 특정 환경에 대한 선택이 정말 존재할 수도 있다는 것을 암시하지만, 이것은 어디까지나 암시일 뿐이다. 그러나 앞에서 지적했듯이, 조류의 미토콘드리아 DNA에 변이가 적다는 것은 분명한 사실이다. 비행을 위한 최적의 서열을 제외한 대부분의 변이를 선택에 의해서 제거한다는 것은 남아 있는 미토콘드리아 DNA가 별로 다양하지 않다는 뜻이다. 따라서 추위에 특별히 좋다거나 기름진 먹이에 좋은 미토콘드리아 변이를 고르기에는 선택의 범위가 좁다. 그런 면에서, 새가 환경 조건의 계절적 변화를 견디기보다는 자주 이동을 한다는 점은 흥미롭다. 새의 미토콘드리아가 한 곳에 머무를 때에 직면하게 될 혹독한 환경 변화 속에서 기능하기보다는 힘겨운 이동을 훨씬 더 잘 견딜 수 있다는 것이 가능할까? 반대로 쥐에서는 엄청나게 많은 변이가 일어난다. 그렇다면 이런 변이가 더 나은 적응을 위한 재료가 되어주어야 한다. 과연 그럴까? 솔직히 잘 모르겠다. 그러나 쥐는 꽤 적응을 잘 하는 동물이다. 이 점은 부정할 수 없다.

당연히 미토콘드리아의 변이에도 비용이 따른다. 바로 질병이다. 질병은 생식세포주에 대한 선택을 통해서 어느 정도는 피해갈 수 있다. 미토콘드리아 돌연변이가 있는 난세포를 성숙되기 전에 제거하는 것이다. 이런 선택의 증거가 몇 가지 있다. 심각한 미토콘드리아 돌연변이는 몇 세대를 거치는 동안 제거되는 경향이 있지만, 덜 심각한 돌연변이는 생쥐와 쥐에서 거의 무기한 지속된다. 그러나 다시 곰곰이 생각해보자. 몇 세대이다! 여기서는 선택이 꽤 약하게 작용한다. 만약 당신이 심각한 미토콘드리아 질환을 가지고 태어났다고 해도, 당신의 손자는 건강할지도 모른다고 생각하면 위안이 될 것이다. 운이 아주 좋아서 손자를 볼 수 있다면 말이다. 생식세포주에서 선택이 미토콘드리아 돌연변이를 제거하는 쪽으로 작용하더라도, 미토콘드리아 질환에 걸리지 않을 것이라는 보장은 없다. 미성숙 난세포는 확정된 핵을 배경으로 자리를 잡은 것이 아니다. 감수분열 과정이 중단된 채 몇 년 동안 불확실한 상태로 존재할 뿐만 아니라, 아직까지는 난장판을 만드는 부계 유전자가 추가되지 않은 상태이다. 미토콘드리아와 핵의 상호적응을 위한 선택은 성숙한 난세포가 정자에 의해서 수정되어 유전적으로 독특한 새로운 핵이 만들어진 이후에만 일어날 수 있다. 잡종 붕괴의 원인은 미토콘드리아 돌연변이가 아니다. 다른 상황에서는 모두 완벽하게 작동했던 미토콘드리아와 핵 유전자 사이의 부조화이다. 앞에서 우리는 미토콘드리아와 핵의 불화합성을 제거하기 위해서 작용하는 강력한 선택으로 부득이하게 생식력이 감소한다는 것을 확인했다. 만약 생식력의 감소를 바라지 않는다면, 비용을 감수해야 한다. 그 비용은 바로 질병에 걸릴 위험의 증가이다. 생식력과 질병 사이의 관계 역시 두 유전체를 위한 요건에서 **예측 가능한** 결과이다.

여기에 가상 죽음의 문턱이 있다(그림 34). 세포, 더 나아가 유기체 전체는 이 문턱을 넘으면 아포토시스에 의해서 죽는다. 문턱보다 아래에 있을 때에는 세포와 유기체가 살아남는다. 이 문턱은 종에 따라 다를 것이다. 새와 박쥐, 그 외 높은 유산소 용량이 요구되는 생물은 이 문턱이 낮게 설정되어야 한다. 미토콘드리아에 작은 문제(미토콘드리아와 핵 유전체 사이의 경미한 불화합성에서 기인한다)가 생겨서 대단하지 않은 양의 유리기가 누출되어도 아포토시스와 배아 발생 중단 신호를 보낸다. 유산소 요구

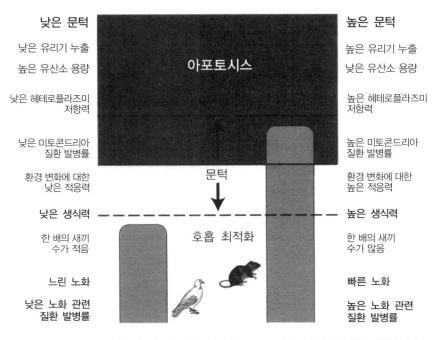

낮은 문턱		높은 문턱
낮은 유리기 누출		높은 유리기 누출
높은 유산소 용량		낮은 유산소 용량
낮은 헤테로플라즈미 저항력		높은 헤테로플라즈미 저항력
낮은 미토콘드리아 질환 발병률		높은 미토콘드리아 질환 발병률
환경 변화에 대한 낮은 적응력		환경 변화에 대한 높은 적응력
낮은 생식력		높은 생식력
한 배의 새끼 수가 적음		한 배의 새끼 수가 많음
느린 노화		빠른 노화
낮은 노화 관련 질환 발병률		높은 노화 관련 질환 발병률

아포토시스

문턱

호흡 최적화

* 헤테로플라즈미 : 세포질에 서로 다른 미토콘드리아 유전자가 섞여 있는 현상/옮긴이

그림 34 죽음의 문턱

유리기가 세포 죽음(아포토시스)을 유발하는 문턱은 종에 따라서 다양하며, 유산소 용량에 의해서 결정된다. 유산소 요구량이 높은 유기체는 미토콘드리아와 핵 유전체 사이의 화합이 매우 좋아야 한다. 화합이 좋지 못할 때에는 제대로 기능을 하지 못하는 호흡연쇄가 다량의 유리기를 누출하는 배신을 당한다(그림 32). 화합이 매우 좋아야 할 때에는, 세포는 유리기 누출에 더 민감해질 것이다. 소량의 누출도 화합이 충분히 좋지 않다는 신호이므로 세포 죽음을 유발한다(낮은 문턱). 반대로 유산소 요구량이 낮을 때에는 세포를 죽임으로써 얻는 이득이 아무것도 없다. 이런 유기체는 더 높은 수준의 유리기 누출도 견디면서 아포토시스를 유발하지 않는다(높은 문턱). 높고 낮은 죽음의 문턱에 대한 예측은 그림의 양 옆에 표시했다. 비둘기는 죽음의 문턱이 낮은 것으로 가정되었고, 쥐는 그 반대이다. 둘 다 몸의 크기와 기본 대사율은 같지만, 비둘기는 유리기의 누출이 훨씬 더 적다. 이 예측이 옳은지는 아직 밝혀지지 않았지만, 쥐의 수명은 3-4년에 불과한데, 비둘기는 30년 이상이라는 사실은 충격적이다.

량이 적은 쥐나 나무늘보, 그리고 소파에서 빈둥대는 사람은 이 문턱이 높게 설정되어 있다. 이제 대단하지 않은 양의 유리기 누출은 대수롭지 않게 지나가고, 미토콘드리아에 조금 문제가 있어도 충분히 배아 발생이 일어난다. 양쪽 모두 장단점이 있다. 문턱이 낮으면 유산소 적합성이 높고 질병에 걸릴 위험이 적지만, 생식력이 감소하고 적응력이 낮다. 문턱이 높으면 유산소 용량이 낮고 질병에 걸릴 위험은 증가하지만, 생식력이 대단히 뛰어나고 적응성이 더 좋아진다는 이득이 있다. 마법의 주문 같은 단어들이다. 생식력, 적응성, 유산소 적합성, 질병. 우리는 자연선택을 이보다 작은 조각으로 분해할 수 없다. 한 번 더 강조하자면, 이 모든 거래는 두 유전체를 위한 요건으로부터 나온다.

　나는 가상 죽음의 문턱이라고 말했고, 사실이 그렇다. 이런 문턱이 진짜 존재할까? 만약 존재한다면, 정말 중요할까? 우리 자신을 한번 생각해보자. 확실히 임신의 40퍼센트는 "기이한 초기 유산"으로 끝난다. 여기서 "초기"란 맥락상 대단히 이른 시기, 뚜렷한 최초의 임신 징후가 나타나지 않는 임신 첫 주일 이내를 의미한다. "기이하다"는 것은 임상적으로 확인이 되지 않아 "불분명하다"는 뜻이다. 일반적으로 우리는 왜 이런 일이 일어나는지 모른다. 일반적인 유력한 원인들, 이를테면 염색체의 비분리로 인해서 발생하는 3중 염색체(trisomy) 같은 현상과는 전혀 상관이 없다. 생체 에너지와 관련된 문제일까? 어느 쪽이라고 확실하게 단정 짓기는 어렵지만, 신속한 유전체 서열 분석이 이루어지는 이 용감한 신세계에서는 마땅히 밝혀져야 할 것이다. 불임이라는 심적 고통은 배아의 성장을 촉진하는 인자들에 대한 다소 해로운 연구도 하게 만든다. 불안정한 배아에 ATP를 주입하는 충격적일 정도로 어설픈 조치로도 배아의 생존을 연장시킬 수 있다. 확실히 생체 에너지학적 요인이 중요하다. 같은 이유에서, 어쩌면 이런 실패가 "잘된 일"일지도 모른다. 아마 이런 배아는 아포토시스를 유발하는 미토콘드리아-핵 불화합성이 있었을 것이다. 진화에 대해서는 어떤 도덕적 심판도 하지 않는 것이 좋다. 내가 할 수 있는 이야기는, (다행히 지금은 끝났지만) 괴로웠던 나날들을 잊을 수 없다는 것과 대부분의 다른 사람들처럼 나도 이유를 알고 싶다는 것뿐이다. 내가 추측하기에, 기이한 초기 유산 중 다수는 미토콘드리아-핵 불화합성을 반영하는 것으로 보인다.

그러나 죽음의 문턱이 실재하며 중요하다는 것을 생각하게 해주는 다른 이유가 있다. 죽음의 문턱이 높아짐으로써 드는 마지막 간접비용은 노화 속도가 더 빨라지고 노화 관련 질환에 대해서 더 취약해지는 경향이 나타난다는 것이다. 누군가는 이 주장에 대해서 핏대를 올리며 흥분을 할 수도 있을 것이다. 죽음의 문턱이 높다는 것은 아포토시스를 일으키기 전까지 유리기의 누출에 대해서 내성이 높다는 의미이다. 이는 쥐처럼 유산소 용량이 낮은 종에서는 유리기의 누출이 더 많아야 하고, 반대로 비둘기처럼 유산소 용량이 높은 종에서는 유리기의 누출이 더 적어야 한다는 뜻이다. 나는 이 두 종을 매우 신중하게 골랐다. 쥐와 비둘기는 몸무게와 기본 대사율이 거의 비슷하다. 이것만 근거로 하면, 대부분의 생물학자들은 두 종의 수명도 비슷해야 한다고 예측할 것이다. 그러나 마드리드 대학교 구스타보 바르하의 정교한 연구에 따르면, 비둘기는 쥐에 비해 미토콘드리아에서 유리기의 누출이 더 적다.[8] 유리기 노화 가설(free-radical theory of ageing)은 노화가 유리기 누출에 의해서 일어난다는 학설로, 유리기 누출 속도가 빨라질수록 더 빨리 늙는다는 것이다. 이 가설은 10년 동안 빛을

---

8 구스타보 바르하의 발견에 따르면, 비둘기와 앵무새 같은 조류는 산소 소비량에 대한 유리기 누출 속도가 쥐와 생쥐의 10분의 1에 불과하다. 실제 비율은 조직에 따라서 다양하다. 또 바르하는 조류의 지질막이 날지 못하는 포유류의 지질막보다 산화로 인한 손상에 대해서 저항력이 더 크다는 것을 발견했다. 그리고 이런 저항력 덕분에 단백질과 DNA도 산화로 인한 손상이 적었다. 전체적으로 볼 때, 바르하의 연구는 다른 의미로는 해석하기 어렵다.

보지 못했다. 그러나 이 가설의 경우에는 비둘기가 쥐보다 훨씬 더 오래 살아야 한다는 뚜렷한 예측을 내놓았다. 실제로도 비둘기가 더 오래 살았다. 쥐는 수명이 3–4년이지만, 비둘기는 거의 30년에 이른다. 확실히 비둘기는 날 수 있는 쥐가 아니었다. 그렇다면 유리기 노화 가설은 옳은 것일까? 최초의 학설에 대해서는 확실히 아니라고 답할 수 있다. 그러나 나는 더 미묘한 부분에서는 여전히 옳다고 생각한다.

유리기 노화 가설

유리기 노화 가설은 1950년대의 방사선생물학에 뿌리를 두고 있다. 이온화된 방사선은 물을 분해해서 하나의 홀전자를 가진 반응성이 큰 "조각"인 산소 유리기를 형성한다. 악명 높은 수산기($OH^·$) 같은 일부 유리기는 정말로 반응성이 대단히 크며, 초과산화기($O_2^{·-}$)는 이에 비하면 순하다. 유리기 생물학의 선구자인 레베카 거시먼과 덴햄 허먼, 그 외 다른 연구자들은 똑같은 유리기가 산소에서 바로 형성될 수 있다는 것을 알았다. 이 반응은 미토콘드리아 깊숙한 곳에서 일어나며, 방사선도 전혀 필요 없었다. 그들은 유리기가 기본적으로 파괴적이라고 보고, 단백질 손상과 DNA의 돌연변이를 일으킬 수 있다고 생각했다. 이는 모두 사실이다. 유리기에는 그런 능력이 있다. 설상가상으로 유리기는 꼬리를 물고 이어지는 연쇄반응을 촉발할 수도 있다. 이런 연쇄반응에서는 한 분자가 다른 분자(주로 막 지질)에서 연달아 전자를 낚아채면서 세포의 섬세한 구조를 엉망진창으로 망가뜨린다. 이 가설에서 결국 유리기는 손상을 증폭시키는 원인으로 지목되었다. 잠시 생각을 해보자. 미토콘드리아에서 유리기가 누출되고, 이 유리기는 미토콘드리아 DNA를 포함해서 주위의 온갖 분자들과 반응한다. 미토콘드리아 DNA에 돌연변이가 축적되고, 그런 돌연변이 중 어떤 것은 미토콘드리아의 기능을 약화시켜서 호흡 단백질에서 더 많은 유리기의 누출을 일으킨다. 이렇게 누출된 유리기는 더 많은 단백질과 DNA를 손상시키고, 머지않아 핵까지 퍼져서 "오류 파국"으로 막을 내린다. 질병과 사망률에 대한 인구통계표를 보면, 60-100세 사이에서 비율이 기하급수적으로 증가하는 것을 볼 수 있다. 오류 파국(손상의 악순환) 개념은 이 표와 일치하는 것처럼 보인다. 노화의 전 과정이 우리가 살아가는 데에 필요한 바로 그 기체인 산소에 의해서 유발된다는 발상에는 아름다운 살인마가 주는 섬뜩한 매력이 있다.

만약 유리기가 나쁜 것이라면, 항산화제는 좋은 것이어야 한다. 항산화제는 유리기의 유해한 효과에 간섭한다. 연쇄반응을 차단함으로써 손상의 전파를 막는다. 만약 유리기가 노화의 원인이라면, 항산화제는 노화를 지연시켜줄 것이다. 병의 발생을 지연시키고, 어쩌면 우리의 수명도 연장시켜줄지 모른다. 라이너스 폴링 같은 일부 유명 과학자는 항산화제의 신화를 믿고 날마다 비타민 C를 몇 숟가락씩 섭취했다. 폴링은 92세까지 장수했다. 그러나 그의 수명은 정확히 정상 범위에 속하며, 그만큼 장수한 사람들 중에는 평생 술과 담배를 즐긴 사람들도 있다. 노화는 보기만큼 단순한 문제가 아니다.

학계의 많은 연구자들은 유리기와 항산화제에 대한 이런 흑백의 관점이 틀렸다는 것을 오래 전부터 알고 있었지만, 화려한 화보가 그득한 잡지와 건강식품 전문점에서는 여전히 통용되고 있다. 나는 배리 할리웰과 존 거터리지가 쓴 정통 교재인 『의학과 생물학에서의 유리기(*Free Radicals in Biology and Medicine*)』에 실린 다음의 글을 좋아한다. "1990년대가 되자 항산화제가 노화와 질병의 만병통치약이 아니라는 것이 명확해졌으며, 일부 제약회사만이 아직까지 이 개념을 돈벌이에 이용하고 있다."

유리기 노화 가설은 추악한 사실관계에 의해서 죽임을 당한 아름다운 발상들 중 하나이다. 안타까운 일이지만, 사실은 추악하다. 처음 이 가설이 나왔을 당시에, 이 가설의 기본 원리는 철저한 실험적 검증을 견뎌내지 못했다. 노화가 일어나는 동안 미토콘드리아의 유리기 누출 증가가 체계적으로 측정되지도 않았다. 미토콘드리아 돌연변이의 수가 조금 증가하지만, 조직의 제한된 영역에서 예외적으로 일어나는 현상일 뿐이었다. 대체로 그 규모는 미토콘드리아 질환을 일으킨다고 알려진 것보다 훨씬 더 낮은 수준이었다. 일부 조직에서 손상의 축적을 나타내는 증거가 나오기도 했지만, 오류 파국과는 전혀 달랐고 인과관계도 의심스러웠다. 항산화제는 수명을 연장하거나 질병을 예방하지 않을 가능성이 높았다. 오히려 정반대였다. 항산화제의 효과에 대한 생각은 수십 년간 수십만 명의 환자가 임상실험에 등록할 정도로 널리 알려져 있었다. 결과는 명확하다. 다량의 항산화 보조제 섭취는 크지는 않지만 지속적인 위험을 불러온다. 항산화 보조제를 섭취하면 수명이 줄어들 가능성이 더 크다. 많은 장수 동물들은 조직 내 항산화 효소의 농도가 낮은 반면, 수명이 짧은 동물들은 항산화 효소의 농도가 훨씬 더 높다. 특이하게도, 산화촉진제(pro-oxidant)는 실제로 동물의 수명을 연장시킬 수 있다. 모든 것을 종합할 때, 노인학 분야 전반에 변화가 오고 있는 것도 당연한 일이다. 나는 전작들에서 이 모든 것을 상세히 다루었다. 항산화제가 노화를 늦춘다는 개념이 폐기되리라는 것을 이미 2002년에 『산소』를 쓸 때부터 알고 있었다고 말하고 싶지만, 솔직히 그렇지는 않았다. 당시에도 불길한 조짐은 있었다. 낙관적인 관측, 탐욕, 대안의 부재가 결합되어 잘못된 통념을 낳았다.

그렇다면 더 미묘해진 형태의 새로운 유리기 노화 가설을 내가 왜 아직도 옳다고 생각하는지 궁금할 것이다. 여기에는 몇 가지 이유가 있다. 원래의 가설에는 빠져 있었던 두 가지 결정적 요인은 신호와 아포토시스이다. 앞에서 이미 지적했던 것처럼, 유리기 신호는 아포토시스를 포함하는 세포생리학적 반응의 핵심이다. 마드리드 대학교의 안토니오 엔리케스와 그의 동료 연구진이 증명한 바에 따르면, 항산화제를 이용해서 유리기 신호를 차단하는 것은 위험하며 세포 배양에서 ATP 합성을 억제할 수도 있다. 유리기 신호는 각각의 미토콘드리아 내에서 호흡 복합체의 수를 늘림으로써 호흡을 최적화하는 것으로 추정된다. 그 결과 호흡 능력이 증대되는 것이다. 미토콘드리아는 서로 융합했다가 다시 분열하면서 많은 시간을 보내기 때문에, 더 많은 복합체(그리고 더 많은 미토콘드리아 DNA 복사본)를 만드는 것은 더 많은 미토콘드리아를 만드는 것으로 해석될 수 있으며, 이 과정은 미토콘드리아 생합성(biogenesis)으로 알려져 있다.[9] 따라서 유리기 누출은 미토콘드리아의 수를 증가시켜서 ATP의 생산을 늘릴 수도 있다! 반대로 항산화제를 이용한 유리기 차단은 미토콘드리아의 생체 내 합성을 방해해서 엔리케스가 밝힌 것처럼 ATP 합성을 줄일 수도 있다(그림 35). 항산화제가 에너지 가용 능력을 약화시킬 수도 있는 것이다.

그러나 우리는 죽음의 한계를 넘어서는 다량의 유리기가 누출되면 아포토시스가 유발된다는 것을 확인했다. 그렇다면 유리기의 기능은 호흡을 최적화하는 것일까, 아니면 아포토시스로 세포를 제거하는 것일까? 사실

---

9 나는 이것을 "반응적 생합성(reactive biogenesis)"이라고 부른다. 각각의 미토콘드리아는 국지적인 유리기 신호에 반응하는데, 유리기 신호는 호흡 능력이 너무 낮아서 수요를 충족시킬 수 없다는 것을 나타낸다. 호흡연쇄가 (전자로 꽉 막혀서) 높은 환원 상태가 되면, 전자는 호흡연쇄를 빠져나와 산소와 직접 반응해서 초과산화 유리기를 형성할 수 있다. 초과산화 유리기는 미토콘드리아 내부에서 미토콘드리아 유전자의 복제를 조절하는 단백질인 전사인자와 반응한다. 일부 전사인자는 "산화환원 반응에 민감한데," 이것은 전자를 잃거나 얻을 수 있는 (시스테인[cysteine] 같은) 아미노산을 함유하고 있어서 산화되거나 환원되기 쉽다는 뜻이다. 좋은 예로는 미토콘드리아 DNA에 접근하는 단백질을 조절하는 미토콘드리아 토포이소머라아제(topoisomerase)-1이 있다. 이 단백질에서 중요한 시스테인이 산화되면, 미토콘드리아에서 생합성이 증가한다. 따라서 국지적인 유리기 신호(이 신호는 그 미토콘드리아를 결코 벗어나지 않는다)는 미토콘드리아의 능력을 향상시켜서 수요와 관련된 ATP 생산을 증대시킨다. 갑작스러운 수요 변화에 반응하는 이런 종류의 국지적인 신호가 미토콘드리아에 소규모 유전체가 유지되는 이유일 수도 있다.

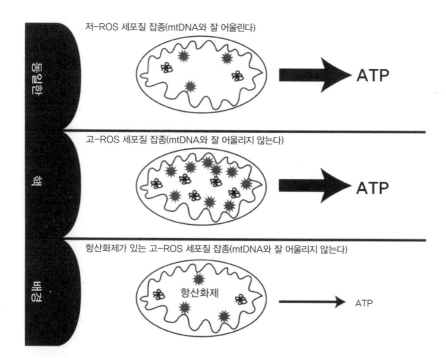

저-ROS 세포질 잡종(mtDNA와 잘 어울린다)

ATP

고-ROS 세포질 잡종(mtDNA와 잘 어울리지 않는다)

ATP

항산화제가 있는 고-ROS 세포질 잡종(mtDNA와 잘 어울리지 않는다)

항산화제

ATP

그림 35 항산화제는 위험할 수도 있다

그림은 잡종 세포를 이용한 실험 결과를 보여준다. 각각의 경우에서 핵에 있는 유전자는 거의 같으며, 중요한 차이는 미토콘드리아 DNA에 있다. 두 가지 유형의 미토콘드리아 DNA가 있는데, 하나는 핵 유전자와 동일한 생쥐 계통의 것(위, "저-ROS")이고, 하나는 연관이 있는 계통의 것(가운데, "고-ROS")으로 미토콘드리아 DNA 몇 개가 다르다. 활성산소 종(reactive oxygen species)을 나타내는 ROS는 미토콘드리아의 유리기 누출 속도에 해당한다. 큰 화살표로 묘사된 ATP 합성 속도는 저-ROS와 고-ROS 세포질 잡종에서 동일하다. 그러나 저-ROS 세포질 잡종은 유리기 누출(미토콘드리아 내의 작은 "폭발" 표시)이 적고 미토콘드리아 DNA(구불구불한 선) 복사본의 수가 적은 상태에서, 편안하게 ATP를 생산한다. 이와 대조적으로 고-ROS 세포질 잡종은 유리기 누출 속도가 두 배 이상 증가하고, 미토콘드리아 DNA 복사본의 수도 두 배로 증가한다. 즉 유리기 누출이 호흡을 증가시키는 것으로 보인다. 아래쪽 그림은 이 해석을 뒷받침한다. 항산화제는 유리기의 누출을 줄이지만, 미토콘드리아 DNA 복사본의 수도 줄인다. 그리고 결정적으로, ATP 합성 속도를 늦춘다. 따라서 항산화제는 호흡을 최적화하는 유리기 신호를 붕괴시킨다.

이 두 가지가 생각처럼 그렇게 상반된 것은 아니다. 유리기는 요구량에 비해서 호흡 능력이 낮다는 문제를 알린다. 만약 호흡 복합체를 더 만들어서 호흡 능력을 향상시킴으로써 문제를 해결할 수 있다면, 그럭저럭 잘된 일이다. 만약 문제를 해결하지 못하면, 세포는 결함이 있을 것으로 추정되는 DNA를 무리에서 제거하기 위해서 스스로 죽음을 감행할 것이다. 손상된 세포를 없애고 (줄기세포를 통해서) 싱싱한 새 세포로 대체하면 문제를 바로잡을 수 있다. 정확히 말해서 문제를 뿌리째 뽑는 것이다.

유리기 신호가 호흡의 최적화에서 주로 이런 역할을 한다는 사실에서, 항산화제가 수명을 연장시키지 않는 이유도 설명된다. 세포 배양 실험에서 항산화제가 호흡을 억제할 수 있는 까닭은 배양 세포에서는 신체의 정상적인 보호장치가 작동하지 않기 때문이다. 비타민 C 같은 항산화제는 다량 섭취해도 신체에는 거의 흡수되지 않고, 설사를 일으키는 경향이 있다. 혈관으로 들어온 초과분의 항산화제는 오줌으로 배출된다. 항산화제의 혈중 농도는 일정하다. 식품 속의 항산화제를 피해야 한다는 말은 아니다. 특히 채소와 과일의 섭취는 반드시 필요하다. 식사가 부실하거나 비타민이 부족하면 항산화 보조제의 섭취가 도움이 될 수도 있다. 그러나 균형 잡힌 식사를 하고도 항산화 보조제를 쏟아붓는 것은 오히려 역효과를 낳는다(여기에는 산화촉진제도 해당된다). 만약 고농도의 항산화제가 세포 속으로 들어오면, 큰 혼란이 일어나고 에너지 결핍으로 인해서 죽게 될 수도 있다. 그래서 우리 몸은 항산화제가 들어오는 것을 허용하지 않는다. 항산화제의 농도는 세포 안팎에서 세심하게 조절된다.

게다가 아포토시스는 손상된 세포를 제거함으로써 손상의 증거를 인멸한다. 유리기 신호와 아포토시스를 통해서 원래 유리기 노화 가설에서 나온 예측들 대부분이 틀렸음이 입증되었다. 이 가설이 정립될 당시에는 유리기 신호와 아포토시스가 알려져 있지 않았다. 우리는 이런 이유에서 유리기 누출의 계속적 증가, 수많은 미토콘드리아 돌연변이, 산화로 인한 손상의 축적, 항산화제가 줄 수 있는 이득, 오류 파국 등에 대해서 알지 못한다. 원래 유리기 노화 가설에서 예측한 것들이 대부분 왜 틀리는지에 대한 설명도 완벽하게 이해가 된다. 그러나 유리기 노화 가설이 그래도 옳을 수도 있는 이유에 대해서는 어떤 암시도 주지 않는다. 만약 유리기가 통제가 잘 되고 유익하다면, 노화와 연관이 있어야 하는 이유는 무엇일까?

아마 종 사이의 수명 차이도 유리기로 설명될 수 있을 것이다. 우리는 수명이 대사율에 따라서 다양하다는 것을 1920년대부터 알고 있었다. 괴짜 생물측정학자인 레이먼드 펄이 이 주제에 관해서 발표한 초기 논문의 제목은 「왜 게으른 사람은 더 오래 사는가(Why lazy people live longer)」였다. 실제로는 그렇지 않다. 되레 그 반대에 가깝다. 그러나 펄은 이 논문을 시작으로 유명한 "삶의 속도론(rate-of-living theory)"을 내놓았다. 삶의 속도론은 어느 정도 사실을 바탕으로 한다. 대사율이 낮은 동물(흔히 코끼리 같은 대형 종)은 쥐나 생쥐처럼 대사율이 높은 동물에 비해 대체로 더 오래 산다.[10] 이 규칙은 파충류, 포유류, 조류 같은 주요 동물군에는 대체로 적용되지만, 다른 동물군에는 잘 들어맞지 않는다. 그래서 인정을 받지 못하거나 무시되는 편이었다. 그런데 이를 간단히 설명할 수 있는 것이 있다. 바로 우리가 이미 주목했던 유리기이다.

유리기 노화 가설에서는 유리기가 호흡의 불가피한 부산물이라고 상상

---

10 이것은 모순처럼 느껴진다. 몸집이 더 큰 종은 대체로 그램당 대사율이 더 낮다는 것인데, 앞에서 나는 수컷 포유류가 몸집이 더 크고 대사율도 더 높다고 정반대의 이야기를 했다. 몇 자릿수 규모로 변화하는 종 사이의 질량에 비하면, 같은 종 내의 질량 변화는 아주 미미하다. 이런 규모를 생각하면, 같은 종 내에서 성체의 대사율은 사실상 거의 같다(그러나 성장기에는 성체에 비해 대사율이 더 높다). 앞에서 이야기했던 성에 따른 대사율 차이도 발생의 특정 시기에 나타나는 절대 성장률의 차이와 관련이 있다. 우르술라 미트보흐가 옳다면, 이 차이는 몸의 좌우에 나타나는 발달의 차이를 설명할 수 있을 정도로 대단히 미묘하다. 주 3번을 보라.

하고, 산소의 1–5퍼센트가 유리기로 전환될 것이라고 생각했다. 그러나 이 생각에는 두 가지 오류가 있다. 첫째, 대기의 산소 농도에 노출된 세포나 조직에서 측정된 예전의 측정치는 체내에 있는 어떤 세포의 측정치보다 월등히 높다. 실제 유리기 누출 비율은 훨씬 더 작아서, 자릿수가 달라질 수도 있다. 다만 우리는 이것이 의미 있는 결과라는 측면에서 얼마나 큰 차이를 만드는지 모를 뿐이다. 둘째, 유리기 누출은 호흡의 불가피한 부산물이 아니다. 의도적인 신호이며 누출 비율은 종, 조직, 하루 중의 시간, 호르몬의 상태, 섭취 열량, 운동량에 따라서 엄청난 차이가 있다. 운동을 할 때에는 산소를 더 많이 소모하므로 유리기 누출이 증가할 것이라고 생각할 것이다. 그런데 실제로는 그렇지 않다. 운동 시에는 유리기 누출이 비슷하거나 오히려 더 줄어든다. 누출되는 유리기의 양이 소비되는 산소량에 비해 상대적으로 적기 때문이다. 그 이유는 호흡연쇄에서 전자의 흐름이 빨라지기 때문이며, 이는 호흡 복합체가 덜 환원되어 산소와 직접 반응할 가능성이 줄어든다는 의미이다(그림 36). 자세한 과정은 중요하지 않다. 중요한 것은 생활방식과 유리기 사이에는 단순한 관계가 성립하지 않는다는 것이다. 우리가 주목한 바에 따르면, 새는 대사율을 토대로 볼 때 "살아야 할" 수명보다 훨씬 더 오래 산다. 새는 대사율이 높지만 유리기의 누출은 상대적으로 적어서 더 오래 사는 것이다. 유리기 누출과 수명 사이에는 근원적인 상관관계가 있다. 상관관계에서 인과관계를 찾는 것은 위험하지만, 이 상관관계는 인상적이다. 둘 사이에 인과관계가 존재할 가능성이 있을까?

미토콘드리아에서 유리기 신호의 결과(호흡을 최적화하고 제 기능을 하지 못하는 미토콘드리아를 제거한다)를 생각해보자. 유리기가 가장 많이 누출되는 미토콘드리아는 DNA의 복사본을 더 많이 만들 것이다. 유리기 신호가 호흡 용량을 증가시킴으로써 호흡의 결함을 바로잡기 때문이다.

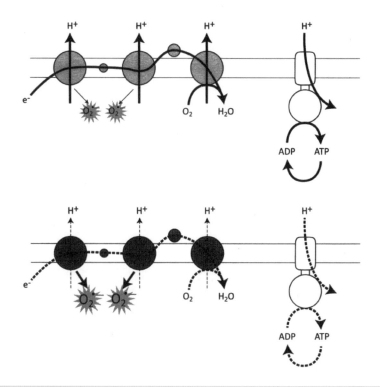

그림 36 휴식이 나쁜 이유

전통적인 유리기 노화 가설 관점에서는 소량의 전자가 호흡이 일어나는 동안 호흡연쇄에서 "누출되어" 산소와 직접 반응해서 초과산화 유리기($O_2^{\cdot-}$)를 형성한다. 활발한 활동을 할 때는 전자의 흐름이 빨라지면서 더 많은 산소를 소비하기 때문에, 운동을 하는 동안에는 누출되는 전자의 비율이 일정해도 유리기의 누출이 증가할 것으로 추측되었다. 그런데 그렇지가 않다. 위의 그림은 운동을 하는 동안 실제로 일어나는 상황을 나타냈다. ATP가 빠르게 소비되기 때문에 호흡연쇄를 따라 흐르는 전자의 속도도 빨라진다. 그로 인해서 ATP 합성효소를 통해서 양성자가 유입되고, 막전위가 낮아져서, 호흡연쇄는 더 많은 양성자를 퍼낼 수 있다. 그러면 호흡연쇄를 따라 산소로 이동하는 전자의 흐름이 빨라져서 낮은 환원 상태인(연한 회색으로 표시) 호흡 복합체에는 전자의 축적이 방지된다. 이는 운동을 하는 동안 유리기 누출이 완화된다는 의미이다. 쉴 때는 정반대이다(아래쪽 그림). 활동을 하지 않을 때에는 유리기 누출이 더 많아질 수 있다는 뜻이다. ATP 소비가 적다는 것은 막전위가 높아서 양성자를 퍼내기가 어려워진다는 것을 의미한다. 그래서 호흡 복합체에는 점차 전자가 들어차고(더 진한 회색) 유리기가 더 많이 누출된다. 어서 운동을 하러 가자.

그런데 만약 호흡의 결함이 수요와 공급의 변화 때문이 아니라 핵과의 불화합성에 따른 문제라면 어떻게 될까? 어떤 미토콘드리아 돌연변이는 실제로 노화와 함께 나타나서 다른 미토콘드리아 유형과 뒤섞인다. 그중에는 다른 유형에 비해 핵에 있는 유전자와 더 잘 어울리는 것도 있을 것이다. 여기서의 문제를 생각해보자. 가장 **화합하지 못하는** 미토콘드리아는 유리기를 가장 많이 누출하는 경향이 나타날 것이고, 그래서 복사본을 더 많이 만들 것이다. 그 결과는 둘 중 하나이다. 아포토시스를 일으켜 세포를 죽임으로써 부담스러운 미토콘드리아 돌연변이를 제거하거나, 아무 일도 일어나지 않는 것이다. 먼저 세포가 죽으면 어떻게 될지 생각해보자. 다른 세포로 대체되거나 그렇지 않을 것이다. 만약 대체된다면 다 잘 될 것이다. 그러나 뇌세포나 심장세포처럼 대체가 불가능하다면, 그 조직은 무게가 서서히 감소할 것이다. 같은 일을 하는 세포의 수가 적어지면서, 남아 있는 세포들은 점점 더 큰 압박을 받게 된다. 이 세포들은 수많은 변형 유전자의 활동으로 인해서 생리적인 압박도 받는다. 마치 미토콘드리아-핵 불화합성이 있는 초파리의 정소에서처럼 말이다. 이 과정의 어느 단계에서도 유리기 누출이 단백질 손상이나 오류 파국으로 이어지지 않는다. 모든 것이 미토콘드리아 내부에서 나오는 미세한 유리기 신호에 의해서 유발되지만, 결과는 조직의 손실과 생리적 압박과 유전자 조절의 변화로 나타난다. 모두 노화와 관련된 변화이다.

세포가 아포토시스에 의해서 죽지 않으면 무슨 일이 벌어질까? 만약 세포의 에너지 요구량이 낮으면, 결함이 있는 미토콘드리아나 젖산을 생산하는 발효(종종 혐기성 호흡으로 잘못 불리기도 한다)를 통해서 얻는 에너지로도 충분할 것이다. 여기서 우리는 "늙어가는" 세포에서 미토콘드리아 돌연변이가 축적되는 것을 볼 수 있을지도 모른다. 이런 세포들은 더 이상 성장하지는 않지만, 조직에 남아 스스로를 압박하며 통증을 일으킬 수는 있다. 게다가 종종 만성 염증과 성장인자의 조절 장애를 유발하기도 한다. 이런 돌연변이의 축적은 어쨌든 자라고 싶은 줄기세포, 혈관세포 같은 세포들을 자극해서, 자라지 않는 편이 더 나은 시기에 성장을 하도록 부추긴다. 만약 운이 없으면 이런 세포가 성장해서 가장 흔한 노화 관련 질환인 암으로 발전할 것이다.

이 모든 과정이 유전체 내부의 결함에서 유발되며, 이 결함은 결국 미토콘드리아 내의 유리기 신호에서 유발된다는 점은 한 번 더 강조해도 지나침이 없다. 나이가 들수록 축적되는 불화합성은 미토콘드리아의 기능을 약화시킨다. 이것은 종래의 유리기 노화 가설과는 완전히 다르다. 미토콘드리아나 다른 장소에서 일어난 산화로 인한 손상을 말하는 것이 아니기 때문이다(그러나 물론 그런 손상을 배제하는 것은 아니며, 단순히 필수적인 것이 아닐 뿐이다). 앞에서 주목했던 듯이, 유리기가 ATP 합성을 증가시키는 신호처럼 작용하기 때문에 항산화제는 효과가 없을 것이라는 **예측**이 가능하다. 항산화제는 수명을 연장시켜주지도 않을 것이며, 질병을 예방해주지도 않을 것이다. 항산화제가 미토콘드리아에 들어가면 에너지 가용 능력이 약화되기 때문이다. 이 관점은 나이가 들수록 질병과 사망률이 기하급수적으로 증가하는 이유도 설명할 수 있다. 조직의 기능은 수십 년에 걸쳐 서서히 쇠퇴하다가 마침내 정상 기능의 한계 이하로 떨어질 것이다. 우리는 점점 더 격한 활동을 할 수 없게 되고, 결국에는 소극적인 활동마저도 하지 못하게 된다. 누구나 죽음에 이르기까지 수십 년에 걸쳐 이 과정을 겪는다.

그러면 우리는 노화에 대해서 무엇을 할 수 있을까? 앞에서 나는 레이먼드 펄이 틀렸다고 말했다. 게으른 사람은 더 오래 살지 않으며, 운동은 이롭다. 따라서 어느 정도까지는 열량 제한과 저탄수화물 식이가 좋다. 이것들 모두가 (산화촉진제처럼) 생리적으로 스트레스 반응을 촉진해서 결함이 있는 세포와 나쁜 미토콘드리아를 제거하는 경향이 있다. 이는 단기적으로는 생존에 도움이 되지만, 대개 그 대가로 생식력이 감소한다.[11] 유산소 용량과 생식력과 수명 사이의 연관성이 다시 확인되는 순간이다. 그러나 우리 자신의 생리적 특성을 조절하는 능력에도 분명 한계가 있다. 우리에게는 진화의 역사에 의해서 결정된 최대 수명이 있다. 이 최대 수명은 결국 우리 뇌의 시냅스 연결의 복잡성과 조직 내 줄기세포 집단의 크기에 의해서 결정될 것이다. 헨리 포드는 폐차장을 찾아가서 버려진 포드의 어떤 부품이 아직 작동하는지를 알아낸 다음, 새 모델에서는 이렇게 의미 없이 오래 작동하는 부품을 더 저렴한 것으로 교체해서 비용을 절감했다는 이야기가 있다. 진화도 이와 비슷하다. 위의 내벽에 크고 역동적인 줄기세포가 있더라도 쓰이지 않으면 아무 의미가 없다. 가장 먼저 손상되는 것은 뇌이기 때문이다. 결국 우리는 기대 수명에 맞춰진 진화에 의해서 최적화되어 있다. 생리적 특성을 세밀하게 조절하는 것만으로 120년을 훌쩍 넘겨 장수를 할 수 있는 길은, 내가 생각하기에는 없을 것 같다.

그러나 진화는 다른 문제이다. 다양한 죽음의 문턱을 다시 생각해보자. 새나 박쥐처럼 유산소 요구량이 높은 동물군은 문턱이 낮다. 약간의 유리기 누출만으로도 배아 발생을 하는 동안 아포토시스를 일으킬 수 있으며, 유리기 누출이 적은 자손만이 발생을 완수할 수 있다. 이렇게 유리기 누출이 적은 종류는 조금 전에 설명했던 이유로 인해서 수명이 길다. 거꾸로 쥐나 생쥐처럼 유산소 요구량이 적은 동물은 죽음의 문턱이 더 높아서 더 많

---

11 나쁜 미토콘드리아를 제거하는 최선의 방법은 몸이 그 미토콘드리아를 사용하게 함으로써 회전율을 높이는 것이다. 이를테면, 고지방 식이는 미토콘드리아의 이용을 부추기는 경향이 있는 반면, 고탄수화물 식이는 과도한 미토콘드리아 이용을 피하고 발효를 통해서 우리에게 더 많은 에너지를 공급한다. 그러나 만약 미토콘드리아 질환이 있다면(우리는 모두 나이가 들수록 결함이 있는 미토콘드리아가 늘어난다) 이런 변화가 큰 문제를 일으킬 수 있다. 일부 저탄수화물 고지방 식이인 "케톤체 생성 식이(ketogenic diet)" 요법을 적용한 미토콘드리아 질환 환자는 혼수상태에 빠졌다. 그들의 손상된 미토콘드리아는 발효의 도움이 없이는 정상적인 생활을 하는 데에 필요한 에너지를 공급할 수 없었기 때문이다.

은 양의 유리기 누출을 견딜 수 있고, 결국 수명이 짧다. 여기서 바로 예측할 수 있는 것이 하나 있다. 여러 세대에 걸쳐 유산소 용량이 더 큰 쪽으로 선택이 일어나면 수명이 연장될 것이라는 사실이다. 그리고 실제로도 그렇다. 이를테면 쥐에서는 쳇바퀴를 달리는 능력에 따라서 선택이 일어날 수 있다. 만약 쥐들을 쳇바퀴를 잘 달리는 무리와 잘 달리지 못하는 무리로 나눠서 세대마다 같은 무리끼리만 교배를 하면, 잘 달리는 무리는 수명이 증가하고 잘 달리지 못하는 무리는 수명이 감소할 것이다. 10세대가 지나자, 달리기를 잘하는 무리는 달리기를 못하는 무리에 비해 유산소 용량이 350퍼센트 더 컸고 1년 가까이 더 오래 살았다(보통 쥐의 수명이 3년 정도라는 것을 생각하면 엄청난 차이이다). 나는 박쥐와 새에서도 진화 과정중에 비슷한 선택이 일어났을 것이라고 생각한다. 더 일반적으로 말하면, 내온동물(온혈동물)의 수명은 궁극적으로 한 자릿수가 증가했다.[12]

어쩌면 우리는 이런 것을 기반으로 스스로가 선택되는 것을 원하지 않을 수도 있다. 우생학의 냄새가 지나치게 많이 나기 때문이다. 실제로 효과가 있다고 해도, 이런 사회공학은 문제를 해결하기보다는 더 많이 만들어낼 것이다. 그러나 어쩌면 이런 선택은 이미 일어나는 중인지도 모른다. 우리는 다른 대형 유인원에 비해 상대적으로 유산소 용량이 더 크고, 실제로 더 오래 산다. 우리는 대사율이 비슷한 침팬지나 고릴라에 비해서 수명이 두 배 가까이 길다. 어쩌면 우리가 종의 형성기에 가젤을 잡기 위해서 아프리카의 사바나를 뛰어다닌 덕분일지도 모른다. 지구력을 요하는 장거리 달리기가 당신에게는 그다지 즐겁지 않을 수도 있지만, 우리 종의 형태는 그 덕분에 다듬어진 것이다. 고통 없이는 아무것도 얻을 수 없다. 두 유

---

12 나는 유산소 용량과 내온성의 진화 사이의 상호작용에 관해서 『미토콘드리아(*Power, Sex, Suicide*)』와 『생명의 도약』에서 자세하게 다루었다. 조금 뻔뻔해 보이지만, 이 내용에 관해서 더 알고 싶다면, 내 책들을 추천할 수밖에 없다.

전체의 요건에 대한 간단한 고찰로부터 우리가 예측할 수 있는 우리 조상의 모습은 유산소 용량이 증가했고, 유리기 누출이 감소했고, 그로 인해서 생식력에 문제가 발생했고, 수명이 늘어났다는 것이다. 이 모든 것들 중에서 과연 진실은 얼마나 될까? 이것은 검증 가능한 가설이며, 오류로 밝혀질 수도 있다. 그러나 모자이크 미토콘드리아를 위한 요건에서 당당히 등장한 이 예측의 토대가 된 것은 진핵세포의 기원이다. 약 20억 년 전에 딱 한 번 일어났던 사건으로, 진핵세포는 세균을 세균으로 머물게 하는 에너지 제약을 극복했다. 당연히 아프리카의 평원 위로 지는 태양은 여전히 진한 감동의 여운을 준다. 우리는 경이로운 인과관계로 결속되어 있으며, 이리저리 뒤틀리며 이어져온 이 인과관계는 우리 지구에서 생명이 기원한 그 순간까지 거슬러올라간다.

에필로그
심연으로부터

일본 근해의 태평양에서 해저 1,200미터가 넘는 지점에는 묘진 해구라는 해저 화산이 있다. 일본 생물학자들은 10년 넘게 이 해역을 샅샅이 조사하면서 흥미로운 생명체를 찾고 있다. 그들의 말에 따르면, 특별히 흥미로운 발견을 하지 못하고 있다가, 2010년 5월에 열수 분출구를 기어오르고 있던 다모류(polychaete worms)를 채집하게 되었다. 그들이 관심을 둔 것은 다모류가 아니라 그 내부에 살고 있던 미생물이었다. 이 미생물은 여느 단세포 진핵생물과 다를 바 없어 보였다(그림 37). 그러나 자세히 들여다보자, 가장 성가신 수수께끼가 되었다.

진핵생물은 "진짜 핵"이라는 뜻이다. 이 세포는 한눈에 보아도 정상적인 핵으로 보이는 구조가 있다. 또 구불구불한 내막, 미토콘드리아에서 유래한 하이드로게노솜일 수도 있는 세포내 공생체도 있다. 진핵생물인 균류와 조류처럼, 세포벽도 있다. 그리고 캄캄한 심해에서 채집한 표본답게, 당연히 엽록체는 없다. 이 세포는 적당히 크다. 길이는 약 10마이크로미터이고 직경은 약 3마이크로미터이며, 부피는 대장균 같은 전형적인 세균보다 100배 정도 더 크다. 핵은 세포 부피의 거의 절반을 차지할 정도로 크다. 그래서 얼핏 보면 알려져 있는 무리들 중 어디에 속하는지 알기는 어렵지만, 당연히 진핵생물로 보인다. 유전자 서열 분석을 통해서 계통수에서 적당한 자리에 안착시키는 일은 단지 시간문제처럼 보인다.

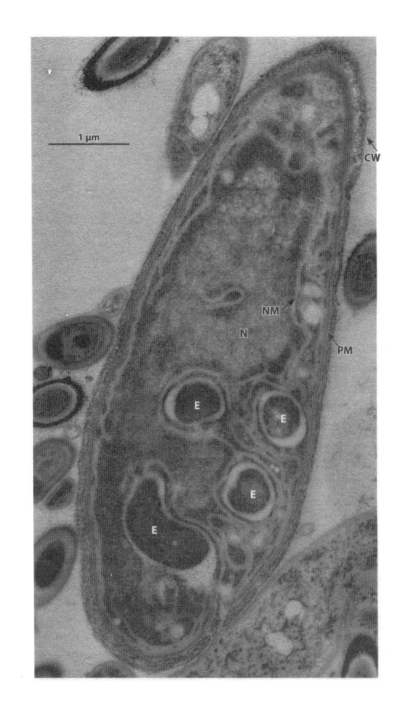

이 미생물은 원핵생물일까, 진핵생물일까? 이 미생물에는 세포벽(CW), 원형질막(PM), 핵막(NM)으로 둘러싸인 핵(N)이 있다. 또 하이드로게노솜과 조금 비슷하게 생긴 세포내 공생체(E)도 있다. 길이가 10마이크로미터로 꽤 큰 편이며, 핵도 세포 부피의 거의 40퍼센트를 차지할 정도로 크다. 그렇다면 분명히 진핵생물이다. 그런데 그렇지가 않다! 핵막이 이중막이 아니라 단일막이다. 핵공 복합체도 없고, 띄엄띄엄 구멍이 있을 뿐이다. 핵의 안팎에는 리보솜이 있다(회색으로 얼룩진 부분). 핵막은 다른 막들과 이어져 있으며, 심지어 원형질막과도 연결된다. DNA는 진핵생물의 염색체가 아니라, 세균처럼 직경 2나노미터의 가느다란 실 모양을 하고 있다. 그렇다면 확실히 진핵생물이 아니다. 나는 이 수수께끼의 미생물이 세균 세포내 공생체를 획득한 원핵생물일 것이라고 생각한다. 그리고 이제 몸집을 더 키우고, 유전체를 부풀리고, 복잡성을 위한 원료를 축적하면서 진핵생물의 진화를 되풀이하고 있을 것이다. 그러나 이것은 단순히 표본일 뿐이며, 유전체 서열 분석 없이는 아무것도 알 수 없다.

그런데 다시 한번 자세히 들여다보자! 모든 진핵생물은 핵을 가지고 있지만, 알려진 모든 경우에서 진핵생물의 핵은 구조가 비슷하다. 세포막과 연결된 이중막, 리보솜 RNA가 합성되는 장소인 인, 정교한 핵공 복합체, 탄성이 있는 라미나가 있다. DNA는 단백질로 고이 감싸여 염색체를 형성한다. 상대적으로 두꺼운 염색질 섬유는 두께가 30나노미터이다. 제6장에서 확인한 것처럼, 단백질 합성은 언제나 핵과 차단되어 있는 세포질에서 일어난다. 바로 이를 토대로 핵과 세포질이 구별된다. 그렇다면 묘진 해구에서 발견된 세포는 어떨까? 핵막은 단일막이며, 몇 군데 뚫린 부분이 있다. 핵공은 없다. DNA는 세균에서처럼 직경 약 2나노미터의 가느다란 섬유로 이루어져 있으며, 진핵생물의 염색체처럼 두껍지 않다. 핵 속에는 리보솜이 있다. 다시 말하지만, 리보솜이 핵 속에 있다! 그리고 리보솜은 핵의 바깥쪽에도 있다. 핵막은 여러 곳에서 세포막과 연결되어 있다. 세포내 공생체는 하이드로게노솜일 수도 있지만, 어떤 것은 3차원으로 재구성된 영상에서 세균처럼 나선형을 나타낸다. 그런 세포내 공생체는 비교적 최근에 세균에서 획득한 것처럼 보인다. 내막은 있지만 소포체나 골지체와는 전혀 비슷하지 않으며, 세포골격 같은 전통적인 진핵생물의 특징은 하나도 없다. 다시 말해서 이 세포는 사실상 오늘날의 진핵세포와 전혀 닮지 않았다. 단순히 겉모습만 비슷할 뿐이다.

그렇다면 이것은 무엇일까? 논문의 저자들도 몰랐다. 그들은 이 미생물을 파라카리온 묘지넨시스(*Parakaryon myojinensis*)라고 명명했다. 이 생물의 중간적인 형태를 나타내기 위해서 "준핵생물(parakaryote)"이라는 신조어를 만든 것이다. 『전자현미경학 저널(*Journal of Electron Microscopy*)』에 발표된 이 논문의 제목은 「원핵생물인가, 진핵생물인가? 심해에서 온 독특한 미생물(Prokaryote or eukaryote? A unique microorganism from the deep sea)」이다. 이 제목은 내게 큰 기대감을 불러일으킨다. 그러나 아름답게 문제를 제시하면서 시작하는 이 논문은 어떤 답도 내놓지 못한다. 유전체 서열이나 하다못해 리보솜 RNA라도 있었다면, 이 세포의 진짜 정체성에 대해서 뭔가 실마리를 제공하고, 거의 주목을 받지 못하는 주석에서 영향력 있는 『네이처』 논문으로 탈바꿈했을 것이다. 하지만 그들은 단순히 표본의 단면만 소개했다. 확실히 말할 수 있는 것은, 그들은 15년 동안 1만 개의 현미경 표본을 만들었지만, 이 표본과 조금이라도 비슷한 것은 하나도 없었다는 점이다. 그 이후로도 그들은 비슷한 것을 보지 못했다. 다른 어느 누구도 마찬가지였다.

그렇다면 이 세포는 무엇일까? 범상치 않은 특징들을 볼 때 인위적인 조작일 수도 있다. 전자현미경학의 굴곡진 역사를 생각하면 이 가능성도 무시할 수는 없다. 하지만 만약 이 특징이 조작이라면 왜 이 표본만 특별히 기이한 것일까? 게다가 나름대로 대단히 합리적인 구조처럼 보이는 이유는 무엇일까? 어설픈 추측을 해보자면, 조작이 아니라 세 가지 가능성 중 하나일 것 같다. 우선 고도로 분화된 진핵생물일 가능성이 있다. 심해 열수 분출구에 서식하는 벌레의 등에 달라붙어 살아가는 특별한 생활방식에 적응하는 동안, 정상적인 구조에 변형이 생긴 것이다. 그러나 그럴 것 같지는 않다. 비슷한 환경에서 살아가는 수많은 다른 세포들은 그런 방식을 따르지 않는다. 이 세포는 진핵생물임을 여전히 알아볼 수 있지만, 일반적으로 고도로 분화된 진핵생물은 전형적인 진핵생물의 특징을 잃는다. 이런 예로는 아케조아를 들 수 있다. 살아 있는 화석이라고 알려진 아케조아는 한때는 원시적인 중간 단계로 간주되었지만, 결국 완전한 진핵생물에서 유래한 것으로 밝혀졌다. 만약 파라카리온 묘지넨시스가 정말로 고도로 분화된 진핵생물이라면, 지금까지 우리가 본 것들과는 근본적인 토대가 판이하게 다르다. 내가 생각하기에 그렇지는 않을 것 같다.

아니면 이 세포가 진짜 살아 있는 화석일 가능성도 있다. 변화가 없는 심해에서 오늘날 진핵생물의 부속물들을 갖추지 못한 채 그럭저럭 살아남은 "진짜 아케조아"인 것이다. 이 논문의 저자들은 이 설명을 좋아하지만, 나는 이것도 믿지는 않는다. 이 세포는 변하지 않는 환경에서 살고 있는 것이 아니다. 이 세포를 등에 부착시키고 살아가는 다모류는 진핵생물의 진화 초기에는 확실히 존재하지 않았던 복잡한 다세포 진핵생물이다. 몇 년 동안 샅샅이 뒤졌지만 단 한 개체밖에 발견되지 않은 낮은 개체군 밀도도 20억 년 가까이 변하지 않고 생존했을 가능성을 의심스럽게 한다. 작은 개체군은 절멸할 가능성이 상당히 높다. 만약 개체군의 크기가 커진다면 좋지만, 그렇지 않다면 무작위적인 통계적 우연에 의해서 망각 속으로 떠밀리는 것은 시간문제이다. 20억 년은 매우 긴 시간이다. 실러캔스 (coelacanth)가 심해에서 살아 있는 화석으로 생존했다고 추정되는 시간보다 약 30배나 더 긴 시간이다. 진짜 아케조아가 그렇게 오래 살아남았다면 진핵생물 초창기의 다른 생존자들도 적어도 그 만큼은 많아야 한다.

그렇다면 마지막 가능성이 남는다. 셜록 홈스의 말처럼, "불가능한 것들을 모두 제거하면 아무리 일어날 성 싶지 않은 일이 남더라도 그 일은 분명 사실일 것이다." 다른 두 가능성이 완전히 불가능한 것은 결코 아니지만, 세 번째 가능성이 가장 흥미롭다. 이 세포는 세포내 공생체를 획득한 원핵생물이며, 진핵생물을 닮은 세포로 변화하는 중이라는 것이다. 일종의 진화적 반복인 셈이다. 내 생각에는 이것이 훨씬 더 이치에 맞는다. 개체군의 밀도가 낮은 이유도 바로 설명이 된다. 앞에서 확인한 것처럼, 원핵생물 사이의 세포내 공생은 흔치 않고 물류 관리에 어려움을 겪는다.[1] 원생생물 사이의 "첫" 세포내 공생에서 숙주세포와 세포내 공생체 수준에서 작용하는 선택을 조화시키기란 결코 쉬운 일이 아니다. 이 세포의 운명은 절멸일 가능성이 가장 크다. 원핵생물 사이의 세포내 공생도 이 세포가 진핵생물처럼 보이는 다양한 특징을 가진 이유를 설명하지만, 더 정밀한 조사에서는 그렇지 않았다. 이 세포는 비교적 크기가 크고, 유전체가 다른 원핵생물의 것보다 대체로 더 크며, 유전체에 들어 있는 "핵"은 내막과 이어져 있다. 이것들 모두 우리가 세포내 공생체가 있는 원핵생물에 대해서 1차 원리에서 예측했던 특징들이다.

나는 이 세포내 공생체가 이미 유전체의 많은 부분을 잃었을 것이라고 확신한다. 세포내 공생체의 유전자 상실 과정만이 진핵생물 수준으로 팽창한 숙주세포의 유전체를 설명할 수 있다는 내 주장처럼 말이다. 여기서

---

1 파라카리온 묘지넨시스에는 온전한 세포벽이 있지만, 논문의 저자들이 식포(phagosome)라고 묘사한 세포 내 액포에서 세포내 공생체가 발견된다. 논문의 저자들은 숙주세포가 한때는 포식성 세포였다가 훗날 포식 능력을 잃었을 것이라는 결론을 내렸다. 반드시 그럴 필요는 없다. 그림 25를 보자. 다른 세균의 몸속에 사는 이 세균들은 대단히 비슷한 "액포"로 둘러싸여 있다. 그러나 이 경우에는 숙주세포가 확실히 남세균이므로 식작용이 일어난 것이 아니다. 댄 우잭은 이 액포가 세포내 공생체를 둘러싸고 있는 까닭이 전자현미경 관찰을 준비하는 동안 일어난 수축 때문일 것이라고 생각했고, 나도 파라카리온 묘지넨시스의 "식포"가 수축으로 인한 인위적 구조이며 식작용과는 아무 관계가 없다고 생각한다. 만약 이 생각이 옳다면, 조상 숙주세포가 더 복잡한 식세포였다고 생각할 이유가 없다.

는 그 과정이 일어나고 있는 것처럼 보인다. 똑같이 극단적인 유전체의 비대칭성이 형태적 복잡성의 독립적 기원을 뒷받침하고 있는 것이다. 확실히 숙주세포 유전체는 대단히 커서, 대장균보다 이미 100배나 더 큰 세포의 3분의 1을 차지하고 있다. 이 유전체는 핵과 매우 비슷하게 보이는 구조 속에 들어 있다. 특이하게도 리보솜은 일부만 이 구조의 바깥쪽에 있다. 이것은 인트론 가설이 틀렸다는 의미일까? 그렇게 말하기는 어렵다. 숙주세포가 고세균이 아니라 세균이어서, 세균의 이동성 인트론 전이에 덜 취약할 가능성이 있기 때문이다. 핵의 구획화가 독립적으로 진화해왔다는 사실은 여기에도 비슷한 힘이 작용하고 있다는 것을 암시하는 경향이 있을 것이다. 그리고 같은 이유에서, 세포내 공생체가 있는 큰 세포에도 작용되는 경향이 나타날 것이다. 성과 교배형 같은 진핵생물의 다른 특징들은 어떨까? 유전체 서열이 없이는 간단히 이야기할 수 없다. 내가 지적했듯이, 이것은 정말이지 가장 성가신 수수께끼이다. 그냥 기다리면서 지켜보는 수밖에 없다. 이것은 과학의 끝없는 불확실성에서 중요한 부분이다.

이 책에서 나는 생명이 왜 이런 모습일지에 대한 예측을 시도해보았다. 얼핏 생각하면, 파라카리온 묘지넨시스는 세균 조상으로부터 복잡한 생명체로 향하는 경로를 똑같이 되풀이하고 있는 것처럼 보인다. 우주의 다른 곳에서도 동일한 경로를 따를지 여부는 전적으로 그 시작점, 즉 생명의 기원 자체에 달렸다. 이 시작점이 반복되는 것도 무리는 아니라고 생각한다.

지구상의 모든 생명은 막을 사이에 둔 양성자의 기울기를 이용하는 화학삼투에 의존해서 탄소와 에너지 대사를 한다. 지금까지 우리는 이런 독특한 특징의 가능성 있는 기원과 결과를 살펴보았다. 우리는 살아가기 위해서는 끊임없이 동력이 필요하다는 것을 확인했다. 쉴 새 없이 이어지는 화학반응은 이런 동력이 되어, ATP 같은 분자를 포함해서 활성을 띠는 중간산물을 부산물로 생산한다. 이런 탄소와 에너지의 흐름은 생명이 기원할 무렵에는 훨씬 더 거대했을 것이다. 그후 생물학적 촉매가 진화하면서, 물질대사의 흐름은 좁은 통로를 따라 일어나게 되었다. 생명을 위한 요건을 만족시키는 자연 환경은 매우 적었다. 다량의 탄소와 유용한 에너지가 지속적으로 유입되어야 하며, 자연적으로 미세한 구획이 나뉜 계의 통제를 받아야 하며, 산물은 농축되고 폐기물은 배출될 수 있어야 했다. 이 기준에 합당한 다른 환경도 있을 수 있다. 그러나 염기성 열수 분출구야말로 가장 확실하게 그런 환경을 제공하며, 이런 열수 분출구는 우주 전역에 걸쳐 물이 있는 암석형 행성에 흔히 존재할 것이다. 이런 열수 분출구에서 생명의 기원을 위해서 필요한 것은 암석(감람석), 물, CO_2뿐이다. 세 가지 모두 우주에 가장 흔하게 존재하는 재료이다. 생명의 기원을 위해서 알맞은 조건은 지금 현재 은하수에 있는 400억 개의 행성에 존재할 것이다.[2]

염기성 열수 분출구는 문제와 해답을 모두 제시한다. H_2가 풍부하지만 이 기체는 CO_2와 쉽게 반응하지 않는다. 우리가 확인한 바에 따르면, 얇은 반투과성 무기질 장벽 너머로 형성된 천연 양성자 기울기는 유기물을 만들고 궁극적으로 열수 분출구의 구멍 속에 세포의 등장을 일으킬 수 있었다. 만약 그렇다면, 생명은 H_2와 CO_2의 반응에 대한 역학적 장벽을 무너뜨리기 위해서 처음부터 양성자 기울기(그리고 철-황 광물)에 의존했던 것이다. 천연 양성자 기울기를 만들기 위해서 이들 초기 세포에는 투과성이 있는 막이 필요했다. 그래야만 활기가 넘치는 양성자의 흐름을 차단하지 않으면서 살아가는 데에 필요한 분자들을 계속 유지할 수 있었다. 이것은 양성자가 열수 분출구에서 빠져나가는 것을 막고, (역수용체가 필요한) 엄격한 일련의 사건이라는 좁은 문을 통해서만 빠져나갈 수 있게 했다. 이 절

---

2 케플러 우주망원경에서 나온 자료에 따르면, 우리 은하에 있는 태양 같은 항성은 5개 중 1개꼴로 생명이 존재할 수 있는 영역에 "지구 크기"의 행성을 가지고 있다. 이를 토대로 할 때, 은하수에 있는 적당한 행성은 모두 400억 개로 추정된다.

차는 능동적인 이온 펌프와 오늘날과 같은 인지질 막의 진화를 일으켰다. 세포는 그후에야 열수 분출구를 벗어나 초기 지구의 바다와 암석에서 살아갈 수 있었다. 우리는 이 엄격한 일련의 사건들이 모든 생물의 공통 조상인 LUCA의 모순된 특성은 물론, 세균과 고세균 사이의 깊은 분기까지도 설명할 수 있다는 것을 확인했다. 특히 이 엄격한 요구조건은 왜 지구상의 모든 생명이 화학삼투를 하는지, 왜 이 기이한 특성이 유전암호 자체만큼이나 보편적인지를 설명해준다.

우주라는 규모에서 보면 흔하지만 결과를 통제하는 엄격한 제약들을 포함하는 환경에 관한 이 시나리오를 보면, 생명은 우주의 다른 곳에서도 화학삼투를 하고 그로 인해서 비슷한 기회와 제약에 직면할 가능성이 커 보인다. 화학삼투 짝반응은 생명에게 무한한 물질대사 능력을 선사해서, 세포가 실질적으로 무엇이든지 "섭취하고" "호흡할" 수 있게 해주었다. 유전암호가 보편적이기 때문에 유전자는 유전자 수평 이동을 통해서 간단히 전달될 수 있다. 온갖 다양한 환경에 적응하기 위한 물질대사 도구 일습도 이런 방식으로 주위에 전달된다. 모든 세포들이 공통된 작동체계를 활용하기 때문이다. 오히려 내게 놀라운 사실은 산화환원 반응과 막을 경계로 하는 양성자 기울기에서 동력을 얻는 비슷한 방식으로 작동하는 세균이 태양계를 포함한 가까운 우주에서 발견되지 않는다는 것이다.

그러나 만약 이것이 옳다면, 우주 어딘가에 있을 복잡한 생명체는 지구상의 진핵생물과 정확히 똑같은 제약에 직면할 것이다. 다시 말해서, 외계인도 미토콘드리아가 있어야 한다. 모든 진핵생물의 공통 조상은 원핵생물 사이의 희귀한 세포내 공생을 통해서 단 한번 등장했다. 우리가 알고 있는 한, 세균들 사이의 세포내 공생 사례는 두 가지뿐이다(그림 25). 여기에 파라카리온 묘지넨시스를 포함시키면 세 가지가 된다. 따라서 우리는 식작용 없이 세균이 다른 세균의 몸속으로 들어가는 것이 가능하다는 사실을 알고 있다. 아마 40억 년에 걸쳐 진화가 일어나는 동안 이런 일이 수백, 수천만 번 있었을 것이다. 이것은 병목으로 작용하기는 하지만, 그다지 심각하지는 않다. 각각의 경우마다 세포내 공생체에서는 유전자 손실이 일어나고 숙주세포에서는 복잡성과 크기가 더 커지는 경향을 기대할 수 있을 것이다. 우리는 파라카리온 묘지넨시스에서 정확히 이것을 확인했다. 그러나 우리는 숙주세포와 세포내 공생체 사이의 은밀한 충돌이 있다는 것도 알고 있다. 이것이 이 병목의 두 번째 구간이며, 복잡한 생물의 진화를 어렵게 만드는 이중 타격이다. 우리는 최초의 진핵생물이 작은 개체군에서 빠르게 진화했을 가능성이 가장 크다는 것을 확인했다. 진핵생물의 공통 조상이 어떤 세균에서도 발견되지 않는 수많은 특징들을 가지고 있었다는 사실은 이들이 소규모의 불안정한 유성생식 집단이었음을 암시한다. 만약 파라카리온 묘지넨시스가 나의 추측대로 진핵생물의 진화를 반복하는 것이라면, 개체군의 밀도가 극히 낮을 것이라는 점도 예측이 가능하다(채집을 하는 15년간 단 1개의 표본만 발견되었다). 이 집단의 운명은 절멸일 가능성이 가장 높다. 그 이유는 이들이 핵의 영역에서 리보솜을 모두 방출하는 데에 실패하기 때문일 수도 있고, 아직까지 성을 "발명하지" 못해서일 수도 있다. 아니면 100만 분의 1의 확률로 살아남는 데에 성공해서, 지구상에 두 번째 진핵생물의 씨를 뿌릴지도 모를 일이다.

내가 생각하기에 우리가 내릴 수 있는 합리적인 결론은 우주에는 복잡한 생명체가 매우 드물다는 것이다. 자연선택에는 인간이나 다른 어떤 복잡한 생명체를 탄생시키려는 경향이 내재되어 있지 않다. 생명체는 세균 수준의 복잡성에 머물러 있기가 훨씬 더 쉽다. 나는 여기에 어떤 통계적 확률을 더하지는 못하겠다. 파라카리온 묘지넨시스의 존재가 어느 정도 고무적일 수는 있다. 지구에서 복잡성의 기원이 여러 번이었다는 것은 어쩌면 복잡한 생명체가 우주 어딘가에서 훨씬 더 흔할지도 모른다는 것을 의미한다. 확신할 수는 없다. 내가 좀더 확신을 가지고 주장할 수 있는 것은 복잡한 생명체가 진화하기 위해서는 에너지적인 이유에서 두 원핵생물 사이의 세포내 공생이 필요하다는 것, 그리고 이 세포내 공생이 매우 드문 사건이라는 것이다. 두 세포 사이의 긴밀한 충돌로 인해서 모든 것이 더 엉망이 되는 아주 기이한 단발의 사고에 가깝다. 어쨌든 우리는 일반적인 자연선택으로 다시 돌아온다. 우리는 진핵생물의 여러 공통된 특성들을 살펴보았다. 핵에서 성에 이르는 이 특성들은 1차 원리에서 예측이 가능하다. 우리는 더 멀리 나아갈 수 있다. 양성의 진화, 생식세포주와 체세포의 차이, 예정된 세포 죽음, 모자이크 미토콘드리아, 유산소 적합성과 생식력 사이의 거래와 같은 모든 특성들이 예측대로 세포 안의 세포라는 출발점에서 시작한다. 이 모든 것이 한 번 더 일어날 수 있을까? 나는 상당 부분에서 그럴 수 있을 것이라고 생각한다. 에너지는 아주 오래 전에 진화에 합병되어, 자연선택에 더 예측 가능한 토대를 제공하기 시작했다.

에너지는 유전자에 비해서 훨씬 덜 너그럽다. 주위를 둘러보자. 이 멋진 세상은 돌연변이와 재조합, 즉 유전적 변화의 힘이 반영된 것이며, 이것이 바로 자연선택의 토대이다. 우리는 창밖에 보이는 나무와 일부 유전자를 공유하고 있지만, 우리와 나무는 진핵생물 진화의 초기인 15억 년 전에 분기되어 서로 다른 길을 걸어왔다. 이것을 가능하게 해준 유전자는 돌연변이와 재조합과 자연선택의 산물이다. 우리는 움직일 수 있으며, 나는 지금도 가끔 나무에 오르고 싶다. 나무는 산들바람에 부드럽게 휘어지며, 공기를 더 많은 나무로 바꿔놓는다. 최고로 멋진 마술이다. 이 모든 차이는 유전자에 쓰여 있다. 유전자들은 모두 같은 조상에서 유래했지만, 지금은 대부분이 거의 알아볼 수 없을 정도로 분화되었다. 이 모든 변화는 오랜 진화 과정을 거치는 동안 선택되고 허락된 것이다. 유전자는 거의 한없이 관대하다. 일어날 수 있는 것은 무엇이든 일어날 수 있다.

그러나 나무에도 미토콘드리아가 있으며, 엽록체와 매우 비슷한 방식으로 작동한다. 늘 그래왔듯이, 무수히 많은 호흡연쇄를 따라 끊임없이 전자를 전달하면서 막 너머로 양성자를 퍼낸다. 이와 같은 방식의 전자와 양성자의 순환으로 우리는 자궁에서부터 생존을 이어왔다. 우리는 초당 10^{21}개의 양성자를 쉴 새 없이 퍼낸다. 우리의 미토콘드리아는 우리가 어머니로부터 받은 가장 소중한 선물인 난자에서 전달된 것이다. 이 생명의 선물은 대대로 이어져 올라가다가 40억 년 전에 열수 분출구에서 시작된 최초의 생명에 다다른다. 위험을 무릅쓰고 이 반응을 조작해보자. 시안화물은 전자와 양성자의 흐름을 저지해서, 갑자기 생명을 앗아갈 것이다. 노화의 작용도 결과는 이와 같겠지만, 대신에 천천히 부드럽게 일어날 것이다. 죽음은 전자와 양성자 흐름의 중단, 막전위의 붕괴, 꺼지지 않는 불꽃의 소멸이다. 만약 생명이 쉴 곳을 찾는 전자의 흐름일 뿐이라면, 죽음은 그 전자가 멈추는 것에 지나지 않는다.

이런 에너지 흐름은 대단히 경이로우며 가차없다. 몇 분 혹은 몇 초에 걸친 변화로 인해서 모든 실험이 끝장날 수도 있었다. 포자는 휴면 상태에 빠져들었다가 환경이 이로워지면 다시 깨어날 수 있다. 그러나 그 외의 다른 생물은 그럴 수 없다. 우리는 최초의 생체 세포에 동력을 공급했던 것과 똑같은 과정에 의해서 유지된다. 이 과정은 본질적으로 전혀 바뀌지 않았다. 어떻게 그럴 수 있을까? 생명은 살기 위한 것이다. 살기 위해서는 끊임없는 에너지의 흐름이 필요하다. 에너지의 흐름이 진화의 경로에서 중요한 제약이 되어 무엇이 가능한지를 결정하는 것도 당연하다. 세균이 세균의 일을 계속하는 것도 당연하다. 세균에게는 성장과 분열과 지배를 계속하게 해주는 불꽃이 있다. 이 불꽃을 바꿔보려는 어설픈 시도는 불가능하다. 성공적이었던 한 번의 우연한 사건, 원핵생물 사이에서 일어난 한 번의 세포내 공생도 이 불꽃을 건드리지 않은 것은 당연하다. 이 불꽃은 모든 진핵세포마다 여러 개씩 피어올랐고, 마침내 온갖 복잡한 생명체를 탄생시켰다. 이 불꽃을 계속 살리는 것이 우리의 생리적 특성과 진화에서 중요한 것도 당연하다. 이 불꽃은 우리의 과거와 오늘날 우리의 삶의 수많은 기이한 특성을 설명해준다. 우주에서 가장 있을 법하지 않은 생물학적 장치인 우리의 정신에도 이 끊임없는 에너지의 흐름이 전달된다는 것은 정말로 큰 행운이다. 덕분에 우리는 생명이 왜 이런 모습인지를 생각할 수 있다. 당신에게 양성자의 포스가 함께하기를!

용어 해설

감수분열(meiosis) 유성생식에서 배우자를 형성하기 위한 세포분열 과정, 부모세포에서 발견되는 두 개의 완전한 염색체 꾸러미(이배체[diploid])가 아니라 (그 반수체[haploid]인) 하나의 염색체 꾸러미를 가지고 있다. 체세포분열(mitosis)은 진핵세포의 정상적인 세포분열 형태로, 염색체 수가 두 배로 증가한 다음에 미세소관 방추사에 의해서 두 개의 딸세포로 분리된다.

고세균(archaea) 생명의 3대 영역 중 하나, 다른 두 영역은 세균과 (우리와 같은) 진핵생물이다. 원핵생물인 고세균은 DNA를 보관하는 핵이 없으며, 복잡한 진핵생물에서 발견되는 대부분의 다른 정교한 구조도 없다.

고정(fixation) 유전자에서 하나의 특정 형태(대립유전자)가 개체군 내의 모든 개체에서 발견되는 것.

광합성(photosynthesis) 이산화탄소를 유기물로 전환하는 것, 태양 에너지를 이용해서 물(또는 다른 물질)에서 전자를 추출하여 최종적으로 이산화탄소에 결합시킨다.

기질(substrate) 세포의 성장에 필요한 물질, 효소에 의해서 생체 물질로 전환된다.

눈덩이 지구(snowball earth) 적도의 해수면까지 빙하가 잠식하는 전 지구적 한파. 지구 역사에서 여러 번 일어났던 것으로 추정된다.

뉴클레오티드(nucleotide) 길게 연결되어 RNA와 DNA를 형성하는 구성단위의 하나. 특별한 반응의 촉매작용을 하는 효소에서 조효소로 작용하는 수십 가지의 관련 뉴클레오티드가 있다.

다계통 방산(polyphyletic radiation) 다수의 서로 다른 조상(서로 다른 문)에서 다수의 종이 분기되는 것, 마치 여러 개의 바퀴 중심에서 여러 개의 바퀴살이 뻗어나가는 것과 같다.

단계통 방산(monophyletic radiation) 바퀴의 중심에서 바퀴살이 뻗어나가듯이 하나의 공통 조상(또는 하나의 문)에서 다수의 종이 분기되는 것.

단백질(protein) 유전자에 있는 DNA 문자 서열에 지정된 정확한 순서에 따라서 연결된 아미노산의 사슬. 단백질보다 조금 더 짧은 아미노산의 사슬인 **폴리펩티드(polypeptide)**는 순서가 지정되지 않아도 된다.

대립유전자(allele) 개체군 내에서 한 유전자의 특별한 형태.

돌연변이(mutation) 일반적으로는 한 유전자의 특정 서열에서 일어나는 변화를 말하지만, 무작위적인 DNA의 결실이나 중복 같은 다른 유전적 변화도 포함된다.

DNA 디옥시리보핵산(deoxyribonucleic acid), 이중나선 형태를 하고 있는 유전물질이다. 기생 DNA(parasitic DNA)는 개체를 희생시키면서 이기적으로 자신을 복제할 수 있는 DNA이다.

리보솜(ribosome) 모든 세포에서 볼 수 있는 단백질 생산 "공장," 리보솜은 RNA 암호문을 정확한 아미노산 구성단위의 서열로 이루어진 단백질로 바꾼다.

막(membrane) 세포를 둘러싸고 있는 매우 얇은 기름 층(세포 내부에서도 발견된다). 안쪽에 있는 소수성(물을 싫어하는) "지질 이중층"과 막의 양 바깥쪽에 있는 친수성(물을 좋아하는) 머리 부분으로 구성된다. **막전위(membrane potential)**는 막을 중심으로 양쪽의 전기적 차이(전위차)이다.

물질대사(metabolism) 살아 있는 세포 내에서 생명을 지탱하는 일련의 화학작용.

미토콘드리아(mitochondria) 진핵생물에 분포하고 있는 "발전소," α-프로테오박테리아에서 유래하며 저마다 소량이지만 대단히 주요한 유전체를 유지하고 있다. 미토콘드리아 유전자는 물리적으로 미토콘드리아 내부에 위치하고 있는 유전자이다. 새로운 미토콘드리아의 복제나 성장인 **미토콘드리아 생합성(mitochondrial biogenesis)**이 일어나기 위해서는 핵에 있는 유전자도 필요하다.

발효(fermentation) 발효는 혐기성 호흡이 아니다! 막을 사이에 둔 양성자 기울기나 ATP 합성효소 없이 ATP를 생산하는 화학적 과정일 뿐이다. 유기체마다 발효 경로가 약간씩 다르다. 우리는 발효 산물로 젖당을 만들고, 효모는 알코올을 생산한다.

번역(translation) 새로운 단백질을 (리보솜에서) 물리적으로 조립하는 것, 아미노산의 정확한 서열은 RNA 암호문(전령 RNA)에 의해서 결정된다.

병렬상동(paralog) 유전자의 중복에 의해서 형성되는 다수의 유전자로 이루어진 유전자군. 동등한 유전자군이 같은 조상에서 유래한 다른 종에서도 발견될 수 있다.

복제(replication) 세포나 분자(보통 DNA)를 똑같이 베껴서 두 개의 복사본을 만드는 것.

분산(variance) 한 무리의 변수들이 흩어진 정도를 나타내는 척도. 분산이 0이면 변수들이 모두 똑같다. 분산이 작으면 변수들이 모두 평균에 가깝고, 분산이 크면 변수들이 넓은 범위에 걸쳐 분포한다.

불균형(disequilibrium) 서로 반응을 "하고 싶은" 분자들이 아직 반응을 하지 못하고 있는 잠재적 활성 상태. 유기물과 산소는 불균형 상태에 있어서, 기회가 주어지면 (성냥을 그으면) 유기물이 연소될 것이다.

사문석화(serpentinisation) 특정 암석(마그네슘과 철이 풍부한 감람석 같은 광물)과 물 사이의 화학 반응, 수소 기체가 풍부한 강한 염기성 용액을 만든다.

산화(oxidation) 어떤 물질에서 한 개 이상의 전자를 제거해서 "산화된" 상태로 바꿔놓는 것.

산화환원(redox) 산화와 환원이 조합된 과정, 공여체에서 수용체로 전자가 전달된다. **산화환원 짝(redox couple)**은 특정 전자 수용체와 짝을 이룬 특정 공여체이다. **산화환원 중심(redox centre)**은 전자를 받아서 전달함으로써 수용체와 공여체가 둘 다 된다.

생식세포주(germline) 동물에서 생식을 위해서 분화된 세포(정자와 난자), 각 세대에서 새로운 개체를 만드는 유전자는 생식세포주를 따라서만 전달된다.

선택적 격류(selective sweep) 특별한 유전적 변이(대립유전자)에 대한 강력한 선택, 결국 개체군에서 다른 변이를 모두 대체한다.

성(sex) 감수분열과 연관된 생식 주기, 감수분열을 통해서 형성되는 배우자는 정상 세포에 비해 절반 분량의 염색체를 가지고 있으며 서로 융합해서 수정란을 만든다.

성 결정(sex determination) 남성 또는 여성의 발달을 조절하는 과정.

세균(bacteria) 생명의 3대 영역 중 하나, 다른 두 영역은 고세균과 (우리와 같은) 진핵생물이다. 고세균과 함께 원핵생물인 세균은 DNA를 보관하는 핵이 없으며, 복잡한 진핵생물에서 발견되는 대부분의 다른 정교한 구조도 없다.

세포내 공생(endosymbiosis) 두 세포 사이의 상호관계(대개 대사 기질을 교환한다), 이 두 세포 중 한 세포는 물리적으로 다른 세포의 몸속에서 산다.

세포질(cytoplasm) 핵을 제외한 세포의 젤 같은 물질. 세포기질(cytosol)은 미토콘드리
  아 같은 세포 내 구획을 둘러싸고 있는 용액이다. 세포골격(cytoskeleton)은 세포 내
  부에 있는 역동적인 단백질 뼈대로, 세포가 형태를 바꾸는 동안 새로 만들어지거나
  바뀔 수 있다.

소산 구조(dissipative structure) 특징적인 형태를 가지는 안정된 물리적 구조. 소용돌이
  나 허리케인이나 제트 기류처럼 끊임없는 에너지의 흐름에 의해서 유지된다.

식작용(phagocytosis) 한 세포가 다른 세포를 물리적으로 집어삼켜 "식포" 속에 넣고
  세포 내부에서 소화시키는 것. 균류에서 일어나는 삼투영양(osmotrophy)은 세포 외
  부에서 양분을 소화시키는 것으로, 작게 쪼개진 화합물의 흡수가 뒤따른다.

아미노산(amino acid) 서로 길게 사슬로 이어져 단백질을 형성하는 20가지의 서로 다
  른 구성단위 중 하나(단백질은 보통 수백 개의 아미노산으로 이루어진다).

아케조아(archezoa) 고세균의 다른 명칭인 아케아와 혼동하지 않도록 주의하자! 아케
  조아는 단순한 단세포 진핵생물로, 한때 세균과 더 복잡한 진핵세포 사이의 "빠진
  연결고리"로 잘못 알려져 있었다.

아포토시스(apoptosis) "예정된" 세포 죽음. 유전자에 암호화되어 있으며 에너지 소모를
  동반하는 이 과정이 일어나면 세포가 스스로를 분해한다.

RNA 리보핵산(ribonucleic acid). DNA의 가까운 친척이지만, 두 가지 작은 화학적 변
  화로 인해서 구조와 특성이 바뀌었다. 전령 RNA(DNA에서 복사된 암호문), 운반
  RNA(유전암호에 따라 아미노산을 전달한다), 리보솜 RNA(리보솜에서 "기계 부분"
  으로 작용한다)가 있다.

RNA 세계(RNA world) 진화의 초기 단계에 대한 가설 중 하나. 이 가설에서 RNA는
  (DNA 대신) 자신을 복제하는 주형인 동시에 (단백질 대신) 반응 속도를 높이는 촉
  매로 작용한다.

양성자(proton) 양전하를 띠는 아원자 입자. 수소 원자는 한 개의 양성자와 한 개의 전
  자로 이루어져 있다. 수소 원자가 전자를 잃고 남은 수소 핵이 양성자인데, 양성자
  는 양전하로 하전되며 H^+로 표기한다.

양성자 기울기(proton gradient) 막을 중심으로 양쪽의 양성자 농도 차이. 양성자 동력
  (proton-motive force)은 막을 사이에 둔 H^+ 농도와 전위차가 결합되어 나타나는 전

기화학적 힘이다.

에너지 방출 반응(exergonic reaction) 자유 에너지를 방출하는 반응, 일에 동력을 공급할 수 있다. 발열 반응은 열을 방출한다.

에너지 흡수 반응(endergonic reaction) 자유 에너지(열이 아니라 "일")가 공급되어야 진행되는 반응. 흡열 반응이 진행되기 위해서는 열의 공급이 필요하다.

ATP 아데노신3인산(adenosine triphosphate), 모든 세포에서 쓰이는 생물학적 에너지 "통화"이다. ADP(아데노신2인산[adenosine diphosphate])는 ATP가 "사용되었을" 때에 형성되는 분해산물이다. 호흡의 에너지는 인산염(PO_4^{3-})을 ADP와 결합시켜서 다시 ATP를 형성하는 데에 쓰인다. 아세틸인산(acetyl phosphate)은 약간은 ATP처럼 작동하는 단순한 (탄소가 2개인) 생물학적 에너지 "통화"로, 초기 지구의 지질학적 과정에 의해서 형성될 수 있었다.

ATP 합성효소(synthase) 회전하는 놀라운 운동 단백질, 막에 설치되어 양성자의 흐름을 이용해 ATP를 합성하기 위한 동력을 공급하는 나노 규모의 터빈이다.

엔트로피(entropy) 카오스로 향하려는 분자의 무질서 상태.

LUCA(the last universal common ancestor) 오늘날 살아 있는 모든 세포의 가장 최근 공통 조상, LUCA의 특성은 오늘날 세포의 특성을 비교해서 가상으로 재구성할 수 있다.

역수용체(antiporter) 막을 사이에 두고 하전된 원자(이온)를 맞바꾸는 단백질 "개찰구," 이를테면 양성자(H^+)를 나트륨 이온(Na^+)과 교환한다.

열역학(thermodynamics) 열, 에너지, 일을 다루는 물리학의 한 분야. 열역학은 특정 조건에서 일어날 수 있는 반응에 적용된다.

열영동(thermophoresis) 온도 차이 또는 대류의 흐름에 따른 유기물의 농축.

염기성 열수 분출구(alkaline hydrothermal vent) 분출구의 일종, 대개 해저에 있으며 수소 기체가 풍부한 따뜻한 염기성 용액을 분출한다. 생명의 기원에서 중요한 역할을 했을 것으로 추정된다.

염색체(chromosome) DNA와 그 DNA에 단단히 감싸인 단백질로 이루어진 막대 모양 구조로 세포 분열이 일어나는 동안 볼 수 있다. 인간은 23쌍의 서로 다른 염색체를 가지고 있으며, 염색체에는 모든 유전자가 2개씩 들어 있다. 유동적인 염색체는 재조합이 일어나서 다른 유전자(대립유전자)의 조합이 바뀐다.

엽록체(chloroplast) 식물 세포와 조류에 있는 특별한 구획, 광합성이 일어나는 장소이다. 남세균이라는 광합성 세균에서 유래했다.

옹스트롬(angstrom, Å) 길이 단위, 대략 원자 하나의 크기와 같으며 100억 분의 1미터(10^{-10}미터)에 해당한다. 나노미터(nanometer)는 옹스트롬보다 10배 더 큰 단위로, 10억 분의 1미터(10^{-9}미터)에 해당한다.

원생생물(protist) 단세포 진핵생물, 일부 원생생물은 유전자가 4만 개에 이를 정도로 대단히 복잡하며 평균적으로 세균보다 최소 1만5,000배가 더 크다. 원생동물(protozoa)은 익숙하지만 쓰이지 않는 용어로("최초의 동물"이라는 뜻), 동물처럼 행동하는 아메바 같은 원생생물을 이른다.

원핵생물(prokaryote) 핵이 없는 단순한 세포를 일반적으로 이르는 말("핵 이전"이라는 뜻), 생명의 3대 영역 중 두 영역인 세균과 고세균이 포함된다.

유리기(free radical) 짝을 이루지 않은 홀원자(불안정하고 반응성이 높은 상태로 만드는 경향이 있다)가 있는 원자나 분자. 호흡 과정에서 빠져나온 유리기 산소는 노화와 질병에서 어떤 역할을 할 것으로 추정된다.

유전자(gene) 단백질(또는 조절 RNA 같은 다른 산물)이 암호화된 DNA의 한 영역. 유전체(genome)는 한 유기체에 있는 유전자의 총합이다.

유전자 수평 이동(lateral gene transfer) 한 세포에서 다른 세포로 (보통) 소수의 유전자가 이동하거나 주위 환경에서 노출되어 있는 DNA를 받아들이는 현상. 유전자 수평 이동은 같은 세대에서 일어나는 유전자 교환이다. 수직 유전에서는 세포분열이 일어날 때 유전체 전체가 복제되어 딸세포에 전달된다.

이기적 충돌(selfish conflict) 뚜렷하게 다른 두 존재 사이에 나타나는 이해관계의 충돌을 비유적으로 이르는 말, 이를테면 숙주세포와 세포내 공생체나 플라스미드 사이의 충돌이 있다.

인트론(intron) 유전자 내에서 "간격을 띄우는" 서열. 단백질이 암호화되어 있지 않으며, 대개는 단백질로 만들어지기 전에 암호문에서 제거된다. 이동성 인트론(mobile intron)은 유전체 내에 자신을 반복적으로 복제할 수 있는 기생 유전자이다. 진핵생물의 인트론은 진핵생물의 진화 초기에 급증한 세균의 이동성 인트론이 유래했고,

그후에 돌연변이에 의한 쇠퇴가 일어난 것으로 보인다.

자유 에너지(free energy) 자유롭게 동력을 공급해서 일을 할 수 있는 에너지(열이 아니다).

재조합(recombination) 동등한 DNA 조각 사이에서 일어나는 교환, "유동적인" 염색체에서 다른 조합의 유전자(특히 대립유전자)를 만든다.

전사(transcription) DNA로부터 (전령 RNA라고 부르는) 짧은 RNA 암호문을 만드는 것, 새로운 단백질을 만드는 첫 단계이다.

전자(electron) 음전하를 띠는 아원자 입자. 전자 수용체(electron acceptor)는 한 개 이상의 전자를 얻는 원자나 분자이다. 전자 공여체(electron donor)는 전자를 잃는다.

지방산(fatty acid) 일반적으로 15-20개의 탄소 원자가 연결되어 있는 기다란 탄화수소의 사슬로 세균과 진핵생물의 지질막에 이용된다. 지방산의 한쪽 끝에는 항상 산성기가 있다.

직렬상동(ortholog) 다른 종에서 발견되는 같은 기능을 하는 같은 유전자로, 모두 공통 조상으로부터 물려받은 것이다.

진핵생물(eukaryote) 핵과 미토콘드리아 같은 특별한 구조를 가지고 있는 세포인 진핵세포로 구성된 유기체. 식물, 동물, 균류, 조류, 아메바 같은 원생생물을 포함한 모든 복잡한 생물 형태는 하나 또는 여러 개의 진핵세포로 이루어져 있다. 진핵생물은 생명의 3대 영역 중 하나이다. 다른 두 영역은 더 단순한 원핵세포로 이루어진 세균과 고세균이다.

철-황 클러스터(FeS cluster) 격자 모양으로 배열된 철 원자와 황 원자로 구성된 작은 무기질 결정으로(대개 Fe_2S_2나 Fe_4S_4로 구성된다), 호흡에 이용되는 일부 단백질을 포함한 여러 중요한 단백질의 중심에서 발견된다.

플라스미드(plasmid) 한 세포에서 다른 세포로 이기적으로 전달되는 작은 고리 모양의 기생 DNA. 플라스미드는 숙주세포를 위해서 유용한 유전자(이를테면 항생제 내성을 일으키는 유전자)를 전달할 수도 있다.

pH 산도의 단위, 특히 양성자의 농도를 말한다. 산은 양성자의 농도가 매우 높고(7이하의 낮은 pH값을 가진다), 염기는 양성자의 농도가 낮아서 높은 pH값을 가진다(7-14). 순수한 물은 중성 pH값(7)을 가진다.

한부모 유전(uniparental inheritance) 양쪽 부모 중 한쪽에서만 미토콘드리아가 유전되는 현상, 일반적으로 정자가 아니라 난자에서만 유전된다. 양부모 유전(biparental inheritance)은 양쪽 부모 모두에서 미토콘드리아가 유전되는 것.

핵(nucleus) 복잡한 (진핵)세포의 "중앙 통제본부"로, 세포의 유전자 대부분을 포함한다(일부 유전자는 미토콘드리아에서 발견된다).

혐기성 호흡(anaerobic respiration) 세균에서 흔히 볼 수 있는 다양한 호흡 방식 중 하나, 산소 대신 다른 분자(질산염이나 황산염 따위)를 이용해서 (산화된) 양분이나 무기물이나 기체를 "연소한다." 혐기성 미생물은 산소 없이 살아가는 유기체이다. 호기성 호흡과 호흡도 보라.

호기성 호흡(aerobic respiration) 우리의 호흡 형태, 양분과 산소의 반응으로 얻은 에너지를 일의 동력으로 활용한다. 세균도 무기물이나 기체를 산소로 "연소시킬" 수 있다. 혐기성 호흡과 호흡도 보라.

호흡(respiration) 양분을 "연소(산화)시켜서" ATP 형태의 에너지를 생산하는 과정. 전자를 양분이나 다른 전자 공여체(수소 따위)에서 떼어낸 다음, 호흡연쇄(respiratory chain)라고 부르는 일련의 단계를 거쳐 산소나 다른 산화제(질산염 따위)에 전달한다. 호흡으로 방출되는 에너지는 막 너머로 양성자를 펴내는 데에 쓰여 양성자 동력을 형성하고, 이렇게 만들어진 양성자 동력이 ATP 합성을 일으킨다. 혐기성 호흡과 호기성 호흡도 보라.

화학삼투 짝반응(chemiosmotic coupling) 호흡으로 얻은 에너지를 이용해서 양성자를 막 너머로 퍼내는 방식. 그 다음, 막에 있는 단백질 터빈(ATP 합성효소)을 통해서 다시 유입되는 양성자의 흐름이 ATP 합성을 일으킨다. 따라서 호흡은 양성자 기울기에 의한 ATP 합성과 "짝"을 이룬다.

환원(reduction) 어떤 물질에 한 개 이상의 전자를 첨가하는 것. 그 물질은 환원된다.

효소(enzyme) 특정 화학 반응에서 촉매 역할을 하는 단백질, 종종 촉매가 없을 때에 비해서 반응 속도를 수백만 배까지 증가시킨다.

감사의 글

개인적으로 이 책은 긴 여정의 종착점이자 새로운 여정의 출발점에 대한 기록이다. 첫 번째 여정은 내가 2005년 옥스퍼드 대학교 출판사에서 출간된 『미토콘드리아』를 쓰고 있을 때에 시작되었다. 당시 나는 이 책에서 다루고 있는 복잡한 생명의 기원에 관한 문제에 대해서 처음으로 고심하기 시작했다. 내게 큰 영향을 미친 연구는 진핵생물의 기원에 관한 빌 마틴의 놀라운 연구와 그가 선구적인 지구화학자인 마이크 러셀과 함께했던 생명의 기원과 세균과 고세균의 초기 분기에 관한 급진적인 연구였다. 『미토콘드리아』(그리고 이 책)에 담긴 모든 것은 이 두 위대한 진화생물학자들이 그린 밑그림을 토대로 했다. 그러나 부분적으로는 이 책에서 내가 독창적으로 발전시킨 생각도 있다. 글쓰기는 누군가에게 생각할 기회를 준다. 대중을 위한 글쓰기가 내게 주는 기쁨은 무엇과도 견줄 수 없다. 무엇보다도 나 스스로 이해할 수 있는 방식으로 자신을 표현하기 위해서는 먼저 내 생각을 명확하게 정리해야 한다. 그 과정에서 나는 내가 이해하지 못한 것들과 직면하게 되었고, 그중 어떤 것은 놀랍게도 보편적인 무지를 반영하는 것으로 밝혀졌다. 그래서 『미토콘드리아』에서 몇 가지 독창적인 발상을 내놓을 수밖에 없었고, 그때부터 나는 그 발상들과 함께 살아왔다.

이 생각들을 전 세계의 학회장과 대학에서 소개하는 과정에서 날카로운 비판에 대처해야 하는 일이 점점 더 늘어났다. 내 생각이 점차 다듬어지는 동안, 진화에서 에너지의 중요성에 관한 전체적인 개념도 정리되어갔다. 그리고 소중하게 품고 있던 몇 가지 생각이 틀린 것으로 밝혀져서 폐기되기도 했다. 그러나 아무리 좋은 생각이라도 엄정한 가설의 틀에 맞추어 검증이 되어야만 진정한 과학이 된다. 2008년에 유니버시티 칼리지 런던(UCL)에서 사고의 틀을 바꾸는 생각을 탐구하는 "야심찬 연구자"에게 주어지는 새로운 상을 발표하기 전까지, 내 생각은 한갓 공상에 불과했다. 학장 벤처 연구상(Provost's Venture Research Prize)을 착안한 돈 브라벤 교수는 "과학적 자유"를 위해서 오랫동안 싸워온 열정적인 인물이다. 브라벤 교수의 주장에 따르면, 과학은 기본적으로 예측이 불가능하고 명령의 제약을 받을 수 없지만, 많은 사회가 국민의 세금을 사용하는 데에 순서를 정하기를 바랄 것이다. 진짜 혁신적인 발상은 거의 항상 가장 기대하지 않았던 분야, 그것 하나에만 의존할 수 없는 분야에서 나온다. 이런 발상은 그 분야의 과학뿐만 아니라 과학 발전으로 동력을 얻는 광범위한 경제에도 혁신을 가져온다. 따라서 과학자들에게 기금을 지원하는 사회가 가장 큰 관심을 두는 것은 인류에게 돌아가는 혜택을 목표로 삼는 것이 아니라 실체가 불분명해 보여도 그 발상만이 가지고 있는 힘이다. 효과를 발휘하는 경우는 대단히 드물다. 완전히 새로운 통찰은 대개 한 분야의 테두리를 완전히 벗어나기 때문이다. 자연은 인간이 정한 경계를 전혀 존중하지 않는다.[1]

운 좋게도 나는 UCL의 계획에 지원할 수 있었다. 내게는 검증을 필요로 하는 생각들이 가득한 책이 있었고, 감사하게도 돈 브라벤이 그 생각들을 믿어주었다. 연구비 지원을 추진한 돈 브라벤에게 입은 은혜는 이루 말할 수 없이 크지만, UCL의 연구 부학장이었다가 학장으로 승진한 데이비드 프라이스 교수의 과학적 시각과 마음 씀씀이에도 크나큰 빚을 졌다. 맬컴

---

[1] 좀더 자세히 알고 싶다면, 브라벤이 자신의 생각을 정리한 몇 권의 흥미로운 책을 추천한다. 가장 최근작의 제목은 『플랭크 클럽의 장려 : 반항적인 청년들과 불경한 연구자들과 자유로운 대학이 장기적으로 번영을 일으킬 수 있는 방법(*Promoting the Plank Club: How Defiant Youth, Irreverent Researchers and Liberated Universities Can Foster Prosperity Indefinitely*)』(Wiley, 2014)이다.

그랜트 교수는 이 계획과 함께 나를 개인적으로도 지원했다. 또한 스티브 존스 교수에게도 큰 감사의 뜻을 전하고 싶다. 그는 당시 담당하고 있던 유전, 진화와 환경 분과에 기꺼이 나를 받아주었고 지원을 아끼지 않았다. 그곳은 내 연구의 고향이었다.

이것이 벌써 6년 전의 일이다. 그후로 나는 가능한 한 여러 각도에서 이 문제들을 공략해왔다. 벤처 연구 지원금 자체는 3년 동안 지속되었다. 연구 방향을 정하고, 계속해서 다른 곳에서 지원금을 받을 기회를 물색하기에 충분한 시간이었다. 그런 의미에서 지난 3년 동안 생명의 기원에 관한 나의 연구를 지원해준 레버흄 재단에도 깊은 감사를 전한다. 완전히 새로운 실험적 접근법에는 초기 단계에 수반되는 온갖 골치 아픈 문제들이 가득하므로, 연구비를 지원하려는 단체는 많지 않다. 고맙게도 실험대 위에 놓인 우리의 작은 생명의 기원 반응기는 이제 놀라운 결과를 내놓기 시작했다. 그들의 지원이 없었다면, 어느 것 하나 가능하지 않았을 일이다. 내 연구에서 처음 나온 의미 있는 결과를 정리한 이 책은 새로운 여정의 시작이라고 할 수 있다.

당연히 이 모든 연구는 나 혼자서 해낸 것이 아니다. 나는 뒤셀도르프 대학교의 분자진화학 교수인 빌 마틴과 많은 의견을 주고받았다. 그는 시간과 열정과 생각을 나누는 일에는 늘 너그러웠지만, 빈약한 추론을 폐기하거나 무지를 타파하는 일에는 주저함이 없었다. 빌과 함께 몇 편의 논문을 집필한 일은 진짜 영광이었다. 나는 그 논문들이 그 분야에 주목할 만한 기여를 했다고 생각하고 싶다. 확실히 생명에 관한 몇몇 실험은 빌과 함께 논문을 쓴다는 즐거움과 열정이 맞물린 것 같다. 빌은 내게 다른 중요한 교훈도 주었다. 상상은 할 수 있지만 실제 세계에는 알려져 있지 않은 가능성을 문제에 덧붙이면 절대 안 된다는 것, 언제나 우리가 알고 있는 생명에서 실제로 무슨 일이 일어나는지에만 초점을 맞추고, 그 다음에 그 이유에 대해서 의문을 품어야 한다는 것이다.

나는 UCL의 유전학 교수인 앤드루 포미안코프스키에게도 고마움을 전하고자 한다. 진화유전학자인 그는 존 메이너드 스미스와 빌 해밀턴 같은 전설적인 인물들과 함께 연구한 경험이 있는 이 분야의 터줏대감이다. 포미안코프스키는 생물학의 미해결 문제에 대한 안목에 그들의 철저함을 결합시켰다. 만약 내가 복잡한 세포의 기원도 딱 그런 문제라는 점을 그에게 설득하는 데에 성공했다면, 그는 나를 추상적이지만 강력한 집단유전학의 세계로 안내했을 것이다. 이렇게 대조적인 관점에서 복잡한 생명의 기원에 접근하는 일은 대단히 어려운 학습인 동시에 크나큰 즐거움이었다.

역시 UCL의 동료인 핀 워너 교수는 무한한 아이디어와 열정과 전문지식으로 무장하고 이 계획을 추진했다. 핀은 같은 문제에 대해서 구조생물학이라는 완전히 상반된 배경을 도입했다. 특히 가장 오래되고 멋진 분자 기계 중 하나인 RNA 중합효소의 분자 구조는 그 자체만으로도 생명의 초기 진화에 대한 통찰을 제공한다. 핀과 함께한 대화와 점심 식사는 언제나 활기를 북돋아주었고, 나는 새로운 도전을 할 기운을 얻어 돌아왔다.

또한 나는 뛰어난 재능을 갖춘 여러 박사과정 학생들, 박사후 연구원들과 함께 연구를 하는 행운도 얻었다. 이 연구의 많은 부분을 이끌고 있는 이들은 두 그룹으로 나뉘는데, 한 그룹은 반응기 화학의 진짜 궂은일을 도맡아하고, 다른 그룹은 진핵생물 특징의 진화와 관련된 수학적 기술을 제공한다. 특히 배리 허시 박사, 알렉산드라 위처, 엘로이 캄프루비에게 고마움을 전한다. 고맙게도 같은 목표를 공유해준 그들의 기술 덕분에 까다로운 화학 반응이 실험실에서 실제로 일어날 수 있었다. 루이스 다트넬 박사는 처음에 반응기의 원형(原型)을 제작하는 데에 도움을 주어 실험을 시작할 수 있게 해주었다. 실험 과정에 도움을 준 물질화학 교수인 줄리언 에번스와 미생물학 교수인 존 워드에게도 감사를 전한다. 그들은 반응기

376

실험을 위해서 시간과 기술과 실험실 자원을 기꺼이 제공했고, 학생들을 함께 지도해주었다. 그들은 이 모험에 동참한 나의 전우들이었다.

수학적 모형 제작을 연구하는 두 번째 무리의 학생들과 박사후 연구원들은 비길 데 없이 훌륭한 UCL의 박사 양성 프로그램을 통해서 선발되었다. 최근까지 물리학과 공학 연구위원회의 지원을 받아온 이 프로그램은 CoMPLEX라는 재기 넘치는 약어로 불리는데, 믿기지는 않지만 생명과학과 실험생물학을 위한 물리학과 수학 센터(Centre for Mathematics and Physics in the Life Sciences and Experimental Biology)를 나타낸다. 포미안 코프스키와 나와 함께 연구하는 CoMPLEX 학생으로는 제나 하드지바실리우 박사, 빅터 소조, 아루나스 라츠빌라비치우스, 제즈 오언이 있으며, 최근에 브람 카우퍼 박사와 로렐 포가티 박사가 합류했다. 모두 막연한 생각만 가지고 시작했는데, 어느새 생물학적 특성이 실제로 어떻게 작용하는지를 알려줄 수 있는, 뛰어난 통찰을 제공하는 엄밀한 수학적 모형이 되었다. 짜릿한 여정이었고, 나는 이 결과를 예측해보려는 노력을 포기했다. 이 연구는 롭 시모어 교수가 준 영감에서 시작되었다. 그는 여느 생물학자 못지않게 생물학을 잘 알고 있는 엄청난 수학자이다. 안타깝게도 롭은 2012년에 67세의 나이에 암으로 세상을 떠났다. 그는 한 세대에 걸쳐 제자들의 사랑과 존경을 받았다.

이 책은 지난 6년 동안 여러 연구자들과 함께 발표한 연구에 기반을 두고 있지만(약 25편의 논문 제목은 "참고 문헌"에서 확인할 수 있다), 훨씬 더 오랜 기간에 걸친 생각과 토론을 반영하고 있다. 학회장과 세미나에서, 이메일을 통해서, 술잔을 기울이며 나눈 모든 대화를 통해서 나는 생각을 다듬어나갔다. 특히 마이크 러셀 교수에게 고마움을 전해야 한다. 생명의 기원에 관한 그의 혁신적인 생각은 새롭게 부상하는 세대에게 영감을 주었고, 역경에 굴하지 않는 그의 끈기는 우리 모두에게 귀감이 되고 있다.

존 앨런 교수도 감사하게 생각한다. 생화학에 관한 그의 혁명적인 가설은 우리의 앞길을 밝히는 훌륭한 등불이 되어주었다. 또한 존은 학문의 자유를 수호하기 위한 목소리를 내는 일에도 앞장섰으며, 그로 인해서 최근에 큰 희생을 치렀다. 프랭크 해럴드 교수에게도 감사의 마음을 전한다. 생체 에너지학, 세포 구조, 진화를 통합한 그의 연구는 몇 권의 책으로 소개되었고, 편견 없이 신중한 그의 태도는 내가 쉼없이 앞으로 나아갈 수 있게 해주었다. 미토콘드리아의 에너지 생산이 노화와 질병 유발의 핵심이라는 더그 월리스 교수의 개념은 선견지명이었고 수많은 사람들에게 영감을 주었다. 구스타보 바르하 교수는 유리기와 노화에 얽힌 뿌리 깊은 오해를 명확하게 꿰뚫어보았기 때문에, 나는 항상 그의 관점을 가장 먼저 확인한다. 그레이엄 고다드 박사에게도 고마움을 전한다. 몇 년 전에 그가 소박하게 해준 말과 격려는 내 인생의 경로를 바꿔놓았다.

지금까지 열거한 친구와 동료들은 당연히 빙산의 일각일 뿐이다. 내 생각을 형성하는 데에 도움을 준 모든 이들에게 고마움을 표할 수는 없지만, 모두에게 도움을 받았다. 크리스토프 데세모, 피터 리치, 아만딘 마리셸, 살바도어 몬카다 경, 매리 콜린스, 버즈 바움, 우르술라 미트보흐, 마이클 두첸, 규리 사바카이, 그레이엄 쉴즈, 도미닉 파피노, 조 산티니, 유르흐 밸러, 댄 제프러스, 피터 코비니, 매트 포너, 이언 스콧, 안잘리 고스와미, 아스트리드 윙글러, 마크 토머스, 라잔 자닷, 시오반 센 굽타는 모두 UCL의 동료들이다. 존 워커 경, 마이크 머피, 가이 브라운(이상 케임브리지), 에리히 그나이거(인스브루크), 필리파 소사, 탈 다간, 프리츠 보게(이상 뒤셀도르프), 폴 팔코스키(러트거스), 유진 쿠닌(NIH), 다이앤 뉴먼, 존 도일(이상 칼텍), 제임스 매키너니(메이누스), 포드 두리틀, 존 아치볼드(댈하우지), 볼프강 니슈케(마르세유), 마틴 엠블리(뉴캐슬), 마크 반 데어 기젠, 톰 리처즈(이상 엑서터), 닐 블랙스톤(노던일리노이), 론 버턴(스크립스), 롤프 타워(마르부르크), 디터 브라운(뮌헨), 토니오 엔리케즈(마드리드), 테리 키(리즈), 마사시 다나카(도쿄), 마사시 야마구치(지바), 제프 힐(오번), 켄 닐슨, 잰 애먼드(사우스캘리포니아), 톰 맥컬럼(콜로라도), 크리스 리버, 리 스위트러브(옥스퍼드), 마르쿠스 슈바르츠랜더(본), 존 엘리스(워릭), 댄 미 쉬마르(벤구리온), 매슈 콥, 브라이언 콕스(이상 맨체스터), 로베르토 모테 를리니, 로베르타 모테를리니(이상 파리), 스티브 이스코(퀸스, 킹스턴)까지, 모두 고마울 따름이다.

이 책의 일부(또는 전부)를 읽고 소감을 말해준 친구와 가족들에게도 깊은 고마움을 전하고 싶다. 특히 아버지인 토머스 레인은 당신도 역사에 관한 책을 집필하는 중에 시간을 쪼개어 이 책을 읽고 나의 어휘 사용을 전체적으로 매만져주었다. 존 터니 역시 자신의 저술 일정이 잡혀 있음에도 불구하고, 귀한 시간을 기꺼이 내어 평을 해주었다. 마르쿠스 슈바르츠랜더의 열정은 힘겨운 시기에 기운을 북돋아주었다. 내 친구들 중에서 유일하게 마이크 카터가 지금까지 내가 쓴 모든 책의 모든 장을 읽고 명쾌하고도 재기 넘치는 논평을 해주었다. 그는 때로는 방향을 바꾸도록 나를 설득하기도 했다. 그리고 (아직) 이 책을 읽지는 않았지만, 함께 밥을 먹어주고 술집에서 대화를 나눠준 이언 애클랜드-스노, 애덤 러더퍼드, 케빈 퐁에게도 고마움을 전하고자 한다. 그들은 그런 일이 정신 건강에 얼마나 중요한지 잘 알고 있다.

새삼스럽게 말할 것도 없지만, 나의 에이전트와 전문 출판인들도 이 책에 엄청난 도움을 주었다. 처음부터 이 계획을 믿어준 유나이티드 에이전츠의 캐롤린 도네에게 깊은 감사를 전한다. 프로파일 출판사의 앤드루 프랭클린은 핵심을 파고드는 편집 의견으로 이 책을 훨씬 더 선명하게 만들었다. 노턴의 브랜든 커리는 명료하지 못한 문장을 날카롭게 지적해주었다. 에디 미치의 세심한 교열에는 그의 뛰어난 판단력과 박학다식함이 드러났다. 내가 염려했던 것보다 낯 뜨거운 일이 훨씬 줄어든 것은 모두 그 덕분이다. 이 책의 출판과 그밖의 일들을 위해서 애쓴 페니 대니얼, 사라 헐, 발렌티나 잔카, 프로파일 출판사 식구들에게도 고마움을 전하고 싶다.

그리고 마지막으로 내 가족이 있다. 아내인 애나 이달고 박사는 나와 함께 이 책에 파묻혀 살면서 모든 장을 최소 두 번씩 읽었고, 언제나 나아갈 길을 명확하게 제시했다. 나는 나 자신보다도 애나의 판단과 지식을 더 신뢰하며, 내 글에 좋은 점이 있다면 그녀의 자연선택하에서 진화된 것이다. 나는 생명을 이해하기 위해서 노력하는 것보다 더 나은 방식의 삶이 잘 떠오르지는 않는다. 그러나 나 자신의 의미와 기쁨은 애나와 우리의 멋진 아들들인 에네코와 휴고, 스페인과 영국과 이탈리아에 있는 우리의 가족들로부터 비롯된다는 것을 이미 알고 있다. 이 책을 쓰는 동안 더없이 행복했다.

참고 문헌

여기에 선정된 목록은 완전한 참고 문헌이라기보다는 이 분야의 입문을 위한 문헌 목록에 더 가까우며, 지난 10년 동안 내 생각에 특별히 영향을 끼친 책과 논문들이다. 이들의 생각에 모두 동의하는 것은 아니지만 항상 내게 자극이 되었으므로, 읽어볼 만한 가치는 충분할 것이다. 나는 각 장에 나 자신의 논문을 몇 편 포함시켰는데, 모두 이 책에서 폭넓게 다루고 있는 논의를 기반으로 동료들의 세심한 검토를 받은 것들이다. 더 상세한 출처를 알고 싶다면, 각 논문에 수록된 포괄적인 서지 정보를 살펴보면 될 것이다. 더 가볍게 접근하고 싶은 독자들도 여기에 열거된 책과 논문에서 얻을 것이 많아야 할 것이다. 나는 각 장마다 주제별로 서지 정보를 분류하고, 그 주제에 속하는 목록을 알파벳순으로 배열했다. 두 가지 이상의 주제와 관련된 일부 중요한 논문은 2회 이상 언급된다.

서론 : 생명은 왜 이런 모습인가?

레이우엔훅과 초기 미생물학의 발달

Dobell C. *Antony van Leeuwenhoek and his Little Animals*. Russell and Russell, New York (1958).

Kluyver AJ. Three decades of progress in microbiology. *Antonie van Leeuwenhoek* 13: 1–20 (1947).

Lane N. Concerning little animals: Reflections on Leeuwenhoek's 1677 paper. *Philosophical Transactions Royal Society B*. In press (2015).

Leewenhoeck A. Observation, communicated to the publisher by Mr. Antony van Leeuwenhoeck, in a Dutch letter of the 9 Octob. 1676 here English'd: concerning little animals by him observed in rain-well-sea and snow water; as also in water wherein pepper had lain infused. *Philosophical Transactions Royal Society B* 12: 821–31 (1677).

Stanier RY, van Niel CB. The concept of a bacterium. *Archiv fur Microbiologie* 42: 17–35 (1961).

린 마굴리스와 연속적 세포내 공생설

Archibald J. *One Plus One Equals One*. Oxford University Press, Oxford (2014).

Margulis L, Chapman M, Guerrero R, Hall J. The last eukaryotic common ancestor (LECA):

Acquisition of cytoskeletal motility from aerotolerant spirochetes in the *Proterozoic Eon.* *Proceedings National Academy Sciences USA* 103, 13080–85 (2006).

Sagan L. On the origin of mitosing cells. *Journal of Theoretical Biology* 14: 225–74 (1967).

Sapp J. *Evolution by Association: A History of Symbiosis.* Oxford University Press, New York (1994).

칼 우즈와 생명의 세 영역

Crick FHC. The biological replication of macromolecules. *Symposia of the Society of Experimental Biology.* 12, 138–63 (1958).

Morell V. Microbiology's scarred revolutionary. *Science* 276: 699–702 (1997).

Woese C, Kandler O, Wheelis ML. Towards a natural system of organisms: Proposal for the domains Archaea, Bacteria, and Eucarya. *Proceedings National Academy Sciences USA* 87: 4576–79 (1990).

Woese CR, Fox GE. Phylogenetic structure of the prokaryotic domain: The primary kingdoms. *Proceedings National Academy Sciences USA* 74: 5088–90 (1977).

Woese CR. A new biology for a new century. *Microbiology and Molecular Biology Reviews* 68: 173–86 (2004).

빌 마틴과 진핵생물의 키메라적 기원

Martin W, Müller M. The hydrogen hypothesis for the first eukaryote. *Nature* 392: 37–41 (1998).

Martin W. Mosaic bacterial chromosomes: a challenge en route to a tree of genomes. *BioEssays* 21: 99–104 (1999).

Pisani D, Cotton JA, McInerney JO. Supertrees disentangle the chimeric origin of eukaryotic genomes. *Molecular Biology and Evolution* 24: 1752–60 (2007).

Rivera MC, Lake JA. The ring of life provides evidence for a genome fusion origin of eukaryotes. *Nature* 431: 152–55 (2004).

Williams TA, Foster PG, Cox CJ, Embley TM. An archaeal origin of eukaryotes supports only two primary domains of life. *Nature* 504: 231–36 (2013).

피터 미첼과 화학삼투 짝반응

Lane N. Why are cells powered by proton gradients? *Nature Education* 3: 18 (2010).

Mitchell P. Coupling of phosphorylation to electron and hydrogen transfer by a chemiosmotic type of mechanism. *Nature* 191: 144–48 (1961).

Orgell LE. Are you serious, Dr Mitchell? *Nature* 402: 17 (1999).

제1장 생명이란 무엇인가?

확률과 생명의 특성

Conway-Morris SJ. *Life's Solution: Inevitable Humans in a Lonely Universe.* Cambridge University Press, Cambridge (2003).

de Duve C. *Life Evolving: Molecules, Mind, and Meaning.* Oxford University Press, Oxford (2002).

de Duve. *Singularities: Landmarks on the Pathways of Life.* Cambridge University Press, Cambridge (2005).

Gould SJ. *Wonderful Life. The Burgess Shale and the Nature of History.* WW Norton, New York (1989).

Maynard Smith J, Szathmary E. *The Major Transitions in Evolution.* Oxford University Press, Oxford. (1995).

Monod J. *Chance and Necessity.* Alfred A. Knopf, New York (1971).

분자생물학의 시작

Cobb M. 1953: When genes became information. *Cell* 153: 503–06 (2013).

Cobb M. *Life's Greatest Secret: The Story of the Race to Crack the Genetic Code.* Profile, London (2015).

Schrödinger E. *What is Life?* Cambridge University Press, Cambridge (1944).

Watson JD, Crick FHC. Genetical implications of the structure of deoxyribonucleic acid. *Nature* 171: 964–67 (1953).

유전체의 크기와 구조

Doolittle WF. Is junk DNA bunk? A critique of ENCODE. Proceedings National Academy Sciences USA 110: 5294–5300 (2013).

Grauer D, Zheng Y, Price N, Azevedo RBR, Zufall RA, Elhaik E. On the immortality of television sets: "functions" in the human genome according to the evolution-free gospel of ENCODE. Genome Biology and Evolution 5: 578–90 (2013).

Gregory TR. Synergy between sequence and size in large-scale genomics. *Nature Reviews Genetics* 6: 699–708 (2005).

처음 20억 년 동안 지구상의 생명

Arndt N, Nisbet E. Processes on the young earth and the habitats of early life. *Annual Reviews Earth and Planetary Sciences* 40: 521–49 (2012).

Hazen R. *The Story of Earth: The First 4.5 Billion Years, from Stardust to Living Planet.* Viking,

New York (2014).

Knoll A. *Life on a Young Planet: The First Three Billion Years of Evolution on Earth*. Princeton University Press, Princeton (2003).

Rutherford A. *Creation: The Origin of Life/The Future of Life*. Viking Press, London (2013).

Zahnle K, Arndt N, Cockell C, Halliday A, Nisbet E, Selsis F, Sleep NH. Emergence of a habitable planet. *Space Science Reviews* 129: 35–78 (2007).

산소 증가

Butterfield NJ. Oxygen, animals and oceanic ventilation: an alternative view. *Geobiology* 7: 1–7 (2009).

Canfield DE. *Oxygen: A Four Billion Year History*. Princeton University Press, Princeton (2014).

Catling DC, Glein CR, Zahnle KJ, MckayCP. Why O2 is required by complex life on habitable planets and the concept of planetary 'oxygenation time '. *Astrobiology* 5: 415–38 (2005).

Holland HD. The oxygenation of the atmosphere and oceans. *Philosophical Transactions Royal Society B* 361: 903–15 (2006).

Lane N. Life 's a gas. *New Scientist* 2746: 36–39 (2010).

Lane N. *Oxygen: The Molecule that Made the World*. Oxford University Press, Oxford (2002).

Shields-Zhou G, Och L. The case for a Neoproterozoic oxygenation event: Geochemical evidence and biological consequences. *GSA Today* 21: 4–11 (2011).

연속적 세포내 공생설의 예측

Archibald JM. Origin of eukaryotic cells: 40 years on. *Symbiosis* 54: 69–86 (2011).

Margulis L. Genetic and evolutionary consequences of symbiosis. *Experimental Parasitology* 39: 277–349 (1976).

O'Malley M. The first eukaryote cell: an unfinished history of contestation. *Studies in History and Philosophy of Biological and Biomedical Sciences* 41: 212–24 (2010).

아케조아의 등장과 사라짐

Cavalier–Smith T. Archaebacteria and archezoa. *Nature* 339: 100–101 (1989).

Cavalier–Smith T. Predation and eukaryotic origins: A coevolutionary perspective. *International Journal of Biochemistry and Cell Biology* 41: 307–32 (2009).

Henze K, Martin W. Essence of mitochondria. *Nature* 426: 127–28 (2003).

Martin WF, Müller M. *Origin of Mitochondria and Hydrogenosomes*. Springer, Heidelberg (2007).

Tielens AGM, Rotte C, Hellemond JJ, Martin W. Mitochondria as we don't know them. *Trends in Biochemical Sciences* 27: 564–72 (2002).

van der Giezen M. Hydrogenosomes and mitosomes: Conservation and evolution of functions. *Journal of Eukaryotic Microbiology* 56: 221–31 (2009).

Yong E. The unique merger that made you (and ewe and yew). *Nautilus* 17: Sept 4 (2014).

진핵생물 초분류군

Baldauf SL, Roger AJ, Wenk-Siefert I, Doolittle WF. A kingdom−level phylogeny of eukaryotes based on combined protein data. *Science* 290: 972–77 (2000).

Hampl V, Huga L, Leigh JW, Dacks JB, Lang BF, Simpson AGB, Roger AJ. Phylogenomic analyses support the monophyly of Excavata and resolve relationships among eukaryotic 'supergroups'. *Proceedings National Academy Sciences USA* 106: 3859–64 (2009).

Keeling PJ, Burger G, Durnford DG, Lang BF, Lee RW, Pearlman RE, Roger AJ, Grey MW. The Tree of eukaryotes. *Trends in Ecology and Evolution* 20: 670–76 (2005).

모든 진핵생물의 공통조상

Embley TM, Martin W. Eukaryotic evolution, changes and challenges. *Nature* 440: 623–30 (2006).

Harold F. *In Search of Cell History: The Evolution of Life's Building Blocks*. Chicago University Press, Chicago (2014).

Koonin EV. The origin and early evolution of eukaryotes in the light of phylogenomics. *Genome Biology* 11: 209 (2010).

McInerney JO, Martin WF, Koonin EV, Allen JF, Galperin MY, Lane N, Archibald JM, Embley TM. Planctomycetes and eukaryotes: a case of analogy not homology. *BioEssays* 33: 810–17 (2011).

복잡성에 이르는 작은 단계들에 관한 역설

Darwin C. *On the Origin of Species by Means of Natural Selection, or the Preservation of Favoured Races in the Struggle for Life* (1st Edition). John Murray, London (1859).

Land MF, Nilsson D−E. *Animal Eyes*. Oxford University Press, Oxford (2002).

Lane N. Bioenergetic constraints on the evolution of complex life. *Cold Spring Harbor Perspectives in Biology*. doi: 10.1101/cshperspect.a015982 (2014).

Lane N. Energetics and genetics across the prokaryote-eukaryote divide. *Biology Direct* 6: 35 (2011).

Müller M, Mentel M, van Hellemond JJ, Henze K, Woehle C, Gould SB, Yu RY, van der Giezen M, Tielens AG, Martin WF. Biochemistry and evolution of anaerobic energy metabolism in eukaryotes. *Microbiology and Molecular Biology Reviews* 76: 444–95 (2012).

제2장 살아 있다는 것은 무엇인가?

에너지, 엔트로피, 구조

Amend JP, LaRowe DE, McCollom TM, Shock EL. The energetics of organic synthesis inside and outside the cell. *Philosophical Transactions Royal Society* B. 368: 20120255 (2013).

Battley EH. *Energetics of Microbial Growth*. Wiley Interscience, New York (1987).

Hansen LD, Criddle RS, Battley EH. Biological calorimetry and the thermodynamics of the origination and evolution of life. *Pure and Applied Chemistry* 81: 1843–55 (2009).

McCollom T, Amend JP. A thermodynamic assessment of energy requirements for biomass synthesis by chemolithoautotrophic micro-organisms in oxic and micro-oxic environments. *Geobiology* 3: 135–44 (2005).

Minsky A, Shimoni E, Frenkiel-Krispin D. Stress, order and survival. Nature Reviews in *Molecular Cell Biology* 3: 50–60 (2002).

ATP 합성 속도

Fenchel T, Finlay BJ. Respiration rates in heterotrophic, free-living protozoa. *Microbial Ecology* 9: 99–122 (1983).

Makarieva AM, Gorshkov VG, Li BL. Energetics of the smallest: do bacteria breathe at the same rate as whales? *Proceedings Royal Society* B 272: 2219–24 (2005).

Phillips R, Kondev J, Theriot J, Garcia H. *Physical Biology of the Cell*. Garland Science, New York (2012).

Rich PR. The cost of living. *Nature* 421: 583 (2003).

Schatz G. The tragic matter. *FEBS Letters* 536: 1–2 (2003).

호흡과 ATP 합성 메커니즘

Abrahams JP, Leslie AG, Lutter R, Walker JE. Structure at 2.8 A resolution of F1-ATPase from bovine heart mitochondria. *Nature* 370: 621–28 (1994).

Baradaran R, Berrisford JM, Minhas SG, Sazanov LA. Crystal structure of the entire respiratory complex I. *Nature* 494: 443–48 (2013).

Hayashi T, Stuchebrukhov AA. Quantum electron tunneling in respiratory complex I. *Journal of Physical Chemistry* B 115: 5354–64 (2011).

Moser CC, Page CC, Dutton PL. Darwin at the molecular scale: selection and variance in electron tunnelling proteins including cytochrome c oxidase. *Philosophical Transactions Royal Society* B 361: 1295–1305 (2006).

Murata T, Yamato I, Kakinuma Y, Leslie AGW, Walker JE. Structure of the rotor of the V-type Na$^+$-ATPase from Enterococcus hirae. *Science* 308: 654–59 (2005).

Nicholls DG, Ferguson SJ. *Bioenergetics*. Fourth Edition. Academic Press, London (2013).

Stewart AG, Sobti M, Harvey RP, Stock D. Rotary ATPases: Models, machine elements and technical specifications. *BioArchitecture* 3: 2–12 (2013).

Vinothkumar KR, Zhu J, Hirst J. Architecture of the mammalian respiratory complex I. *Nature* 515: 80–84 (2014).

피터 미첼과 화학삼투 짝반응

Harold FM. The Way of the Cell: Molecules, Organisms, and the Order of Life. Oxford University Press, New York (2003).

Lane N. *Power, Sex, Suicide: Mitochondria and the Meaning of Life*. Oxford University Press, Oxford (2005).

Mitchell P. Coupling of phosphorylation to electron and hydrogen transfer by a chemiosmotic type of mechanism. *Nature* 191: 144–48 (1961).

Mitchell P. Keilin's respiratory chain concept and its chemiosmotic consequences. *Science* 206: 1148–59 (1979).

Mitchell P. The origin of life and the formation and organising functions of natural membranes. In *Proceedings of the first international symposium on the origin of life on the Earth* (eds AI Oparin, AG Pasynski, AE Braunstein, TE Pavlovskaya). Moscow Academy of Sciences, USSR (1957).

Prebble J, Weber B. *Wandering in the Gardens of the Mind*. Oxford University Press, New York (2003).

탄소와 산화환원 화학의 필요성

Falkowski P. *Life's Engines: How Microbes made Earth Habitable*. Princeton University Press, Princeton (2015).

Kim JD, Senn S, Harel A, Jelen BI, Falkowski PG. Discovering the electronic circuit diagram of life: structural relationships among transition metal binding sites in oxidoreductases. *Philosophical Transactions Royal Society* B 368: 20120257 (2013).

Morton O. *Eating the Sun: How Plants Power the Planet*. Fourth Estate, London (2007).

Pace N. The universal nature of biochemistry. *Proceedings National Academy Sciences USA* 98: 805–808 (2001).

Schoepp–Cothenet B, van Lis R, Atteia A, Baymann F, Capowiez L, Ducluzeau A–L, Duval S, ten Brink F, Russell MJ, Nitschke W. On the universal core of bioenergetics. *Biochimica Biophysica Acta Bioenergetics* 1827: 79–93 (2013).

세균과 고세균의 근본적 차이

Edgell DR, Doolittle WF. Archaea and the origin(s) of DNA replication proteins. *Cell* 89: 995–98 (1997).

Koga Y, Kyuragi T, Nishihara M, Sone N. Did archaeal and bacterial cells arise independently from noncellular precursors? A hypothesis stating that the advent of membrane phospholipid with enantiomeric glycerophosphate backbones caused the separation of the two lines of descent. *Journal of Molecular Evolution* 46: 54–63 (1998).

Leipe DD, Aravind L, Koonin EV. Did DNA replication evolve twice independently? *Nucleic Acids Research* 27: 3389–3401 (1999).

Lombard J, López–García P, Moreira D. The early evolution of lipid membranes and the three domains of life. *Nature Reviews Microbiology* 10: 507–15 (2012).

Martin W, Russell MJ. On the origins of cells: a hypothesis for the evolutionary transitions from abiotic geochemistry to chemoautotrophic prokaryotes, and from prokaryotes to nucleated cells. *Philosophical Transactions Royal Society* B 358: 59–83 (2003).

Sousa FL, Thiergart T, Landan G, Nelson–Sathi S, Pereira IAC, Allen JF, Lane N, Martin WF. Early bioenergetic evolution. *Philosophical Transactions Royal Society* B 368: 20130088 (2013).

제3장 생명의 기원과 에너지

생명의 기원에서 에너지의 필요성

Lane N, Allen JF, Martin W. How did LUCA make a living? Chemiosmosis in the origin of life. *BioEssays* 32: 271–80 (2010).

Lane N, Martin W. The origin of membrane bioenergetics. *Cell* 151: 1406–16 (2012).

Martin W, Sousa FL, Lane N. Energy at life 's origin. *Science* 344: 1092–93 (2014).

Martin WF. Hydrogen, metals, bifurcating electrons, and proton gradients: The early evolution of biological energy conservation. *FEBS Letters* 586: 485–93 (2012).

Russell M (editor). *Origins: Abiogenesis and the Search for Life.* Cosmology Science Publishers,

Cambridge MA (2011).

밀러-유리 실험과 RNA 세계

Joyce GF. RNA evolution and the origins of life. *Nature* 33: 217–24 (1989).

Miller SL. A production of amino acids under possible primitive earth conditions. *Science* 117: 528–29 (1953).

Orgel LE. Prebiotic chemistry and the origin of the RNA world. Critical Reviews in *Biochemistry and Molecular Biology* 39: 99–123 (2004).

Powner MW, Gerland B, Sutherland JD. Synthesis of activated pyrimidine ribonucleotides in prebiotically plausible conditions. *Nature* 459: 239–42 (2009).

평형과는 거리가 먼 열역학

Morowitz H. *Energy Flow in Biology: Biological Organization as a Problem in Thermal Physics*. Academic Press, New York (1968).

Prigogine I. *The End of Certainty: Time, Chaos and the New Laws of Nature*. Free Press, New York (1997).

Russell MJ, Nitschke W, Branscomb E. The inevitable journey to being. *Philosophical Transactions Royal Society* B 368: 20120254 (2013).

촉매 작용의 기원

Cody G. Transition metal sulfides and the origins of metabolism. *Annual Review Earth and Planetary Sciences* 32: 569–99 (2004).

Russell MJ, Allen JF, Milner-White EJ. Inorganic complexes enabled the onset of life and oxygenic photosynthesis. In Allen JF, Gantt E, Golbeck JH, Osmond B: *Energy from the Sun: 14th International Congress on Photosynthesis*. Springer, Heidelberg (2008).

Russell MJ, Martin W. The rocky roots of the acetyl-CoA pathway. Trends in *Biochemical Sciences* 29: 358–63 (2004).

물속에서 일어나는 탈수작용

Benner SA, Kim H-J, Carrigan MA. Asphalt, water, and the prebiotic synthesis of ribose, ribonucleosides, and RNA. *Accounts of Chemical Research* 45: 2025–34 (2012).

de Zwart II, Meade SJ, Pratt AJ. Biomimetic phosphoryl transfer catalysed by iron(II)-mineral precipitates. *Geochimica et Cosmochimica Acta* 68: 4093–98 (2004).

Pratt AJ. Prebiological evolution and the metabolic origins of life. *Artificial Life* 17: 203–17 (2011).

원형세포의 형성

Budin I, Bruckner RJ, Szostak JW. Formation of protocell-like vesicles in a thermal diffusion column. *Journal of the American Chemical Society* 131: 9628–29 (2009).

Errington J. L-form bacteria, cell walls and the origins of life. *Open Biology* 3: 120143 (2013).

Hanczyc M, Fujikawa S, Szostak J. Experimental models of primitive cellular compartments: encapsulation, growth, and division. *Science* 302: 618–22 (2003).

Mauer SE, Monndard PA. Primitive membrane formation, characteristics and roles in the emergent properties of a protocell. *Entropy* 13: 466–84 (2011).

Szathmáry E, Santos M, Fernando C. Evolutionary potential and requirements for minimal protocells. *Topics in Current Chemistry* 259: 167–211 (2005).

복제의 기원

Cairns-Smith G. *Seven Clues to the Origin of Life.* Cambridge University Press, Cambridge (1990).

Costanzo G, Pino S, Ciciriello F, Di Mauro E. Generation of long RNA chains in water. *Journal of Biological Chemistry* 284: 33206–16 (2009).

Koonin EV, Martin W. On the origin of genomes and cells within inorganic compartments. *Trends in Genetics* 21: 647–54 (2005).

Mast CB, Schink S, Gerland U & Braun D. Escalation of polymerization in a thermal gradient. *Proceedings of the National Academy of Sciences USA* 110: 8030–35 (2013).

Mills DR, Peterson RL, Spiegelman S. An extracellular Darwinian experiment with a self-duplicating nucleic acid molecule. *Proceedings National Academy Sciences USA* 58: 217–24 (1967).

심해 열수 분출구의 발견

Baross JA, Hoffman SE. Submarine hydrothermal vents and associated gradient environments as sites for the origin and evolution of life. *Origins Life Evolution of the Biosphere* 15: 327–45 (1985).

Kelley DS, Karson JA, Blackman DK, et al. An off-axis hydrothermal vent field near the Mid-Atlantic Ridge at 30 degrees N. *Nature* 412: 145–49 (2001).

Kelley DS, Karson JA, Früh-Green GL, et al. A serpentinite-hosted submarine ecosystem: the Lost City Hydrothermal Field. *Science* 307: 1428–34 (2005).

황철광 유인과 철-황 세계

de Duve C, Miller S. Two−dimensional life? *Proceedings National Academy Sciences USA* 88: 10014–17 (1991).

Huber C, Wächtershäuser G. Activated acetic acid by carbon fixation on (Fe,Ni)S under primordial conditions. *Science* 276: 245–47 (1997).

Miller SL, Bada JL. Submarine hot springs and the origin of life. *Nature* 334: 609–611 (1988).

Wächtershäuser G. Evolution of the first metabolic cycles. *Proceedings National Academy Sciences USA* 87: 200–204 (1990).

Wächtershäuser G. From volcanic origins of chemoautotrophic life to Bacteria, Archaea and Eukarya. *Philosophical Transactions Royal Society* B 361: 1787–1806 (2006).

염기성 열수 분출구

Martin W, Baross J, Kelley D, Russell MJ. Hydrothermal vents and the origin of life. *Nature Reviews Microbiology* 6: 805–14 (2008).

Martin W, Russell MJ. On the origins of cells: a hypothesis for the evolutionary transitions from abiotic geochemistry to chemoautotrophic prokaryotes, and from prokaryotes to nucleated cells. *Philosophical Transactions Royal Society* B 358: 59–83 (2003).

Russell MJ, Daniel RM, Hall AJ, Sherringham J. A hydrothermally precipitated catalytic iron sulphide membrane as a first step toward life. *Journal of Molecular Evolution* 39: 231–43 (1994).

Russell MJ, Hall AJ, Cairns–Smith AG, Braterman PS. Submarine hot springs and the origin of life. *Nature* 336: 117 (1988).

Russell MJ, Hall AJ. The emergence of life from iron monosulphide bubbles at a submarine hydrothermal redox and pH front. *Journal Geological Society London* 154: 377–402 (1997).

사문석화 작용

Fyfe WS. The water inventory of the Earth: fluids and tectonics. *Geological Society of London Special Publications* 78: 1–7 (1994).

Russell MJ, Hall AJ, Martin W. Serpentinization as a source of energy at the origin of life. *Geobiology* 8: 355–71 (2010).

Sleep NH, Bird DK, Pope EC. Serpentinite and the dawn of life. *Philosophical Transactions Royal Society B* 366: 2857–69 (2011).

명왕누대 바다의 화학적 특징

Arndt N, Nisbet E. Processes on the young earth and the habitats of early life. *Annual Reviews Earth Planetary Sciences* 40: 521–49 (2012).

Pinti D. The origin and evolution of the oceans. *Lectures Astrobiology* 1: 83–112 (2005).

Russell MJ, Arndt NT. Geodynamic and metabolic cycles in the Hadean. *Biogeosciences* 2:

97–111 (2005).

Zahnle K, Arndt N, Cockell C, Halliday A, Nisbet E, Selsis F, Sleep NH. Emergence of a habitable planet. *Space Science Reviews* 129: 35–78 (2007).

열영동

Baaske P, Weinert FM, Duhr S, et al. Extreme accumulation of nucleotides in simulated hydrothermal pore systems. *Proceedings National Academy Sciences USA* 104: 9346–51 (2007).

Mast CB, Schink S, Gerland U, Braun D. Escalation of polymerization in a thermal gradient. *Proceedings National Academy Sciences USA* 110: 8030–35 (2013).

염기성 열수 분출구에서 일어나는 유기물 합성의 열역학

Amend JP, McCollom TM. Energetics of biomolecule synthesis on early Earth. In Zaikowski L et al. eds. *Chemical Evolution II: From the Origins of Life to Modern Society.* American Chemical Society (2009).

Ducluzeau A-L, Schoepp-Cothenet B, Baymann F, Russell MJ, Nitschke W. Free energy conversion in the LUCA: Quo vadis? *Biochimica et Biophysica Acta Bioenergetics* 1837: 982–988 (2014).

Martin W, Russell MJ. On the origin of biochemistry at an alkaline hydrothermal vent. *Philosophical Transactions Royal Society B* 367: 1887–1925 (2007).

Shock E, Canovas P. The potential for abiotic organic synthesis and biosynthesis at seafloor hydrothermal systems. *Geofluids* 10: 161–92 (2010).

Sousa FL, Thiergart T, Landan G, Nelson-Sathi S, Pereira IAC, Allen JF, Lane N, Martin WF. Early bioenergetic evolution. *Philosophical Transactions Royal Society B* 368: 20130088 (2013).

환원 전위와 CO_2 환원의 역학적 장벽

Lane N, Martin W. The origin of membrane bioenergetics. *Cell* 151: 1406–16 (2012).

Maden BEH. Tetrahydrofolate and tetrahydromethanopterin compared: functionally distinct carriers in C1 metabolism. *Biochemical Journal* 350: 609–29 (2000).

Wächtershäuser G. Pyrite formation, the first energy source for life: a hypothesis. *Systematic and Applied Microbiology* 10: 207–10 (1988).

천연 양성자 기울기로 CO_2의 환원이 일어날 수 있었을까?

Herschy B, Whicher A, Camprubi E, Watson C, Dartnell L, Ward J, Evans JRG, Lane N. An origin-of-life reactor to simulate alkaline hydrothermal vents. *Journal of Molecular Evolution* 79: 213–27 (2014).

Herschy B. Nature 's electrochemical flow reactors: Alkaline hydrothermal vents and the origins of life. *Biochemist* 36: 4–8 (2014).

Lane N. Bioenergetic constraints on the evolution of complex life. *Cold Spring Harbor Perspectives in Biology* doi: 10.1101/cshperspect.a015982 (2014).

Nitschke W, Russell MJ. Hydrothermal focusing of chemical and chemiosmotic energy, supported by delivery of catalytic Fe, Ni, Mo, Co, S and Se forced life to emerge. *Journal of Molecular Evolution* 69: 481–96 (2009).

Yamaguchi A, Yamamoto M, Takai K, Ishii T, Hashimoto K, Nakamura R. Electrochemical CO_2 reduction by Nicontaining iron sulfides: how is CO_2 electrochemically reduced at bisulfide-bearing deep sea hydrothermal precipitates? *Electrochimica Acta* 141: 311–18 (2014).

은하수에서 사문석화 작용이 일어날 확률

de Leeuw NH, Catlow CR, King HE, Putnis A, Muralidharan K, Deymier P, Stimpfl M, Drake MJ. Where on Earth has our water come from? *Chemical Communications* 46: 8923–25 (2010).

Petigura EA, Howard AW, Marcy GW. Prevalence of Earth-sized planets orbiting Sunlike stars. *Proceedings National Academy Sciences USA* 110: 19273–78 (2013).

제4장 세포의 등장

유전자 수평 이동의 문제점과 종 분화

Doolittle WF. Phylogenetic classification and the universal tree. *Science* 284: 2124–28 (1999).

Lawton G. Why Darwin was wrong about the tree of life. *New Scientist* 2692: 34–39 (2009).

Mallet J. Why was Darwin's view of species rejected by twentieth century biologists? *Biology and Philosophy* 25: 497–527 (2010).

Martin WF. Early evolution without a tree of life. *Biology Direct* 6: 36 (2011).

Nelson-Sathi S et al. Origins of major archaeal clades correspond to gene acquisitions from bacteria. *Nature* doi: 10.1038/nature13805 (2014).

1% 미만의 유전자를 기반으로 한 "일반적인 계통수"

Ciccarelli FD, Doerks T, von Mering C, Creevey CJ, Snel B, et al. Toward automatic reconstruction of a highly resolved tree of life. *Science* 311: 1283–87 (2006).

Dagan T, Martin W. The tree of one percent. *Genome Biology* 7: 118 (2006).

고세균과 세균에 보존된 유전자

Charlebois RL, Doolittle WF. Computing prokaryotic gene ubiquity: Rescuing the core from extinction. *Genome Research* 14: 2469–77 (2004).

Koonin EV. Comparative genomics, minimal gene-sets and the last universal common ancestor. *Nature Reviews Microbiology* 1: 127–36 (2003).

Sousa FL, Thiergart T, Landan G, Nelson-Sathi S, Pereira IAC, Allen JF, Lane N, Martin WF. Early bioenergetic evolution. *Philosophical Transactions of the Royal Society B* 368: 20130088 (2013).

LUCA의 역설적 특성

Dagan T, Martin W. Ancestral genome sizes specify the minimum rate of lateral gene transfer during prokaryote evolution. *Proceedings National Academy Sciences USA* 104: 870–75 (2007).

Edgell DR, Doolittle WF. Archaea and the origin(s) of DNA replication proteins. *Cell* 89: 995–98 (1997).

Koga Y, Kyuragi T, Nishihara M, Sone N. Did archaeal and bacterial cells arise independently from noncellular precursors? A hypothesis stating that the advent ofmembrane phospholipid with enantiomeric glycerophosphate backbones caused the separation of the two lines of descent. *Journal of Molecular Evolution* 46: 54–63 (1998).

Leipe DD, Aravind L, Koonin EV. Did DNA replication evolve twice independently? *Nucleic Acids Research* 27: 3389–3401 (1999).

Martin W, Russell MJ. On the origins of cells: a hypothesis for the evolutionary transitions from abiotic geochemistry to chemoautotrophic prokaryotes, and from prokaryotes to nucleated cells. *Philosophical Transactions Royal Society B* 358: 59–83 (2003).

막 지질의 문제점

Lane N, Martin W. The origin of membrane bioenergetics. *Cell* 151: 1406–16 (2012).

Lombard J, López–García P, Moreira D. The early evolution of lipid membranes and the three domains of life. *Nature Reviews in Microbiology* 10: 507–15 (2012).

Shimada H, Yamagishi A. Stability of heterochiral hybrid membrane made of bacterial sn–G3P lipids and archaeal sn-G1P lipids. *Biochemistry* 50: 4114–20 (2011).

Valentine D. Adaptations to energy stress dictate the ecology and evolution of the Archaea. *Nature Reviews Microbiology* 5: 1070–77 (2007).

아세틸 CoA 경로

Fuchs G. Alternative pathways of carbon dioxide fixation: Insights into the early evolution of life? *Annual Review Microbiology* 65: 631–58 (2011).

Ljungdahl LG. A life with acetogens, thermophiles, and cellulolytic anaerobes. *Annual Review Microbiology* 63: 1–25 (2009).

Maden BEH. No soup for starters? Autotrophy and the origins of metabolism. Trends in *Biochemical Sciences* 20: 337–41 (1995).

Ragsdale SW, Pierce E. Acetogenesis and the Wood-Ljungdahl pathway of CO_2 fixation. *Biochimica Biophysica Acta* 1784: 1873–98 (2008).

아세틸 CoA 경로의 무기질 기원

Nitschke W, McGlynn SE, Milner-White J, Russell MJ. On the antiquity of metalloenzymes and their substrates in bioenergetics. *Biochimica Biophysica Acta* 1827: 871–81 (2013).

Russell MJ, Martin W. The rocky roots of the acetyl-CoA pathway. Trends in *Biochemical Sciences* 29: 358–63 (2004).

아세틸 황화에스테르와 아세틸 인산의 비생물적 합성

de Duve C. Did God make RNA? *Nature* 336: 209–10 (1988).

Heinen W, Lauwers AM. Sulfur compounds resulting from the interaction of iron sulfide, hydrogen sulfide and carbon dioxide in an anaerobic aqueous environment. *Origins Life Evolution Biosphere* 26: 131–50 (1996).

Huber C, Wächtershäuser G. Activated acetic acid by carbon fixation on (Fe,Ni)S under primordial conditions. *Science* 276: 245–47 (1997).

Martin W, Russell MJ. On the origin of biochemistry at an alkaline hydrothermal vent. *Philosophical Transactions of the Royal Society B* 367: 1887–1925 (2007).

가능성 있는 유전암호의 기원

Copley SD, Smith E, Morowitz HJ. A mechanism for the association of amino acids with their codons and the origin of the genetic code. *Proceedings National Academy Sciences USA* 102: 4442–47 (2005).

Lane N. *Life Ascending: The Ten Great Inventions of Evolution.* WW Norton/Profile, London (2009).

Taylor FJ, Coates D. The code within the codons. *Biosystems* 22: 177–87 (1989).

염기성 열수 분출구와 아세틸 CoA 경로의 공통점

Herschy B, Whicher A, Camprubi E, Watson C, Dartnell L, Ward J, Evans JRG, Lane N. An origin-of-life reactor to simulate alkaline hydrothermal vents. *Journal of Molecular Evolution* 79: 213–27 (2014).

Lane N. Bioenergetic constraints on the evolution of complex life. *Cold Spring Harbor*

Perspectives in Biology doi: 10.1101/cshperspect.a015982 (2014).

Martin W, Sousa FL, Lane N. Energy at life's origin. *Science* 344: 1092–93 (2014).

Sousa FL, Thiergart T, Landan G, Nelson–Sathi S, Pereira IAC, Allen JF, Lane N, Martin WF. Early bioenergetic evolution. *Philosophical Transactions of the Royal Society B* 368: 20130088 (2013).

막 투과성의 문제점

Lane N, Martin W. The origin of membrane bioenergetics. *Cell* 151: 1406–16 (2012).

Le Page M. Meet your maker. *New Scientist* 2982: 30–33 (2014).

Mulkidjanian AY, Bychkov AY, Dibrova D V, Galperin MY, Koonin EV. Origin of first cells at terrestrial, anoxic geothermal fields. *Proceedings National Academy Sciences USA* 109: E821–E830 (2012).

Sojo V, Pomiankowski A, Lane N. A bioenergetic basis for membrane divergence in archaea and bacteria. *PLoS Biology* 12(8): e1001926 (2014).

Yong E. How life emerged from deep-sea rocks. *Nature* doi: 10.1038/nature.2012.12109(2012).

H^+와 Na^+에 대한 막 단백질의 난잡함

Buckel W, Thauer RK. Energy conservation via electron bifurcating ferredoxin reduction and proton/Na(+) translocating ferredoxin oxidation. *Biochimica Biophysica Acta* 1827: 94–113 (2013).

Lane N, Allen JF, Martin W. How did LUCA make a living? Chemiosmosis in the origin of life. *BioEssays* 32: 271–80 (2010).

Schlegel K, Leone V, Faraldo-Gómez JD, Müller V. Promiscuous archaeal ATP synthase concurrently coupled to Na^+ and H^+ translocation. *Proceedings National Academy Sciences USA* 109: 947–52 (2012).

전자 쌍갈림

Buckel W, Thauer RK. Energy conservation via electron bifurcating ferredoxin reduction and proton/Na(+) translocating ferredoxin oxidation. *Biochimica Biophysica Acta* 1827: 94–113 (2013).

Kaster A-K, Moll J, Parey K, Thauer RK. Coupling of ferredoxin and heterodisulfide reduction via electron bifurcation in hydrogenotrophic methanogenic Archaea. *Proceedings National Academy Sciences USA* 108: 2981–86 (2011).

Thauer RK. A novel mechanism of energetic coupling in anaerobes. *Environmental Microbiology*

Reports 3: 24–25 (2011).

제5장 복잡한 세포의 기원
유전체의 크기

Cavalier-Smith T. Economy, speed and size matter: evolutionary forces driving nuclear genome miniaturization and expansion. *Annals of Botany* 95: 147–75 (2005).

Cavalier-Smith T. Skeletal DNA and the evolution of genome size. *Annual Review of Biophysics and Bioengineering* 11: 273–301 (1982).

Gregory TR. Synergy between sequence and size in large-scale genomics. *Nature Reviews in Genetics* 6: 699–708 (2005).

Lynch M. *The Origins of Genome Architecture*. Sinauer Associates, Sunderland MA (2007).

진핵생물의 유전체 크기에 작용할 가능성이 있는 제약

Cavalier-Smith T. Predation and eukaryote cell origins: A coevolutionary perspective. *International Journal Biochemistry Cell Biology* 41: 307–22 (2009).

de Duve C. The origin of eukaryotes: a reappraisal. *Nature Reviews in Genetics* 8: 395–403 (2007).

Koonin EV. Evolution of genome architecture. *International Journal Biochemistry Cell Biology* 41: 298–306 (2009).

Lynch M, Conery JS. The origins of genome complexity. *Science* 302: 1401–04 (2003).

Maynard Smith J, Szathmary E. *The Major Transitions in Evolution*. Oxford University Press, Oxford. (1995).

진핵생물의 키메라적 기원

Cotton JA, McInerney JO. Eukaryotic genes of archaebacterial origin are more important than the more numerous eubacterial genes, irrespective of function. *Proceedings National Academy Sciences USA* 107: 17252–55 (2010).

Esser C, Ahmadinejad N, Wiegand C, et al. A genome phylogeny for mitochondria among alpha-proteobacteria and a predominantly eubacterial ancestry of yeast nuclear genes. *Molecular Biology Evolution* 21: 1643–60 (2004).

Koonin EV. Darwinian evolution in the light of genomics. *Nucleic Acids Research* 37: 1011–34 (2009).

Pisani D, Cotton JA, McInerney JO. Supertrees disentangle the chimeric origin of eukaryotic genomes. *Molecular Biology Evolution* 24: 1752–60 (2007).

Rivera MC, Lake JA. The ring of life provides evidence for a genome fusion origin of eukaryotes. *Nature* 431: 152–55 (2004).

Thiergart T, Landan G, Schrenk M, Dagan T, Martin WF. An evolutionary network of genes present in the eukaryote common ancestor polls genomes on eukaryotic and mitochondrial origin. *Genome Biology and Evolution* 4: 466–85 (2012).

Williams TA, Foster PG, Cox CJ, Embley TM. An archaeal origin of eukaryotes supports only two primary domains of life. *Nature* 504: 231–36 (2013).

발효의 최근 기원

Say RF, Fuchs G. Fructose 1,6−bisphosphate aldolase/phosphatase may be an ancestral gluconeogenic enzyme. *Nature* 464: 1077–81 (2010).

부분적인 양적 관계를 다룬 에너지 보존

Hoehler TM, Jørgensen BB. Microbial life under extreme energy limitation. *Nature Reviews in Microbiology* 11: 83–94 (2013).

Lane N. Why are cells powered by proton gradients? *Nature Education* 3: 18 (2010).

Martin W, Russell MJ. On the origin of biochemistry at an alkaline hydrothermal vent. *Philosophical Transactions of the Royal Society B* 367: 1887–1925 (2007).

Thauer RK, Kaster A-K, Seedorf H, Buckel W, Hedderich R. Methanogenic archaea: ecologically relevant differences in energy conservation. *Nature Reviews Microbiology* 6: 579–91 (2007).

바이러스 감염과 세포 죽음

Bidle KD, Falkowski PG. Cell death in planktonic, photosynthetic microorganisms. *Nature Reviews Microbiology* 2: 643–55 (2004).

Lane N. Origins of death. *Nature* 453: 583–85 (2008).

Refardt D, Bergmiller T, Kümmerli R. Altruism can evolve when relatedness is low: evidence from bacteria committing suicide upon phage infection. *Proceedings Royal Society B* 280: 20123035 (2013).

Vardi A, Formiggini F, Casotti R, De Martino A, Ribalet F, Miralto A, Bowler C. A stress surveillance system based on calcium and nitroc oxide in marine diatoms. *PLoS Biology* 4(3): e60 (2006).

세균의 표면적과 부피

Fenchel T, Finlay BJ. Respiration rates in heterotrophic, free-living protozoa. *Microbial Ecology* 9: 99–122 (1983).

Harold F. *The Vital Force: a Study of Bioenergetics*. WH Freeman, New York (1986).

Lane N, Martin W. The energetics of genome complexity. *Nature* 467: 929–34 (2010).

Lane N. Energetics and genetics across the prokaryote-eukaryote divide. *Biology Direct* 6: 35 (2011).

Makarieva AM, Gorshkov VG, Li BL. Energetics of the smallest: do bacteria breathe at the same rate as whales? *Proceedings Royal Society B* 272: 2219–24 (2005).

Vellai T, Vida G. The origin of eukaryotes: the difference between prokaryotic and eukaryotic cells. *Proceedings Royal Society B* 266: 1571–77 (1999).

거대 세균

Angert ER. DNA replication and genomic architecture of very large bacteria. *Annual Review Microbiology* 66: 197–212 (2012).

Mendell JE, Clements KD, Choat JH, Angert ER. Extreme polyploidy in a large bacterium. *Proceedings National Academy Sciences USA* 105: 6730–34 (2008).

Schulz HN, Jorgensen BB. Big bacteria. *Annual Review Microbiology* 55: 105–37 (2001).

Schulz HN. *The genus Thiomargarita*. *Prokaryotes* 6: 1156–63 (2006).

세포내 공생체의 작은 유전체와 에너지의 중요성

Gregory TR, DeSalle R. Comparative genomics in prokaryotes. In *The Evolution of the Genome* ed. Gregory TR. Elsevier, San Diego, pp. 585–75 (2005).

Lane N, Martin W. The energetics of genome complexity. *Nature* 467: 929–34 (2010).

Lane N. Bioenergetic constraints on the evolution of complex life. *Cold Spring Harbor Perspectives in Biology* doi: 10.1101/cshperspect.a015982 (2014).

세균의 세포내 공생체

von Dohlen CD, Kohler S, Alsop ST, McManus WR. Mealybug beta-proteobacterial symbionts contain gamma-proteobacterial symbionts. *Nature* 412: 433–36 (2001).

Wujek DE. Intracellular bacteria in the blue-green-alga Pleurocapsa minor. *Transactions American Microscopical Society* 98: 143–45 (1979).

미토콘드리아가 유전체를 유지하는 이유

Alberts A, Johnson A, Lewis J, Raff M, Roberts K, Walter P. *Molecular Biology of the Cell*, 5th edition. Garland Science, New York (2008).

Allen JF. Control of gene expression by redox potential and the requirement for chloroplast and mitochondrial genomes. *Journal of Theoretical Biology* 165: 609–31 (1993).

Allen JF. The function of genomes in bioenergetic organelles. *Philosophical Transactions Royal Society B* 358: 19–37 (2003).

de Grey AD. Forces maintaining organellar genomes: is any as strong as genetic code disparity or hydrophobicity? *BioEssays* 27: 436–46 (2005).

Gray MW, Burger G, Lang BF. Mitochondrial evolution. *Science* 283: 1476–81 (1999).

남세균의 배수성

Griese M, Lange C, Soppa J. Ploidy in cyanobacteria. *FEMS Microbiology Letters* 323: 124–31 (2011).

세균 세포의 크기가 에너지 제약을 극복할 수 없는 이유

Lane N. Bioenergetic constraints on the evolution of complex life. *Cold Spring Harbor Perspectives in Biology* doi: 10.1101/cshperspect.a015982 (2014).

Lane N. Energetics and genetics across the prokaryote-eukaryote divide. *Biology Direct* 6: 35 (2011).

세포내 공생에서 선택 수준의 충돌과 해소

Blackstone NW. Why did eukaryotes evolve only once? Genetic and energetic aspects of conflict and conflict mediation. *Philosophical Transactions Royal Society B* 368: 20120266 (2013).

Martin W, Müller M. The hydrogen hypothesis for the first eukaryote. *Nature* 392: 37–41 (1998).

세균에서의 에너지 뿌리기

Russell JB. The energy spilling reactions of bacteria and other organisms. *Journal of Molecular Microbiology and Biotechnology* 13: 1–11 (2007).

제6장 성과 죽음의 기원

진화 속도

Conway-Morris S. The Cambrian "explosion": Slow-fuse or megatonnage? *Proceedings National Academy Sciences USA* 97: 4426–29 (2000).

Gould SJ, Eldredge N. Punctuated equilibria: the tempo and mode of evolution reconsidered. *Paleobiology* 3: 115–51 (1977).

Nilsson D-E, Pelger S. A pessimistic estimate of the time required for an eye to evolve. *Proceedings Royal Society B* 256: 53–58 (1994).

성과 개체군의 구조

Lahr DJ, Parfrey LW, Mitchell EA, Katz LA, Lara E. The chastity of amoeba: re-evaluating evidence for sex in amoeboid organisms. *Proceedings Royal Society B* 278: 2081–90 (2011).

Maynard-Smith J. *The Evolution of Sex*. Cambridge University Press, Cambridge (1978).

Ramesh MA, Malik SB, Logsdon JM. A phylogenomic inventory of meiotic genes: evidence for sex in Giardia and an early eukaryotic origin of meiosis. *Current Biology* 15: 185–91 (2005).

Takeuchi N, Kaneko K, Koonin EV. Horizontal gene transfer can rescue prokaryotes from Muller's ratchet: benefit of DNA from dead cells and population subdivision. *Genes Genomes Genetics* 4: 325–39 (2014).

인트론의 기원

Cavalier-Smith T. Intron phylogeny: A new hypothesis. *Trends in Genetics* 7: 145–48 (1991).

Doolittle WF. Genes in pieces: were they ever together? *Nature* 272: 581–82 (1978).

Koonin EV. The origin of introns and their role in eukaryogenesis: a compromise solution to the introns-early versus introns-late debate? *Biology Direct* 1: 22 (2006).

Lambowitz AM, Zimmerly S. Group II introns: mobile ribozymes that invade DNA. *Cold Spring Harbor Perspectives in Biology* 3: a003616 (2011).

인트론과 핵의 기원

Koonin E. Intron-dominated genomes of early ancestors of eukaryotes. *Journal of Heredity* 100: 618–23 (2009).

Martin W, Koonin EV. Introns and the origin of nucleus-cytosol compartmentalization. *Nature* 440: 41–45 (2006).

Rogozin IB, Wokf YI, Sorokin AV, Mirkin BG, Koonin EV. Remarkable interkingdom conservation of intron positions and massive, lineage-specific intron loss and gain in eukaryotic evolution. *Current Biology* 13: 1512–17 (2003).

Sverdlov AV, Csuros M, Rogozin IB, Koonin EV. A glimpse of a putative pre-intron phase of eukaryotic evolution. *Trends in Genetics* 23: 105–08 (2007).

넘트

Hazkani-Covo E, Zeller RM, Martin W. Molecular poltergeists: mitochondrial DNA copies (numts) in sequenced nuclear genomes. *PLoS Genetics* 6: e1000834 (2010).

Lane N. Plastids, genomes and the probability of gene transfer. *Genome Biology and Evolution* 3: 372–74 (2011).

인트론에 대한 선택의 세기

Lane N. Energetics and genetics across the prokaryote-eukaryote divide. *Biology Direct* 6: 35

(2011).

Lynch M, Richardson AO. The evolution of spliceosomal introns. *Current Opinion in Genetics and Development* 12: 701–10 (2002).

이어맞추기 대 전이 속도

Cavalier-Smith T. Intron phylogeny: A new hypothesis. *Trends in Genetics* 7: 145–48 (1991).

Martin W, Koonin EV. Introns and the origin of nucleus–cytosol compartmentalization. *Nature* 440: 41–45 (2006).

핵막, 핵공 복합체, 인의 기원

Mans BJ, Anantharaman V, Aravind L, Koonin EV. Comparative genomics, evolution and origins of the nuclear envelope and nuclear pore complex. *Cell Cycle* 3: 1612–37 (2004).

Martin W. A briefly argued case that mitochondria and plastids are descendants of endosymbionts, but that the nuclear compartment is not. *Proceedings of the Royal Society B* 266: 1387–95 (1999).

Martin W. Archaebacteria (Archaea) and the origin of the eukaryotic nucleus. *Current Opinion in microbiology* 8: 630–37 (2005).

McInerney JO, Martin WF, Koonin EV, Allen JF, Galperin MY, Lane N, Archibald JM, Embley TM. Planctomycetes and eukaryotes: A case of analogy not homology. *BioEssays* 33: 810–17 (2011).

Mercier R, Kawai Y, Errington J. Excess membrane synthesis drives a primitive mode of cell proliferation. *Cell* 152: 997–1007 (2013).

Staub E, Fiziev P, Rosenthal A, Hinzmann B. Insights into the evolution of the nucleolus by an analysis of its protein domain repertoire. *BioEssays* 26: 567–81 (2004)

성의 진화

Bell G. *The Masterpiece of Nature: The Evolution and Genetics of Sexuality.* University of California Press, Berkeley (1982).

Felsenstein J. The evolutionary advantage of recombination. *Genetics* 78: 737–56 (1974).

Hamilton WD. Sex versus non-sex versus parasite. *Oikos* 35: 282–90 (1980).

Lane N. Why sex is worth losing your head for. *New Scientist* 2712: 40–43 (2009).

Otto SP, Barton N. Selection for recombination in small populations. *Evolution* 55: 1921–31 (2001).

Partridge L, Hurst LD. Sex and conflict. *Science* 281: 2003–08 (1998).

Ridley M. *Mendel's Demon: Gene Justice and the Complexity of Life.* Weidenfeld and Nicholson,

London (2000).

Ridley M. *The Red Queen: Sex and the Evolution of Human Nature*. Penguin, London (1994).

세포 융합과 염색체 분리의 기원 추정

Blackstone NW, Green DR. The evolution of a mechanism of cell suicide. *BioEssays* 21: 84–88 (1999).

Ebersbach G, Gerdes K. Plasmid segregation mechanisms. *Annual Review Genetics* 39: 453–79 (2005).

Errington J. L-form bacteria, cell walls and the origins of life. *Open Biology* 3: 120143 (2013).

양성

Fisher RA. *The Genetical Theory of Natural Selection*. Clarendon Press, Oxford (1930).

Hoekstra RF. On the asymmetry of sex – evolution of mating types in isogamous populations. *Journal of Theoretical Biology* 98: 427–51 (1982).

Hurst LD, Hamilton WD. Cytoplasmic fusion and the nature of sexes. *Proceedings of the Royal Society B* 247: 189–94 (1992).

Hutson V, Law R. Four steps to two sexes. *Proceedings Royal Society B* 253: 43–51 (1993).

Parker GA, Smith VGF, Baker RR. The origin and evolution of gamete dimorphism and the male-female phenomenon. *Journal of Theoretical Biology* 36: 529–53 (1972).

미토콘드리아의 한부모 유전

Birky CW. Uniparental inheritance of mitochondrial and chloroplast genes – mechanisms and evolution. *Proceedings National Academy Sciences USA* 92: 11331–38 (1995).

Cosmides LM, Tooby J. Cytoplasmic inheritance and intragenomic conflict. *Journal of Theoretical Biology* 89: 83–129 (1981).

Hadjivasiliou Z, Lane N, Seymour R, Pomiankowski A. Dynamics of mitochondrial inheritance in the evolution of binary mating types and two sexes. *Proceedings Royal Society B* 280: 20131920 (2013).

Hadjivasiliou Z, Pomiankowski A, Seymour R, Lane N. Selection for mitonuclear co-adaptation could favour the evolution of two sexes. *Proceedings Royal Society B* 279: 1865–72 (2012).

Lane N. *Power, Sex, Suicide: Mitochondria and the Meaning of Life*. Oxford University Press, Oxford (2005).

동물, 식물, 기본적인 후생동물에서 미토콘드리아의 돌연변이율

Galtier N. The intriguing evolutionary dynamics of plant mitochondrial DNA. *BMC Biology* 9: 61

(2011).

Huang D, Meier R, Todd PA, Chou LM. Slow mitochondrial COI sequence evolution at the base of the metazoan tree and its implications for DNA barcoding. *Journal of Molecular Evolution* 66: 167–74 (2008).

Lane N. On the origin of barcodes. *Nature* 462: 272–74 (2009).

Linnane AW, Ozawa T, Marzuki S, Tanaka M. *Lancet* 333: 642–45 (1989).

Pesole G, Gissi C, De Chirico A, Saccone C. Nucleotide substitution rate of mammalian mitochondrial genomes. *Journal of Molecular Evolution* 48: 427–34 (1999).

생식세포–체세포 구별의 기원

Allen JF, de Paula WBM. Mitochondrial genome function and maternal inheritance. *Biochemical Society Transactions* 41: 1298–1304 (2013).

Allen JF. Separate sexes and the mitochondrial theory of ageing. *Journal of Theoretical Biology* 180: 135–40 (1996).

Buss L. *The Evolution of Individuality*. Princeton University Press, Princeton (1987).

Clark WR. *Sex and the Origins of Death*. Oxford University Press, New York (1997).

Radzvilavicius AL, Hadjivasiliou Z, Pomiankowski A, Lane N. Mitochondrial variation drives the evolution of sexes and the germline-soma distinction. MS in preparation (2015).

제7장 권력과 영광

모자이크 호흡연쇄

Allen JF. The function of genomes in bioenergetic organelles. *Philosophical Transactions Royal Society B* 358: 19–37 (2003).

Lane N. The costs of breathing. *Science* 334: 184–85 (2011).

Moser CC, Page CC, Dutton PL. Darwin at the molecular scale: selection and variance in electron tunnelling proteins including cytochrome c oxidase. *Philosophical Transactions Royal Society B* 361: 1295–1305 (2006).

Schatz G, Mason TL. The biosynthesis of mitochondrial proteins. *Annual Review Biochemistry* 43: 51–87 (1974).

Vinothkumar KR, Zhu J, Hirst J. Architecture of the mammalian respiratory complex I. *Nature* 515: 80–84 (2014).

잡종 붕괴, 세포질 잡종, 종의 기원

Barrientos A, Kenyon L, Moraes CT. Human xenomitochondrial cybrids. Cellular models of mitochondrial complex I deficiency. *Journal of Biological Chemistry* 273: 14210–17 (1998).

Blier PU, Dufresne F, Burton RS. Natural selection and the evolution of mtDNAencoded peptides: evidence for intergenomic co-adaptation. *Trends in Genetics* 17: 400–406 (2001).

Burton RS, Barreto FS. A disproportionate role for mtDNA in Dobzhansky-Muller incompatibilities? *Molecular Ecology* 21: 4942–57 (2012).

Burton RS, Ellison CK, Harrison JS. The sorry state of F2 hybrids: consequences of rapid mitochondrial DNA evolution in allopatric populations. *American Naturalist* 168 Supplement 6: S14–24 (2006).

Gershoni M, Templeton AR, Mishmar D. Mitochondrial biogenesis as a major motive force of speciation. *Bioessays* 31: 642–50 (2009).

Lane N. On the origin of barcodes. *Nature* 462: 272–74 (2009).

미토콘드리아의 아포토시스 조절

Hengartner MO. Death cycle and Swiss army knives. *Nature* 391: 441–42 (1998).

Koonin EV, Aravind L. Origin and evolution of eukaryotic apoptosis: the bacterial connection. *Cell Death and Differentiation* 9: 394–404 (2002).

Lane N. Origins of death. *Nature* 453: 583–85 (2008).

Zamzami N, Kroemer G. The mitochondrion in apoptosis: how pandora's box opens. *Nature Reviews Molecular Cell Biology* 2: 67–71 (2001).

동물 미토콘드리아 유전자의 빠른 진화와 환경 적응

Bazin E, Glémin S, Galtier N. Population size dies not influence mitochondrial genetic diversity in animals. *Science* 312: 570–72 (2006).

Lane N. On the origin of barcodes. *Nature* 462: 272–74 (2009).

Nabholz B, Glémin S, Galtier N. The erratic mitochondrial clock: variations of mutation rate, not population size, affect mtDNA diversity across birds and mammals. *BMC Evolutionary Biology* 9: 54 (2009).

Wallace DC. Bioenergetics in human evolution and disease: implications for the origins of biological compolexity and the missing genetic variation of common diseases. *Philosophical Transactions Royal Society B* 368: 20120267 (2013).

미토콘드리아 DNA에서 생식세포 선택

Fan W, Waymire KG, Narula N, et al. A mouse model of mitochondrial disease reveals germline selection against severe mtDNA mutations. *Science* 319: 958–62 (2008).

Stewart JB, Freyer C, Elson JL, Wredenberg A, Cansu Z, Trifunovic A, Larsson N-G. Strong purifying selection in transmission of mammalian mitochondrial DNA. *PLoS Biology* 6: e10 (2008).

홀데인의 법칙

Coyne JA, Orr HA. Speciation. Sinauer Associates, Sunderland MA (2004).

Haldane JBS. Sex ratio and unisexual sterility in hybrid animals. *Journal of Genetics* 12: 101–109 (1922).

Johnson NA. Haldane's rule: the heterogametic sex. *Nature Education* 1: 58 (2008).

성 결정에서 미토콘드리아와 대사율

Bogani D, Siggers P, Brixet R et al. Loss of mitogen-activated protein kinase kinase kinase 4 (MAP3K4) reveals a requirement for MAPK signalling in mouse sex determination. *PLoS Biology* 7: e1000196 (2009).

Mittwoch U. Sex determination. *EMBO Reports* 14: 588–92 (2013).

Mittwoch U. The elusive action of sex-determining genes: mitochondria to the rescue? *Journal of Theoretical Biology* 228: 359–65 (2004).

온도와 대사율

Clarke A, Pörtner H-A. Termperature, metabolic power and the evolution of endothermy. *Biological Reviews* 85: 703–27 (2010).

미토콘드리아 질환

Lane N. Powerhouse of disease. *Nature* 440: 600–602 (2006).

Schon EA, DiMauro S, Hirano M. Human mitochondrial DNA: roles of inherited and somatic mutations. *Nature Reviews Genetics* 13: 878–90 (2012).

Wallace DC. A mitochondrial bioenergetic etiology of disease. *Journal of Clinical Investigation* 123: 1405–12 (2013).

Zeviani M, Carelli V. Mitochondrial disorders. *Current Opinion in Neurology* 20: 564–71 (2007).

세포질적 웅성 불임

Chen L, Liu YG. Male sterility and fertility restoration in crops. *Annual Review Plant Biology* 65: 579–606 (2014).

Innocenti P, Morrow EH, Dowling DK. Experimental evidence supports a sex-specific selective sieve in mitochondrial genome evolution. *Science* 332: 845–48 (2011).

Sabar M, Gagliardi D, Balk J, Leaver CJ. ORFB is a subunit of F1FO-ATP synthase: insight into the basis of cytoplasmic male sterility in sunflower. *EMBO Reports* 4: 381–86 (2003).

조류에서 홀데인의 법칙

Hill GE, Johnson JD. The mitonuclear compatibility hypothesis of sexual selection. *Proceedings Royal Society B* 280: 20131314 (2013).

Mittwoch U. Phenotypic manifestations during the development of the dominant and default gonads in mammals and birds. *Journal of Experimental Zoology* 281: 466–71 (1998).

비행의 요건

Suarez RK. Oxygen and the upper limits to animal design and performance. *Journal of Experimental Biology* 201: 1065–72 (1998).

아포토시스 죽음의 문턱

Lane N. Bioenergetic constraints on the evolution of complex life. *Cold Spring Harbor Perspectives in Biology*. doi: 10.1101/cshperspect.a015982 (2014).

Lane N. The costs of breathing. *Science* 334: 184–85 (2011).

인간에서 기이한 초기 유산의 발생 빈도

Van Blerkom J, Davis PW, Lee J. ATP content of human oocytes and developmental potential and outcome after in-vitro fertilization and embryo transfer. *Human Reproduction* 10: 415–24 (1995).

Zinaman MJ, O'Connor J, Clegg ED, Selevan SG, Brown CC. Estimates of human fertility and pregnancy loss. *Fertility and Sterility* 65: 503–509 (1996).

유리기 노화 가설

Barja G. Updating the mitochondrial free-radical theory of aging: an integrated view, key aspects, and confounding concepts. *Antioxidants and Redox Signalling* 19: 1420–45 (2013).

Gerschman R, Gilbert DL, Nye SW, Dwyer P, Fenn WO. Oxygen poisoning and X irradiation: a mechanism in common. *Science* 119: 623–26 (1954).

Harmann D. Aging – a theory based on free-radical and radiation chemistry. *Journal of Gerontology* 11: 298–300 (1956).

Murphy MP. How mitochondria produce reactive oxygen species. *Biochemical Journal* 417: 1–13 (2009).

유리기 노화 가설과 연관된 문제점

Bjelakovic G, Nikolova D, Gluud LL, Simonetti RG, Gluud C. Antioxidant supplements for prevention of mortality in healthy participants and patients with various diseases. *Cochrane Database of Systematic Reviews* doi: 10.1002/14651858.CD007176 (2008).

Gutteridge JMC, Halliwell B. Antioxidants: Molecules, medicines, and myths. *Biochemical Biophysical Research Communications* 393: 561–64 (2010).

Gnaiger E, Mendez G, Hand SC. High phosphorylation efficiency and depression of uncoupled respiration in mitochondria under hypoxia. *Proceedings National Academy Sciences* 97: 11080–85 (2000)

Moyer MW. The myth of antioxidants. *Scientific American* 308: 62–67 (2013).

노화에서 유리기 신호

Lane N. Mitonuclear match: optimizing fitness and fertility over generations drives ageing within generations. *BioEssays* 33: 860–69 (2011).

Moreno–Loshuertos R, Acin-Perez R, Fernandez-Silva P, Movilla N, Perez-Martos A, de Cordoba SR, Gallardo ME, Enriquez JA. Differences in reactive oxygen species production explain the phenotypes associated with common mouse mitochondrial DNA variants. *Nature Genetics* 38: 1261–68 (2006).

Sobek S, Rosa ID, Pommier Y, et al. Negative regulation of mitochondrial transcrioption by mitochondrial topoisomerase I. *Nucleic Acids Research* 41: 9848–57 (2013).

삶의 속도론과 관련된 유리기

Barja G. Mitochondrial oxygen consumption and reactive oxygen species production are independently modulated: implications for aging studies. *Rejuvenation Research* 10: 215–24 (2007).

Boveris A, Chance B. Mitochondrial generation of hydrogen peroxide – general properties and effect of hyperbaric oxygen. *Biochemical Journal* 134: 707–16 (1973).

Pearl R. *The Rate of Living. Being an Account of some Experimental Studies on the Biology of Life Duration.* University of London Press, London (1928).

유리기와 노환

Desler C, Marcker ML, Singh KK, Rasmussen LJ. The importance of mitochondrial DNA in aging and cancer. *Journal of Aging Research* 2011: 407536 (2011).

Halliwell B, Gutteridge JMC. *Free Radicals in Biology and Medicine.* 4th edition. Oxford University Press, Oxford (2007).

He Y, Wu J, Dressman DC, et al. Heteroplasmic mitochondrial DNA mutations in normal and tumour cells. *Nature* 464: 610–14 (2010).

Lagouge M, Larsson N-G. The role of mitochondrial DNA mutations and free radicals in disease and ageing. *Journal of Internal Medicine* 273: 529–43 (2013).

Lane N. A unifying view of aging and disease: the double agent theory. *Journal of Theoretical Biology* 225: 531–40 (2003).

Moncada S, Higgs AE, Colombo SL. Fulfilling the metabolic requirements for cell proliferation. *Biochemical Journal* 446: 1–7 (2012).

유산소 용량과 수명

Bennett AF, Ruben JA. Endothermy and activity in vertebrates. *Science* 206: 649–654 (1979).

Bramble DM, Lieberman DE. Endurance running and the evolution of Homo. *Nature* 432: 345–52 (2004).

Koch LG Kemi OJ, Qi N, et al. Intrinsic aerobic capacity sets a divide for aging and longevity. *Circulation Research* 109: 1162–72 (2011).

Wisløff U, Najjar SM, Ellingsen O, et al. Cardiovascular risk factors emerge after artificial selection for low aerobic capacity. *Science* 307: 418–420 (2005).

에필로그 : 심연으로부터

원핵생물인가, 진핵생물인가?

Wujek DE. Intracellular bacteria in the blue-green-alga Pleurocapsa minor. *Transactions American Microscopical Society* 98: 143–45 (1979).

Yamaguchi M, Mori Y, Kozuka Y, et al. Prokaryote or eukaryote? A unique organism from the deep sea. *Journal of Electron Microscopy* 61: 423–31 (2012).

역자 후기

생명은 어떻게 시작되었을까? 다른 행성에도 우리와 같은 지적 생명체가 있을까? 생명의 기원에 대한 이런 막연한 의문은 특별히 진화생물학자가 아니라도 누구나 한번쯤은 품어보게 마련이다. 이 책은 그런 의문에 정면으로 도전한다. 저자는 이 의문에 대한 답으로 크게 두 가지 가설을 소개한다. 생명은 끊임없이 에너지가 흐르는 무기세포에서 처음 탄생했다는 것과 복잡한 진핵세포는 단 한번의 우연한 세포내 공생 사건에 의해서 만들어졌다는 것이다. 따라서 물과 암석과 CO_2 같은 몇 가지 요소만 갖춰지면 생명은 어디에서나 형성될 수 있지만, 진핵생물처럼 크고 복잡한 생명체가 나타나기 위해서는 특별한 행운이 필요하다는 것이 저자의 생각이다. 그리고 이 과정에서는 에너지의 흐름이 매우 중요한 역할을 한다.

현대 생물학은 유전자를 중심으로 발전해왔다고 해도 과언이 아니다. 다윈이 진화론을 정립한 이래로 지금까지, 진화생물학의 주역은 유전자였다. 생명체는 DNA의 생존기계에 불과하며 영원히 살아남는 것은 유전자뿐이라는 도킨스의 주장은 큰 충격을 가져왔지만, 수긍할 수밖에 없는 사실로 받아들여졌다. 유전자를 이용해서 생물의 계통관계가 새롭게 밝혀지기도 했고, 유전자 지도만 완성되면 생명의 신비가 모두 해결될 것 같았던 시절도 있었다. 그러나 인간 유전체 서열이 완전히 해독되면서 의료 분야를 포함한 여러 분야에서 큰 약진이 이루어졌지만, 생명의 기원과 관련해서는 뚜렷한 성과를 내지 못했다. DNA, RNA, 아미노산 같은 생명의 구성 성분을 만들려는 시도 역시 마찬가지였다. 이런 상황에서 저자는 에너지를 중심으로 생명의 기원을 설명하는 급진적인 가설들을 소개한다. 진정한 패러다임의 전환이며, 막힌 곳을 속 시원히 뚫어주는 확실한 돌파구이다.

이 책에서 다루고 있는 내용은 저자의 전작인 『미토콘드리아』와도 이어져 있다. 전작의 후속 연구를 소개하는 속편 같은 느낌도 있어서, 전작과 내용을 비교하면서 보는 재미도 쏠쏠하다. 전작에서는 생명체에서 양성자 동력이 차지하는 의미와 진핵세포의 기원을 설명하는 수소 가설에 중점을 두었다면, 이 책에서는 양성자 동력을 기반으로 하는 무기세포의 기원과 세균과 고세균이 갈라져나오는 과정을 상세하게 다루고 있다. 그러면서 전작과 마찬가지로 세포생리학, 생물물리학, 생체 에너지학, 생화학, 생물통계학 같은 다양한 분야를 넘나들며 자신의 생각을 펼쳐나간다. 현직 생화학자의 현장감 넘치는 연구 보고서라고도 할 수 있는 이 책을 읽으면서 저자의 생각을 쫓아가는 것이 쉽지만은 않다. 그러나 복잡다단한 내용을 차근차근 따라가다 보면, 어느새 홀린 듯이 진핵생물의 진화와 성과 노화와 죽음 같은 생명의 여러 가지 특성들과 마주하게 된다.

이 책을 우리말로 옮기면서 개인적으로 당혹스러웠던 점은 "20세기의 생물학"과 "21세기의 생물학"을 구분지어 설명하는 부분들이었다. 지금 우리가 살고 있는 시대는 21세기이므로 어찌 보면 이런 구분은 당연하다. 그래도 저자가 말하는 21세기의 생물학을 접하는 일은 내가 알고 있던 기존의 과학 지식을 지난 세기의 낡은 유물로 만들어버리는 어리둥절한 경험이었다. 진화생물학이 이런 첨단 과학을 토대로 엄정하게 탐구되고 있는 학문이라는 것을 넌지시 드러내면서, 함부로 진화론을 무시하지 말라는 무언의 협박이자 생물학에 대한 애정 표현이라고 느꼈다면 지나친 망상일까?

생명의 기원은 아득히 오래 전에 일어났던 사건이기 때문에, 우리에게는 이 책의 추정이나 생명의 기원에 대한 다른 가설들이 사실인지를 정확히 확인할 기회가 영영 없을지도 모른다. 그러나 생명과 죽음의 본질을 조금 다른 각도에서 음미해볼 기회를 주는 하나의 시도라는 것만으로도 이 책은 충분히 의미가 있다고 생각한다. 그렇다고 이 책이 무책임하게 의혹만 던지고 마는 것은 아니다. 그 가설들을 토대로 여러 예측들을 내놓고 있으며, 실험적 검증도 게을리 하지 않는다. 그래서인지 생명의 기원에 관해서 저자가 보여주는 그림은 전작에 비해 선이 훨씬 또렷해진 느낌이다. 몇 년 후에는 이 그림의 모습이 어떻게 바뀌어 있을지 벌써부터 기대가 된다.

역자 김정은

인명 색인